ΕΛΙΣΑΒΕΤ ΣΑΧΤΟΥΡΗ

ΓΑΙΑ

Το ανθρώπινο ταξίδι από το χάος στον κόσμο

ΜΕΤΑΦΡΑΣΗ
ΑΓΓΕΛΑ ΒΕΡΥΚΟΚΑΚΗ - ΑΡΤΕΜΗ

June 1991

The title is so inspiring,
the prospect so encouraging;
inspiration and courage
are out lifebelts
Love

ΝΕΑ ΣΥΝΟΡΑ – Α.Α. ΛΙΒΑΝΗ
ΑΘΗΝΑ 199

Τίτλος πρωτοτύπου: GAIA
Συγγραφέας: Elisabet Sahtouri
Μετάφραση: Αγγέλα Βερυκοκάκη - Αρτέμη
Επιμέλεια: Μαρία Πάπα
Φωτοστοιχειοθεσία: ΑΡΧΕΤΥΠΟ Α.Ε

ΑΘΗΝΑ, ΣΟΛΩΝΟΣ 94,
Τηλ. 3600398

Στον πλανήτη μου και τους ανθρώπους του

ΠΕΡΙΕΧΟΜΕΝΑ

ΣΗΜΕΙΩΜΑ ΤΗΣ ΣΥΓΓΡΑΦΕΩΣ

Το βιβλίο αυτό είναι ένα έργο φιλοσοφίας με την αρχαία έννοια της λέξης: αναζήτηση της σοφίας για πρακτική καθοδήγηση στις ανθρώπινες υποθέσεις μέσα από την κατανόηση της φυσικής τάξης του κόσμου στον οποίο ανήκουμε. Δεν υπάρχει και μεγάλη ομοιότητα με αυτό που καταλήξαμε να ονομάζουμε φιλοσοφία από τότε που αυτή η προσπάθεια διαχωρίστηκε από τις φυσικές επιστήμες κι έγινε μάλλον μια πνευματική άσκηση παρά ένας πρακτικός οδηγός για τη ζωή.

Για να βρω νόημα και καθοδήγηση στη φύση, συνδύασα την προσωπική μου εμπειρία με εκείνες τις επιστημονικές εργασίες που φαίνονταν να της ταιριάζουν καλύτερα. Απ' αυτή τη σύνθεση προέκυψαν άφθονα συμπεράσματα και μαθήματα για την ανθρωπότητα. Εργάστηκα στο ήρεμο φυσικό περιβάλλον ενός μικρού παλιού χωριού σ' ένα πευκόφυτο ελληνικό νησάκι, όπου είχα τη δυνατότητα να μελετώ τις έρευνες και τις πραγματείες επιστημόνων, ιστορικών και φιλοσόφων κι ύστερα να τις ελέγχω με βάση το φυσικό κόσμο που προσπαθούσα να κατανοήσω.

Μεταφέροντας σε απλές λέξεις την εξειδικευμένη τεχνική γλώσσα των επιστημόνων και αναζητώντας το δρόμο μου μέσα από λαβυρίνθους φιλοσοφικών κειμένων, απλούστευσα βαθμιαία την ιστορία της προέλευσης και της φύσης του πλανήτη μας μέσα στο πλαίσιο του ευρύτερου κόσμου, καθώς και την ανθρώπινή μας προέλευση, φύση και ιστορία μέσα στο πλαίσιο της ευρύτερης ύπαρξης του πλανήτη.

Η υπόθεση και σήμερα Θεωρία της Γαίας των Τζέιμς Λόβλοκ και Λιν Μάργκουλις – η θεωρία ότι ο πλανήτης μας και τα πλάσματά του αποτελούν ένα ενιαίο αυτορυθμιζόμενο σύστημα που στην πραγματικότητα είναι ένα μεγάλο έμβιο ον, ένας οργανισμός – είναι η έννοια της φυσικής πραγματικότητας στην οποία βασίζεται η φιλοσοφία μου. Πολύ απλά, μου φαίνεται πιο λογική σε όλα τα επίπεδα – το διαισθητικό, το βιωματικό, το επιστημονικό, το φιλοσοφικό, ακόμα και το αισθητικό και το ηθικό – απ' ό,τι κάθε άλλη θεωρία που γνωρίζω. Και στην πορεία αυτού του έργου κατάληξα να πιστεύω ότι αυτή η θεωρία έχει βαθιά και ζωτική σημασία για ολόκληρη την ανθρωπότητα.

Για να είμαι σίγουρη ότι η εικόνα που είχα σχηματίσει για την εξέλιξη και την ιστορία θα παρέμενε απλή και ξεκάθαρη, έλεγα και ξανάλεγα την ουσία της και αρκετές από τις λεπτομέρειές της με τον τρόπο ενός αρχαίου παραμυθά (αν και λιγότερο ποιητικά) σε πολλές κοινωνικές συναναστροφές μου με τους Έλληνες φίλους μου του χωριού. Επίσης, πριν αρχίσω την εκδοχή για μεγάλους έγραψα την ιστορία στ' αγγλικά για παιδιά.

Προς μεγάλη μου έκπληξη, αυτές οι σκόπιμες ασκήσεις απλότητας αποδείχθηκαν πιο δύσκολες παρά αν έγραφα για ένα αναγνωστικό κοινό ειδικών, γιατί, όταν απορρίπτουμε την επιστημονική μας γλώσσα για να διατυπώσουμε την ουσία όσων λέμε, πρέπει να είμαστε πολύ σίγουροι ότι αυτή η ουσία υπάρχει πραγματικά, ότι έχει πραγματικό ειρμό. Η επιστήμη υπήρξε μια διαδικασία κατακερματισμού της γνώσης σ' ένα απίστευτο πλήθος συγκεκριμένων λεπτομερειών, όμως αυτές οι λεπτομέρειες έχουν όλο και λιγότερη σχέση μεταξύ τους και απαιτούν την ενσωμάτωσή τους σε συνεκτικά σύνολα. Δεν αμφιβάλλω ότι θα κατηγορηθώ για υπεραπλούστευση και ίσως δίκαια, γιατί η ευρύτητα του αντικειμένου συνεπάγεται αναγκαστικά μιαν έλλειψη λεπτομερειών και ακρίβειας.

Φίλοι και συνάδελφοι με ρωτούν κάθε τόσο γιατί επιμένω ν' ασχολούμαι με ολόκληρη την εξέλιξη, ακόμα και με ολόκληρο το Σύμπαν, αφού θέλω να μιλήσω απλώς για τα ανθρώπινα ζητήματα, γιατί δε στενεύω το οπτικό μου πεδίο σε διαστάσεις που να με διευκολύνουν στην εργασία μου. Η απάντησή μου είναι ότι η συνέχεια είναι εκείνη που δίνει το νόημα και μια σοβαρή αναζήτηση της συνέχειας είναι μια συνεχώς διευρυνόμενη διαδικασία που οδηγεί αναπόφευκτα στη μεγαλύτερη αλληλουχία απ' όλες: σε ολόκληρο το Σύμπαν. Καθώς οι συνέχειες της ανθρώπινης ιστορίας – ιδιαίτερα η συνέχεια της εξέλιξης – γίνονταν σαφέστερες για μένα, μου αποκάλυπταν μια απλή αλλά κομψή βιολογική άποψη για τους λόγους για τους οποίους η ανθρώπινη κατάστασή μας έχει γίνει τόσο κρίσιμη και τι μπορούμε να κάνουμε για να τη βελτιώσουμε.

Άλλοι με ρωτούν γιατί δείχνω τέτοιο ζήλο για να σώσω την ανθρωπότητα, όταν αποδεικνύεται ότι είναι κοινωνικά και οικολογικά τόσο αυτοκαταστροφική. Σ' αυτό, μπορώ ν' απαντήσω απ' ό,τι βλέπω εγώ, ότι κάθε υγιές έμβυο ον ή σύστημα στη φύση έχει αναπτύξει μια συμπεριφορά που προάγει την επιβίωσή του και δεν εξαιρώ τον εαυτό μου απ' αυτό το φυσικό κανόνα υγείας.

Δεν μπορώ ν' ανακηρύξω σε «πραγματικότητα» την κοσμοθεωρία που προκύπτει από τη δουλειά μου, όπως δεν μπορεί να το κάνει κανένας μεμονωμένος φιλόσοφος που εργάζεται για τη δημιουργία μιας τεκμηριωμένης κοσμοθεωρίας σε ένα συγκεκριμένο τόπο και χρόνο, αντλώντας από την επιστημονική και ιστορική γνώση αυτού του τόπου και του χρόνου. Η φιλοσοφία είναι μια έντονα προσωπική αναζήτηση που ελπίζει κανείς ότι θα είναι σημαντική και για άλλους, ότι θα επαληθευτεί από τη δική τους εμπειρία, θα τους προσφέρει κάποια γνώση και καθοδήγηση, ή τουλάχιστον θα τους ερεθίσει μέσα από τη διαφωνία τους ώστε να ερευνήσουν παραπέρα μόνοι τους.

Όμως, ένα έργο φιλοσοφίας αντανακλά επίσης την ευρύτερη συνέχεια και τις αναζητήσεις ενός πολιτισμού σ' ένα συγκεκριμένο στάδιο και η άποψη αυτού του βιβλίου ως προς τη βιολογική εξέλιξη αντανακλά μια γενικότερη τάση για την αναζήτηση της προέλευσης και της κατεύθυνσής μας στη φύση – μια αναβίωση της αναζήτησης που είχαν αρχίσει οι αρχαίοι προσωκρατικοί φιλόσοφοι και που μάλιστα φτάνει ακόμα πιο παλιά, μέχρι τις ρίζες της θρησκείας – η αναζήτηση του re-ligio (θρησκεία), της επανα-σύνδεσης με τις απαρχές μας στη φύση ή τον κόσμο, μέσα στον οποίο δημιουργηθήκαμε και μέσα στον οποίο συνεχίζουμε τη δημιουργία μας.

Παραδόξως, ο διαχωρισμός μας από τη φύση, που τον επιβάλαμε οι ίδιοι στους εαυτούς μας μέσα από μια «αντικειμενική» μηχανική θεώρηση του κόσμου τις τελευταίες χιλιετίες, οδήγησε στην επιστημονική γνώση που μας δίνει τη δυνατότητα να κατανοήσουμε και να επανενταχθούμε στην αυτοοργάνωση της φύσης. Μας έχει φέρει επίσης σ' ένα στάδιο τεχνολογίας που μας επιτρέπει να ανταλλάσσουμε τις ανακαλύψεις μας και τις απόψεις μας σε χρόνο μηδέν σε ολόκληρο τον πλανήτη, να συνεργαζόμαστε συνολικά ως ανθρωπότητα, με την ελπίδα ότι θα ξεπεράσουμε τη σημερινή μας κρίση και θα δημιουργήσουμε ένα πολύ πιο υγιές κι ευτυχισμένο μέλλον για τους εαυτούς μας και για όλη την υπόλοιπη ζωή πάνω στη Γη.

Παρ' όλο που η ίδια η εργασία γι' αυτό το βιβλίο έγινε σε σχετική απομόνωση και χωρίς οικονομική υποστήριξη, είμαι βαθύτατα υποχρεωμένη και ευγνώμων σε πολλούς δασκάλους και φίλους, από τα πλάσματα του δάσους με τα οποία πέρασα τα πρώτα μου χρόνια, μέχρι τον Τζιμ και τη Λιν Μάργκουλις, που όχι μόνο με ενημέρωναν και με ενέπνεαν τα τελευταία χρόνια, αλλά και μου πρόσφεραν ανεκτίμητη ενθάρρυνση, εμπιστοσύνη και ευκαιρίες για να ολοκληρώσω το έργο μου αυτό.

ΕΛΙΣΑΒΕΤ ΣΑΧΤΟΥΡΗ
Μετόχι, Αγκίστρι, Ελλάδα
Ιούλιος 1988

ΠΡΟΛΟΓΟΣ

Η υπόθεση της Γαίας – που έχει ήδη φτάσει στο επίπεδο ώστε να μπορεί ν' αποκαλείται Θεωρία της Γαίας – ωριμάζει με την πορεία και τις δοκιμασίες του χρόνου, ακριβώς όπως κι οι άνθρωποι αυτού του βιβλίου. Ωθεί σε πολλές επιστημονικές έρευνες πάνω στη γεωφυσιολογία του ζωντανού μας πλανήτη. Ωθεί επίσης και σε φιλοσοφικές σκέψεις για το τι σημαίνει για το είδος μας ν' αποτελεί μέρος ενός ζωντανού πλανήτη. Μερικές απ' αυτές τις απόψεις παραμένουν προσεχτικά μέσα στα παραδεκτά όρια της επιστήμης· άλλες έχουν μια θρησκευτική ροπή. Οι περισσότερες, ιδιαίτερα οι περιβαλλοντολογικές θεωρίες, υπερασπίζονται την ανθρωπότητα καθώς ενδιαφέρονται κατά πρώτο λόγο για την ανθρώπινη επιβίωση. Μερικές, ακολουθώντας τη συνεργάτιδά μου Λιν Μάργκουλις κι εμένα τον ίδιο, υπερασπίζονται τον πλανήτη και τα πολυδυσφημισμένα μικρόβια που αποτελούν τις απαρχές του συστήματος της Γαίας και που εξακολουθούν να κάνουν τη βασική της δουλειά.

Η θεωρία της Ελισάβετ Σαχτούρη συνδέει την επιστημονική εξέλιξη της Γαίας με την ανθρώπινη αναζήτηση για επανασύνδεση με τις ρίζες μας και μας εμπνέει για να πάρουμε μαθήματα από τα δισεκατομμύρια χρόνια της εμπειρίας της Γαίας στην αυτοοργάνωση λειτουργικών ζωντανών συστημάτων. Εξισορροπεί καλά την υπερά-

σπιση του πλανήτη και των ανθρώπων, εναποθέτοντας στους τελευταίους την ευθύνη ν' αναγνωρίσουν την έλλειψη ωριμότητας που συνεπάγεται η πεποίθηση ότι μπορούν να χειραγωγήσουν τον πλανήτη και να μάθουν ν' ακολουθούν τις κατευθυντήριες γραμμές του στην αυτοοργάνωσή τους.

Η Ελισάβετ μάς αποκαλύπτει σημαντικούς παραλληλισμούς ανάμεσα στην εξέλιξη των κυττάρων και την εξέλιξη της ανθρώπινης κοινωνίας και καταδεικνύει την αντίθεση ανάμεσα στην υγιή οργάνωση των κυττάρων, των σωμάτων και των βιοσυστημάτων από τη μια πλευρά, και την κάθε άλλο παρά υγιή οργάνωση της οικονομίας και της πολιτικής στην ανθρώπινη κοινωνία από την άλλη. Ενώ ισχυρίζεται ότι η κοινωνική μας εξέλιξη δε βρίσκεται τόσο υπό τον έλεγχό μας όσο θα μας άρεσε να πιστεύουμε, μας προειδοποιεί ότι η επιβίωσή μας εξαρτάται από το αν θ' ανταποκριθούμε στην εξελικτική ανάγκη να μετατρέψουμε την ανταγωνιστική εκμετάλλευση σε συνεργασιακή σύμπραξη.

Συνολικά οι συμβουλές της είναι λογικές, επειδή μπήκε η ίδια στον κόπο να αντλήσει γνώσεις κατ' ευθείαν από τη φύση καθώς και από το αυξανόμενο απόθεμα των επιστημονικών γνώσεων που παρέχονται. Στον πρόλογο του δικού μου βιβλίου **Οι Εποχές της Γαίας** έλεγα ότι ο τόπος όπου γράφτηκε ήταν σημαντικός για την κατανόησή του. Το ότι ζω κι εργάζομαι στην εξοχή του Ντέβονσαϊερ, μακριά από πανεπιστήμια και μεγάλους ερευνητικούς οργανισμούς, με κάνει εκκεντρικό ως επιστήμονα, όμως, όπως έλεγα, είναι ο μόνος τρόπος για να εργαστεί κανείς πάνω σε ένα μη συμβατικό θέμα σαν τη Γαία. Όταν γνώρισα την Ελισάβετ, αφού είχα δεχτεί την πρόσκλησή της ν' αναζητήσω τις ρίζες της Γαίας στην Ελλάδα, κατάλαβα αμέσως πως είχαμε κοινά σημεία. Είχε εγκαταλείψει κι εκείνη το ακαδημαϊκό περιβάλλον κι είχε επιλέξει έναν απλό τρόπο ζωής, στο είδος του φυσικού περιβάλλοντος που μας βοηθάει να καταλάβουμε τη σημασία του Πλανήτη μας και του Είδους μας. Ήταν ελεύθερη να αναπτύξει τη δική της θεωρία της Γαίας μέσα από μια σύνθεση επιστημονικής γνώσης και προσωπικής εμπειρίας από τη φύση. Παραδόξως, μου εξέφρασε κάποια ανησυχία, κάποια ενοχή, επειδή είχε εγκαταλείψει το επιστημονικό της επάγγελμα κι είχε επιλέξει μια ευχάριστη ζωή σ' ένα δάσος πάνω από τη θάλασσα, το είδος του δάσους που ήταν το σπίτι της στα παιδικά της χρόνια κι όπου μπορούσε να διαλογίζεται μόνη της για τη σημασία των πραγμάτων. Καθώς διάβαζα το έργο της που προχωρούσε, τη διαβεβαίωσα ότι ποτέ δε θα μπορούσε να είχε κάνει κάτι παρόμοιο σ' ένα περιοριστικό ακαδημαϊκό περιβάλλον.

Τα χρόνια που μεσολάβησαν, ακόμα και μέσα στο σύντομο διάστημα από τότε που έγραφα ότι η Γαία είναι ένα μη συμβατικό θέμα, επιστήμονες λιγότερο εκκεντρικοί απ' ό,τι εγώ έκαναν το θέμα της Γαίας κάπως πιο συμβατικό, με την έννοια ότι η Θεωρία της Γαίας αναγνωρίζεται πια ως μια θεμιτή και γόνιμη βάση για επιστημονικές έρευνες και έτσι τοποθετείται στο επιστημονικό πλαίσιο. Στην πρώτη μας περιγραφή της Γαίας ως συστήματος, ούτε η Λιν Μάργκουλις ούτε εγώ δεν κατανοούσαμε απόλυτα τι ήταν αυτό που περιγράφαμε. Η γλώσσα μας έμεινε ανθρωπομορφική και, ιδιαίτερα στο πρώτο μου βιβλίο, **Γαία: – μια νέα Θεώρηση της Ζωής στον Πλανήτη**, ποιητική. Δεν είναι παράξενο ότι μερικοί επιστήμονες παρεξήγησαν τις προθέσεις μας και μας κατηγόρησαν, επειδή λέγαμε πως οι οργανισμοί λειτουργούν με κάποια έμφυτη σκοπιμότητα για να ρυθμίζουν το κλίμα και τη χημική σύνθεση του πλανήτη. Η ιδέα της σκοπιμότητας στα φυσικά συστήματα είναι βέβαια ένα επιστημονικό ταμπού, μια αιρετική αμαρτία. Αυτή η αίρεση αποφεύγεται στη σαφέστερη σύγχρονη εκδοχή, δηλαδή στη Θεωρία της Γαίας. Αυτή η θεωρία βλέπει την εξέλιξη του υλικού περιβάλλοντος και την εξέλιξη των οργανισμών στενά δεμένες σε μια ενιαία και αδιαίρετη διαδικασία ή σε έναν ενιαίο τομέα. Η Γαία, με την ικανότητά της για ομοιόσταση, αποτελεί μιαν ανακύπτουσα ιδιότητα αυτού του τομέα. Δε χρειάζεται να επικαλείται κανείς ζητήματα σκοπιμότητας ή πρόνοιας στην εξέλιξη αυτού του ενιαίου τομέα, όπως δε χρειάζεται να τα επικαλείται στην εξέλιξη των δικών μας σωμάτων, στο πλαίσιο της Γαίας.

Όπως τοποθετεί το θέμα ένα πρόσφατο άρθρο στο επιστημονικό περιοδικό **Science**, «Η Γαία, όχι πια αυθαίρετη, γίνεται αξιοσέβαστη». Αυτό σημαίνει ότι οι επιστήμονες που ασχολούνται με τη Θεωρία της Γαίας πιέζονται από τις γραφειοκρατικές δυνάμεις, από τις απαιτήσεις των αξιωμάτων και από τις φυλετικές διαιρέσεις και τους κανόνες των επιστημονικών ειδικοτήτων. Αυτό με τη σειρά του σημαίνει ότι θα χρειαστούμε κάποιο αντίδοτο για τις αναπόφευκτες διαιρέσεις και πιέσεις. Θα χρειαστούμε ανεξάρτητους ανθρώπους που θα συνθέτουν και θα οραματίζονται αλλά πρέπει και να μπορούν να αξιοποιούν τα στοιχεία που θα παράγονται από το επιστημονικό κατεστημένο και να μας τα παρουσιάζουν με τρόπους που να κάνουν για μας αληθινό το ζωντανό πλανήτη μας μέσα στην αλληλουχία της Γαίας και έτσι να δίνουν νόημα στις ζωές μας και στις ζωές των παιδιών και των εγγονιών μας.

Αυτό σημαίνει για μένα η εργασία της Ελισάβετ Σαχτούρη, επειδή συνδυάζει πειστικά τους παραδοσιακούς ξεχωριστούς τομείς της βιολογίας, της γεωλογίας και των ατμοσφαιρικών επιστημών, για να μας δείξει την εξέλιξη του ζωντανού μας πλανήτη και τις δικές μας ρίζες σ' αυτόν. Επίσης μας εμπνέει με ηθικά επιχειρήματα να διδαχτούμε από αυτόν τον πλανητικό οργανισμό του οποίου αποτελούμε μέρος και μας δείχνει πώς μπορούμε να ωριμάσουμε ως ένα είδος καλά ενσωματωμένο στον ευρύτερο χορό της ζωής.

Η Ελισάβετ χρησιμοποιεί εύστοχα τη μεταφορά του χορού, γιατί στο χορό εμπεριέχονται οι έννοιες του αυτοσχεδιασμού και της εξέλιξης, η δημιουργία τάξης από το χάος, οι μυριάδες σχηματισμοί που μπορούν να δημιουργηθούν από λίγα βασικά βήματα. Εγώ ο ίδιος, είμαι εφευρέτης επιστημονικών οργάνων κι έτσι αποτελεί δεύτερη φύση για μένα να σκέφτομαι με όρους μηχανικών και μα-

θηματικών μοντέλων. Τα μοντέλα της Κυβερνητικής αποδείχθηκαν ιδιαίτερα χρήσιμα στην εργασία μου για να καταδείξω πώς μπορεί να λειτουργεί η ομοιόσταση της Γαίας, όπως π.χ. η διατήρηση της θερμοκρασίας της Γης. Κι όμως, συμφωνώ απόλυτα με την Ελισάβετ ότι, όποιο μοντέλο της φύσης κι αν φτιάξουμε, είναι κατά βάθος μεταφορικό, επειδή αρχίζει με κάποια εικόνα ή φόρμουλα οικεία για μας τους ανθρώπους, που χρησιμοποιείται για να παρουσιαστούν οι πολυπλοκότητες της φύσης με απλούς, κατανοητούς και χρήσιμους τρόπους. Καμιά μεταφορά δε θα πρέπει να συγχέεται με την πραγματικότητα και ίσως μια ποικιλία μεταφορών να μας εξασφαλίζει από τον πειρασμό να γίνει αυτή η σύγχιση. Εντυπωσιάζομαι όλο και πιο πολύ από τους επιστήμονες και τους φιλοσόφους που βρίσκουν μη-μηχανικές μεταφορές για φυσικά συστήματα, χρήσιμα για την ερμηνεία της Θεωρίας της Γαίας.

Η ανάλυση της επιστήμης από την Ελισάβετ αντανακλά μια τάση που είναι πιθανό να κάνει στο προσεχές μέλλον την επιστήμη τόσο αγνώριστη, όσο θα ήταν η σημερινή επιστήμη για τους αρχαίους. Κάνει καλά και μας θυμίζει ότι η Επιστήμη είναι μια ανθρώπινη δραστηριότητα που εξελίσσεται, ένα ζωντανό σύστημα όπου ο συντηρητισμός θα πρέπει να εξισορροπείται με την υγιή διαφωνία. Άλλωστε, όπως τόσο καλά το περιγράφει, όλα τα συστήματα της Γαίας προσπαθούν αδιάκοπα να διατηρήσουν τη συνεργασία τους μέσα από τα αντιτιθέμενα συμφέροντά τους, την ενότητά τους μέσα από τις διαφορές τους.

Η αισιόδοξη άποψη που ακτινοβολεί τούτο το βιβλίο, ότι παρά τα σφάλματα και τις ανωριμότητές μας μπορούμε ακόμα να γίνουμε ένα υγιές είδος του υγιούς πλανήτη, είναι εντελώς απαραίτητη σ' αυτή την εποχή των καταστροφολογικών προφητειών. Παρ' όλο που ο χρόνος λιγοστεύει καθώς συνεχίζουμε την καταστροφή των δασών, της ατμόσφαιρας και άλλων κρίσιμων συστημάτων της Γαίας, τίποτε δεν θα μ' έκανε προσωπικά πιο ευτυχι-

σμένο από το να δω τη Θεωρία της Γαίας να συμβάλει για τη δημιουργία ενός καλύτερου κόσμου για τη Γαία και τους ανθρώπους της.

Τζέιμς Η. Λόβλοκ
Κουμπ Μιλ, Κορνουάλη, Αγγλία
Ιούλιος 1988

ΓΑΙΑ

1. Ένα παραμύθι ειπωμένο δυο φορές

Ο καθένας μας ξέρει ότι η ανθρωπότητα βρίσκεται σε κρίση – πολιτική, οικονομική, πνευματική, οικολογική – μ' όποιον τρόπο κι αν το δούμε. Πολλοί βλέπουν την ανθρωπότητα κοντά στην αυτοκτονία εξαιτίας της ίδιας μας της τεχνολογίας. Πολλοί άλλοι πιστεύουν ότι εμείς οι άνθρωποι αξίζουμε την οργή του Θεού ή της φύσης ως τιμωρία για τις αμαρτίες μας. Όπως κι αν το δούμε, φοβόμαστε βαθιά ότι ίσως να μην επιβιώσουμε για πολύ ακόμα. Κι όμως το ένστικτο της επιβίωσης είναι το ισχυρότερο ένστικτο που έχουμε και δεν παύουμε ν' αναζητούμε λύσεις ακόμα και μέσα στην κρίση.

Η πρόταση που κάνει αυτό το βιβλίο είναι να δούμε τους εαυτούς μας στο πλαίσιο της βιολογικής εξέλιξης τους πλανήτη μας, σαν ένα νέο ακόμα, πειραματικό είδος, με στάδια εξέλιξης που είναι παράλληλα με τα στάδια της ατομικής μας εξέλιξης. Απ' αυτήν την προοπτική, η ανθρωπότητα βρίσκεται σήμερα στην κρίση της εφηβείας και, ακριβώς γι' αυτό, βρίσκεται και στο κατώφλι της ωριμότητας – είναι σε θέση να γίνει πραγματικά ανθρώπινη με όλη τη σημασία της λέξης. Όπως ένας έφηβος με προβλήματα, έχουμε την τάση να συγκεντρωνόμαστε στην ίδια την κρίση ή στην απεγνωσμένη αναζήτηση μεμονωμένων πολιτικών, οικονομικών, επιστημονικών ή πνευματικών λύσεων. Αυτό μας περιορίζει και μας κάνει να μη βλέπουμε την ευρύτερη εικόνα, τις λεωφόρους της πραγματικής βοήθειας. Αν αντίθετα ζητήσουμε ταπεινά βοήθεια από τη φύση που μας γέννησε, θα βρούμε βιολογικές απαντήσεις για να λύσουμε αμέσως τα μεγαλύτερά μας προβλήματα. Θα μάθουμε πώς να κάνουμε το υγιές πέρασμα στην ωριμότητα.

Μερικές απ' αυτές τις βιολογικές απαντήσεις είναι μαζί μας καθημερινά, σ' όλη μας τη ζωή, μέσα στο ίδιο μας το σώμα. Άλλες μπορούν να βρεθούν σε διάφορες εποχές και στάδια του ευρύτερου ζωντανού οργανισμού του οποίου αποτελούμε μέρος – του πλανήτη Γη. Από τη στιγμή που θα βρούμε αυτές τις απαντήσεις, θα μας φανεί παράξενο πώς αργήσαμε τόσο να τις ανακαλύψουμε.

Ο λόγος που δεν τις βρίσκαμε είναι ότι δεν κατανοούσαμε τους εαυτούς μας ως έμβια όντα μέσα σ' ένα ευρύτερο ον, με την ίδια έννοια που τα κύτταρά μας αποτελούν μέρη του καθενός μας. Η πνευματική κληρονομιά μας εδώ και χιλιάδες χρόνια, που αναπτύχθηκε πιο έντονα τους τελευταίους αιώνες της επιστήμης, ήταν να βλέπουμε τους εαυτούς μας ξεχωριστούς από την υπόλοιπη φύση, να πείθουμε τους εαυτούς μας ότι βλέπουμε τη φύση *αντικειμενικά* – δηλαδή σε απόσταση από μας – και να την αντιλαμβανόμαστε ή τουλάχιστον να την απεικονίζουμε σαν ένα πελώριο μηχανισμό.

Αυτή η αντικειμενική μηχανική κοσμοθεωρία έχει τις βάσεις της στην αρχαία Ελλάδα, όταν οι φιλόσοφοι χωρίστηκαν σε δυο σχολές σκέψης σχετικά με τον κόσμο. Η μία έλεγε ότι όλη η φύση, συμπεριλαμβανομένων και των ανθρώπων, είναι ζωντανή και αυτοδημιουργική, ότι δημιουργεί αδιάκοπα τάξη από την αταξία. Η άλλη έλεγε ότι ο «πραγματικός» κόσμος μπορεί να κατανοηθεί μόνο μέσα από την καθαρή λογική, όχι από την άμεση εμπειρία, κι ότι είναι το γεωμετρικό δημιούργημα του Θεού – μόνιμα μηχανικός και τέλειος, παρά την ψευδαίσθησή μας ως προς την αταξία του. Αυτή η μηχανική/θρησκευτική κοσμοθεωρία υποσκέλισε την παλαιότερη θεωρία της ζωντανής φύσης κι έγινε θεμέλιο ολόκληρης της Δυτικής κοσμοθεωρίας μέχρι σήμερα.

Έτσι, φιλόσοφοι όπως ο Πυθαγόρας, ο Παρμενίδης κι ο Πλάτων υπήρξαν οι θεμελιωτές της μηχανικής μας κοσμοθεωρίας, ενώ ο Γαλιλαίος, ο Καρτέσιος κι άλλες μορφές της Αναγέννησης τη μετέτρεψαν στο επιστημονικό και τεχνολογικό εγχείρημα που έχει από τότε κυριαρχήσει στην ανθρώπινη εμπειρία.

Τι θα γινόταν αν είχε υπερισχύσει το αντίθετο; Τι θα είχε συμβεί αν ο Θαλής, ο Αναξίμανδρος κι ο Ηράκλειτος, οι οργανικοί φιλόσοφοι που έβλεπαν ολόκληρο τον κόσμο ζωντανό, είχαν κερδίσει σ' εκείνη την αρχαία ελληνική διαμάχη; Τι θα γινόταν αν ο Γαλιλαίος, καθώς πειραματιζόταν τόσο με το τηλεσκόπιο όσο και με το μικροσκόπιο, είχε χρησιμοποιήσει το δεύτερο για ν' αναζητήσει αποδείξεις της θεωρίας του Αναξίμανδρου για τη βιολογική εξέλιξη εδώ στη γη, αντί να κοιτάζει τον ουρανό για να επιβεβαιώσει την ουράνια μηχανική του Αρίσταρχου; Με άλλα λόγια, τι θα είχε γίνει, αν η σύγχρονη επιστήμη και η άποψή μας για την ανθρώπινη κοινωνία είχαν βασιστεί στην οργανική βιολογία και όχι στη μηχανική φυσική;

Δε θα μάθουμε ποτέ πόσο διαφορετική θα ήταν η πορεία των ανθρώπινων πραγμάτων αν είχαμε πάρει αυτό το δρόμο, αν η φυσική είχε αναπτυχθεί στον ίσκιο της βιολογίας και όχι το αντίθετο. Όμως φαίνεται ότι τελικά είμαστε προορισμένοι να βρούμε το βιολογικό δρόμο, καθώς η μηχανική κοσμοθεωρία με την οποία ζήσαμε τόσον καιρό δίνει τώρα τη θέση της σε μιαν οργανική θεωρία — για να είμαστε δίκαιοι, μια οργανική θεωρία που τη δυνατότητα γι' αυτήν μας την έδωσε η ίδια η τεχνολογία που γεννήθηκε από τη μηχανική μας θεωρία.

Η ίδια τεχνολογία που μας επιτρέπει να φτάσουμε στο Διάστημα μας επέτρεψε ν' αρχίσουμε να βλέπουμε την πραγματική φύση του ίδιου μας του πλανήτη — ν' ανακαλύψουμε ότι είναι ζωντανός κι ότι είναι ο μόνος ζωντανός πλανήτης που γυρίζει γύρω από τον ήλιο μας. Οι επιπτώσεις αυτής της ανακάλυψης είναι τεράστιες και μόλις που αρχίσαμε να τις εξετάζουμε. Αισθανθήκαμε δέος όταν οι αστροναύτες έλεγαν ότι η γη φαίνεται σαν ένα ζωντανό πλάσμα από το διάστημα και μείναμε κι οι ίδιοι έκθαμβοι από την ολοφάνερη ζωντανή ομορφιά της όταν είδαμε με τα μάτια μας τις φωτογραφίες της. Όμως πέρασε καιρός ώσπου να συσσωρευτούν οι επιστημονικές αποδείξεις ότι η Γη είναι ένας ζωντανός πλανήτης κι όχι απλώς ένας πλανήτης με ζωή πάνω του και πολλοί επιστήμονες εξακολουθούν ν' αντιστέκονται στη νέα αντίληψη, επειδή θα επιφέρει βαθιές αλλαγές σε όλους τους κλάδους της επιστήμης και πολύ περισσότερο σ' ολόκληρη την κοινωνία.

Αρχικά είναι δύσκολο να καταλάβει κανείς τη διαφορά ενός πλανήτη με ζωή πάνω του από έναν ζωντανό πλανήτη. Ας πάρουμε ως παράδειγμα τη λέξη, την έννοια, την πρακτική της «οικολογίας», που έχει γίνει οικεία σε όλους μας μέσα σε λίγες δεκαετίες από τότε που αρχίσαμε να συνειδητοποιούμε τη μόλυνση και την καταστροφή του περιβάλλοντος από το οποίο εξαρτάται η ίδια μας η ζωή. Η οικολογική μας αντίληψη και πρακτική υπήρξε ένα μεγάλο, σημαντικό βήμα για να κατανοήσουμε τη σχέση μας με το περιβάλλον μας και με τα άλλα είδη. Κι όμως, παρ' όλη τη σοβαρή ανησυχία μας για το περιβάλλον, δεν καταφέρνουμε ακόμα ν' αναγνωρίσουμεε τους εαυτούς μας ως μέρη ενός πολύ μεγαλύτερου ζωντανού οργανισμού. Είναι άλλο πράγμα να προσέχουμε το περιβάλλον μας για να διατηρηθεί και να παρεμείνει ευνοϊκό για τη ζωή κι εντελώς άλλο πράγμα να γνωρίζουμε βαθιά ότι το περιβάλλον μας, όπως κι εμείς οι ίδιοι, αποτελεί μέρος του σώματος ενός γήινου οργανισμού.

Παρά το γεγονός ότι η μελέτη της γης ως ζωντανού οργανισμού είναι ακόμα νέα, ξέρουμε ήδη μερικά πράγματα για την εξέλιξή της ως «έμβρυο» και για τη σημερινή της φυσιολογία. Η Γη μεταμορφώθηκε σ' ένα θησαυρό από ζωντανά είδη, οργανωμένα σε περιβάλλοντα, με τον ίδιο περίπου τρόπο που τα γονιμοποιημένα ωάρια μεταμορφώνονται σ' ένα πλήθος διαφορετικά κύτταρα, οργανωμένα σε όργανα, μόνο που στην περίπτωση της γης ο οργανισμός ωριμάζει χωρίς να σπάζει το κέλυφός του.

Τα αρχαιότερα είδη στα οποία μεταμορφώθηκαν τα υλικά του φλοιού της γης δημιούργησαν τα δικά τους περιβάλλοντα κι αυτά τα περιβάλλοντα με τη σειρά τους διαμόρφωσαν την τύχη των ειδών, με τον ίδιο τρόπο που τα κύτταρα δημιουργούν το περιβάλλον τους και δημιουργούνται απ' αυτό, στη δική μας εμβρυολογική ανάπτυξη. Όσο για τη φυσιολογία, ξέρουμε ήδη ότι η γη ρυθμίζει τη θερμοκρασία της – όπως όλα τα ομοιόθερμα πλάσματά της – έτσι ώστε να παραμένει σε όρια που να είναι υγιεινά για τη ζωή, παρά τη διαρκώς αυξανόμενη θερμότητα του ήλιου. Και ακριβώς όπως τα σώματά μας διαρκώς ανανεώνουν και προσαρμόζουν την ισορροπία των χημικών ουσιών στο δέρμα και το αίμα μας, στα κόκαλά μας και σε άλλους ιστούς, το ίδιο και η γη αδιάκοπα ανανεώνει και προσαρμόζει την ισορροπία των χημικών ουσιών στην ατμόσφαιρα, στις θάλασσες και στα εδάφη της. Πώς λειτουργούν αυτά τα φυσιολογικά συστήματα είναι κατά ένα μέρος ήδη γνωστό, κατά ένα άλλο δεν έχει ακόμα αποκαλυφθεί, ακριβώς όπως συμβαίνει με τα φυσιολογικά συστήματα του σώματός μας. Ασφαλώς είναι ολοφάνερο ότι δε μελετάμε τη μηχανική φύση του Διαστημοπλοίου Γη, αλλά την αυτοδημιουργική και αυτοσυντηρούμενη φυσιολογία ενός ζωντανού πλανήτη.

Εξακολουθούμε να χρησιμοποιούμε τη νεότερη ιδέα της Ζωντανής Γης – που ονομάστηκε Γαία όπως η θεά της Γης των αρχαίων ελληνικών μύθων – περισσότερο σαν μια ποιητική ή πνευματική μεταφορά παρά σαν επιστημονική πραγματικότητα. Ωστόσο, το όνομα Γαία δεν αποσκοπούσε ποτέ να υπονοήσει ότι η γη είναι θηλυκό ον – η ενσάρκωση της Μεγάλης Θεάς ή της ίδιας της Μητέρας Φύσης – ή να δημιουργήσει μια νέα θρησκεία (αν και δε θα μας έκανε κακό να λατρεύουμε τον πλανήτη μας ως το μεγαλύτερο Ον που την ύπαρξή του την διαισθανόμασταν από αμνημονεύτων χρόνων). Αποσκοπούσε απλώς να ορίσει την έννοια μιας ζωντανής γης σε αντίθεση προς μια γη με ζωή πάνω της.

Στην πραγματικότητα, η Γη (από τα ελληνικά Γαία-Γη ή ο ρωμαϊκός τύπος «GEA»), ήταν μια αρχαιότερη ονομασία του πλανήτη μας απ' ότι το αγγλικό «EARTH». Χάθηκε στην περιπλάνηση των λέξεων από τα αρχαία ελληνικά μέσω άλλων γλωσσών στα αγγλικά. Στα ελληνικά ο πλανήτης μας πάντα ονομαζόταν Γαία με την εναλλακτική συνειρημένη γραφή «Γη», που την έχουμε στις αγγλικές λέξεις «geology», ο σχηματισμός της γης· «geometry» η μέτρηση της γης· και «geography» η χαρτογράφηση της γης. Σύμφωνα με την πρακτική μας στ' αγγλικά να δίνουμε στους πλανήτες ονόματα ελληνικών θεοτήτων με τη ρωμαϊκή ονομασία τους, στην πραγματικότητα θα έπρεπε να λέμε τη γη «GEA». Στα ελληνικά, όπως και στ' αγγλικά, χρησιμοποιόταν πάντα η ίδια λέξη για τη γη-κόσμο και για τη γη-έδαφος. Η αγγλική λέξη «EARTH» προέρχεται από μια αρχαία ελληνική ρίζα που σήμαινε «δουλεύω το χώμα», τη γη (εργ- το θέμα) που εξελίχθηκε στο όνομα της Βόρειας θεάς της γης ERDA, κι ύστερα στο γερμανικό ERDE και το αγγλικό EARTH. Έτσι, ακόμα και η λέξη «EARTH» υπονοεί μια θηλυκή θεότητα.

Μ' αυτήν την παρένθεση, που αποσκοπούσε να κάνει το όνομα Γαία περισσότερο αποδεκτό γι' αυτούς που εξακολουθούν να θεωρούν την ονομασία και την εικόνα κάπως ακατάλληλη για μια επιστημονική θεωρία, ας δούμε και τον ίδιο το μύθο – το μύθο της δημιουργίας με το χορό της Γαίας.

Η ιστορία του χορού της Γαίας αρχίζει με την εικόνα μιας στροβιλιζόμενης ομίχλης μέσα στο μαύρο κενό που ονομαζόταν Χάος από τους αρχαίους Έλληνες – μια εικόνα που μας θυμίζει σύγχρονες φωτογραφίες γαλαξιών που στροβιλίζονται στο διάστημα. Κατά το μύθο είναι η θεά Γαία που χορεύει τυλιγμένη με άσπρα πέπλα στροβιλιζόμενη μέσα στο σκοτάδι. Καθώς γίνεται ορατή και ο χορός της ζωηρεύει όλο και πιο πολύ, το σώμα της σχηματίζεται σε βουνά και πεδιάδες· ύστερα ο ιδρώτας τρέχει από πάνω της «ποτάμι» για να σχηματιστούν οι θάλασσες και τέλος τα χέρια της που σηκώνονται ψηλά δημιουργούν έναν ουράνιο άνεμο που τον ονομάζει Ουρανό και τον τυλίγει γύρω της μια προστάτη και σύντροφο.

Παρ' όλο που αργότερα εξορίζει τον ουρανό στα βάθη

της, επειδή διεκδίκησε απ' αυτήν τη δημιουργία του κόσμου, η γόνιμη ένωσή τους παράγει τα δάση και τα όντα, στα οποία περιλαμβάνονται οι γίγαντες Τιτάνες με την ανθρώπινη μορφή, που με τη σειρά τους δημιουργούν τους θεούς και τις θεές και τέλος τους θνητούς ανθρώπους.

Από την αρχή, λέει ο μύθος – πιστός στην ανθρώπινη ψυχολογία – οι άνθρωποι ήταν περίεργοι να μάθουν πώς είχαν γίνει όλα αυτά και τι θα έφερνε το μέλλον. Για να ικανοποιήσει την περιέργειά τους η Γαία άφηνε τη Γνώση και τη Σοφία της να βγαίνει στην επιφάνεια σε μέρη όπως π.χ. οι Δελφοί, όπου οι ιέρειές της την ερμήνευαν για τους άλλους ανθρώπους.

Η περιέργειά μας διατηρείται ακόμα, χιλιάδες χρόνια αφότου ο μύθος αυτός χρησίμευε ως εξήγηση της δημιουργίας του κόσμου. Και κατά μία έννοια, η Γνώση και η Σοφία της Γαίας εξακολουθούν να βγαίνουν από το σώμα της – όχι μόνο στους Δελφούς, αλλά οπουδήποτε θελήσουμε να κοιτάξουμε, σε μια επιστημονική μελέτη του ζωντανού πλανήτη μας.

Η νέα επιστημονική ιστορία της δημιουργίας της Γαίας έχει κι άλλα κοινά σημεία με τον αρχαίο μύθο. Αναγνωρίζουμε σήμερα ότι η Γη είναι ένα ενιαίο αυτοδημιουργημένο ον, που ζωντάνεψε στο στροβιλιστό χορό του μέσα στο σύμπαν και που ο φλοιός του μετατράπηκε σε βουνά και πεδιάδες, η καφτή υγρασία που ξεχυνόταν από το σώμα του σχημάτισε τις θάλασσες. Όσο ο φλοιός γινόταν όλο και πιο ζωντανός με τα βακτηρίδια, διαμόρφωνε τη δική του ατμόσφαιρα και η εμφάνιση της σεξουαλικής επαφής παρήγαγε τελικά τις μεγαλύτερες μορφές ζωής – τα δέντρα, τα ζώα και τους ανθρώπους.

Ο μύθος του χορού της Γαίας επαναλαμβάνεται έτσι, καθώς συναρμολογούμε τις επιστημονικές λεπτομέρειες για το χορό της ζωής του πλανήτη μας. Και μέσα σ' αυτό το πλαίσιο, η εξέλιξη του δικού μας είδους αποκτά μια νέα σημασία σε σχέση με το σύνολο. Από τη στιγμή που θα συλλάβουμε πραγματικά την επιστημονική πραγματικότητα του γήινου οργανισμού και τη φυσιολογία του, αναμφίβολα να αλλάξει βαθιά ολόκληρη η κοσμοθεωρία και η πρακτική μας και θα μας φανερωθεί ο τρόπος να λύσουμε προβλήματα που σήμερα μας φαίνονται μεγαλύτερα και πιο δυσεπίλυτα.

Από τη σκοπιά της θεωρίας της Γαίας, εμείς οι άνθρωποι είμαστε ένα πείραμα – ένα δοκιμαζόμενο είδος, σε σύγκρουση ακόμα με τους εαυτούς μας και τα άλλα είδη, που δεν έχουμε ακόμα μάθει να εξισορροπούμε το δικό μας χορό μ' εκείνον του συνολικού πλανήτη μας. Αντίθετα με τα περισσότερα άλλα είδη, δεν είμαστε βιολογικά προγραμματισμένοι να ξέρουμε τι πρέπει να κάνουμε. Είμαστε ένα πείραμα ελεύθερης επιλογής. Αυτό μας δίνει τεράστιο δυναμικό, ισχυρό εγωισμό και τρομερό άγχος – ένα σύνδρομο ολοφάνερα εφηβικό.

Η ανθρώπινη ιστορία μπορεί να μας φαίνεται μακρά, καθώς μελετάμε όλα όσα συνέβησαν σ' αυτήν, όμως γνωρίζουμε μόνο μερικές χιλιάδες χρόνια απ' αυτήν και υπάρχουμε ως άνθρωποι εδώ και λίγα μόνο εκατομμύρια χρόνια, ενώ η δημιουργία της Γαίας συνεχίζεται δισεκατομμύρια χρόνια. Μόλις που προλάβαμε να βγούμε από την παιδική ηλικία του είδους, κι όμως η κοινωνική μας εξέλιξη μας άλλαξε τόσο γρήγορα, ώστε βρεθήκαμε μ' ένα άλμα στην εφηβεία μας.

Οι άνθρωποι δεν είναι τα μόνα γήινα πλάσματα που δημιούργησαν προβλήματα στους εαυτούς τους και σ' ολόκληρο το σύστημα της Γαίας, όπως θα δούμε. Είμαστε ωστόσο – εκτός αν οι φάλαινες και τα δελφίνια είχαν προηγηθεί σε κάποιες περασμένες εποχές – τα πρώτα γήινα πλάσματα που μπορούμε να καταλάβουμε αυτά τα προβλήματα, να τα σκεφτούμε και να τα λύσουμε με ελεύθερη επιλογή. Στην πραγματικότητα, ο ισχυρισμός αυτού του βιβλίου είναι ότι η ωριμότητά μας ως είδους κρίνεται από το αν θα δεχτούμε την ευθύνη της φυσικής μας κληρονομιάς, της ελευθερίας μας στη συμπεριφορά μας, με το να εργαστουμε συνειδητά και αρμονικά για τη δική μας υγεία μαζί μ' εκείνη του πλανήτη μας.

Η ικανότητά μας να είμαστε αντικειμενικοί, να βλέπουμε τους εαυτούς μας ως το «εγώ» ή το «μάτι» του κόσμου μας, ως πλάσματα ανεξάρτητα από τη φύση, έχει υπεραναπτύξει το εγώ μας. Καταλήξαμε να ξεχωρίσουμε το «εγώ» από το «αυτό» και να πιστεύουμε ότι το «αυτό» – ο «έξω» κόσμος – είναι δικός μας για να τον κάνουμε ό,τι θέλουμε, λέγοντας στους εαυτούς μας είτε πως είμαστε τα ευνοούμενα παιδιά του Θεού, είτε τα ευφυέστερα και τα περισσότερο φυσικά εξελιγμένα πλάσματα στη γη. Αυτή η εγωιστική νοοτροπία υπήρξε βασικός παράγοντας της εφηβικής μας κρίσης. Κι έτσι, μια νοοτροπία μεγαλύτερης ταπεινότητας και η προθυμία να δεχτούμε κάποια καθοδήγηση από το γονικό μας πλανήτη θα αποτελέσει ένα σημαντικό παράγοντα για να φτάσουμε στην ωριμότητα του είδους μας.

Τα πελώρια προβλήματα που αντιμετωπίζουμε σήμερα – ανισότητα, πείνα, η απειλή της πυρηνικής εξόντωσης και μιας πιθανής ανεπανόρθωτης ζημιάς τού φυσικού κόσμου, από τον οποίο είμαστε τόσο εξαρτημένοι όσο το καθένα από τα κύτταρά μας εξαρτάται από το σύνολο του σώματός μας για τη ζωή του – έχουν όλα δημιουργηθεί από εμάς τους ίδιους. Αυτά τα προβλήματα έχουν γίνει ανυπέρβλητα, ώστε πολλοί από μας πιστεύουν ότι δε θα κατορθώσουμε ποτέ να τα λύσουμε. Κι όμως, ακριβώς αυτή την εποχή στον ταραγμένο κόσμο μας, βρισκόμαστε στο κατώφλι της ωριμότητας, σε μια θέση όπου να μπορούμε ν' αναγνωρίσουμε ότι δεν είμαστε ούτε τέλειοι ούτε παντοδύναμοι, αλλά ότι μπορούμε να μάθουμε πολλά από έναν γονικό πλανήτη που επίσης δεν είναι τέλειος ή παντοδύναμος, αλλά έχει την πείρα δισεκατομμυρίων χρόνων στην υπέρβαση μιας ατέλειωτης σειράς από δυσκολίες, μικρές και μεγάλες.

Όταν αντιμετωπίζουμε με νέο μάτι την εξέλιξη, βλέπουμε ότι όχι μόνο άλλα είδη υπήρξαν εξίσου ταραχοποιά με το δικό μας, αλλά κι ότι πολλές, άγρια ανταγωνιστικές καταστάσεις επιλύθηκαν με ένα σχέδιο συνεργασίας. Το είδος των κυττάρων από τα οποία είναι φτιαγμένα τα σώματά μας π.χ., άρχισε με το ίδιο είδος εκμετάλλευσης ανάμεσα στα βακτηρίδια που χαρακτηρίζει τον ιστορικό μας ανθρώπινο ιμπεριαλισμό. Και μέσα από τις ίδιες τεχνολογίες μεταφορών και επικοινωνιών, που πρωτοεφευρέθηκαν απ' αυτά τα βακτηρίδια καθώς συμμαχούσαν στο συνεργατικό εγχείρημα που κατέστησε δυνατή την ύπαρξή μας, ενωνόμαστε κι εμείς σε ένα ενιαίο σώμα ανθρωπότητας που μπορεί να καταστήσει δυνατό ένα ακόμα νέο βήμα στη γήινη εξέλιξη. Αν μελετήσουμε τα μαθήματα της εξέλιξης, θ' αποκτήσουμε την ελπίδα ότι το νεοσχηματιζόμενο παγκόσμιο σώμα της ανθρωπότητας θα μπορέσει ίσως να μάθει επίσης να προτιμά τη συνεργασία αντί του ανταγωνισμού. Τα απαραίτητα συστήματα έχουν ήδη επινοηθεί και αναπτυχθεί: Μας λείπει μόνο η κατανόηση, το κίνητρο και η βούληση.

Ίσως φανεί παράξενο ότι η φύση έχει κάτι να μας διδάξει για τη συνεργατική οικονομία και πολιτική. Οι κοινωνιοβιολόγοι, που μας είπαν πολλά τις τελευταίες δεκαετίες για τη ζωική κληρονομιά της ανθρωπότητας, έτειναν να μας παρουσιάζουν μια απελπιστική εικόνα – επικαλούμενοι την εξελικτική κληρονομιά μας σαν απόδειξη ότι δε θα θεραπευτούμε ποτέ από τη μανία των εδαφικών διεκδικήσεων και της επιθετικότητας του ενός εναντίον του άλλου κι ότι, επομένως, δε θα υπάρξει τέλος στὴν οικονομική απληστία και στις πολιτικές διενέξεις. Όμως, στόχος τούτου του βιβλίου είναι να δείξει ότι οι κοινωνιοβιολόγοι παρουσίασαν μια παραπλανητική εικόνα – τόσο παραπλανητική όσο η μονόπλευρη άποψη παλαιότερων επιστημόνων ότι κάθε φυσική εξέλιξη είναι αιματηρή, σκληρή και ανταγωνιστική διαπάλη ανάμεσα στα άτομα, πάνω στην οποία έχουμε διαμορφώσει τις σύγχρονες κοινωνίες μας.

Η νέα άποψη για τη Γαία σε εξέλιξη δείχνει αντίθετα ένα πολύπλοκο δίκτυο συνεργατικής αμοιβαίας εξάρτησης, την εξέλιξη ενός σχήματος μετά το άλλο που εναρμονίζει τα αντιτιθέμενα συμφέροντα. Οι τύποι της εξέλιξης μας δείχνουν τη δημιουργική διατήρηση της ζωής σε όλη της την πολυπλοκότητα. Η φύση θυμίζει μάλλον μια μητέρα που με ταχυδακτυλουργικούς τρόπους προσπαθεί να εξασφαλίσει την ευημερία κάθε μέλους της οικογένειας, επιλύοντας τις διαφορές συμφερόντων, για να μετατρέψει την όλη οικογένεια σε ένα συνεργαζόμενο σύνολο, παρά έναν ορθολογικό μηχανισμό που σχεδιάζει τέλειους μηχανισμούς οι οποίοι υπακούουν σε νόμους που δεν αλλάζουν ποτέ. Οι επιστήμονες που ανατριχιάζουν από έναν τέτοιον *ανθρωπομορφισμό* – το να δίνει κανείς στη φύση ανθρώπινη μορφή – ας μην ξεχνούν ότι ο *μηχανομορφισμός* – το να δίνει κανείς στη φύση μηχανική μορφή – δεν είναι στην πραγματικότητα παρά ένας ανθρωπομορφισμός από δεύτερο χέρι, εφόσον οι μηχανές είναι ανθρώπινα προϊόντα. Δεν είναι πιο πιθανό η φύση στην ουσία της να μοιάζει σ' ένα από τα δικά της δημιουργήματα, παρά να μοιάζει στο άψυχο προϊόν ενός από τα δημιουργήματά της;

Οι σημαντικότεροι φιλόσοφοι των ημερών μας αναγνωρίζουν ότι σείονται τα ίδια τα θεμέλια της γνώσης μας – ότι η αντίληψη της φύσης ως μηχανισμού δεν μπορεί πια να σταθεί. Όμως, εκείνοι που επιμένουν στην παλιά αντίληψη, φοβούνται σοβαρά ότι η ανθρώπινη ζωή θα καταρρεύσει αν η γνώση για τη φύση δε θεμελιώνεται σταθερά σε μαθηματικά σημεία αναφοράς και νόμους της φυσικής. Δεν κατορθώνουν να δουν αυτό που βλέπει κάθε παιδί – ότι τα πουλιά και τα λουλούδια *λειτουργούν* – ότι η φύση τα καταφέρνει πολύ καλά αγνοώντας παντελώς τις ανθρώπινες αντιλήψεις για το πώς πρέπει να λειτουργεί.

Η μηχανή είναι στην πραγματικότητα η ίδια η αντίθεση της ζωής. Ελπίζει κανείς πάντα ότι μια μηχανή, στα διαστήματα που δε χρησιμοποιείται, δε θ' αλλάξει, γιατί μόνο αν δεν αλλάξει θα εξακολουθήσει να είναι χρήσιμη. Αν αφεθεί στην τύχη της, τελικά θα καταστραφεί από το περιβάλλον της. Οι ζωντανοί οργανισμοί, αντίθετα, δεν μπορουν να μείνουν οι ίδιοι *χωρίς* ν' αλλάζουν διαρκώς και χρησιμοποιούν το περιβάλλον τους προς όφελός τους. Ασφαλώς, οι μηχανές μας γίνονται όλο και πιο καλές στο να απομιμούνται τη ζωή. Αν δεν ήταν έτσι, μια μηχανική επιστήμη δε θα μπορούσε να προχωρήσει στην κατανόηση. Όμως, τα μηχανικά μοντέλα της ζωής εξακολουθούν να μην έχουν την ουσιαστική αυτοδημιουργικότητα της ίδιας της ζωής.

Μαθαίνουμε ότι υπάρχουν περισσότεροι από ένας τρόποι για να οργανώνονται λειτουργικά συστήματα, για να δημιουργείται τάξη και ισορροπία· ότι οι ατελείς και ελαστικές αρχές της φύσης οδηγούν σε μεγαλύτερη σταθερότητα και προσαρμοστικότητα τα φυσικά συστήματα, απ' ό,τι έχουμε καταφέρει να επιτύχουμε εμείς στα δικά μας – τόσο τα τεχνολογικά όσο και τα κοινωνικά – ακολουθώντας τούς μηχανικούς νόμους που υποθέτουμε ότι είναι φυσικοί.

Σχεδιάζουμε τις κοινωνίες μας σαν να ήταν μηχανές· κάνουμε πόλεμο ο ένας στον άλλον για το ποιος έχει την τέλεια κοινωνική οργάνωση. Η μεγαλύτερή μας διαφωνία είναι αν τα άτομα πρέπει να θυσιάζουν τα ατομικά τους συμφέροντα για την ευημερία του συνόλου, ή αν το ατομικό συμφέρον θα πρέπει να κυριαρχεί απόλυτα, με την ελπίδα ότι έτσι θα εξυπηρετηθούν τα συμφέροντα του συνόλου.

Κανένα ον στη φύση, έξω από το δικό μας είδος, δεν αντιμετωπίζει ένα τέτοιο δίλημμα και, αν συμβουλευτούμε τη φύση, ο λόγος είναι προφανής. Το δίλημμα δεν έχει νόημα, γιατί καμιά από τις δύο εναλλακτικές περιπτώσεις δεν μπορεί να λειτουργήσει. Κανένα ον στη φύση δεν μπορεί να είναι εντελώς ανεξάρτητο, παρ' όλο που η ανεξαρτησία ενυπάρχει σε κάθε ζωντανό ον, είτε αυτό είναι κύτταρο, είτε πλάσμα, είτε μια κοινωνία, ένα είδος ή ένα ολόκληρο οικοσύστημα. Κάθε ον αποτελεί μέρος ενός μεγαλύτερου όντος και γι' αυτό το ατομικό του συμφέρον πρέπει να προσαρμόζεται στα συμφέροντα του μεγαλύτερου όντος στο οποίο ανήκει. Έτσι η εξισορρόπηση συμφερόντων λειτουργεί παντού στη φύση, όπως θα δούμε πολλές φορές σε τούτο το βιβλίο. Για να πάρουμε ιδέες πώς οργανώνεται μια αποτελεσματική οικονομία και πολιτική δε χρειάζεται καν να κοιτάξουμε πέρα από το ίδιο μας το σώμα, που τα ποικίλα αλλά συνεργαζόμενα κύτταρα και όργανά του αποτελούν για μας ένα λαμπρό παράδειγμα πώς να διαμορφώσουμε το κοινωνικό μας μέλλον.

Η ποικιλία είναι εντελώς απαραίτητη στη φύση, κι όμως εμείς οι άνθρωποι προσπαθούμε απεγνωσμένα να την καταργήσουμε, στη φύση και στους συνανθρώπους μας. Αυτό είναι ένα από τα μεγαλύτερα λάθη που κάνουμε. Μετατρέπουμε πολύπλοκα οικοσυστήματα σε «οικονομίες» μονοκαλλιέργειας και κάνουμε ό,τι μπορούμε να πείσουμε ή να εξαναγκάσουμε τους άλλους να ασπαστούν τη γλώσσα μας, τα έθιμά μας, τις κοινωνικές δομές μας, αντί να σεβόμαστε τις δικές τους. Και οι δυο αυτές πρακτικές μάς φτωχαίνουν και μας αδυνατίζουν μέσα στα πλαίσια του συστήματος της Γαίας.

Έχουμε δίκιο ν' ανησυχούμε για την επιβίωσή μας, γιατί τη θέτουμε ανόητα σε κίνδυνο. Έχουμε άδικο να συγκεντρώνουμε την προσοχή μας στη σωτηρία ή τη χειραγώγηση της φύσης. Η Γαία θα σωθεί μόνη της – με ή χωρίς εμάς – και δε χρειάζεται καμιά συμβουλή ή βοήθεια στη λειτουργία της. Για να φροντίσουμε για τους εαυτούς μας, καλά θα κάναμε να επεμβαίνουμε όσο το δυνατόν λιγότερο στις λειτουργίες της και να διδαχτούμε όσο μπορούμε περισσότερα απ' αυτές. Η τεχνολογία μας έχει κακοποιήσει τη φύση και εξακολουθεί να την κακοποιεί, όμως οι κακοποιήσεις της τεχνολογίας οφείλονται στην αφύσικη απληστία μας, στο κίνητρο του κέρδους. Δεν υπάρχει κανένας λόγος που να εμποδίζει εμάς τους ανθρώπους να αναπτύξουμε μια αβλαβή τεχνολογία, φτάνει να συμφωνήσουμε ότι η επιθυμία μας να μεγιστοποιήσουμε τα κέρδη είναι απόλυτα αντίθετη προς τη δυναμική ισορροπία της φύσης – ότι η απληστία εμποδίζει την υγεία και την ευημερία όλων μας. Κανένα άλλο πλάσμα δεν παίρνει περισσότερα απ' όσα χρειάζεται, κι αυτό πρέπει να είναι το πρώτο μας μάθημα. Το δεύτερο είναι να μάθουμε και να μιμηθούμε το αποτελεσματικό σύστημα ανακύκλωσης της φύσης, που σε μεγάλο βαθμό λειτουργεί με την ελεύθερη ηλιακή ενέργεια.

Πρόθεση τούτου του βιβλίου είναι να συμβάλει στο να στρωθεί ο δρόμος για ένα πιο ευτυχισμένο και πιο υγιές μέλλον, μέσα από την κατανόηση της σχέσης μας με το σύστημα της Γαίας που μας γέννησε και του οποίου αποτελούμε μέρος – ενός μεγάλου όντος που, όσο κι αν αυτό μας ενοχεί, δεν είναι δικό μας για να το εξουσιάζουμε και να το χειραγωγούμε. Μπορούμε να το βλάψουμε αλλά δεν μπορούμε να το διευθύνουμε· καλύτερα να προσπαθήσουμε ν' ανακαλύψουμε τι ακριβώς είναι και τι κάνουμε εμείς, και τι μπορούμε να κάνουμε, μέσα στα πλαίσιά του.

Οι επιθετικές και καταστροφικές παρορμήσεις για κυριαρχία, κατάκτηση, χειραγώγηση και κέρδος μάς παρουσιάζονταν ως η ανθρώπινη φύση από ιστορικούς όσο κι από κοινωνιολόγους. Όμως όλο και πιο πολλά ευρύματα της αρχαιολογίας μάς δείχνουν ότι οι ανθρώπινες κοινωνίες, στο μεγαλύτερο μέρος της πολιτισμένης ιστορίας, βασίζονταν στη συνεργασία και στο σεβασμό για τη ζωή και τη φύση, όχι στον ανταγωνισμό και στη μανία του θανάτου και της τεχνολογίας. Φαίνεται ότι η παιδική ηλικία μας ως ανθρώπων – που διήρκεσε περισσότερο απ' ό,τι έχει διαρκέσει η πρόσφατη εφηβεία μας – κατευθυνόταν από θρησκευτικές εικόνες μιας προσιτής και στοργικής μητέρας θεάς, ώσπου την αντικατέστησε ένας σκληρός και απρόσιτος Πατέρας Θεός. Καθώς περνάμε την εφηβεία, αναγνωρίζουμε συχνά την αξία όσων διδαχτήκαμε στην παιδική μας ηλικία και αυτή η νέα ιστορική αντίληψή μας για τους εαυτούς μας υποστηρίζει τη γενική θέση τούτου του βιβλίου.

Όπως η ίδια η δημιουργία της Γαίας, η ανθρώπινη αντίληψη ή γνώση, εξελίσσεται διαρκώς. Τμήματα της ιστορίας που θα διαβάσετε θα έχουν ήδη αλλάξει μέχρι τη στιγμή που θα τα διαβάσετε. Άλλα θα αλλάξουν στα χρόνια που έρχονται, καθώς θ' ανακαλύπτονται νέα πράγματα για τη Γαία και για την ανθρώπινη ιστορία. Ο καθένας μας είναι ελεύθερος να βοηθήσει να βρούμε νέα μέρη της ιστορίας, να εκσυγχρονίσουμε αυτά που ήδη γνωρίζουμε και ύστερα να επανερμηνεύσουμε τα στοιχεία μας στο σύνολό τους, γιατί σε τελευταία ανάλυση κάθε ερμηνεία έχει το προσωπικό της χρώμα και γεύση.

Το επόμενο κεφάλαιο αφορά τις αρχές του σύμπαντος ως ζωντανού πλαισίου του ζωντανού μας πλανήτη· τα επόμενα κεφάλαια, μέχρι τη μέση του βιβλίου, μιλούν για την εξέλιξη της Γαίας, τα δισεκατομμύρια χρόνια πριν εμείς οι άνθρωποι αποτελέσουμε τμήμα της. Εκείνοι που ενδιαφέρονται για την ιστορία της ανθρώπινης κοινωνίας μπορεί να αισθανθούν τον πειρασμό να παραλείψουν το πρώτο μέρος του κειμένου, όμως η επιστημονική παρουσίαση της εξέλιξης σε τούτο το βιβλίο δεν μπορεί να διαχωριστεί από την ανθρώπινή μας κοινωνική ιστορία. Μόνο μέσα σ' αυτό το πλαίσιο μπορούμε να εκτιμήσουμε πόσο νέο είδος είμαστε και πόσο διαφέρουμε από την υπόλοιπη φύση, αλλά και να δούμε ταυτόχρονα πώς μπορούμε να επωφεληθούμε από την τεράστια πείρα της για να προσαρμοστούμε σ' αυτήν περισσότερο αρμονικά.

Απ' αυτό εξαρτώνται σήμερα τα πάντα· η μόνη μας εναλλακτική λύση είναι η αυτοκτονία μας ως είδους και πραγματικά δεν υπάρχει κανένας λόγος για να κάνουμε μια τέτοια δραματική εφηβική έξοδο, αντί να μεγαλώσουμε, να αναλάβουμε τις ευθύνες μας ως ενήλικοι και να δρέψουμε τις απολαύσεις της δημιουργικής ωριμότητας. Ας ακολουθήσουμε λοιπόν την εξέλιξη της δημιουργίας της Γαίας και της δικής μας ιστορίας ως κοινωνικών και τεχνολογικών πλασμάτων μέσα σ' αυτόν το μεγάλο χορό της ζωής. Ας δούμε ποια σημασία έχουν και ποια καθοδήγηση μπορούν όλα αυτά να μας δώσουν μέσα στη σημερινή μας κρίση, για να επιταχύνουν το δρόμο μας προς την πλήρη ωριμότητα – προς ένα ευτυχέστερο μέλλον στο οποίο θα καλλιεργούμε την υγεία τη δική μας και του πλανήτη μας μέσα στον ευρύτερο χορό του σύμπαντος.

2. *Οι απαρχές του σύμπαντος*

Ο ελληνικός μύθος της δημιουργίας από τη Γαία άρχιζε με την εικόνα της θεάς που στροβιλίζεται στο σκοτάδι, τυλιγμένη με ανεμίζοντα λευκά πέπλα. Στην αρχαία Ινδία φαντάζονταν ότι η αρχή του σύμπαντος, του κόσμου, ήταν ένας στροβιλισμός μέσα σε μια θάλασσα από γάλα.

Ίσως να μη μάθουμε ποτέ πώς οι αρχαίοι λαοί γνώριζαν ότι οι πρώτες μορφές πού δημιουργήθηκαν ήταν στροβιλιζόμενες λευκές σπείρες. Όπως κι αν το γνώριζαν, εμείς στις μέρες μας έχουμε τη δυνατότητα να δούμε με τα μάτια μας τι ήταν στην πραγματικότητα αυτά τα πρώτα στροβιλιζόμενα λευκά σχήματα στο διάστημα. Τα ονομάζουμε *πρωτογαλαξίες*. Και μάθαμε ότι ολόκληροι πρωτογαλαξίες πράγματι χορεύουν σαν στροβιλιζόμενα λευκά σχήματα στο διάστημα, πολύ πριν αναπτυχθούν μέσα τους πλανήτες και πολύ πιο πριν ακόμα ζωντανά όντα αναπτυχθούν ως μέρη των πλανητών.

Το σύμπαν, όπως μπορούν να το περιγράψουν σήμερα οι επιστήμονες, άρχισε με μια τεράστια έκρηξη ενέργειας, που την αποκαλούν Μεγάλη Έκρηξη. Μερικοί λένε ότι αυτή η έκρηξη ήταν μάλλον σαν ένα μεγάλο κύμα ενέργειας που υψώθηκε από μια ακόμα μεγαλύτερη θάλασσα ενέργειας. Ό,τι κι αν συνέβη για να γεννηθεί το σύμπαν μας, πιστεύουμε με αρκετή βεβαιότητα ότι άρχισε σαν μια πολύ θερμή ενέργεια, κινούμενη με εκρηκτική ταχύτητα που έκτοτε επεκτείνεται και ψύχεται δημιουργώντας έτσι χωρόχρονο.

Η αρχαία ελληνική λέξη *χάος* θυμάστε ότι σήμαινε αρχικά, το μηδέν, πριν υπάρξει οτιδήποτε στο σύμπαν. Αργότερα κατέληξε να σημαίνει κάτι τόσο ανακατωμένο ή αναστατωμένο ώστε να μην έχει καμιά μορφή, καμιά τάξη, κανένα νόημα – ή τουλάχιστον κανένα νόημα που μπορούμε να το διακρίνουμε εμείς οι άνθρωποι. Και οι δυο αυτοί τρόποι χρήσης της λέξης «χάος» περιγράφουν πολύ καλά την απαρχή του σύμπαντος. Ήταν η ανυπαρξία, καθώς τίποτε δεν είχε σχηματιστεί. Κι όμως είχε αρχίσει ο χορός της ενέργειας που θα δημιουργούσε τάξη ή μορφή.

Η λέξη *κόσμος* δημιουργήθηκε για ν' αποτελέσει το αντίθετο του *χάους* και σημαίνει την τάξη σε αντίθετη προς την αταξία, τη μορφή και το σχήμα σε αντίθετη προς το άμορφο και το ασχημάτιστο, τα πράγματα στη θεσή των μη-πραγμάτων, τον κόσμο στη θέση του μη-κόσμου. Οι πρώτοι Έλληνες φιλόσοφοι αντιλαμβάνονταν τη δημιουργία σαν μια διαδικασία μετατροπής του άτακτου χάους σε έναν τακτικό κόσμο και ακόμα και σήμερα δεν έχουμε καλύτερο τρόπο για να το περιγράψουμε. Γιατί, καθώς η χαοτική θερμή ενέργεια ψυχόταν και επεκτεινόταν, μετατρεπόταν σε ένα μεγάλο χορό σπειροειδών συμπαντικών σχημάτων.

Η καλύτερη εξήγηση που μπορούμε να δώσουμε για το πώς έγινε αυτό αρχίζει με την ιδέα της ανισορροπίας, όπως άρχιζε και σε πολλές αρχαίες φιλοσοφίες. Στο πρώτο χάος, καθώς η ενέργεια της Μεγάλης Έκρηξης επεκτεινόταν και ψυχόταν, θα πρέπει να υπήρχαν θύλακες με περισσότερη ή λιγότερη ενέργεια – ή, καθώς η ενέγεια σχηματιζόταν σε σωματίδια, θύλακες με περισσότερα ή λιγότερα σωματίδια, ή με διαφορετικούς αριθμούς ή διαφορετικά είδη σωματιδίων. Αυτές οι ανισορροπίες θα πρέπει να προκαλούσαν ρεύματα κίνησης ανάμεσα στα βαρύτερα και πιο βραδυκίνητα σωματίδια μέσα στη γενική δύναμη της επεκτεινόμενης συνολικής ενέγειας.

Τα σωματίδια, ή υποατομικά σωματίδια, είναι οι μικροσκοπικότερες στροβιλιζόμενες δέσμες καθαρής ενέργειας, από τις οποίες είναι φτιαγμένη όλη η ύλη του σύμπαντος. Η στροβιλιζόμενη ενέργεια των σωματιδίων δημιούργησε μια νέα δύναμη, ή δυνάμεις, ανάμεσα στα σωματίδια, έτσι ώστε, όταν τα πρώτα σωματίδια του σύμπαντος περνούσαν αρκετά κοντά μεταξύ τους να έλκονται και μερικά απ' αυτά να παραμένουν μαζί ως απλά άτομα. Αυτό μπορούμε να το φανταστούμε σαν ανθρώπους που χορεύουν και σμίγουν, όταν βρεθούν αρκετά κοντά, για να στροβιλιστούν μαζί. Άλλα σωματίδια απωθούνταν και χωρίζονταν, ενώ τα περισσότερα σωματίδια συνέχιζαν να τρέχουν μόνα τους ανάμεσα στα πρώτα πιο βραδυκίνητα άτομα των αιωρούμενων αερίων.

Η φυσική δύναμη που εξακολουθεί να λειτουργεί στη μεγαλύτερη απόσταση ανάμεσα στα κομμάτια της ύλης που σχηματίστηκαν στο σύμπαν μας είναι αυτή που ονομάζουμε βαρύτητα· δύο άλλες – η ισχυρή και η ασθενής πυρηνική δύναμη – επενεργούν στο εσωτερικό των ατόμων και των άστρων. Η τέταρτη και η τελευταία που αναπτύχθηκε ήταν η ηλεκτρική δύναμη, που λειτουργεί για να συνδυάζει άτομα σε μόρια – όμως γι' αυτά θα μιλήσουμε αργότερα.

Οι φυσικές δυνάμεις λοιπόν, σε μεγάλο και μικρό επίπεδο, έλκουν και απωθούν το σύμπαν σε μεγάλα και μικρά σχήματα. Καθώς μεγάλωνε ο αριθμός των ατόμων και το ίδιο το εκρηκτικό νεαρό σύμπαν, οι ανισορροπίες εδώ κι εκεί παρέσυραν και στροβίλιζαν τα άτομα σε μεγάλα νεφελώματα αερίων. Αυτά τα νεφελώματα σχηματίζουν κι άλλους στροβίλους στο εσωτερικό τους και μερικοί από τους πυκνότερους έγιναν πρωτογαλαξίες που άστραφταν από φως.

Το φως αποτελείται από δέσμες ενέργειας που τις ονομάζουμε *φωτόνια*. Τα νέα φωτόνια δημιουργούνται σαν μικροσκοπικές σπίθες όταν άλλα ταχυκίνητα σωματίδια συγκρούονται πολύ δυνατά μεταξύ τους. Τα φωτόνια κάνουν ορατούς τους πρωτογαλαξίες.

Αν ένας αρχαίος παραμυθάς μπορούσε να κοιτάξει μέσα από σύγχρονο τηλεσκόπιο για να δει το σχηματισμό ενός πρωτογαλαξία, θα έλεγε: «Α, βλέπεις, να η Γαία με τ' άσπρα πέπλα που στροβιλίζεται στο χορό της». Ένας σύγχρονος επιστήμονας αντίθετα, βλέπει αυτούς τους πρωτογαλαξίες σαν φυσικό αποτέλεσμα των ανισορροπιών και των δυνάμεων στο μεγάλο κοσμικό ενεργειακό πεδίο – ένας στροβιλισμός άτακτης ή χαοτικής ύλης που οδηγεί σε τακτικούς ή κοσμικούς σχηματισμούς· μια θάλασσα από ενέργεια που τα ισχυρά της ρεύματα σχηματίζουν φυσικές δίνες, μεγάλες και μικρές. Είναι ιδιαίτερα σημαντικό να ξέρουμε το εξής: Ότι οι μεγαλύτεροι σχηματισμοί – τα μεγάλα στροβιλιζόμενα νεφελώματα στο εσωτερικό των οποίων διαμορφώθηκαν οι πρωτογαλαξίες – σχηματίζονταν σχεδόν αμέσως μόλις τα πιο μικρά σωματίδια και άτομα άρχιζαν να στροβιλίζονται και να υπάρχουν. Το σύμπαν μας, ο κόσμος, υπήρξε πάντα ένας χορός αλληλεπίδρασης ανάμεσα στους μεγάλους και τους μικρούς κινούμενους σχηματισμούς που ο καθένας τους συνέβαλε στη διαμόρφωση του άλλου.

Όμως μπορούμε πραγματικά, κοιτάζοντας σήμερα μέσα από ένα τηλεσκόπιο, να δούμε πρωτογαλαξίες που σχηματίστηκαν πριν από δισεκατομμύρια χρόνια; Είναι δυνατόν να δούμε το παρελθόν και μάλιστα ένα τόσο μακρινό παρελθόν;

Κι όμως, είναι δυνατόν. Με τα σύγχρονα τηλεσκόπια μπορούμε να δούμε πίσω σχεδόν από τις απαρχές του σύμπαντος! Όσο μαγικό κι αν φαίνεται, η εξήγηση αυτής της παράξενης δυνατότητας που έχουμε είναι αρκετά απλή. Όλα όσα βλέπουμε, φτάνουν στα μάτια μας ως φωτόνια που αναπήδησαν ή εκπέμφθηκαν απ' αυτό που κοιτάζουμε. Το φως αναπηδάει από μια γάτα ή από ένα σύννεφο π.χ. και εκπέμπεται από τη φλόγα ενός κεριού ή από ένα άστρο. Όμως, τι ακριβώς είναι το φως;

Είπαμε ήδη ότι τα φωτόνια είναι σωματίδια ενέργειας που δημιουργούνται όταν άλλα σωματίδια συγκρούονται μεταξύ τους. Τα άστρα και οι φλόγες είναι φτιαγμένα από άτομα και σωματίδια που κινούνται τόσο γρήγορα ώστε δημιουργούνται σ' αυτά πολλά φωτόνια.

Τα φωτόνια ταξιδεύουν στο διάστημα σε κύματα με διαφορετικά μήκη και εντάσεις, μερικά από τα οποία τα βλέπουμε σαν διαφορετικά χρώματα και διαφορετική λαμπρότητα όταν φτάνουν στα μάτια μας. Παρ' όλο που το φως είναι η ταχύτερη ενέργεια που γνωρίζουμε, χρειάζεται κάποιο χρόνο για να φτάσει στα μάτια μας από το αντικείμενο που το εξέπεμψε ή από εκείνο από το οποίο έχει αναπηδήσει. Ο χρόνος που χρειάζεται το φως για να ταξιδέψει εξηγεί το μυστήριο του ό,τι βλέπουμε πίσω στο χρόνο.

Το φως χρειάζεται περίπου επτά λεπτά για να φτάσει από τον ήλιο στα μάτια μας. Κάθε φορά που κοιτάζουμε τον ήλιο, βλέπουμε το φως που έχει φύγει απ' αυτόν πριν από επτά λεπτά. Αυτό σημαίνει ότι βλέπουμε τον ήλιο όπως ήταν πριν από επτά λεπτά κι όχι όπως είναι τη στιγμή που τον κοιτάζουμε. Ο ήλιος είναι το πιο κοντινό μας άστρο. Άλλα άστρα είναι τόσο μακριά ώστε το φως τους χρειάζεται χρόνια για να φτάσει στα μάτια μας – χιλιάδες χρόνια ή ακόμα και εκατομμύρια χρόνια, ανάλογα με την απόσταση στην οποία βρίσκεται το άστρο. Η απόσταση των άστρων μάλιστα μετριέται σε έτη φωτός – τον αριθμό των χρόνων που χρειάζεται το φως τους για να φτάσει ως εμάς.

Όποτε κοιτάξετε το νυχτερινό ουρανό, ακόμα και χωρίς τηλεσκόπιο, βλέπετε πίσω στο χρόνο. Βλέπετε κάθε άστρο όπως ήταν όταν έφυγε απ' αυτό το φως που φτάνει στα μάτια σας. Κοιτάζοντας πολλά άστρα, κοιτάζετε πολλές φορές το παρελθόν. Πόσο μακρινό παρελθόν, εξαρτάται φυσικά από την απόσταση του κάθε άστρου. Όσο πιο μακριά είναι ένα άστρο, τόσο πιο παλιά έχει στείλει την πληροφορία ως προς τη μορφή του – δηλαδή το φωτεινό σχήμα του άστρου που έφτασε τελικά στα μάτια μας.

Ο δικός μας Γαλαξίας είναι σχηματισμένος σαν ένας τεράστιος στροβιλιζόμενος τροχός. Το φως χρειάζεται εκατό χιλιάδες χρόνια για να τον διασχίσει. Αν υπάρχουν όντα σ' έναν άλλον πλανήτη – ας πούμε, τρεις χιλιάδες έτη φωτός από εμάς, μέσα στο δικό μας γαλαξία – που μας κοιτάζουν αυτή τη στιγμή, τι βλέπουν; Αν τα τηλεσκόπιά τους είναι αρκετά ισχυρά, μπορεί να βλέπουν έναν παραμυθά να μιλάει για το χορό της Γαίας σ' ένα αρχαίο ελληνικό χωριό!

Τα ισχυρά τηλεσκόπια συλλαμβάνουν το φως που είναι από το μακρύ ταξίδι του πολύ αδύνατο για να το δούμε με γυμνό μάτι – ακόμα και το φως από άστρα και γαλαξίες τόσο παλιούς, ώστε να είναι από τα πρώτα άστρα και γαλαξίες, ή πρωτογαλαξίες, στο σύμπαν, τόσο αρχαία, ώστε ν' αρχίζουν μόλις την κοσμική τους δημιουργία. Ας παρακολουθήσουμε ένα απ' αυτά στο χορό της εξέλιξής του.

Μέσα στα σπειροειδή πέπλα από αέριο υδρογόνου, που είναι φτιαγμένο από τα πρώτα και απλούστερα άτομα στο σύμπαν, κάποια μικρότερα κινούμενα κύματα δημιουργούν ένα δακτύλιο από πυκνότερα άτομα, ή πιο έντονη ενέργεια, στο κέντρο. Γύρω τους σχηματίζονται μεγάλες ελεύθερες σφαίρες από αέριο, κάτι σαν τις μπάλες της σκόνης που σχηματίζονται κάτω από ένα κρεβάτι. Στο κέντρο αυτών των σφαιρών, τα κινούμενα άτομα και σωματίδια συσπειρώνονται ακόμα πιο στενά από τις φυσικές δυνάμεις, ώσπου όλος αυτός ο συνωστισμός δημιουργεί μεγάλη θερμότητα. Καθώς αυτές οι σφαίρες από αέρια γίνονται όλο και πιο θερμές και βαριές, μετατρέπονται σε άστρα.

Όπου κι αν κοιτάξουμε στους αρχαίους ουρανούς, βλέπουμε γαλαξίες να παίρνουν σχήμα και να αναπτύσσονται περνώντας από διάφορα στάδια. Στην πρώτη γενιά των άστρων, η απίστευτη θερμότητα και πίεση αρχίζει να προκαλεί αυτό που σήμερα γνωρίζουμε ότι είναι *πυρηνικές αντιδράσεις* – η μεταμόρφωση ενός είδους ατόμου σε ένα άλλο. Η πρώτη τέτοια αντίδραση συσφίγγει άτομα υδρογόνου και τα μετασχηματίζει σε άτομα ηλίου, πράγμα που κάνει διαρκώς ο ήλιος μας. Η διαδικασία αυτή δημιουργεί θερμότητα και φως, ένα μέρος του οποίου ξεφεύγει από τα άστρα σε επεκτεινόμενα κύματα φωτονίων. Τα φλεγόμενα αέρια στο εξωτερικό των άστρων αποσύρονται σε κύματα, όπως το δέρμα που αποβάλλεται από το φίδι, εξαιτίας της έλξης από τη βαρύτητα της ύλης, π.χ. άλλων άστρων, γύρω τους. Τα άστρα πρέπει να διατηρούν διαρκώς την ισορροπία τους ανάμεσα σε τεράστιες δυνάμεις που προσπαθούν να τα διασπάσουν και άλλες δυνάμεις που προσπαθούν να τα συμπιέσουν.

Κάποτε, τα άστρα της πρώτης γενιάς γίνονται τόσο βαριά ώστε δεν μπορούν πια να εξισορροπήσουν την εσωτερική και την εξωτερική πίεση και καταρρέουν. Τα άτομά τους συσπειρώνονται ακόμα πιο σφιχτά. Αν η πίεση στο εσωτερικό του άστρου φτάσει σε πολύ ψηλό σημείο, το άστρο εκρήγνυται και σκορπάει την αστερόσκονη σαν σπόρους πίσω στο γαλακτικό νεφέλωμα από αέρια. Το μητρικό νεφέλωμα γίνεται ακόμα πιο πυκνό με το αέριο και τη σκόνη τέτοιων εκρήξεων και γεννά μια νέα γενιά άστρων καθώς τα παλιά πεθαίνουν.

Τα άστρα της επόμενης γενιάς μετατρέπουν τα άτομά τους σε ακόμα μεγαλύτερα και βαρύτερα είδη, ώσπου από τα αρχικά άτομα υδρογόνου να σχηματιστούν τα διάφορα είδη ατόμων – όλα τα στοιχεία του σύμπαντος. Στο μεταξύ ο κεντρικός δακτύλιος των νεφελωμάτων από αέρια ενός γαλαξία γίνεται μεγαλύτερος και πιο πολύπλοκος, μετατρέπεται σ' ένα είδος σκελετού που συγκρατεί το γαλαξία. Τελικά, πολλά από τα άτομα των εκρηγνυόμενων άστρων είναι πολύ βαριά για να σχηματιστούν νέα άστρα κι αρχίζουν να μετατρέπονται σε πλανήτες που περιστρέφονται γύρω από τα άστρα που είναι φτιαγμένα από τα πιο ελαφρά στοιχεία. Αυτός είναι ο λόγος που ο ήλιος μας, παρ' όλο που δεν είναι άστρο της πρώτης γενιάς, είναι φτιαγμένος σαν τέτοιο. Τα βαρύτερα στοιχεία του γονικού άστρου του βρίσκονται στους πλανήτες του.

Έτσι οι πρωτογαλαξίες εξελίσσονται σε γαλαξίες – στροβιλίζονται, συντίθενται, συσφίγγονται, εκρήγνυνται, διαμορφώνουν το εσωτερικό τους σε όλο και πιο πλούσιους σχηματισμούς και μέρη. Τα μόρια που σχηματίζονται από ομάδες ατόμων, ακόμα και τα είδη των μορίων από τα οποία σχηματίστηκαν τα γνωστά ζωντανά συστήματα της γης, δημιουργούνται σε πολύπλοκες γαλακτικές διαδικασίες, όπως θα δούμε αργότερα. Προς το παρόν, ας θυμόμαστε ότι τα άστρα που βλέπουμε στο νυχτερινό ουρανό μας είναι λίγα μόνο από τα άστρα του δικού μας γαλαξία και – όπως τα βλέπουμε με τα μάτια μας – δεν φανερώνουν καθόλου τους πολύπλοκους σχηματισμούς και τις διαδικασίες του γαλαξία μας. Πέρα απ' αυτά τα άστρα, υπάρχουν δισεκατομμύρια άλλοι γαλαξίες (καθένας τους αποτελείται από δισεκατομμύρια άστρα και πλανήτες) που στροβιλίζονται στα νεφελώματά τους από άερια και σκόνη και δημιουργούν ποιος ξέρει πόση ζωή.

Οι αστρονόμοι γνωρίζουν σήμερα τα διάφορα σχήματα των μεμονωμένων γαλαξιών και τους βλέπουν συσπειρωμένους σε μεγαλύτερους σχηματισμούς που εκτείνονται σ' ολόκληρο το σύμπαν και που τμήματά του εμφανίζονται στις πρώτες μας εικόνες σαν τεράστιες καμπυλωτές χορδές και σαν τις τρύπες στο ελβετικό τυρί. Μπορούμε να ελπίζουμε ότι κάποια μέρα αυτές οι ακαθόριστες εικόνες θα εξηγηθούν και θα κατανοήσουμε τους μεγαλύτερους σχηματισμούς απ' όλους.

Παρ' όλο που δε γνωρίζουμε ακόμα τι είναι αυτοί οι σχηματισμοί, γίνεται όλο και πιο προφανές ότι σχηματίζουν μια κοσμική ενότητα διαδικασίας και σχήματος κι όχι μια χαοτική ακαταστασία άσχετων μεταξύ τους τμημάτων. Μια ενιαία εξήγηση αυτού του σχηματισμού μπορεί να είναι η θεωρία της *αμοιβαίας συνεκτικότητας*, που αποτελεί την καρδιά της «φιλοσοφίας της αυτοαπογείωσης από τιράντες», μια μαθηματική φυσική θεωρία που εκλαϊκεύτηκε από τον Φρίτζοφ Κάπρα. Είναι η θεωρία ότι το σύμπαν αποτελεί ένα δυναμικό δίκτυο γεγονότων, όπου κανένα τμήμα ή γεγονός δεν είναι θεμελειώδες για τα άλλα, καθώς το καθένα επακολουθείται από όλα τα άλλα και οι σχέσεις μεταξύ τους καθορίζουν ολόκληρο τον κοσμικό σχηματισμό ή το δίκτυο των γεγονότων. Σύμφωνα μ' αυτή την άποψη διαμορφώνονται κάθε είδους σχηματισμοί της κοσμικής ύλης-ενέργειας, αλλά διαρκούν μόνο εκείνοι που λειτουργούν σε συνεκτικότητα με τους γύρω σχηματισμούς. «Αμοιβαίος» σημαίνει μοιραζόμενος· «συνεκτικότητα» σημαίνει συμφωνία ή αρμονία. Έτσι μπορούμε να νοήσουμε την αμοιβαία συνεκτικότητα ως τη μοιραζόμενη αρμονία που δημιουργείται ανάμεσα σ' όλους τους κοσμικούς σχηματισμούς. Η ιδέα μπορεί να μας γίνει πιο οικεία, αν σκεφτούμε τη μοιραζόμενη κοινωνική αρμονία που επιτυγχάνεται από ομάδες ανθρώπων, όταν κάθε άτομο προσαρμόζει τη συμπεριφορά του σ' εκείνη των άλλων με αρμονικό τρόπο. Όποιος δεν μπορεί να το κάνει, τείνει ν' αποκλειστεί από την ομάδα, εκτός κι αν ο παρεκκλίνων καταφέρει ν' αναγκάσει τους άλλους να προσαρμόσουν τη συμπεριφορά τους στη δική του, όπου σ' αυτήν την περίπτωση θα έχει επιτευχθεί μια νέα (αν και επισφαλής) αμοιβαία συνεκτικότητα. Σήμερα το είδος μας δε συμπεριφέρεται με τρόπο αμοιβαία συνεκτικό προς τον υπόλοιπο πλανήτη μας και οι συνέπειες μπορεί να μην επιτρέψουν την επιβίωσή μας.

Όλο και πιο πολύ λοιπόν ανακαλύπτουμε, με τα σύγχρονα όργανά μας και τις μετρήσεις μας, αυτά που οι αρχαίοι έλεγαν με μύθους – ότι όλο το σύμπαν είναι ένας μεγάλος σχηματισμός, ένας ενιαίος χορός που εξελίσσεται σε όλο και πιο πλούσια πολυπλοκότητα στα δισεκατομμύρια χρόνια που περνούν.

Μέχρι πρόσφατα, οι επιστήμονες είχαν μια μάλλον διαφορετική ιδέα για τον τρόπο με τον οποίο διαμορφώνεται η φύση – μια μηχανική ιδέα συνόλων κατασκευασμένων από τμήματα, όπως κατασκευάζονται τα μηχανήματα, μόνο που στη φύση τα τμήματα συνενώνονται αυτόματα χωρίς κανένα σχεδιαστή ή συναρμολογητή. Αργότερα, όταν θα εξετάζουμε την ανθρώπινη ιστορία, θα μάθουμε κι άλλα γι' αυτόν τον τρόπο θεώρησης των πραγμάτων. Προς το παρόν, αυτό που έχει σημασία είναι να κατανοήσουμε το νέο τρόπο θεώρησης, ότι όλη η εξέλιξη – του μεγάλου σύμπαντος και του δικού μας πλανήτη στο πλαίσιό του – αποτελεί έναν ατέλειωτο χορό συνόλων που χωρίζονται σε τμήματα και τμημάτων που συνενώνονται σε νέα σύνολα με αμοιβαία συνεκτικότητα.

Είδαμε ήδη πώς τα στροβιλιζόμενα νεφελώματα αερίων που εξελίχθηκαν στις γαλαξιακές συσπειρώσεις άρχισαν να σχηματίζονται μόλις τα σωματίδια συνενώθηκαν για να σχηματίσουν τα πρώτα απλά άτομα υδρογόνου. Το σύμπαν εξελίχθηκε, επομένως, αρχικά σχηματίζοντας όλο και πιο πολλά τμήματα στο εσωτερικό του, πολλά από τα οποία έγιναν νέα σύνολα από μόνα τους, φτάνει να βρίσκονταν σε συνεκτικότητα με άλλα σύνολα που τα περιέβαλαν. Καθώς τα άστρα σχηματίζονται μέσα σ' έναν πρωτογαλαξία, ο πρωτογαλαξίας γίνεται γαλαξίας – ένα μεγάλο σύστημα άστρων που με τη σειρά του σχηματίζει στο εσωτερικό του σχετικά ανεξάρτητα συστήματα μονών ή διπλών άστρων, μερικά από τα οποία έχουν πλανήτες, όπως το δικό μας ηλιακό σύστημα. Αργότερα θα δούμε πώς ο φλοιός ενός πλανήτη μπορεί να σχηματίσει τις δέσμες ζωής που ονομάζουμε μικρόβια ή βακτηρίδια και πώς αυτά με τη σειρά τους συσπειρώνονται για να σχηματίσουν μεγαλύτερα ζωντανά κύτταρα, που με τη σειρά τους εξελίσσονται σε μεγαλύτερα όντα.

Το σύμπαν όλων αυτών των τμημάτων μέσα σε τμήματα, ή συνόλων μέσα σε σύνολα, μας θυμίζει τις κινέζικες ή ρωσικές κούκλες διαφόρων μεγεθών που μπαίνουν η μια μέσα στην άλλη. Ο φιλόσοφος-επιστήμονας Άρθουρ Κέστλερ πρότεινε να ονομάζουμε κάθε συνολικό πράγμα μέσα στη φύση «όλον» – ένα σύνολο φτιαγμένο από τα δικά του μέρη, που όμως και το ίδιο αποτελεί μέρος ενός μεγαλύτερου συνόλου. Ένα σύμπαν τέτοιων «όλων» μέσα σε άλλα «όλα» είναι επομένως μια ολαρχία – ένα αρχικό σύνολο που σχημάτισε όλο και πιο πολύπλοκα μικρότερα σύνολα μέσα στον εαυτό του, μερικά από τα οποία έγιναν και τα ίδια ολαρχίες. Θα χρησιμοποιήσουμε αυτήν την εικόνα καθώς και τις λέξεις «όλον» και «ολαρχία» στη συνέχεια τούτου του βιβλίου.

Το δικό μας ηλιακό σύστημα με τον πυρήνα του, τον ήλιο που περιβάλλεται από πλανήτες, σελήνες, αστεροειδή, κομήτες και συμπαντική σκόνη, είναι ένα όλον μέσα στο μεγαλύτερο όλον του γαλαξία μας. Γεννήθηκε από τα σκορπισμένα αέρια και την αστερόσκονη ενός παλιότερου αστεριού που μετατράπηκε σε μια σουπερνόβα και που εξεράγη πριν από περίπου πέντε δισεκατομμύρια χρόνια. Η γη είναι ακόμα τόσο ραδιενεργός απ' αυτή την έκρηξη, ώστε ο πυρήνας της διατηρείται φλεγόμενος από τις συνεχιζόμενες πυρηνικές εκρήξεις και πολλά άτομα σ' ολόκληρη την επιφάνειά της – σε βράχους και δέντρα, ακόμα και στα δικά μας σώματα – εξακολουθούν να εκρήγνυνται. Στα σώματά μας έχει υπολογιστεί ότι κάθε λεπτό εκρήγνυνται τρία εκατομμύρια άτομα ποτασίου.

Αυτές οι εκρήξεις είναι πολύ μικροσκοπικές για να τις δούμε, να τις αισθανθούμε ή να τις αντιληφθούμε με οποιονδήποτε άλλο τρόπο. Δε γίνονται για να προκαλούν – εκτός από τη δική τους – την έκρηξη και των γειτονικών ατόμων, όπως συμβαίνει στις ισχυρές τεχνητές μας πυρηνικές εκρήξεις. Παρ' όλα αυτά, αποτελούν ένδειξη ότι η αστερόσκονη δεν είναι απλώς μαγεία των παραμυθιών· είναι το υλικό από το οποίο στην πραγματικότητα είμαστε φτιαγμένοι – εμείς και όλα όσα αποτελούν μέρη του κόσμου μας.

Πριν από τεσσεράμισι ως πέντε δισεκατομμύρια χρόνια, ένα μέρος από το αέριο και τη σκόνη από εκείνη τη μεγάλη έκρηξη του άστρου συγκεντρώθηκε σε μια γήινη σφαίρα, αποτελούμενη από δώδεκα διαφορετικά είδη ατόμων ή δώδεκα στοιχεία. Καθώς συμπυκνωνόταν, γινόταν βαρύτερη και περιστρεφόταν γρηγορότερα. Η θερμότητα της πίεσης και των πυρηνικών αντιδράσεων στο εσωτερικό της έλιωσαν τη συσσωρευμένη ύλη σ' ένα άγρια φλεγόμενο υγρό. Όμως το εξωτερικό αυτής της φλεγόμενης σφαίρας, καθώς άγγιξε το ψυχρό διάστημα, κρύωσε και μετατράπηκε σ' ένα λεπτό σκληρό δέρμα, κάπως σαν τη σπιτίσια πουτίγγα που σχηματίζει μια πέτσα καθώς κρυώνει, ή όπως το λίπος σκληραίνει πάνω από μια κρύα σάλτσα. Ο φλοιός της γης ήταν φτιαγμένος από βράχο – μια κρούστα βράχου γύρω από έναν καφτό, λιωμένο πυρήνα.

Όσο ήταν ακόμα πολύ λεπτός, αυτός ο φλοιός έλιωνε και ξανάλιωνε, αφήνοντας κάθε φορά τα βαρύτερα μεταλλικά στοιχεία να βυθίζονται πίσω στον πυρήνα, ενώ τα ελαφρότερα στοιχεία σχημάτιζαν έναν αφρό από βράχο γύρω απ' αυτά τα φλεγόμενα σωθικά. Η σημερινή γη έχει πιο χοντρό φλοιό, που χωρίζεται σε μεγάλες *τεκτονικές* πλάκες που στηρίζονται πάνω στο πυκνότερο περίβλημα γύρω από έναν στερεό πυρήνα. Βλέπουμε ακόμα και σήμερα τα καφτά υγροποιημένα στοιχεία του περιβλήματος να ξεχύνονται μέσα από τα ηφαίστεια, τρυπώντας το φλοιό. Και στους σεισμούς, αισθανόμαστε την κίνηση των μεγάλων τεκτονικών πλακών, καθώς μετατοπίζονται και δημιουργούν νέους γεωλογικούς σχηματισμούς.

Στο μύθο για το χορό της Γαίας, όπως το σώμα της σχηματίζει βουνά και πεδιάδες, οι θάλασσες σχηματίζονται από το ζεστό ιδρώτα της. Ακριβώς έτσι, φαίνεται πώς οι θάλασσες σχηματίστηκαν αργότερα πάνω στη νεαρή γή.

Στην αρχή, όταν ο φλοιός της γης ράγιζε εδώ κι εκεί, το υγρό περιεχόμενο ξεπηδούσε με τη μορφή της λάβας. Η λάβα, καθώς μειώνεται η πίεση που τη συγκρατεί, χωρίζεται σε βαριά άτομα που ψύχονται και μετατρέπονται σε πρόσθετους βράχους, σε νερό που ξεφεύγει με τη μορφή του ατμού και σε άλλα άτομα, αρκετά ελαφρά ώστε να ανυψώνονται από την επιφάνεια του πλανήτη με τη μορφή αερίων. Σήμερα πιστεύουμε ότι το νερό που εξατμιζόταν από τον καφτό φλοιό παρέμενε ψηλά, πάνω από μια πρώτη ατμόσφαιρα δηλητηριωδών (από τη δική μας σκοπιά) αερίων, για αρκετό ίσως καιρό, όμως τελικά σχημάτιζε σύννεφα που συμπυκνώνονταν σε βροχή. Η βροχή έπεφτε τόσο άφθονη και για τόσο μεγάλο διάστημα, ώστε οι θάλασσες άρχισαν να σχηματίζονται πάνω από τους βαρύτερους βράχους. Καθώς όλο και πιο πολλή λάβα ξεχυνόταν μέσα από τα ρήγματα του φλοιού και καθώς τα στρώματά της γλιστρούσαν το ένα πάνω από το άλλο, ο ίδιος ο φλοιός γινόταν παχύτερος και πιο ανώμαλος. Καθώς νέα σύννεφα συγκεντρώνονταν κι έπεφταν σε κύκλους, οι θάλασσες γίνονταν όλο και πιο μεγάλες και βαθιές.

Καθώς ο φλοιός της γης γινόταν παχύτερος, νέα ρεύματα λάβας ξεπηδούσαν από μέσα του με μεγαλύτερη δύναμη. Τα ηφαίστεια έφτυναν το φλεγόμενο περιεχόμενό τους ψηλά στον αέρα και σχημάτιζαν βουνά καθώς η λάβα κρύωνε και κατακάθιζαν οι καφτές στάχτες. Άλλα βουνά σχηματίζονταν όταν οι σεισμοί ράγιζαν το φλοιό και ωθούσαν τμήματά του το ένα πάνω στο άλλο κι όταν ο φλοιός ανασηκωνόταν και διογκωνόταν χωρίς να σχίζεται. Οι βράχοι που γλιστρούσαν ο ένας πάνω από τον άλλο τρίβονταν σε άμμο και σκόνη, σαν τη σκόνη της σελήνης και του Άρη.

Τεράστια σύννεφα σκόνης δημιουργούνταν όταν μετεωρίτες όλων των μεγεθών – μερικοί στο μέγεθος μικρών πλανητών – χτυπούσαν τη γη, έσκαζαν πάνω στο φλοιό της, τον τρυπούσαν, τον έσπαζαν, τον αναμίγνυαν με τους ίδιους τους σπασμένους βράχους από το διάστημα.

Τα αέρια που αιωρούνταν γύρω από τον πλανήτη, εκείνα που ήταν αρκετά βαριά ώστε να συγκρατούνται από τη βαρύτητά του, δεν ήταν σαν τον αέρα που αναπνέουμε σήμερα. Δεν υπήρχε οξυγόνο, παρά ένα μόνο μίγμα αερίων που, αν δεν είχε ζωντανέψει η γη, θα είχαν τελικά κατακαθίσει σε κάτι σαν την ατμόσφαιρα της Αφροδίτης και του Άρη σήμερα – μια στμόσφαιρα χωρίς οξυγόνο γύρω από έναν πλανήτη χωρίς ζωή.

Τι είχε λοιπόν η γη που δεν το είχαν η Αφροδίτη κι ο Άρης; Ένα από τα ιδιαίτερα χαρακτηριστικά της ονομάστηκε το «φαινόμενο Goldilocks» (από ομώνυμο παιδικό παραμύθι) – η Αφροδίτη ήταν πολύ θερμή, ο Άρης ήταν πολύ ψυχρός, όμως η Γη είχε ακριβώς τη σωστή θερμοκρασία για τη ζωή. Ένα άλλο χαρακτηριστικό ήταν το νερό, αρκετό νερό σε υγρή μορφή και σ' αυτή τη «σωστή» θερμοκρασία, ώστε να μεταφέρει υλικά από μέρος σε μέρος, όπως το αίμα μεταφέρεται μέσα σ' ένα σώμα. Για να αναπτυχθεί ζωή, πρέπει να είναι δυνατή η διαρκής μεταφορά υλικών.

Τα πάντα στη γη – ωκεανοί και ποτάμια, βουνά και γόνιμα χωράφια, δάση και λουλούδια, όντα που κολυμπούν, πετούν, έρπουν ή σκαρφαλώνουν, τα πάντα, μαζί κι εμείς – είναι στην πραγματικότητα φτιαγμένα από τα ίδια αρχικά αλλά ανακυκλωμένα υλικά, με εξαίρεση τη μικρή συμβολή των νέων μετεωριτών. Ο κόσμος μας αυτοδημιουργήθηκε με νέους συνδυασμούς των ίδιων ατόμων, που γεννήθηκαν στο εσωτερικό ενός άστρου, ύστερα σχημάτισαν το λιωμένο μέταλλο, τον σκληρό βράχο και τα αέρια ενός νεογέννητου πλανήτη – ενός πλανήτη που καλύφθηκε με θάλασσες, όπως είδαμε, και είναι πια έτοιμος να συνεχίσει το χορό της ζωής του. Ας παρακολουθήσουμε αυτό το μεγάλο σύστημα ανακύκλωσης της Γαίας, για να δούμε πώς η αστερόσκονη εξακολουθεί να μεταμορφώνεται σ' έναν ζωντανό πλανήτη – σε όλη την εκπληκτική ποικιλία του όμορφου κόσμου μας.

3. Η νεαρή Γη

Να σκεφτούμε σε τούτο το σημείο τη νεαρή γη σαν έναν πλανήτη χωρίς ζωή, όπου προετοιμάζεται να αναπτυχθεί η ζωή; Οι περισσότεροι από μας έτσι διδαχθήκαμε στο σχολείο – ότι η οργανική ύλη είναι ένα πράγμα, είναι ζωντανή, ενώ η ανόργανη ύλη είναι ένα εντελώς άλλο πράγμα, γιατί δεν είναι ζωντανή. Είναι λοιπόν, ο βραχώδης φλοιός της γης και οι θάλασσές της ανόργανη, άψυχη ύλη, ενώ τα φυτά και τα ζώα είναι φτιαγμένα από οργανική, ζωντανή ύλη; Τι ακριβώς εννοούμε με τη λέξη «ζωή»;

Μπορεί να σας φανεί παράξενο ότι οι επιστήμονες δε συμφωνούν ως προς το τι είναι ζωή. Μερικοί αλλάζουν απόψεις από καιρό σε καιρό· άλλοι δεν ανησυχούν για το ερώτημα «τι είναι ζωή», επειδή πιστεύουν ότι η απάντηση είναι γνωστή σε κάποια άλλη επιστήμη. Στην αρχαιότητα, όταν οι φιλόσοφοι πίστευαν ότι ολόκληρη η φύση είναι ζωή, φυσικός ήταν κάποιος που μελετούσε τη φύση και επομένως τον απασχολούσαν τα ζωντανά όντα. Αργότερα, όταν οι επιστήμονες αποφάσισαν να διαιρέσουν τον κόσμο σε οργανική και ανόργανη ύλη, οι φυσικοί ανέλαβαν να περιγράψουν πώς είναι συντεθειμένη η ανόργανη ύλη, ενώ οι βιολόγοι – που η ονομασία τους προέρχεται από το *βίο,* τη ζωή, ανέλαβαν να περιγράψουν τα ζωντανά όντα.

Οι φυσικοί νομίζουν ότι οι βιολόγοι γνωρίζουν τι είναι ζωή, επειδή είναι δουλειά τους να το γνωρίζουν, όμως οι βιολόγοι δε σταματούν ν' αλλάζουν τον ορισμό της ζωής και μεταθέτουν το ερώτημα πώς ξεχωρίζει κανείς τη ζωή από τη μη-ζωή στους χημικούς, που η ονομασία τους προέρχεται από αρχαίες ρίζες, σχετικά με τη μεταμόρφωση της ύλης από ένα είδος σ' ένα άλλο. Έτσι οι χημικοί διαιρούν με τη σειρά τους τη χημεία σε δύο είδη, την οργανική χημεία, δηλαδή τη μελέτη της ζωντανής ύλης· και την ανόργανη χημεία, τη μελέτη της μη ζωντανής ύλης. Οι χημικοί γνωρίζουν κάτι για τη μεταμόρφωση της ανόργανης ύλης σε οργανική, όμως το ερώτημα πότε ακριβώς και πού άρχισε η ζωή στον πλανήτη μας εξακολουθεί να μετατίθεται από τον έναν στον άλλον ή να ανάγεται και πάλι σε ιδέες από τον τομέα της φυσικής.

Μερικοί επιστήμονες σήμερα μιλούν για τη ζωή με όρους *ανισοδύναμης θερμοδυναμικής*, για να τονίσουν την αντίθεσή της προς την *ισοδύναμη δυναμική* των μη ζωντανών πραγμάτων – είναι ο τρόπος των φυσικών για να λύσουν το πρόβλημα που οι ίδιοι δημιούργησαν πριν από καιρό, όταν δήλωναν ότι η ζωή είναι ξεχωριστή από τη μη-ζωή. Η φυσική μπορεί να μην είναι ο πιο κατάλληλος κλάδος της επιστήμης για να οριστεί η ζωή ως διαδικασία κι όχι απλώς ως ένα είδος ύλης κι αυτό φαίνεται να πλησιάζει περισσότερο προς το πραγματικό νόημα της ζωής.

Πριν διαχωριστούν η θρησκεία και η επιστήμη, η απάντηση στο ερώτημα πώς άρχισε η ζωή ήταν εύκολη. Οι ίδιοι οι επιστήμονες πίστευαν ότι ο Θεός είχε δημιουργήσει τα ζωντανά όντα – φυτά, ζωά και ανθρώπους – και τα είχε τοποθετήσει στον μη ζωντανό κόσμο που είχε δημιουργήσει γι' αυτά. Όμως αργότερα, όταν οι επιστήμονες προσπάθησαν να εξηγήσουν τον κόσμο χωρίς να αναμιγνύουν το Θεό, εξακολούθησαν να πιστεύουν ότι η ζωή είναι ένα ιδιαίτερο είδος ύλης, που με κάποιον τρόπο προέρχεται από τη ζωντανή ύλη. Μια εκδοχή της πεποίθησης αυτής είναι γνωστή ως *αυθόρμητη γένεση* – η άποψη ότι τα σκουλήκια π.χ. ξεπήδησαν από κομμάτια νεκρών σκουπιδιών ή σάπιου κρέατος.

Ο Λουί Παστέρ έθεσε τέρμα σ' αυτό, όπως επίσης διδασκόμαστε στο σχολείο. Ή μήπως όχι; Τα πολύ προσεχτικά πειράματά του έδειξαν ότι τα σκουλήκια δημιουργούνται μόνο από αβγά μύγας και ποτέ κατευθείαν από τα σκουπίδια. Όμως από πού προέρχονται τα αβγά της μύγας (που είναι ζωντανό ον) αφού μεταμορφώθηκε από άλλο σκουλήκι; Και πάλι η εξήγηση φαινόταν εύκολη από τη στιγμή που είχαμε τη θεωρία της εξέλιξης. Προέρχονται οι μύγες από άλλα σκουλήκια, που είχαν εξελιχθεί από τα μικρότερα, απλούστερα όντα που παρακολουθήσαμε την προέλευσή τους ώσπου φτάσαμε στα μικρόβια – ζωντανά όντα τόσο μικρά ώστε να είναι ορατά μόνο μέσα από το μικροσκόπιο.

Όμως από πού προέρχονται τα μικρόβια; Αυτό είναι ακόμα δύσκολο να απαντηθεί, όμως υποθέτουμε ότι η προέλευσή τους είναι από παλιά μοριακά συστήματα που είχαν τη δυνατότητα ν' αναπαράγονται. Σήμερα οι επιστήμονες πιστεύουν ότι η ζωή άρχισε με μικρές δέσμες ή θυλάκες από οργανικά μόρια. Τα ίδια τα οργανικά μόρια ήταν μη ζωντανή ύλη που ζωντάνεψε όταν συνδυάστηκε με ορισμένους τρόπους. Με άλλα λόγια, η ζωή εξακολουθεί να παρουσιάζεται ότι προέρχεται από τη μη ζωντανή ύλη. Μ' αυτή την έννοια, η αυθόρμητη γένεση δεν έχει απορριφθεί εντελώς, απλώς έχει μετατεθεί σε όντα πολύ μικρότερα απ' ό,τι το νεκρό κρέας και τα σκουλήκια. Συνεχίζουμε να μην απαντάμε στο ερώτημα τι ακριβώς είναι ζωή. Τι είναι αυτό που ζωντανεύει τα μη ζωντανά μόρια σε ορισμένα σημεία, ή ορισμένους πλανήτες, όταν συνδυάζονται και συσπειρώνονται με ορισμένους τρόπους; Παρ' όλο που μιλάμε για πολύ μικροσκοπικά πλάσματα, εξακολουθεί να υπάρχει ένα μεγάλο άλμα από τη μη ζωντανή ύλη στη ζωή.

Αναφέραμε ήδη ότι ίσως είναι καλύτερα να βλέπουμε τη ζωή ως διαδικασία παρά ως ένα είδος ύλης. Ίσως, επίσης, να βοηθούσε αν οι επιστήμονες δεν επέμεναν ν' αναζητούν την απάντηση σε όλο πιο μικροσκοπικά τμήματα της φύσης, πιστεύοντας ότι έτσι θα μπορέσουν να δουν πώς είναι φτιαγμένα τα πράγματα, ξεκινώντας από το κατώτερο σημείο.

Αν, αντίθετα, αρχίσουμε να σκεφτόμαστε τα σύνολα, τα «όλα» που σχηματίζουν τα τμήματά τους από ένα ανώτερο σημείο προς το κατώτερο, όλα φαίνονται πολύ διαφορετικά. Ας σκεφτούμε π.χ. τα τεράστια πρωτογαλακτικά νεφελώματα, τα «όλα» για τα οποία μιλήσαμε στο Κεφάλαιο 2. Αν βλέπαμε σε μια κινηματογραφική ταινία την εξέλιξη ενός πρωτογαλαξία, επιταχυμένη έτσι ώστε αρκετά δισεκατομμύρια χρόνια να συμπιέζονται σε μερικά λεπτά, τι θα βλέπαμε; Θα βλέπαμε τον πρωτογαλαξία να στροβιλίζεται και να πάλλεται, να μεγαλώνει και ν' αλλάζει, τα τμήματά του να διαλύονται και να εκρήγνυνται, να σχηματίζονται στη θέση τους πιο πολύπλοκα νέα τμήματα και ν' αναπαράγονται, καθώς ο ώριμος γαλαξίας παίρνει την πολύπλοκη μορφή του. Οι ίδιοι οι γαλαξίες διασπώνται και συγχωνεύονται με άλλους μετά από μια «σύγκρουση». Και μέσα στους γαλαξίες – ίσως μέσα σε όλους τους γαλαξίες – μερικοί πλανήτες παράγουν αυτό που εδώ στη γη συμφωνούμε όλοι ότι είναι η ζωή.

Αν και οι αστρονόμοι μιλούν μερικές φορές για τη ζωή των άστρων, δε θεωρούν τα άστρα ή τους γαλαξίες ως ζωντανά όντα. Κι όμως οι γαλαξίες κάνουν μερικά πράγματα από τα οποία αναγνωρίζουμε τα ζωντανά όντα στη συνηθισμένη μας εμπειρία – όπως π.χ. διατηρούν τη μορφή τους παρ' όλες τις πολλές αλλαγές στο εσωτερικό τους, δημιουργούν και αντικαθιστούν τα τμήματά τους, μερικές φορές ακόμα και αναπτύσσονται ή και διαιρούνται, για να σχηματίσουν απογόνους γαλαξίες.

Ο πιο πολλά υποσχόμενος νέος ορισμός της ζωής από μέρους των βιολόγων, στην πραγματικότητα, φαίνεται να ταιριάζει αρκετά καλά και για τους γαλαξίες, αν όχι και για τα άστρα. Είναι ο ορισμός της ζωής που οφείλουμε στους Χιλιανούς βιολόγους Ουμπέρτο Ματουράνα και Φρανσίσκο Βαρέλα. Η θεωρία τους για τη ζωή είναι μια διαδικασία που ονομάζεται *αυτοποίηση*, δηλαδή, αυτοπαραγωγή. Μια αυτοποιητική μονάδα, ένα «όλον», παράγει τα ίδια τα μέρη από τα οποία αποτελείται και τα διατηρεί σε λειτουργία, ανανεώνοντάς τα διαρκώς. Ένα αυτοποιητικό όλον λειτουργεί με δικούς του κανόνες και δημιουργεί ένα όριο που το ξεχωρίζει από το περιβάλλον του, αλλά μέσα απ' αυτό το όριο ανταλλάσσει επίσης υλικά με το περιβάλλον του. Δε βλέπουμε τέτοια όρια γύρω από τους γαλαξίες, κι όμως οι γαλαξίες είναι ορατοί ως ξεχωριστές οντότητες που διατηρούν το σχήμα τους, ενώ παράγουν και αναπαράγουν τα τμήματά τους. Η γη, όπως θα δούμε, επίσης παράγει και ανανεώνει τα τμήματά της, στα οποία συμπεριλαμβάνεται το πυκνό ατμοσφαιρικό όριο μέσω του οποίου ανταλλάσσει ενέργεια ακτινοβολιών με το περιβάλλον της.

Φαίνεται ότι καθώς μαθαίνουμε περισσότερα για το σύμπαν μας, χρειάζεται ν' αλλάξουμε το οπτικό μας πεδίο και τα ερωτήματα που θέτουμε για τη ζωή. Μέχρι σήμερα υποθέταμε ότι όλο το σύμπαν αποτελείται από μη ζωντανή ύλη, εκτός από κάποια ύλη πάνω σε πλανήτες σαν το δικό μας. Όμως γιατί να διαιρούμε το σύμπαν μ' έναν τέτοιο τρόπο; Οι φυσικοί έχουν ανακαλύψει σήμερα, όπως θα εκθέσουμε διεξοδικότερα στο τελευταίο κεφάλαιο, ότι η ύλη-ενέργεια του σύμπαντος αμέσως μετά τη Μεγάλη Έκρηξη – που είναι η πρώτη στιγμή της ιστορίας του που γνωρίζουμε – είχε ήδη, από τη φύση της, τη τάση να σχηματίσει ζωντανά συστήματα. Αν τα πράγματα ήταν έστω και κατά το ελάχιστο διαφορετικά στην αρχή, αυτό δε θα συνέβαινε και δε θα είχαμε εξελιχθεί κι εμείς. Ίσως λοιπόν η ζωή αναπτύσσεται ως η ουσιαστική διαδικασία του κόσμου στο σύνολό του και δεν είναι απλώς κάτι που συμβαίνει σε ένα ειδικό σημείο, όπου μάταια το αναζητούμε. Ίσως οι γαλαξίες να αποτελούν ένα πολύ σημαντικό μέρος της κοσμικής διαδικασίας της ζωής. Ασφαλώς φαίνεται ότι η γη μας, γεννημένη απ' αυτή τη διαδικασία, είναι από μόνη της ζωντανή.

Δεν ξέρουμε αν, στο δικό μας ηλιακό σύστημα, πλανήτες όπως ο Άρης και η Αφροδίτη άρχισαν να ζωντανεύουν κι ύστερα απέτυχαν να εξελιχθούν, επειδή δεν κατάφεραν να διατηρηθούν ζωντανοί. Είναι όλο και πιο σαφές ότι, όπως συμβαίνει και με τους σπόρους και τα αβγά των φυτών και των ζώων, παράγονται πολύ περισσότεροι πλανήτες απ' όσους πραγματικά αποκτούν ζωή. Οι πλανήτες πρέπει να έχουν ακριβώς τη σωστή σύνθεση και να βρίσκονται ακριβώς στη σωστή σχέση με το άστρο τους για να γίνουν τόσο ζωντανοί όσο η γη μας. Κι όμως, ακόμα κι αν μόνο ελάχιστοι πλανήτες από τους πολλούς καταρθώνουν να ζωντανέψουν, θα πρέπει να υπάρχουν δισεκατομμύρια ζωντανοί πλανήτες στο σύμπαν. Και οι άλλοι, η πλειονότητα των πλανητών που δε ζωντανεύουν οι ίδιοι, μπορεί παρ' όλα αυτά να παίζουν ένα βοηθητικό ρόλο στη ζωή των γαλαξιών τους.

Τα όντα που είμαστε συνηθισμένοι να θεωρούμε ζωντανά, όπως τα φυτά και τα ζωά, περιέχουν πολλή βοηθητική «μη ζωντανή ύλη στους ξυλώδεις κορμούς, στα όστρακα και στα κόκαλά τους, στ' αγκάθια, στις οπλές και στα νύχια τους, στις τρίχες και στα λέπια τους. Οι μη «ζωντανοί» πλανήτες μπορεί επίσης να αποτελούν σημαντικό μέρος των ζωντανών γαλαξιών, ίσως ακόμα και να παίζουν σημαντικούς δομικούς ρόλους σ' αυτούς. Τι γίνεται όμως με την ίδια τη γη; Πολλοί επιστήμονες ισχυρίζονται ότι δεν μπορεί να είναι ένα ζωντανό ον, γιατί μόνο το εξωτερικό στρώμα της – λεπτό όσο η υγρασία πάνω σ' ένα μήλο την αυγή – παρουσιάζει ίχνη ζωής. Τότε, μπορούμε να ρωτήσουμε, τι συμβαίνει με το δέντρο σεκόια, που είναι κατά 99% νεκρό ξύλο, με μόνο ένα λεπτό δέρμα ζωής στην επιφάνειά του; Κανένας δεν ισχυρίζεται ότι οι σεκόιες δεν είναι ζωντανές.

Η σύγχρονη επιστήμη τώρα μόλις αρχίζει να βλέπει τον κόσμο και τη φύση του πλανήτη μας μ' αυτόν τον τρόπο. Δεν είναι εύκολο για τους επιστήμονες να κάνουν το άλμα, από εκεί που έβλεπαν τη γη ως ένα μη ζωντανό πλανήτη που έγινε εστία ζωντανών όντων, να τη δουν ως ένα ενιαίο ζωντανό ον και τα πλάσματά της ως τμήματά της, ακριβώς όπως τα κύτταρα αποτελούν τμήματα του σώματός μας. Οι επιστημονικές μελέτες για τη γη ήταν χωρισμένες, όπως είπαμε, σε μελέτες για τη ζωντανή και τη μη ζωντανή ύλη. Οι γεωλόγοι είχαν την αποστολή να εξηγήσουν πώς οι γεωλογικοί «μηχανισμοί» της μη ζωντανής ύλης, όπως είναι ο βράχος, αλλάζουν με το χρόνο και με το κλίμα. Η δουλειά τους δεν αποσκοπούσε να αναμιχθεί με τη δουλειά των βιολόγων, που μελετούν ζωντανά όντα, καθώς οι περισσότεροι επιστήμονες πίστευαν κι εξακολουθούν να πιστεύουν ότι αυτά τα ζωντανά όντα δημιουργούνται σε έτοιμα γεωλογικά περιβάλλοντα και, είτε προσαρμόζονται σ' αυτά, είτε εξαφανίζονται.

Σήμερα ωστόσο, η δουλειά των γεωλόγων και των βιολόγων αναμιγνύεται, είτε τους αρέσει είτε όχι, γιατί η ίδια αστερόσκονη που μετατράπηκε σ' ένα βραχώδη πλανήτη εξακολούθησε να μεταμορφώνεται σε ζωντανά όντα. Αυτό από το οποίο είμαστε φτιαγμένοι ήταν δηλαδή κάποτε αστερόσκονη, όμως μπορούμε να θεωρήσουμε επίσης ότι είμαστε φτιαγμένοι από το πέτρωμα στο οποίο μετατράπηκε αυτή η αστερόσκονη, ως μέρος της γης!

Για να περιπλεχθούν ακόμα περισσότερο τα πράγματα, σημαντική ποσότητα του πετρώματος που μετατράπηκε σε ζωντανά όντα, ξανάγινε αργότερα και πάλι πέτρωμα. Κι έτσι, όπως τα όντα είναι φτιαγμένα από άτομα που κάποτε αποτελούσαν μέρη πετρωμάτων, σχεδόν όλα τα πετρώματα στην επιφάνεια της γης αποτελούνται από άτομα που κάποτε αποτελούσαν μέρη όντων – όντων που αυτοδημιουργήθηκαν από τα άτομα ακόμα παλιότερων πετρωμάτων.

Σκεφτείτε το αυτό. Η ανακύκλωση της αστερόσκονης γίνεται μια πολύπλοκη υπόθεση, καθώς ένας πλανήτης αποκτά ζωή. Οι γεωλόγοι αρχίζουν μόλις τώρα να πιστεύουν το Ρώσο επιστήμονα Β.Ι. Βερνάντσκι, γιά τον οποίο θα πούμε περισσότερα αργότερα, που αντιλαμβανόταν τη ζωή στη Γη ως μια «διασπορά πετρωμάτων», πετρωμάτων που αναδιαμορφώνονται σε διάστημα δισεκατομμυρίων χρόνων, και που αναδιαμορφώνονται σε όλο και πιο πολύπλοκες μορφές ζωής, από τα μικρόβια μέχρι τους ανθρώπους.

Και μόνο αυτό είναι αρκετό για ν' αναμιχθεί η γεωλογία με τη βιολογία. Όμως, υπάρχουν κι άλλοι παράγοντες. Ο πλανήτης μας δεν ήταν ποτέ μία εκ των προτέρων έτοιμη εστία, ένα φυτώριο όπου αναπτύχθηκαν ζωντανά όντα και προς το οποίο προσαρμόστηκαν. Γιατί, όχι μόνο το πέτρωμα αναδιαμορφώνεται σε ζωντανά όντα και το αντίθετο, αλλά και τα ζωντανά όντα διαμορφώνουν άλλα πετρώματα σε φυτώρια – σε χώρους που είναι πρόσφοροι για να ζουν και να πολλαπλασιάζονται.

Όμως, ας προχωρήσουμε βήμα βήμα κι ας δούμε πρώτα τη ζωή ως πέτρωμα που αναδιαμορφώνεται. Πώς μπορεί να γίνει αυτό;

Αρχίζουμε να αντιλαμβανόμαστε ότι δεν υπάρχει μόνο ένας τρόπος για να καταλάβουμε τι είναι η ζωή. Την είδαμε προηγουμένως ως ένα μίγμα γεωλογίας και βιολογίας. Ας προσπαθήσουμε τώρα να τη δούμε ως ένα μίγμα φυσικής και χημείας.

Θυμάστε τις δυνάμεις – όπως τη βαρύτητα – που βοήθησαν στη δημιουργία σχηματισμών στον κοσμικό χορό των σωματιδίων και των ατόμων; Μια απ' αυτές τις δυνάμεις είναι η ηλεκτρική δύναμη που συγκρατεί τα άτομα. Αυτή η δύναμη εμποδίζει τα εξωτερικά σωματίδια των ατόμων – που ονομάζονται ηλεκτρόνια – να διαφύγουν στο διάστημα από τους πυρήνες τους που αποτελούνται από βαρύτερα σωματίδια. Αυτό παρουσιάζει κάποιες ομοιότητες με τον τρόπο που η βαρύτητα εμποδίζει τους πλανήτες να ξεφύγουν στο διάστημα μακριά από τον ήλιο, παρ' όλο που ηλεκτρόνια σε τροχιά δεν είναι σκληρές σφαίρες όπως εκείνες στα ατομικά μοντέλα παλιού τύπου, που έμοιαζαν με το ηλιακό σύστημα.

Στο μακροκοσμικό επίπεδο, δημιουργήθηκαν ισχυρά ηλεκτρικά ή μαγνητικά πεδία από την αλληλεπίδραση ανάμεσα στην ηλιακή ενέργεια, που περνάει το φλοιό της γης, και τα λιωμένα μέταλλα στον πυρήνα της γης. Αυτό μπορούμε να το συγκρίνουμε με μια γιγάντια μπαταρία, που μπορεί να χρησιμοποιηθεί για κάθε είδους δουλειές. Στο μικροκοσμικό επίπεδο, η ηλεκτρική δύναμη επιτρέπει στα ηλεκτρόνια να χορεύουν με δύο άτομα ταυτόχρονα, και να τα συγκρατούν μαζί ως ένα μόριο. Όσο πιο πολλά άτομα χορεύουν μαζί μ' αυτόν τον τρόπο, τόσο μεγαλύτερα είναι τα μόρια που σχηματίζονται.

Η ισχυρή ενέργεια του ηλιακού φωτός, που φτάνει στον φλοιό της γης μέσα από την αραιή γήινη ατμόσφαιρα, υποδαύλισε τη μοριακή ηλεκτρική δύναμη μέσα στα μεγάλα ηλεκτρικά πεδία, δημιουργώντας επάνω θύελλες και διασπώντας κάτω τα μόρια σε βραχόσκονη, λάσπη και θαλασσινό νερό, αναδιαμορφώνοντάς τα σε νέα και μεγαλύτερα μόρια. Όταν τα μόρια διασπώνται και ξανασυνδυάζονται σε νέους σχηματισμούς, αυτό ονομάζεται χημική αντίδραση, καθώς η χημεία είναι η μελέτη αυτών των μεταμορφώσεων στους σχηματισμούς των μορίων. Η ενέργεια που υποδαύλισε την ηλεκτρική δύναμη ανασύνδεσε πολλά μόρια στο φλοιό της γης.

Τέτοιες χημικές αντιδράσεις συμβαίνουν επίσης και σε άλλα σημεία του γαλαξία μας. Τα μεγαλύτερα οργανικά μόρια, όπως τα μόρια των σακχάρων, των οξέων και των λιπιδίων που σχηματίστηκαν πάνω στη νεαρή γη, σχηματίζονται επίσης σε μεγάλες ποσότητες και σε μεγάλη ποικιλία κάπου στο κέντρο του γαλαξία μας και ίσως και σ' ολόκληρο το γαλαξία μας. Μερικά απ' αυτά έρχονται στη γη με τους μετεωρίτες. Είναι ακόμα δυνατό αυτά τα «πλανητικά αβγά» που αποκτούν ζωή να «γονιμοποιούνται» από τους μετεωρίτες.

Μερικές χημικές μεταβολές, όπως είπαμε, οφείλονταν στις ηλεκτρικές θύελλες που ξεσπούσαν ανάμεσα στα σύννεφα από ψυχόμενους ατμούς στην ατμόσφαιρα της εποχής εκείνης, καθώς η ενέργεια του ήλιου θέρμαινε την επιφάνεια της γης. Πέρα από το να βοηθούν στη διαμόρφωση μεγάλων μορίων, αυτές οι θύελλες προκάλεσαν ένα σύστημα ανακύκλωσης του νερού, διαλύοντας τα σύννεφα σε βροχή που έπεφτε σε στεριά και θάλασσα, ενώ το νερό ανυψωνόταν και πάλι με την εξάτμιση και συγκεντρωνόταν και πάλι σε σύννεφα.

Το νερό της βροχής κυλούσε πάνω από τα πετρώματα και δημιουργούσε χαντάκια που διαμορφώθηκαν σε κοίτες ποταμών και κοιλάδες, από τις οποίες μεταφέρονταν στη θάλασσα τριμμένη άμμος και σκόνη γεμάτη από τα ά-λατα των πετρωμάτων. Έτσι σχηματίστηκαν ποτάμια και ρεύματα, το κυκλοφοριακό σύστημα του εμβρυακού πλανήτη μας, και μετέφεραν τα υλικά που χρειάζονταν για να αναπτυχθεί ή να εξελιχθεί η ζωή. Γιατί ένας ζωντανός πλανήτης δε χρειάζεται μόνο πολλή ενέργεια αλλά και μετατοπιζόμενμη ύλη, όπως ατμόσφαιρικά αέρια και νερό για να μεταφέρονται τα υλικά. Όπως θα δούμε, η πλανητική ζωή δεν είναι κάτι που συμβαίνει εδώ κι εκεί σ' ένα πλανήτη· συμβαίνει στον πλανήτη στο σύνολό του.

Τα μεγαλύτερα νέα μόρια θα πρέπει να σχηματίστηκαν σε ρηχά νερά, με τη βοήθεια του ηλιακού φωτός και των καταιγίδων – ή ίσως με τη βοήθεια της εσωτερικής ενέργειας της ζωής γύρω από σχισμές του φλοιού της γης, στον πυθμένα της θάλασσας. Ακόμα και η αποξηραντική θερμότητα του ήλιου στις άκρες του νερού μπορεί να έπαιξε ένα ρόλο στο σχηματισμό μεγάλων μορίων και στη συσπείρωσή τους. Τα μεγάλα μόρια απορροφούσαν πολλή ηλεκτρική ενέργεια, που στη συνέχεια ήταν χρήσιμη για να επιταχύνονται οι χημικές τους αντιδράσεις και να σχηματίζονται ακόμα μεγαλύτερα μόρια – γιγάντια μόρια φτιαγμένα από τα μεγάλα μόρια των σακχάρων και των οξέων. Μερικοί επιστήμονες πιστεύουν ότι τα γιγάντια μόρια σχηματίστηκαν καθώς τα μεγάλα μόρια έμπαιναν στη σειρά σε καλούπια ή εσοχές από πηλό ή άλλη κρυσταλλική ύλη, που είχε κανονικά επαναλαμβανόμενα σχήματα στην επιφάνειά της ώστε να μπορούν να κρατηθούν τα μόρια. Άλλοι πιστεύουν ότι η παραγωγή γιγάντιων μορίων συνέβη μόνο αφού τα παλαιότερα μοριακά συστήματα ζωής είχαν ήδη οργανωθεί μέσα σε μικροσκοπικές κάψουλες.

Το κεντρικό χημικό υλικό της γήινης ζωής – δηλαδή των αυτοποιητικών «όλων» που σχηματίζονται μέσα στο γήινο «όλον» – είναι ο άνθρακας, ή μάλλον εξασθενημένες ανθρακικές ενώσεις, που είναι άτομα άνθρακος περιβαλλόμενα από άτομα υδρογόνου. Ο ζωηρά ενεργοποιημένος άνθρακας της γης συνδυάζεται επίσης εύκολα με οξυγόνο, άζωτο, θείο και φώσφορο για να σχηματίσει κάθε είδους οργανικά μόρια και ουσίες. Στην πραγματικότητα, αποτελείται σχεδόν αποκλειστικά και μόνο απ' αυτά τα έξι στοιχεία, στην πλούσια ποικιλία των συνδυασμών τους.

Μεταξύ των γιγάντιων μορίων που σχηματίστηκαν από τα μικρότερα υπήρχαν οι *πρωτεΐνες* – μακριές αλυσίδες από *αμινοξέα*, που τα ίδια είναι μόρια αποτελούμενα από διάφορους συνδυασμούς δώδεκα ή λιγότερων ατόμων άνθρακα, αζώτου, υδρογόνου και οξυγόνου. Άλλα γιγάντια μόρια που απαρτίζονταν και από οξέα και από σάκχαρα ήταν αυτά που ονομάζουμε ριβονουκλεϊκό οξύ (ribonucleic acid, RNA) και δεοξυριβονουκλεϊνικό οξύ (deoxyribonucleic acid, DNA). Το DNA μπορεί στην πραγματικότητα να ήταν μια μεταγενέστερη εξέλιξη των αρχικών ζωντανών συστημάτων που βασίζονταν στο RNA. Όποια κι αν ήταν ακριβώς η σειρά το DNA και το RNA κατέληξαν να λειτουργούν μαζί με τις πρωτεΐνες ως το σύστημα αντιγραφής και δημιουργίας της ζωής.

Τα μόρια του DNA είναι μακρές αλυσίδες από μικρότερα μόρια που συνδέονται σε μακριές, συνετραμμένες σειρές, σαν φερμουάρ. Ανακαλύψαμε ότι τα «δόντια» αυτών των φερμουάρ από μόρια DNA λειτουργούν ως κώδικας, που μπορεί να εφαρμοστεί σε μια απέραντη ποικιλία σχηματισμών, ακριβώς όπως τα γράμματα του αλφαβήτου μπορούν να τοποθετηθούν σε λέξεις, προτάσεις και βιβλία. Γι' αυτό το λόγο, ένα μόριο DNA μπορεί να περιέχει πληροφορίες.

Οι πληροφορίες, αν μπορούν να αντιγραφούν, μπορούν ν' αποτελέσουν ένα σχέδιο· ένα σχέδιο για ένα νέο αντίγραφο του εαυτού τους ή ένα σχέδιο-κώδικα για κάτι άλλο. Το DNA μπορεί βέβαια να αντιγράψει ή να επαναλάβει τον εαυτό του, όχι όμως χωρίς τη βοήθεια των πρωτεϊνών, που μπορούν ν' ανοίξουν το φερμουάρ του DNA. Από τη στιγμή που ανοίγει, το DNA χωρίζεται σε δύο μισά φερμουάρ. Καθώς αυτά πλέουν μέσα σε μια σούπα από μικρότερα μόρια, τα «δόντια» κάθε μισού – όλα τα γράμματα του κώδικα του DNA – έλκουν νέους συντρόφους, ακριβώς σαν αυτούς που βρίσκονται απέναντί τους στο κλειστό φερμουάρ, γιατί αυτοί είναι οι μόνοι που ταιριάζουν ακριβώς.

Κι έτσι έχουμε δύο φερμουάρ εκεί που είχαμε ένα – και τα δύο είναι ακριβώς ίδια, αν δεν έχουν γίνει λάθη. Η συνεργασία DNA-πρωτεϊνών εξελίχθηκε με τέτοιον τρόπο ώστε, ενώ οι πρωτεΐνες ανοίγουν τα φερμουάρ του DNA, «πείθουν» επίσης το DNA να αποθηκεύει σχέδια κωδικοποιημένα για το σχηματισμό κι άλλων πρωτεϊνών μαζί με τα άλλα DNA. Επειδή το DNA έχει τη δυνατότητα να αναπαράγεται, αναπαράγονται επίσης οι συνεργασίες DNA-πρωτεϊνών.

Αυτό είναι κάπως υπεραπλουστευμένο, γιατί οι ιοί, που περιέχουν μόνο RNA ή DNA επικαλυμμένο με πρωτεΐνη, πρέπει για ν' αναπαραχθούν να μπουν σε κύτταρα όπου είναι διαθέσιμα κι άλλα πράγματα. Παρ' όλα αυτά, η πρωτεΐνη με το DNA ή το RNA, ή και με τα δύο μαζί, διαμόρφωσαν μοριακές συνεργασίες, που έγιναν το βασικό σύστημα αναπαραγωγής της ζωής, το οποίο βασίζεται στον άνθρακα. Αυτό το *γενετικό* σύστημα περιγράφεται συνήθως ως μονόδρομος, όπου ο κώδικας του DNA καθορίζει αυστηρά την παραγωγή πρωτεϊνών, οι οποίες αποτελούν το κύριο δομικό υλικό των ζωντανών «όλων» μέσα στη γήινη ολαρχία. Όμως πρόσφατες ανακαλύψεις υποδηλώνουν ότι οι πρωτεΐνες μπορούν με τη σειρά τους να επηρεάσουν και ν' αλλάξουν τον κώδικα του DNA. Θα επιστρέψουμε σ' αυτή τη μορφή συνεργασίας σε κατοπινά κεφάλαια.

Κάποια στιγμή, νωρίς στην ιστορία της γης, υπήρχαν άφθονα τα μόρια σακχάρου και οξέων που χρειάζονταν για να δημιουργηθούν τα μακρά αλυσιδωτά μόρια του RNA, του DNA και της πρωτεΐνης. Έτσι, ο σχηματισμός συνεργατικών συνεταιρισμών είναι πολύ πιθανόν ότι έγινε αναπόφευκτος στη ζεστή υγρή λάσπη και το ρηχό νερό των θαλασσών της γης, όπου τα μόρια είχαν τη δυνατότητα να πλέουν και να συγκρούονται μεταξύ τους. Ίσως για πολύν καιρό αυτοί οι συνεταιρισμοί να μην ξεχώριζαν και πολύ από την πυκνή σούπα των δομικών υλικών γύρω τους.

Μερικοί επιστήμονες, ωστόσο, ισχυρίζονται ότι τέτοιοι συνεταιρισμοί δε θα μπορούσαν στην πραγματικότητα να είχαν ξεκινήσει, παρά μόνο αφού τα μόρια βρέθηκαν κλεισμένα σε σάκους ή μεμβράνες, που τα συγκρατούν μαζί με άλλα μόρια εφοδιασμού και τα προστατεύουν από το νά διαλυθούν. Οι πιθανότεροι υποψήφιοι γι' αυτούς τους σάκους ονομάζονται *λιποσώματα*. Τα λιποσώματα – τόσο μικροσκοπικά ώστε μπορούμε να τα δούμε μόνο με ηλεκτρονικό μικροσκόπιο – σχηματίζονται σαν κούφιες σφαίρες από μόρια λιπιδίων, κάτι σαν μικροσκοπικές σαπουνόφουσκες, όποτε τα μόρια των λιπιδίων βρίσκονται στο νερό. Αυτό συμβαίνει επειδή οι ουρές αυτών των μορίων λιπιδίων είναι *υδροφοβικές* – τραβιούνται γρήγορα από το νερό και προστατεύουν η μία την άλλη απ' αυτό, γυρίζοντας προς τα μέσα, έτσι ώστε τα κεφάλια τους να σχηματίζουν μια σφιχτή σφαίρα γύρω τους. Μερικές φορές σχηματίζεται μια διπλή στρωματωμένη σφαίρα με νερό μέσα κι έξω, όπου το διπλό στρώμα έχει όλα τα κεφάλια των μορίων λιπιδίων και στις δυο επιφάνειες, με όλες τις ουρές ανάμεσα στα δύο στρώματα από κεφάλια. Αυτός είναι ο τυπικός σχηματισμός απλών κυτταρικών τοιχωμάτων και εξακολουθεί να παρουσιάζεται ακόμα και στα πιο πολύπλοκα κύτταρα σήμερα.

Όταν μια σούπα που περιέχει λιποσώματα και μια ποικιλία μεγάλων μορίων αποξηραίνεται και υγροποιείται και πάλι επανειλημμένα, τα λιποσώματα σπάζουν, ανοίγουν και ισοπεδώνονται τις εποχές της ξηρασίας και ανασχηματίζουν τις σφαίρες τους τις εποχές τη υγρασίας, συχνά γύρω από μεγάλα μόρια – συχνά τόσο μεγάλα όσο τα μόρια του DNA και της πρωτεΐνης – που έχουν παγιδευτεί μέσα τους όταν τα λιποσώματα είχαν ανοίξει. Τέτοιες καταστάσεις θα πρέπει να συνέβαιναν συχνά στις ακτές των αρχαίων θαλασσών. Τα ίδια τα λιποσώματα, λοιπόν, λειτουργούν σαν ένα δέρμα, σαν μια μεμβράνη, που χρησιμεύει στα μόρια ως προστασία από τον έξω κόσμο, αλλά και ως σύνδεση μαζί του. Αυτή η μεμβράνη επιτρέπει εκλεκτικές χημικές διασταυρώσεις, επιτρέπει σε ορισμένα είδη ατόμων ή μορίων να μπαίνουν μέσα και σε άλλα είδη να βγαίνουν έξω. Έτσι, το εσωτερικό περιβάλλον γίνεται σύντομα χημικά διαφορετικό από το εξωτερικό. Αυτή η διευθέτηση σφυρηλατεί την εξέλιξη των χημικών κύκλων, που είναι βασικοί για τα ζωντανά κύτταρα.

Όπως κι αν σχηματίστηκαν τα πρώτα κύτταρα, η πρωτεΐνη αποτέλεσε την κύρια ύλη από την οποία διαμορφώθηκαν τα ζωντανά όντα, ενώ το RNA και το DNA αποθήκευαν τα σχέδια κι έδιναν τη δυνατότητα στα ζωντανά όντα να πολλαπλασιάζονται. Ορισμένα μόρια πρωτεΐνης κατέληξαν να παίζουν έναν ιδιαίτερα σημαντικό ρόλο καθώς επιτάχυναν αυτό που έκαναν τα άλλα μόρια – δηλαδή επιτάχυναν τις χημικές αντιδράσεις που δημιουργούσαν νέα πρωτεΐνη, ή αντέγραφαν το DNA. Αυτές τις ειδικές πρωτεΐνες τις ονομάζουμε ένζυμα και το θαυμαστό τους ταλέντο να επιταχύνουν το χημικό χορό είναι πολύ σημαντικό για τη ζωή του πλανήτη μας. Μάλιστα, η παρουσία ενζύμων προτάθηκε ως ένας τρόπος για να ορίζεται η παρουσία ζωής και τα πρώτα ένζυμα πιθανώς εμφανίστηκαν ως ένα ευρέως διαδεδομένο χημικό γεγονός στη γη, ίσως και μέσα και έξω από τα πρώτα κύτταρα.

Παρ' όλο που λείπουν ακόμα οι λεπτομέρειες, αυτός είναι ουσιαστικά ο τρόπος με τον οποίο ο στερεός και λιωμένος φλοιός της γης άρχισε να αναδιοργανώνεται σε ζωντανά όντα. Μερικά από τα υλικά του εξαερώθηκαν στην ατμόσφαιρα, άλλα αναμορφώθηκαν σε θάλασσες, άλλα διασπάστηκαν και ξεπλύθηκαν μέσα στις θάλασσες. Με τη βοήθεια μεγάλων ποσοτήτων ενεργείας, σχηματίστηκαν μεγαλύτερα μόρια και δημιούργησαν συνεταιρισμούς, ξεκίνησαν χημικούς κύκλους στα πρώτα λιποσώματα, επιτάχυναν τις ίδιες τους τις αντιδράσεις με τη δραστηριότητα των ενζύμων, αναπαράχθηκαν και, μέσα από όλα αυτά, διαμορφώθηκαν ως ζωντανά, ή αυτοποιητικά, «όλα» – τα πρώτα πραγματικά ζωντανά όντα. Αυτά τα όντα ζούσαν μέσα στο μεγαλύτερο ζωντανό «όλον» που τους είχε δώσει ζωή και στο οποίο με τη σειρά τους έδιναν ένα νέο είδος ζωής. Έτσι, από τη μια πλευρά μπορούμε να πούμε ότι μικροσκοπικά ξεχωριστά ζωντανά «όλα» αναπτύχθηκαν σ' ολόκληρη τη γη, όμως από την άλλη πλευρά μπορούμε να πούμε ότι το «όλον» γη ζωντάνευε ακόμα πιο πολύ, καθώς ανέπτυσσε τη δική του αυτοποίηση μέσα από μια αυτοκινούμενη χημική δραστηριότητα.

Από την παλιά μας σκοπιά, βλέπαμε τις απαρχές της ζωής μόνο σαν μια συγκέντρωση μικροβίων, προερχομένων από κάποιο πρωταρχικό κύτταρο, που σχηματίστηκε τυχαία κάπου στη γη κι έδωσε απογόνους αναγκασμένους να προσαρμόσουν τον τρόπο της ζωής τους στη φυσική επιλογή, που θα τη συζητήσουμε στο Κεφάλαιο 7. Αυτός ήταν ένας λογικός τρόπος να βλέπουμε τα πράγματα, εφόσον είχαμε σχηματίσει την αντίληψή μας για τη ζωή από τη μελέτη μεμονωμένων όντων, αρκετά μικρών ώστε να τα βλέπουμε ως σύνολα. Με το νέο τρόπο μας – του να βλέπουμε τη ζωή ως αυτοποιητικά συστήματα, που μπορεί να είναι τόσο μεγάλα όσο η γη, ή και μεγαλύτερα – μπορούμε να σκεφτόμαστε τη ζωή της γης ως μία πλανητική διαδικασία· τις χημικές αντιδράσεις στο φλοιό του πλανήτη να επιταχύνονται, να μετατρέπουν το φλοιό σε μάζες μικροβίων, που με τη σειρά τους μεταμορφώνουν ακόμα μεγαλύτερα τμήματα του φλοιού σε βιώσιμο χώρο, όπως θα δούμε στο επόμενο κεφάλαιο. Κι ενώ όλα αυτά συμβαίνουν στο μικροκοσμικό επίπεδο, τα μακροκοσμικά γεγονότα τού, σε μεγάλο βαθμό, λιωμένου ακόμα ραδιενεργού πλανήτη διατηρούν το φλοιό του σε κίνηση, τον σχίζουν και τον μετατοπίζουν, δημιουργώντας βουνά, χαράζοντας κοιλάδες, αλλάζοντας το σχήμα και τη θέση των ηπείρων ανάμεσα στις θάλασσες που βαθαίνουν. Συνολικά, αυτός είναι ο αυτοδημιουργικός χορός ενός ζωντανού πλανήτη που λειτουργεί χάρη στον ήλιο του και χάρη στη δική του ενέργεια.

Ένας τρόπος για να τα καταλάβουμε όλα αυτά είναι να θεωρήσουμε ότι η γη ζωντάνεψε μέσα από κάθε είδους «οριακές δραστηριότητες». Ο φλοιός που ζωντάνεψε ήταν το όριο που περιέκλειε τη γη και ταυτόχρονα τη συνέδεε με την εξωτερική ενέργεια από τον ήλιο και με νέα υλικά που έρχονταν με τους μετεωρίτες. Τα πρώτα κύτταρα φαίνεται πως σχηματίστηκαν ειδικά στα όρια που χώριζαν και συνέδεαν τη στεριά με τη θάλασσα. Τα όρια αυτών των κυττάρων καθιστούσαν δυνατή τη μεμονωμένη ζωή τους, χωρίζοντάς τα και συνδεόντάς τα με το περιβάλλον τους. Σε όλα τα επίπεδα, από το μεγαλύτερο ως το μικρότερο, αυτή η οριακή δραστηριότητα μπορεί να θεωρηθεί εξαιρετικά δημιουργική – ένα μάθημα που καλά θα κάναμε να το μαθαίναμε καλά εμείς οι άνθρωποι, με τα όρια που έχουμε δημιουργήσει μεταξύ μας

Ας φανταστούμε τώρα ότι βλέπουμε σε γρήγορη κίνηση μια κινηματογραφική ταινία της αρχαίας γης καθώς εξελίσσεται μέσα στο μεγαλύτερο ον, το γαλαξία μας. Καθώς πλησιάζουμε τη γη, τη βλέπουμε να στροβιλίζεται και να πάλλεται, το λεπτό της φλοιό ν' ανασηκώνεται και να κατεβαίνει, να σχίζεται και να μετατοπίζεται, να εκκρίνει λάβα εκεί που σχίζεται και ν' αποβάλλει ατμούς. Μετεωρίτες και πλανητοειδείς, που εξακολουθούν ν' αποτελούν μέρη των συντριμμάτων της σουπερνόβα, χτυπούν και πληγώνουν τη γη, εκτοξεύοντας λιωμένους βράχους και αέρια. Η αραιή ατμόσφαιρα είναι συχνά κοκκινωπή από την ομίχλη που παράγεται από τις αντιδράσεις των ίδιων της των αερίων. Σιγά σιγά ο φλοιός παχαίνει και ραγίζει σε πλάκες, που γλιστρούν αργά πάνω στην επιφάνεια και μεταφέρουν τις μάζες της στεριάς σε νέα σχήματα. Πολύχρωμα μικρόβια εμφανίζονται και μεγαλώνουν εδώ κι εκεί στις ακτές. Βαθμιαία αναπτύσσεται ένα ανθεκτικότερο αλλά διαυγέστερο ατμοσφαιρικό δέρμα, που δίνει στις θάλασσες ένα αστραφτερό μπλε χρώμα. Οι πτώσεις μετεωριτών είναι σπάνιες· η αναταραχή ησυχάζει και μεγάλο μέρος της ξηράς πρασινίζει. Πότε πότε ο πάγος σκεπάζει την πρασινάδα, ώσπου ν' αποσυρθεί και πάλι στους πόλους, υψώνει και κατεβάζει το επίπεδο των θαλασσών, καλύπτει και αποκαλύπτει την ξηρά, λες κι ολόκληρος ο πλανήτης αναπνέει μ' ένα γιγάντιο ρυθμό. Τα πάντα βρίσκονται σε διαρκή κίνηση καθώς η γη λάμπει στον ήλιο, με φόντο το σκοτάδι του διαστήματος, ενώ τα εναλλασσόμενα σχήματα των νεφών στροβιλίζονται πάνω από γαλάζιες θάλασσες και πολύχρωμες στεριές.

Αυτές οι αλλαγές πραγματοποιήθηκαν στην πραγματικότητα σε διάστημα δισεκατομμυρίων χρόνων, σε ρυθμό πολύ αργό για να τον αντιλαμβανόμαστε ως πολύ δραστήριο. Κι όμως, ένα δισεκατομμύριο χρόνια είναι για τον πλανήτη μας λιγότερα απ' ό,τι μια δεκαετία για μας. Κι όταν χρησιμοποιήσουμε τη φαντασία μας για να δούμε αυτές τις αλλαγές στη χρονική διάρκεια μιας σύντομης ταινίας, ο πλανήτης μας μοιάζει πολύ μ' ένα ζωντανό ον. Η κινηματογραφική ταινία μάς εμφανίζει το νεαρό πλανήτη να καταβάλλει μεγάλες προσπάθειες για να εκφραστεί μ' ένα νέο τρόπο, καθώς τα υλικά του αναδεύονται, ο φλοιός του σχηματίζεται και ανασχηματίζεται, οι θάλασσές του και τα σύννεφά του συγκεντρώνονται πάνω από το βραχώδη φλοιό. Έχει τεράστια δική του ενέργεια και δέχεται ακόμα περισσότερη ενέργεια από τον ήλιο που στέλνει το φως και τη θερμότητά του. Μπορεί να σας θυμίσει φιλμ ακτίνων Χ με τη μεταμόρφωση μιας κάμπιας σε πεταλούδα μέσα στο κουκούλι, ή ένα έμβρυο κοτόπουλου που κινείται και μεγαλώνει μέσα στο τσόφλι του αβγού.

Ήδη σε τούτο το πρώιμο στάδιο η γη αρχίζει να ανταποκρίνεται στον αυτοποιητικό ορισμό της ζωής, καθώς δημιουργεί μόνη της τα μέρη της, ανάμεσά τους και τα μικροσκοπικά αυτοποιητικά μικρόβια που, όπως θα δούμε στο επόμενο κεφάλαιο, δημιουργούν την πυκνούμενη ατμόσφαιρα η οποία μετατρέπεται σε μια νέα οριακή μεμβράνη, σ' ένα δέρμα. Σε επόμενα κεφάλαια θα δούμε περισσότερες ενδείξεις της αυτοποίησης, καθώς νέα πολύπλοκα «όλα» θα σχηματίζονται μέσα στην ολαρχία του πλανήτη.

Αν η ταινία μάς έδειχνε και τους άλλους πλανήτες, θα βλέπαμε την έντονη αντίθεση, καθώς εκείνοι καταλήγουν να γίνουν ανενεργές σφαίρες με ένα μουντό καφετί-πορτοκαλί χρώμα, ενώ η τεράστια ενεργητική δραστηριότητα της γης τη ζωντανεύει με ακτινοβόλα γαλαζοπράσινα χρώματα και με τη στροβιλιζόμενη ανάσα των λευκών νεφών της.

4. Τα προβλήματα της Γαίας

Το να φανταζόμαστε τη Γαία σαν μια όμορφη θεά που χορεύει μας δίνει μια ποιητική μεταφορά για τη ζωντανή ομορφιά της φύσης. ΄Ομως η πραγματική ζωή είναι συχνά σκληρή και δύσκολη, όπως γνωρίζουμε από τη δική μας πείρα. Κι η γη είχε μεγάλα προβλήματα από τότε που άρχισε ο χορός της ζωής. Με πιο επιστημονικούς όρους, μπορούμε να πούμε ότι οι πιθανότητες να συνεχίσει να εξελίσσεται η Γαία – όπως ονομάζουμε τη γήινη ζωή στο σύνολό της – ήταν μάλλον λίγες στα πρώτα της στάδια, ή ότι το σταθερό αυτοποιητικό σύστημα της Γαίας αναπτύχθηκε κάτω από σημαντικές απειλές για την ύπαρξή του.

Μερικές φορές, όταν λέω την ιστορία, μου είναι πιο εύκολο να μιλώ μεταφορικά για τη Γαία – όπως και για τα βακτηρίδιά της άλλωστε – με όρους της δική μας εμπειρίας από την επίλυση προβλημάτων και την εφευρετικότητά μας. Ο αναγνώστης δε θα πρέπει να δυσκολεύεται ωστόσο να διαχωρίζει αυτές τις μεταφορικές συντομεύσεις από την επιστημονική μελέτη στην οποία βασίζονται, που δεν περιλαμβάνει καμιά υπόθεση ότι η Γαία – ή τα βακτηρίδια – σκέφτονται ή προγραμματίζουν για το μέλλον, ή βιώνουν ως συναισθήματα τις αποτυχίες και τις επιτυχίες τους.

Ακόμα κι όταν ο φλοιός της ζωντάνευε ήδη με τα μικρόβια, η νεαρή γη, που περιστρεφόταν δυο φορές πιο γρήγορα απ' ό,τι τώρα, εξακολουθούσε να είναι γεμάτη ατμούς, να σχίζεται, η λάβα της να κυλάει σαν αίμα και να βομβαρδίζεται από ατέλειωτους μετεωρίτες που περνούσαν μέσα από την αραιή ατμόσφαιρα και σήκωναν σκοτεινά σύννεφα σκόνης καθώς πλήγωναν το τρυφερό ακόμα σώμα της. Η συνέχεια της ζωής της εμβρυακής γης δεν ήταν καθόλου εξασφαλισμένη· η Γαία δεν ήταν ακόμα ένα ασφαλές, σταθερό ον ικανό να αυτοσυντηρηθεί.

Η διαρκής πτώση μετεωριτών, που άφηναν κρατήρες σαν αυτούς που βλέπουμε στη σελήνη, ήταν μια σοβαρή απειλή. Παρ' όλο που οι μετεωρίτες συνέβαλαν ίσως στο σχηματισμό των μικροβίων με σημαντικά μόρια, όπως τα λιπίδια, είναι πιθανό ότι ταυτόχρονα τα εξόντωναν. Κάθε μέρα, αυτοί οι διαστημικοί βράχοι όλων των μεγεθών έπεφταν από τον ουρανό σαν σφαίρες. Αν τίποτε δεν είχε συμβεί για να προστατευτεί η γη απ' αυτούς, είναι πιθανό ότι θα κατέληγε τόσο νεκρή και βλογιοκομμένη όσο η σελήνη κι οι γειτονικοί μας πλανήτες.

Είναι επίσης πιθανό ότι υπήρχε κι άλλο ένα πρόβλημα, αν και οι επιστήμονες διαφωνούν πάνω σ' αυτό το ζήτημα. Η ενέργεια του ήλιου ήταν πολύ χρήσιμη στη διάσπαση των μορίων, έτσι ώστε να σχηματίζονται νέα, όμως καθώς σχηματίστηκαν και πολλαπλασιάστηκαν τα πρώτα μικρόβια, το δυνατό φως του ήλιου ίσως ήταν ανυπόφορο γι' αυτά και τους δημιουργούσε την ανάγκη να προστατευθούν από την υπεριώδη ακτινοβολία του ηλιακού φωτός. Λίγες υπεριώδεις ακτίνες είναι καλές για τα ζωντανά όντα, όμως οι πολλές μπορεί να τα κάψουν κι ο νεαρός μας ήλιος πιθανώς παρήγαγε πολύ περισσότερες υπεριώδεις απ' ό,τι σήμερα, που ανησυχούμε γιά την απειλή που οι ίδιοι δημιουργήσαμε στην ασπίδα του όζοντος η οποία μας προστατεύει απ' αυτές τις ακτινοβολίες – μια ασπίδα που δεν υπήρχε καθόλου γύρω από τη νεαρή γη, αν και η ομιχλώδης ατμόσφαιρα ίσως πρόσφερε κάποια προστασία.

Οπωσδήποτε, τα πρώτα μικρόβια φαίνεται πως σχηματίστηκαν μέσα στο θαλασσινό νερό ή σε υγρή λάσπη, αρκετά βαθιά ώστε να φιλτράρονται οι επικίνδυνες ακτίνες. Εκεί, όπως είδαμε στο προηγούμενο κεφάλαιο, ποσότητες μιας πλούσιας σούπας από οργανικά μόρια και θαλασσινό νερό παγιδεύτηκαν πιθανώς σε σφαίρες λιποσωμάτων, όπου τα μόρια μπορούσαν να κινούνται και ν' αρχίζουν χημικούς κύκλους νέων ειδών. Σ' αυτούς θα περιλαμβανόταν – αν δεν είχε ήδη σχηματιστεί αλλού – η δόμηση των γιγάντιων μορίων RNA και DNA που έγιναν χρήσιμα ως σύστημα αποθήκευσης των σχεδίων της ζωής. Στους κύκλους αυτοπαραγωγής και αναπαραγωγής που αναπτύχθηκαν βαθμιαία, το RNA συνδέθηκε με το DNA για να αντιγράψει τις πληροφορίες του, ύστερα συνδέθηκε με αμινοξέα για να παράγει τις κωδικοποιημένες πρωτεΐνες, που με τη σειρά τους βοηθούσαν το DNA να διασπάται και να αυτοαντιγραφεται και η διαδικασία συνεχιζόταν. Ομως τα γιγάντια μόρια RNA και DNA μπορούσαν να διασπαστούν από το υπεριώδες φως κι έτσι μια από τις πρώτες επινοήσεις της ζωής, όχι πολύ μετά την ίδια την αναπαραγωγή, ήταν η επισκευή του DNA με ειδικά ένζυμα.

Τα τοιχώματα των λιπιδίων που περιέκλειαν τα πρώτα μικρόβια – που τώρα γίνονταν ώριμα βακτηρίδια – επέτρεπαν την είσοδο νέων πρώτων υλών και την απομάκρυνση των αποβλήτων. Καθώς ζωντανό ον ή σύστημα κυκλώνει και ανακυκλώνει εφόδια. Καθώς οι καιρικοί κύκλοι της Γαίας π.χ. κυκλοφορούν το νερό από τον ουρανό στο έδαφος και τη θάλασσα και πίσω στον ουρανό, ο βράχος τρίβεται από το τρεχούμενο νερό και μεταφέρεται στη θάλασσα, και η θερμοκρασία του πλανήτη ρυθμίζεται, κατά μεγάλο βαθμό, από μια μόνιμη εξισορρόπηση των αερίων και από την ποσότητα της κάλυψης από τα σύννεφα. Στο μεταξύ, όπως θα δούμε με περισσότερες λεπτομέρειες αργότερα, το διαλυμένο πέτρωμα που χρησιμοποιείται για το σχηματισμό των σωμάτων των θαλάσσιων όντων καταλήγει στον πυθμένα της θάλασσας, ο οποίος αργότερα αποβάλλει το νέο πέτρωμα που σχηματίστηκε απ' αυτά πίσω στη στεριά, για να ξαναρχίσει ο κύκλος. Ακριβώς έτσι τα μικρόβια των λιποσωμάτων που σχηματίστηκαν στο φλοιό της γης ανέπτυξαν εσωτερικούς κύκλους για να κυκλοφορούν τα δικά τους εφόδια και να εκτελούν την επιχείρηση της ζωής.

Αυτά τα αρχαία εξελισσόμενα μικρόβια αντικατέστησαν βαθμιαιά τις μικροσκοπικές σφαιρικές κάψουλές τους με μεγαλύτερα, πιο ελαστικά τοιχώματα κυττάρων και εξελίχθηκαν σε βακτηρίδια. Ήταν ακόμα εξαρτημένα από το θαλασσινό νερό, που τους έφερνε εφόδια ή τα μετέφερε κοντά σε εφόδια και παρέσυρε τα απόβλητα που δεν τους χρειάζονταν πια. Με δοκιμές και παλινδρομήσεις έμαθαν να χρησιμοποιούν αυτά τα εφόδια για να μεγαλώνουν, να αυτοεπισκευάζονται, όταν πάθαιναν ζημιές και να αναδιοργανώνονται όπως χρειαζόταν, ενώ κρατούσαν τα πρακτικά των νέων τους ανακαλύψεων στο DNA.

Κάθε ζωντανό ον είναι απαραίτητο να παίρνει υλικά και ενέργεια από το περιβάλλον του, για να σχηματιστεί και να διατηρηθεί ζωντανό.

Αυτό που απομένει απ' αυτά τα εφόδια αφού αφαιρεθούν απ' αυτά τα χρήσιμα μέρη και η ενέργεια, μαζί με οτιδήποτε άλλο αποτελεί μέρος του όντος αλλά δεν του είναι πια χρήσιμο, είναι απόβλητο που πρέπει να απομακρυνθεί – να επιστρέψει στο περιβάλλον. Γι' αυτό, κανένα ζωντανό ον δεν μπορεί ποτέ να είναι απόλυτα ανεξάρτητο – είναι ένα «όλον» μέσα σ' ένα μεγαλύτερο «όλον», και για να ζήσει εξαρτάται από το περιβάλλον του που *είναι* ένα μεγαλύτερο «όλον».

Όπως το τοποθετεί ο Κέστλερ, ένα «όλον» έχει ταυτόχρονα την *αυτονομία* ενός συνόλου και την εξάρτηση ενός μέρους, καθώς είναι ενσωματωμένο μέσα σε ευρύτερα «όλα» από τα οποία εξαρτάται η ύπαρξή του. Ο Κέστλερ καταπιάστηκε πολύ μ' αυτή την ιδέα της «εξάρτησης με ανεξαρτησία» και την ανέφερε ως «τάση ολοκλήρωσης» ή ακόμα και ως «αυτο-υπέρβαση». Ο πιο κατάλληλος όρος είναι η *ολονομία* – ο νόμος του μεγαλύτερου συνόλου, που πρέπει να εξισορροπείται με την αυτονομία. Ο φυσικός Ντέιβιντ Μπόουμ χρησιμοποιεί τη λέξη «ολονομία» ακριβώς με την ίδια έννοια, όταν περιγράφει πώς η αυτονομία των υποατομικών σωματιδίων σταθεροποιείται με την επενέργεια όλων των άλλων σωματιδίων γύρω τους – με την ολονομία.

Κάθε «όλον» που περιέχει μικρότερα «όλα» – όπως μια

γη γεμάτη βακτηρίδια ή ένα σώμα φτιαγμένο από κύτταρα – επηρεάζει την μεμονωμένη αυτονομία των συστατικών μερών του με τη *δική του* αυτονομία, που είναι η *ολονομία τους*. Κάθε μεμονωμένος άνθρωπος π.χ. πρέπει να υπερβαίνει την απλή αυτονομία του και να ενσωματώνεται στους νόμους της κοινωνίας, ενώ η ανθρώπινη κοινωνία πρέπει να υπερβαίνει την αυτονομία της και να ενσωματώνεται στην ολονομία που επιβάλλει η αυτονομία του πλανήτη. Η ισορροπία ανάμεσα στην αυτονομία κάθε «όλου» και στην ολονομία πρέπει να λειτουργεί σαν αμοιβαία συνεκτικότητα για να επιβιώσει το «όλον» ως μέρος μιας ολαρχίας – δεν μπορεί να επιβιώσει με κανέναν άλλο τρόπο, αν δεχτούμε τη θεμελιώδη αρχή της αμοιβαίας συνεκτικότητας όπως περιγράφεται στο Κεφάλαιο 2 και όπως αναπαριστάται σε επόμενα κεφάλαια.

Τα βακτηρίδια είναι «όλα» μέσα σ' ένα ευρύτερο «όλον», που αποτελείται απ' όλα τα βακτηρίδια (περισσότερα γι' αυτό αργότερα) και μέσα στα περιβαλλοντικά συστήματά τους, τα *οικοσυστήματα*. Μια και βρισκόμαστε στους ορισμούς, ας ονομάσουμε τα συστήματα οργανισμών «οικοσυστήματα», για να τα διακρίνουμε από τα «βιοσυστήματα» που μπορεί να είναι μεμονωμένοι ή συλλογικοί οργανισμοί. Τα βακτηρίδια ονομάζονται επίσης *μόνερα* – το πρώτο βασίλειο ζωντανών όντων σ' αυτή μας την ταξινόμηση. Κάθε μόνερον είναι απλώς ένα εντειχισμένο κύτταρο, κι όμως είναι επίσης ένας ολόκληρος οργανισμός, ένα ον. Τα μικροσκοπικά μόνερα, που ήταν τα πρώτα δημιουργήματα της Γαίας, ήταν, επομένως, επίσης τα πρώτα λίγο ή πολύ ανεξάρτητα «όλα» μέσα στο γήινο «όλον».

Ευτυχώς γι' αυτά τα πρώτα μόνερα, η θάλασσα ήταν γεμάτη από μόρια εφοδιασμού, από τα μικρά διαλυμένα άλατα βράχων μέχρι τα μεγαλύτερα μόρια σακχάρων και οξέων που χρειάζονται για το σχηματισμό DNA και πρωτεΐνης. Έτσι τα βακτηρίδια μπορούσαν ν' αναπτύσσονται και να διαιρούνται και ν' αναπτύσσονται ξανά, εξαπλωνόμενα κατά μεγάλα πλήθη σ' όλες τις θάλασσες. Ακόμα και σήμερα, τα βακτηρίδια ή μόνερα είναι τα πολυπληθέστερα όντα μέσα στο μεγάλο οργανισμό της Γαίας.

Τα πρώτα μόνερα αποκτούσαν την ενέργειά τους διασπώντας μόρια εφοδίων σε μια διαδικασία που την ομομάζουμε *ζύμωση*. Τα βακτηρίδια που χρησιμοποιούμε για να φτιάξουμε τυρί, γιαούρτι και κρασί, εξακολουθούν να εργάζονται με τον ίδιο τρόπο και σήμερα. Το ίδιο κάνει και η μαγιά, όπως αυτή που χρησιμοποιούμε για να φτιάξουμε ψωμί. Τα βακτηρίδια που κάνουν τη ζύμωση δημιουργούν φυσαλίδες από αποβαλλόμενα αέρια, σαν τις φυσαλίδες που βλέπουμε στο φουσκωμένο ψωμί και στο τυρί. Όταν βλέπετε φυσαλίδες να βγαίνουν από λάσπη ή φυσικό νερό, είναι πιθανότατο ότι τα βακτηρίδια – φυσαλιδοποιοί προκαλούν κάποια ζύμωση.

Η διάσπαση των μορίων – με τη ζύμωση ή με άλλους τρόπους – απελευθερώνει την ενέργεια που τα συγκρατούσε. Οι φυσαλιδοποιοί αποθήκευαν αυτή την ενέργεια σ' ένα ειδικό μόριο που το ονομάζουμε αδενοσινοτριφωσφατάση (ATP). Στην αρχή μπορεί να βρήκαν έτοιμα μόρια ATP στο περιβάλλον τους, όμως τελικά έμαθαν πώς να τα φτιάχνουν. Οι φυσαλιδοποιοί κρατούσαν διαθέσιμη τη φορτωμένη με ενέργεια ATP, ώσπου να χρειαστούν την ενέργεια για δόμηση, επισκευή και άλλες δουλειές. Κάθε ζωντανό ον στη γη έκτοτε χρησιμοποιεί το σύστημα αποθήκευσης ενέργειας της ATP που επινόησαν οι φυσαλιδοποιοί, αν και αργότερα τα βακτηρίδια ανακάλυψαν καλύτερους και ταχύτερους τρόπους από τη ζύμωση για να φτιάχνουν ATP.

Πέρα από την ενέργεια, οι φυσαλιδοποιοί χρειάζονταν και φυσικά εφόδια δόμησης και για πολύν καιρό, όπως είπαμε, μεγάλα μόρια σακχάρων και οξέων ήταν άφθονα στο περιβάλλον, έτοιμα να διασπαστούν ή να χρησιμοποιηθούν όπως ήταν. Για ν' αναπαραχθούν, ορισμένα μόνερα αντέγραφαν το DNA τους κι ύστερα χωρίζονταν στη μέση σε μια διαδικασία που την ονομάζουμε *μίτωση*, δημιουργώντας δυο απογόνους από τα δυο τους κομμάτια. Άλλα χρησιμοποιούσαν, μικρότερα κομμάτια του εαυτού τους που περιείχαν DNA για να δημιουργήσουν τους απογόνους τους. Όταν τα εφόδια μειώνονταν εδώ κι εκεί, μερικά βακτηρίδια έμαθαν να τοποθετούν το DNA τους και λίγη πρωτεΐνη σε γερούς μικρούς σπόρους με σκληρό κέλυφος. Αυτοί οι σπόροι έπλεαν χωρίς να κάνουν απολύτως τίποτε, ώσπου να φτάσουν σε μέρη όπου τα εφόδια ήταν άφθονα και όπου μπορούσαν ν' αναπτυχθούν σε κανονικά μόνερα.

Με τον καιρό, τα μόνερα δημιούργησαν νέα είδη πρωτεϊνών και νέα ένζυμα και επινόησαν νέες χημικές διαδικασίες και κύκλους, νέα δικά τους μέρη, νέους τρόπους ζωής. Εδώ και πάνω από τρία δισεκατομμύρια χρόνια λοιπόν, τα μόνερα φυσαλιδοποιοί πολλαπλασιάζονταν και διαιρούνταν σε διάφορες ποικιλίες, σχημάτιζαν μια πυκνή σούπα ή ένα επιφανειακό αφρό και ζούσαν από έτοιμα εφόδια, μεγάλα μόρια σακχάρων και οξέων. Μερικές ποικιλίες βακτηριδίων έμαθαν να χρησιμοποιούν τα απόβλητα από οξέα και οινοπνεύματα των άλλων και να πραγματοποιούν αποτελεσματικούς κύκλους, χρησιμοποιώντας ως εφόδια το ένα τα απόβλητα του άλλου. Μερικά έμαθαν να αξιοποιούν τα άζωτο της ατμόσφαιρας, συνδυάζοντάς το με άλλα στοιχεία. Αν δεν το είχαν κάνει, η ζωή θα είχε σβήσει από την έλλειψη αζώτου, καθώς το άζωτο είναι ένα από τα έξι βασικά στοιχεία που χρειάζονται για τη δημιουργία ζωντανών όντων.

Παρ' όλα αυτά, καθώς αυξανόταν ο ανταγωνισμός για τον εφοδιασμό με μεγάλα μόρια, μια νέα κρίση αναπτύχθηκε. Λες και η Γαία δεν είχε ήδη αρκετά προβλήματα, άρχισε να φαίνεται ότι τα πρώτα της μικροσκοπικά πλάσματα θα πέθαιναν από έλλειψη εφοδίων.

Όμως δεν πέθαναν. Η ζωή είναι πολύ εφευρετική για να παραδοθεί τόσο εύκολα.

Αυτό που συνέβη τότε στα μόνερα μοιάζει αρκετά μ' αυτό που συμβαίνει σε μας τους ανθρώπους σήμερα. Αντλούσαμε μεγάλο μέρος της ενέργειας που χρειαζόμαστε για να ζήσουμε στις ανθρώπινες κοινωνίες μας από τα αποθέματα άνθρακα και πετρελαίου που βρίσκαμε έτοιμα στο περιβάλλον μας. Τώρα αυτά τα αποθέματα τείνουν να εξαντληθούν και πρέπει να βρούμε νέους τρόπους για να παράγουμε ενέργεια. Ένας πολύ σημαντικός τρόπος – και πιθανώς ο καλύτερος τρόπος – είναι να χρησιμοποιήσουμε το ηλιακό φως, την ηλιακή ενέργεια.

Αυτό ακριβώς άρχισαν να κάνουν ορισμένα μόνερα καθώς τα εφόδιά τους λιγόστευαν. Μερικά στοιχεία που χρειάζονταν για να δομήσουν τα ζωντανά τους σώματα βρίσκονταν παντού γύρω τους, όμως, όπως το ατμοσφαιρικό άζωτο, δεν ήταν σε χρησιμοποιήσιμη μορφή. Άλλα ήταν δυσπρόσιτα, όπως το άζωτο το κλειδωμένο στο νιτρικό άλας της θάλασσας ή ο άνθρακας που ήταν κλεισμένος στο αέριο διοξείδιο του άνθρακα στην ατμόσφαιρα. Υπήρχε παντού άφθονος άνθρακας και άζωτο, όμως οι φυσαλιδοποιοί, έπρεπε να επινοήσουν ειδικούς τρόπους για ν' αποσπάσουν τον άνθρακα και το άζωτο και ύστερα να τα «επεξεργαστούν» – να τα μετατρέψουν σε χρησιμοποιήσιμα μόρια για τη δόμηση των σωμάτων τους.

Ίσως η πιο σημαντική ανακάλυψη των φυσαλιδοποιών ήταν οι τρόποι που βρήκαν για να παγιδεύουν το ηλιακό φως και να το μετατρέπουν σε ενέργεια ATP, πράγμα που το πέτυχαν χρησιμοποιώντας ορισμένα χημικά ευαίσθητα στο φως, όπως τις προφυρίνες, που κάνουν το αίμα μας κόκκινο, και τη χλωροφύλλη που κάνει το χορτάρι και τα φύλλα πράσινα. Ύστερα μπορούσαν να χρησιμοποιήσουν αυτή την ενέργεια για να διασπούν μόρια διοξειδίου του άνθρακα, νερού και αλάτων σε άτομα, που μπορούσαν να αναδιοργανωθούν σε βρώσιμα σάκχαρα, μόρια DNA και πρόσθετη ATP για την ανάπτυξη, την επισκευή και την αναπαραγωγή. Αυτή η διαδικασία είναι φυσικά η *φωτοσύνθεση*, η χρησιμοποίηση του φωτός για την παραγωγή τροφής.

Μερικά από τα φωτοσυνθετικά μόνερα ονομάζονται *κυανοπράσινα βακτηρίδια*, για το χρώμα που τους έδωσαν τα φωτοσυνθετικά χημικά τους. Ας τα λέμε για συντομία «κυανοπράσινα». Ο νέος τρόπος ζωής τους ήταν πολύ επιτυχής, έτσι πολλαπλασιάστηκαν γρήγορα. Άλλωστε, τα κυανοπράσινα, αντίθετα απ' ότι οι φυσαλιδοποιοί δε χρειάζονταν ιδιαίτερα εφόδια. Ζούσαν μέσα σε νερό γεμάτο από διαλυμένα άλατα πετρωμάτων και η ατμόσφαιρα ήταν γεμάτη φως και διοξείδιο του άνθρακα.

Υπήρχε μόνο ένα πρόβλημα: ο θαυμαστός νέος τρόπος με τον οποίο παρήγαγαν την τροφή και την ενέργειά τους δημιουργούσε επίσης μόλυνση.

Τόσο οι φυσαλιδοποιοί όσο και τα κυανοπράσινα απέβαλαν αέρια καθώς εργάζονταν, όμως η φωτοσυνθετική τροφή από νερό και διοξείδιο του άνθρακα παρήγαγε ένα πολύ δηλητηριώδες απόβλητο – τόσο δηλητηριώδες ώστε σκότωνε τα ζωντανά όντα. Αυτό το δηλητηριώδες απόβλητο ήταν το *οξυγόνο!*

Έχουμε συνηθίσει να σκεφτόμαστε ότι το οξυγόνο είναι καλό και απαραίτητο, ένα αέριο που μας δίνει ζωή και μας σώζει τη ζωή καθώς το αναπνέουμε. Όμως για τα πρώτα ζωντανά όντα ήταν θανατηφόρο. Το οξυγόνο είναι αυτό που μετατρέπει τα μέταλλα σε σκουριά και κάνει τη φωτιά να καίει. Το οξυγόνο καταστρέφει τα γιγάντια μόρια των ζωντανών όντων, καίγοντάς τα, όπως κάνει η υπεριώδης ακτινοβολία και άλλα είδη ακτινοβολίας. Στην πραγματικότητα, το οξυγόνο είναι πιο καταστροφικό απ' ό,τι η υπέρυθρη ακτινοβολία, γιατί τα μεγάλα μόρια που χρειάστηκαν για να δημιουργηθούν τα πρώτα ζωντανά όντα δε θα μπορούσαν ποτέ να έχουν δημιουργηθεί αν η ατμόσφαιρα ήταν τότε τόσο πλούσια σε οξυγόνο όσο είναι σήμερα. Έτσι, όταν τα κυανοπράσινα άρχισαν να φτιάχνουν οξυγόνο, άρχισαν να δημιουργούν πρόβλημα.

Κάθε μόριο διοξειδίου του άνθρακα αποτελείται από ένα άτομο άνθρακα και δυο άτομα οξυγόνου. Και κάθε μόριο νερού αποτελείται από δυο άτομα υδρογόνου κι ένα οξυγόνου. Για να γίνει ένα μόριο βρώσιμου σακχάρου, χρειάζονται έξι μόρια διοξειδίου του άνθρακα και έξι μόρια νερού. Όμως όταν διαμορφωθεί το μόριο του σακχάρου – από άτομα άνθρακα, υδρογόνου και οξυγόνου – αποβάλλονται έξι μόρια οξυγόνου ως απόβλητα.

Αυτό είναι το οξυγόνο που άρχισε να μολύνει τη νεαρή γη, αφού άρχισε η φωτοσύνθεση. Στην αρχή, το ελεύθερο οξυγόνο συνδυαζόταν αβλαβώς με διαλυμένα μέταλλα πετρωμάτων, όπως με το σίδερο, τα έκανε να σκουριάζουν και ενσωματωνόταν στο πέτρωμα. Ύστερα άρχισε να συσσωρεύεται στην ατμόσφαιρα.

Ήταν σαν να είχε τεθεί σε λειτουργία μια γιγάντια αντλία στις θάλασσες. Τα βακτηρίδια αντλούσαν διοξείδιο του άνθρακα από την ατμόσφαιρα, χρησιμοποιούσαν τον άνθρακα και έστελναν πίσω στην ατμόφαιρα το οξυγόνο. Επίσης αντλούσαν το άζωτο από τα αζωτούχα θαλασσινά άλατα, «επεξεργάζονταν» μέρος του για δική τους χρήση και διοχέτευαν το άχρηστο αέριο του αζώτου στην ατμόσφαιρα. Η ζωντανή γη δημιουργούσε τη δική της ιδιαίτερη ατμόσφαιρα. Οι πιο κοντινοί γειτονικοί μας πλανήτες, η Αφροδίτη κι ο Άρης, έχουν ατμόσφαιρες αποτελούμενες σχεδόν αποκλειστικά από διοξείδιο του άνθρακα, ακριβώς όπως πιθανότατα ήταν η ατμόσφαιρα της γης, ώσπου ν' αρχίσει να λειτουργεί εκείνη η μεγάλη αντλία. Όμως τώρα η ατμόσφαιρά μας αποτελείται σχεδόν αποκλειστικά από άζωτο και οξυγόνο – επειδή έτσι την έκανε η ζωή.

Όμως πώς επιβίωσε η ζωή μέσα στο δηλητηριώδες οξυγόνο; Πολλά είδη δεν επιβίωσαν. Ορισμένα είδη ζυμωτών που δεν είχαν ανάγκη να είναι κοντά στο φως έσκαψαν και χώθηκαν μέσα στη λάσπη, όπου δεν τα έφτανε το δηλητηριώδες οξυγόνο. Οι απόγονοί τους ζουν ακόμα σήμερα και κάνουν ζύμωση προφυλαγμένοι από το οξυγόνο – στη λάσπη ή σε άλλα ασφαλή μέρη, όπως τα στομάχια των αγελάδων, όπου βοηθούν στη χώνευση του χόρτου, ή στις χανδροειδείς ρίζες των μπιζελιών και των φασολιών, όπου επεξεργάζονται το άζωτο για να εμπλουτίζουν το έδαφος. Όμως πολλά, αν όχι τα περισσότερα είδη των πρώτων βακτηριδίων, θα πρέπει να σκοτώθηκαν από το οξυγόνο που συσσωρευόταν γύρω τους.

Τι έπρεπε να κάνει η Γαία; Ο χορός ζωής της είχε παράγει μια πλούσια ποικιλία ζωντανών βακτηριδίων, παρά τους κινδύνους από τους μετεωρίτες και το υπεριώδες φως. Τώρα τα περισσότερα από τα πρώτα είδη εξαφανίζονταν, ακριβώς επειδή ορισμένα είχαν ανακαλύψει ένα νέο καλύτερο τρόπο ζωής. Ήταν ένα μάθημα που η Γαία το έμαθε αρκετές φορές, ότι, δηλαδή, οι νέες πειραματικές μορφές ζωής μπορεί να θέτουν σοβαρά σε κίνδυνο ολόκληρο το χορό κι ότι μπορεί ν' απαιτούνται άλλες επινοήσεις για να ξαναβρεθεί η χαμένη ισορροπία. Όχι ότι η Γαία μπορούσε να πειραματίζεται σκόπιμα, ή να σκέφτεται τ' αποτελέσματα· παρ' όλα αυτά, ο εξελισσόμενος πλανήτης μας ανέπτυξε (κι εξακολουθεί ν' αναπτύσσει) τη «σωματική σοφία» του μέσα από την πείρα, ακριβώς όπως τα δικά μας σώματα μέσα στο πλαίσιο της Γαίας ανέπτυξαν τη σωματική σοφία με την οποία αυτοδιευθύνονται και αυτοσυντηρούνται.

Παρ' όλο που επέζησαν έξυπνα είδη φυσαλιδοποιών, δεν αποτελούσαν πια το κύριο είδος των μονέρων. Τα κυανοπράσινα επινόησαν τα ένζυμα που έκαναν το οξυγόνο που παρήγαγαν ακίνδυνο για τα ίδια και που κυριάρχησαν. Μερικά έμαθαν επίσης να φτιάχνουν προστατευτικά μέσα για το υπεριώδες φως – όπως εμείς φτιάχνουμε γυαλιά ηλίου και χημικά για να προστατευόμαστε από τα εγκαύματα. Αυτά μπορούσαν να ζήσουν επιτυχώς σε ισχυρότερο ηλιακό φως, όπου παρήγαγαν άφθονη τροφή.

Άλλα έλυσαν το πρόβλημα της υπεριώδους ακτινοβολίας ζώντας όλα μαζί σε πυκνές αποικίες. Αυτά που βρίσκονταν από πάνω καίγονταν και πέθαιναν, όμως τα νεκρά κύτταρα αποτελούσαν καλά φίλτρα, που απορροφούσαν τις επικίνδυνες ακτίνες ενώ άφηναν το υπόλοιπο φως να φτάνει σ' αυτά που το χρειάζονταν πιο κάτω. Αυτός ήταν ένας άλλος τρόπος με τον οποίο ορισμένες ζωές θυσιάζονταν για τις άλλες κι ένας σοβαρός λόγος για να ζουν τα βακτηρίδια σε συνεργατικές ομάδες κι όχι ως ανεξάρτητα άτομα.

Μπορείτε να δείτε τέτοιες αποικίες βακτηριδίων ν' αρχίζουν να εμφανίζονται, σαν ένας πρασινωπός ή καφετής αφρός, πάνω σε υγρούς τοίχους ή σε λασπώδες έδαφος. Κοντά στη θάλασσα, παγιδεύουν άμμο και άλλα σωματίδια και σχηματίζουν παχιές λασπώδεις μάζες στα ρηχά νερά, καθώς τα ζωντανά βακτηρίδια πολλαπλασιάζονται και σκαρφαλώνουν προς τα πάνω. Σε ορισμένα σημεία μπορούμε να δούμε ακόμα και σήμερα αυτή τη μάζα να σκληραίνει σε πετρώματα που ονομάζονται *στρωματολίτες*. Στους αρχαίους στρωματολίτες, μπορεί κανείς ακόμα και σήμερα να δει και ν' αναγνωρίσει τα βακτηρίδια που μετατράπηκαν σε πέτρωμα.

Ο αριθμός αυτών των πετρωμάτων, που σχηματίστηκαν πριν από δισεκατομμύρια χρόνια κι εξακολουθούν να σχηματίζονται με τον ίδιο τρόπο και σήμερα, μας αποδεικνύει πόσο επιτυχημένοι υπήρξαν οι παραγωγοί οξυγόνου. Αυτά τα πετρώματα μας δείχνουν επίσης, πώς, πετρώματα που αναμορφώθηκαν σε ζωντανά πλάσματα, μπορούν να αναμορφωθούν και πάλι σε πετρώματα.

Επί δύο περίπου δισεκατομμύρια χρόνια – σχεδόν το ήμισυ της ζωής της Γαίας – οι κυανοπράσινοι παραγωγοί οξυγόνου ήταν τα πιο επιτυχημένα πλάσματά της. Πολλαπλασιάζονταν σε χιλιάδες διαφορετικά είδη μέσα σ' όλα της τα νερά και τη λάσπη και παρήγαγαν όλο και πιο πολύ οξυγόνο. Κι ύστερα έκαναν κι άλλη μια θεαματική ανακάλυψη: Έμαθαν πώς να χρησιμοποιούν το αποβαλλόμενο οξυγόνο που δημιουργούσαν μαζί με μόρια τροφής, ώστε να καίνε αυτά τα μόρια τροφής για ενέργεια.

Αυτή η διαδικασία της καύσης της τροφής με οξυγόνο είναι αυτό που ονομάζουμε *αναπνοή* – ο τρίτος τρόπος για την παραγωγή ATP, μετά τη ζύμωση και τη φωτοσύνθεση των βακτηριδίων – και ο πιο αποτελεσματικός απ' όλους! Με την αναπνοή, η καταστροφική ενέργεια του οξυγόνου χρησιμοποιείται για τη διάσπαση των μορίων τροφής κι έτσι απελευθερώνονται για χρήση τόσο τα τμήματά τους όσο και η ενέργειά τους. Είναι ένας πολύ πιο ισχυρός τρόπος για να επιτευχθεί αυτό απ' ό,τι η ζύμωση. Σύντομα άλλα είδη βακτηριδίων έμαθαν αυτή τη μέθοδο, να χρησιμοποιούν το δηλητηριώδες οξυγόνο προς όφελός τους. Καθώς ονομάζουμε «αναπνοή» την πρόσληψη οξυγόνου για τη διάσπαση ή την καύση μορίων τροφής, ας ονομάσουμε τα είδη των βακτηριδίων που χρησιμοποιούν την αναπνοή *«αναπνέοντες»*.

Πριν συνεχίσουμε να περιγράφουμε τον εξελισσόμενο κόσμο των ζυμωτών, των κυανοπράσινων και των αναπνεόντων κατά τη Μεγάλη Βακτηριακή Εποχή, ας δούμε πώς τα βακτηρίδια κατόρθωσαν να επιτύχουν τόσες πολλές καινοτομίες και τρόπους ζωής. Όσο κι αν τα βακτηρίδια είναι απλά σε σύγκριση με τα όντα που εξελίχθηκαν αργότερα, είναι αξιοσημείωτα επιτήδεια κι έχουμε ακόμα πολλά να διδαχτούμε απ' αυτά. Μια από τις μεγαλύτερες νέες προόδους μας στην επιστήμη είναι κάτι που διδαχθήκαμε απ' αυτά πολύ πρόσφατα – ο *ανασυνδυασμός του DNA*, το μυστικό της επιτυχίας των βακτηριδίων. Τα βακτηρίδια ανακάλυψαν αυτή τη διαδικασία εδώ και δισεκατομμύρια χρόνια, ενώ εμείς το ανακαλύψαμε μόλις σήμερα.

Μέχρι πρόσφατα, οι επιστήμονες πίστευαν ότι οι αλλαγές της μορφής των ζωντανών όντων συνέβαιναν μόνο ως αποτέλεσμα συμπτωματικών αλλαγών στα σχέδια του DNA τους – από λάθη στην αντιγραφή του DNA π.χ. ή από μια συμπτωματική διάσπαση και ανασύνθεση του DNA σε ορισμένες στιγμές, όπως, όταν χτυπιέται από ένα από τα ταχυκίνητα πυρηνικά σωματίδια που πετούν στην ατμόσφαιρα και μέσα μας, χωρίς να τ' αντιλαμβανόμαστε. Όμως σήμερα οι επιστήμονες ανακαλύπτουν ότι ορισμένες αλλαγές του DNA δε φαίνονται καθόλου συμπτωματικές.

Τα σύγχρονα βακτηρίδια κατάφεραν προφανώς ν' αλλάξουν πολύ γρήγορα, με τρόπους που τα προφυλάσσουν από τα δηλητηριώδη αντιβιοτικά που χρησιμοποιούμε εναντίον τους εμείς οι άνθρωποι. Για να το κάνουν αυτό, χρειάστηκε να κάνουν αλλαγές στα σχέδια του DNA τους. Η ζωή, όπως φαίνεται, δεν περιμένει κάποιες ευτυχείς συμπτώσεις να λύσουν τα προβλήματα και να βελτιώσουν τα πράγματα, αλλά αντίθετα είναι πολύ επινοητική, ιδίαιτερα κάτω από την πίεση των προβλημάτων.

Με τα σύγχρονα μικροσκόπια, μπορούμε εύκολα να δούμε ότι το βακτηριακό DNA είναι ένα πολύ μακρύ μόριο που σχηματίζεται σε μια πλέουσα θηλιά μέσα στο μικροσκοπικό πλάσμα. Βλέπουμε επίσης ότι τα βακτηρίδια που έρχονται κοντά το ένα στο άλλο συχνά διαλύουν τμήματα των κυτταρικών τοιχωμάτων τους και ανταλλάσσουν κομμάτια του DNA. Αυτό σημαίνει ότι ανταλλάσσουν σχέδια, ή πληροφορίες – ότι κάνουν συνδυασμούς στα σχέδια του DNA τους.

Αυτή η ανταλλαγή πληροφοριών, το σύστημα επικοινωνίας των αρχαίων (και σύγχρονων) βακτηριδίων, είναι, τουλάχιστον, εξίσου αξιοσημείωτο όσο όλες οι άλλες τους επινοήσεις και πιθανώς αυτό του έδωσε τη δυνατότητα να υπάρχουν. Μόλις αρχίζουμε να μαθαίνουμε πώς λειτουργεί και να το αναγνωρίζουμε ως την καινοτομία που είναι γνωστή ως σεξουαλική αναπαραγωγή, που μέχρι πρόσφατα υποθέταμε ότι ανακαλύφθηκε πολύ αργότερα και από πολύ μεγαλύτερα πλάσματα.

Το σεξ είναι η παραγωγή όντων με ένα συνδυασμό DNA από περισσότερες από μια πηγή. Κάθε φορά που τα βακτηρίδια δέχονται κομμάτια DNA από άλλα, επιδίδονται στο σεξ – γίνονται προϊόν δύο βακτηριακών πηγών παρ' όλο που *δεν* αναπαράγονται. Αυτό το σύστημα σεξουαλικής επικοινωνίας φαίνεται ότι ανήκει ουσιαστικά σε όλα τα βακτηρίδια όλων των ειδών, έτσι ώστε τα βακτηρίδια μπορούν ν' ανταλλάσσουν τα σχέδια του DNA τους, τα γονίδιά τους, σ' ολόκληρη τη γη!

Στην πραγματικότητα, αρχίζουμε ν' αναγνωρίζουμε ότι όλα τα βακτηρίδια αποτελούν ένα μεγάλο «όλον», μ' ένα κοινό απόθεμα γονιδίων DNA – ένα ενιαίο ζωντανό δίκτυο ή σύστημα, που καλύπτει τον πλανήτη και μέσω του οποίου τα βακτηρίδια μπορούν να ανταλλάσσουν και ν' ανασυνδυάζουν τα γονίδιά τους ανάλογα με τις ανάγκες τους. Η παγκόσμια τράπεζα πληροφοριών του DNA τους μπορεί μάλιστα να είναι χρήσιμη και για τα μεγαλύτερα όντα, καθώς βλέπουμε επίσης βακτηρίδια να προσεγγίζουν φυτά και ζώα για ν' ανταλλάξουν κομμάτια του DNA. Ακόμα και πριν κάνουμε αυτή την ανακάλυψη, ξέραμε ότι καμιά άλλη μορφή ζωής δε θα μπορούσε να επιβιώσει σήμερα χωρίς τα βακτηρίδια. Ο λόγος που συμβαίνει αυτό θα γίνει σαφής καθώς θα παρακολουθούμε την εξέλιξη του χορού της ζωής.

Το βακτηριακό απόθεμα γονιδίων της νεαρής γης έδωσε τη δυνατότητα να διαδοθεί η αντίσταση στο οξυγόνο με διάφορες προστατευτικές επινοήσεις, καθώς και να διαθοδεί η χρησιμοποίησή του για την αναπνοή ή για την καύση των μορίων τροφής. Απ' όλα τα πλάσματα της Γαίας, οι κυανοπράσινοι αναπνέοντες ήταν τα πιο ανεξάρτητα όντα που αναπτύχθηκαν ποτέ και εξακολουθούν να αναπτύσσονται και σήμερα, μετά από δισεκατομμύρια χρόνια. Παράγουν την τροφή τους οι ίδιοι και την καίνε χρησιμοποιώντας τα απλούστερα εφόδια. Αν μετατοπιστούν μακριά από το φως, εργάζονται στο σκοτάδι. Επεξεργάζονται οι ίδιοι τον άνθρακα και το άζωτό τους. Καθώς ζουν στο νερό, δεν κινδυνεύουν να ξεραθούν, όπως συμβαίνει με τα φυτά της στεριάς που αναπτύχθηκαν πολύ αργότερα για να συνεχίσουν το διπλό τρόπο ζωής τον οποίο επινόησαν οι κυανοπράσινοι αναπνέοντες.

Οι φυσαλιδοποιοί, τα κυανοπράσινα και οι αναπνέοντες είχαν πια ανακαλύψει τους μοναδικούς τρεις τρόπους με τους οποίους τα ζωντανά όντα ολόκληρης της γης, ακόμα και σήμερα, δημιουργούν την ATP τους, δηλαδή τη σωματική τους ενέργεια. Όπως η ζύμωση και η φωτοσύνθεση, έτσι και η αναπνοή παράγει απόβλητα αέρια. Όμως τούτη τη φορά το απόβλητο αέριο είναι το διοξείδιο του άνθρακα – το ίδιο αέριο που χρειάζεται για τη φωτοσύνθεση. Τι απίστευτη νέα ευκαιρία! Όταν η τροφή παράγεται από το νερό και το διοξείδιο του άνθρακα από τη φωτοσύνθεση, απομένει ένα τεράστιο απόθεμα οξυγόνου. Αυτό το οξυγόνο μπορούσε τώρα να χρησιμοποιηθεί για να καίγεται η τροφή για ενέργεια. Έτσι η αναπνοή ολοκλήρωνε έναν κύκλο, αφήνοντας ένα «απόβλητο» απόθεμα από διοξείδιο του άνθρακα, με το οποίο μπορούσε να ξαναρχίσει από την αρχή η φωτοσύνθεση.

Και πάλι θυμόμαστε τα μαθήματα που παίρνουν σήμερα οι άνθρωποι. Πρώτα τα αρχαία βακτηρίδια έλυσαν την ενεργειακή τους κρίση μαθαίνοντας να χρησιμοποιούν την ηλιακή ενέργεια· ύστερα ανακάλυψαν ότι η ανακύκλωση των εφοδίων είναι ένας θαυμάσιος τρόπος για να μην εξαντλούνται αυτά τα εφόδια.

Η ανακύκλωση του διοξειδίου του άνθρακα και του οξυγόνου άρχισε επομένως με τα απλούστερα πλάσματα της Γαίας – πλάσματα που πολλαπλασιάστηκαν με τόσο μεγάλη επιτυχία, ώστε το σύστημα ανακύκλωσής τους να εξακολουθεί από τότε ν' αποτελεί ένα σημαντικό μέρος του συστήματος ζωής της Γαίας. Με τον καιρό, τα δύο μέρη αυτού του κύκλου – η φωτοσύνθεση και η αναπνοή – έγιναν τρόποι ζωής για διαφορετικά είδη μονοκύτταρων όντων, όπως θα δούμε. Ύστερα, πολύ αργότερα, αναπτύχθηκαν τα φυτά και τα ζωά για να συνεργαστούν στην παραγωγή διοξειδίου του άνθρακα και οξυγόνου, για χρήση το ένα του άλλου – ή για ν' ανακυκλώνουν το ένα τα απόβλητα του άλλου, ανάλογα με το πώς θέλει να το δει κανείς. Όμως μόνο τα βακτηρίδια ήταν, και είναι ακόμα, ικανά να διαχειριστούν τη ζωή της Γαίας χωρίς βοήθεια από πιο πολύπλοκα πλάσματα.

Καθώς το οξυγόνο συσσωρευόταν και πύκνωνε στην ατμόσφαιρα, όχι μόνο δημιουργούσε νέα προβλήματα που απαιτούσαν λύσεις, αλλά γινόταν και το ίδιο λύση κάποιων παλιότερων προβλημάτων. Όσο καταστροφικό κι αν ήταν το οξυγόνο για τόσα πολλά είδη μικροσκοπικών μονέρων, τώρα βοηθούσε στο σχηματισμό μια προστατευτικής κουβέρτας από αέρα γύρω από τη ζωντανή γη. Ακριβώς όπως στον αρχαίο μας μύθο η Γαία σχημάτισε πρώτα τις θάλασσες στο χορό της ζωής κι ύστερα δημιούργησε μια προστατευτική ατμόσφαιρα, το ίδιο έγινε και στην πραγματικότητα.

Αυτή η κουβέρτα από αέρα εμάς μας φαίνεται πολύ αραιή. Μόλις που την αισθανόμαστε αν κουνήσουμε τα μπράτσα μας μέσα της. Όμως αυτό που αισθανόμαστε πάνω στα μπράτσα μας θα ήταν πολύ πιο σκληρό αν τα μπράτσα μας κουνιόνταν πολύ πιο γρήγορα. Οι μετεωρίτες κινούνται τόσο γρήγορα, ώστε ο αέρας είναι στερεός γι' αυτούς. Και η τριβή πάνω σε κάτι στερεό παράγει θερμότητα, όπως μπορείτε να δείτε εύκολα, αν τρίψετε δυνατά το χέρι σας πάνω σ' ένα τραπέζι. Οι μετεωρίτες τρίβονται πάνω στον αέρα τόσο δυνατά, ώστε η θερμότητα, μαζί με το οξυγόνο, τους ανάβει και τους καίει. Όσο περισσότερο οξυγόνο υπήρχε, τόσο πιο πολλοί μετεωρίτες καίγονταν, ώσπου έφτασε να περνούν τόσο λίγοι πια από την ατμόσφαιρα, ώστε η ζωή στη γη να γίνει πολύ πιο ασφαλής.

Και οι μετεωρίτες δεν ήταν οι μόνοι εξωτερικοί κίνδυνοι από τους οποίους προστάτευε τη Γαία το οξυγόνο. Το οξυγόνο του αέρα μας αποτελείται από δίδυμα άτομα οξυγόνου, που χορεύουν μαζί σαν ελεύθερα αιωρούμενα μόρια. Καθώς οι υπεριώδεις ακτίνες πέφτουν πάνω σ' αυτά τα μόρια, διασπούν το ζευγάρι κι αφήνουν τα χωρισμένα δίδυμα να σμίξουν με άλλα ζεύγη οξυγόνου σε τριπλά μόρια. Αυτά τα τριπλά μόρια δεν είναι πια οξυγόνο· είναι *όζον*. Και είναι πολύ δύσκολο για τις υπεριώδεις ακτίνες να περάσουν μέσα από το όζον, επειδή τις απορροφά. Όταν υπήρχε άφθονο οξυγόνο, ένα ολόκληρο στρώμα από όζον συγκεντρωνόταν στη μέση της ατμόσφαιρας και προστάτευε τη γη από τις επικίνδυνες ποσότητες υπεριώδους ακτινοβολίας.

Το παραγόμενο από μικρόβια οξυγόνο πιθανώς έπαιξε ακόμα ένα ρόλο στην αποτροπή της αποξήρανσης των θαλασσών, γιατί το ατμοσφαιρικό οξυγόνο παγιδεύει το εξατμιζόμενο υδρογόνο και το μετατρέπει σε νερό, εμποδίζοντάς το έτσι να διαφύγει στο διάστημα και επιτρέποντάς του αντίθετα να ξαναπέσει στις θάλασσες με τη μορφή της βροχής. Οι φυσαλιδοποιοί ίσως επίσης βοηθούν στη διατήρηση των ωκεανών της γης, καθώς το ατμοσφαιρικό μεθάνιο που αποσυντίθεται από τις υπεριώδεις ακτίνες δημιουργεί την *τροπόπαυση*, η οποία είναι άλλο ένα εμπόδιο για την απόδραση του υδρογόνου στο διάστημα.

Απ' αυτή την αρχαία ιστορία του χορού της ζωής της Γαίας βλέπουμε ότι τα μεγάλα προβλήματα είναι μεγάλες προκλήσεις κι ότι τα ζωντανά όντα είναι πολύ επινοητικά όταν αντιμετωπίζουν μεγάλες προκλήσεις. Ίσως αυτό είναι ένα από τα σημαντικότερα πράγματα που μπορούμε να διδαχτούμε από τη Γαία.

Απομένει να δούμε αν εμείς οι άνθρωποι θ' αποδειχθούμε τόσο δημιουργικοί όσο τα αρχαία βακτηρίδια, μπροστά στα προβλήματα που εμείς δημιουργούμε. Επί δισεκατομμύρια χρόνια, το μεγαλύτερο μέρος του διοξειδίου του άνθρακα αποβαλλόταν στην ατμόσφαιρα, ενώ τη γέμιζαν το άζωτο, το οξυγόνο και σπανιότερα αέρια που παράγονταν από τα ζωντανά όντα. Όλο αυτό το μεγάλο χρονικό διάστημα, η ζωή δημιούργησε ακριβώς τη σωστή ισορροπία αερίων, που ήταν η καλύτερη γι' αυτήν. Σήμερα μεταβάλλουμε αυτή την ισσοροπία με επικίνδυνους τρόπους.

Η χρήση του κάρβουνου και του πετρελαίου π.χ. δημιουργεί ένα πολύ σοβαρό διπλό πρόβλημα. Όχι μόνο εξαντλούμε αυτά τα σημαντικά αποθέματα καυσίμων, αλλά επίσης μολύνουμε την ατμόσφαιρα με πάρα πολύ διοξείδιο του άνθρακα καθώς τα καίμε. Το κάρβουνο και το πετρέλαιο έγιναν από αρχαία δάση, που ενσωμάτωσαν πολύ άνθρακα στη ζωή των φυτών τους. Καθώς με τον καιρό συμπιέστηκαν κάτω από την επιφάνεια του εδάφους, ο άνθρακας θάφτηκε και μετατράπηκε σε φυσικό καύσιμο. Όταν εμείς τα εξορύσσουμε και τα καίμε, ο άνθρακας ξαναγυρίζει στην ατμόσφαιρα με τη μορφή του διοξειδίου του άνθρακα.

Ταυτόχρονα, καίμε επίσης τα σημερινά αναπτυσσόμενα δάση, για να κερδίσουμε εδάφη για δική μας χρήση. Αυτό απελευθερώνει ακόμα περισσότερο άνθρακα στον αέρα, ενώ ταυτόχρονα σκοτώνει τη φυτική ζωή που χρησιμοποιεί το διοξείδιο του άνθρακα για να φτιάξει οξυγόνο, διατηρώντας έτσι την ισορροπία.

Πριν από δισεκατομμύρια χρόνια, το οξυγόνο ήταν ο μεγάλος κίνδυνος. Σήμερα ο κίνδυνος είναι το πολύ διοξείδιο του άνθρακα.

Το αποτέλεσμα, μεταξύ άλλων, είναι ότι ο πλανήτης μας θερμαίνεται – γιατί το υπερβολικά πολύ διοξείδιο του άνθρακα εμποδίζει τη φυσιολογική απώλεια θερμότητας προς την ατμόσφαιρα. Όταν το δικό μας σώμα θερμαίνεται μ' αυτόν τον τρόπο, έχουμε πυρετό. Αν δε λύσουμε πολύ σύντομα τα ενεργειακά και παραγωγικά προβλήματά μας, με τρόπους υγιεινούς για το σώμα της Γαίας, η γη θα χρειαστεί να λύσει η ίδια το πρόβλημα. Το ατμοσφαιρικό διοξείδιο του άνθρακα πλησιάζει γρήγορα τα επίπεδα στα οποία όπως φαίνεται είχε φτάσει λίγο πριν τις εποχές των παγετώνων. Ίσως η Γαία να δροσίσει τον προκαλούμενο από τον άνθρωπο πυρετό της με μια νέα εποχή παγετώνων, καταστρέφοντας όλα σχεδόν όσα έχουμε οικοδομήσει κι αναγκάζοντάς μας να υποχωρήσουμε, όπως οι αρχαίοι φυσαλιδοποιοί, σε πιο ασφαλές περιβάλλον.

Όσο ενοχλητική κι αν θα ήταν μια νέα εποχή παγετώνων, γνωρίζουμε τουλάχιστον ότι οι άνθρωποι έχουν επιβιώσει από αρκετούς, μετατοπιζόμενοι προς τους τροπικούς, όπου νέα ξηρά δημιουργείται καθώς το νερό των ωκεανών φεύγει για να σχηματίσει χιόνι και πάγο. Πολύ χειρότερη θα ήταν η άλλη εναλλακτική δυνατότητα της Γαίας, που σήμερα φαίνεται περισσότερο πιθανή – να ανεβάσει το θερμοστάτη της σε μια ψηλότερη πλανητική θερμοκρασία και να ξανακερδίσει τη σταθερότητα του συστήματος της Γαίας σε βάρος μας, γιατί εμείς οι άνθρωποι μπορεί να μην επιβιώσουμε στην αυξημένη θερμότητα.

Αυτό μαθαίνουμε και καταλαβαίνουμε – ότι το σύστημα ζωής της Γαίας αναπτύχθηκε με τέτοιον τρόπο ώστε να φροντίζει για τον εαυτό του ως σύνολο κι ότι εμείς οι άνθρωποι αποτελούμε απλώς μέρος του. Η Γαία εξακολουθεί να ζει δηλαδή, ενώ τα διάφορα είδη της έρχονται και παρέρχονται. Άλλοτε πιστεύαμε ότι είμαστε εδώ για να κάνουνε ό,τι θέλαμε με τον πλανήτη μας, ότι είμαστε κυρίαρχοι. Τώρα βλέπουμε ότι είμαστε φυσικά όντα, που αναπτύχθηκαν μέσα σ' ένα μεγάλο σύστημα ζωής. Αν κάνουμε κάτι που δε θα είναι καλό για τη ζωή, το υπόλοιπο σύστημα θα προσπαθήσει να το επανορθώσει ή να το εξισορροπήσει με όποιο τρόπο μπορεί. Γι' αυτό *πρέπει* να μάθουμε το χορό της Γαίας και ν' ακολουθήσουμε τους ρυθμούς και τις αρμονίες του στη δική μας ζωή.

5. *Ο χορός της ζωής*

Έπρεπε ν' αναζητήσουμε τη ζωή σε άλλους πλανήτες, για ν' ανακαλύψουμε τι είναι ένας ζωντανός πλανήτης και ότι κι εμείς οι ίδιοι αποτελούμε μέρος του μόνου ζωντανού πλανήτη στο ηλιακό μας σύστημα.

Οι πρώτοι αστροναύτες, που είδαν με τα μάτια τους ολόκληρη τη Γη, έμειναν κατάπληκτοι απ' αυτό που αντίκρισαν. Παρ' όλο που δεν μπορούσαν να δουν κανένα από τα ζωντανά πλάσματα που ήξεραν πως υπήρχαν πάνω της, η ίδια η Γη φαινόταν εξαιρετικά ζωντανή – σαν ένα ωραίο, λαμπερό πλάσμα που παλλόταν ή ανέπνεε κάτω από το στροβιλιζόμενο σαν πέπλο δέρμα του, όπως το είδαμε στη φανταστική μας κινηματογραφική ταινία.

Οι επιστήμονες φυσικά δεν μπορούν να βασιστούν στην απλή *όψη* των πραγμάτων. Άλλωστε, η επιστήμη οικοδομήθηκε στην ανακάλυψη ότι η Γη *δεν* είναι το ακίνητο κέντρο του σύμπαντος, όσο κι αν φαίνεται ότι είναι. Παρ' όλα αυτά, οι νέες ιδέες και μελέτες για τη γη εμπνεύστηκαν από την πρώτη φορά που είδαμε τον πλανήτη μας από μακριά και προσέξαμε πόσο διαφορετικός από τους άλλους πλανήτες φαίνεται.

Πολύ πριν δούμε τον πλανήτη μας μ' αυτόν το νέο τρόπο, οι επιστήμονες είχαν υιοθετήσει την άποψη ότι η γη με τα ποικίλα περιβάλλοντά της είναι μια μη ζωντανή γεωλογική βάση για τη ζωή κι ότι τα ζωντανά όντα είχαν αναπτυχθεί πάνω της κατά σύμπτωση και είχαν προσαρμοστεί με τη φυσική επιλογή. Ο Σκότος επιστήμονας Τζέιμς Χάτον, που θεωρείται ο πατέρας της γεωλογίας, φαίνεται ότι ουσιαστικά αγνοήθηκε εντελώς όταν, το 1785, αποκαλούσε τη γη ζωντανό υπερ-οργανισμό κι έλεγε ότι η κατάλληλη επιστήμη για τη μελέτη της είναι η φυσιολογία.

Έναν αιώνα αργότερα, ο Ρώσος φιλόσοφος Υ.Μ. Κορολένκο έλεγε στον ανηψιό του Βλαντιμίρ Ιβάνοβιτς Βερνάντσκι ότι η γη είναι ένα ζωντανό ον. Παρ' όλο που δεν είναι σαφές ότι ο ίδιος ο Βερνάντσκι το πίστευε αυτό, οι μελέτες του για τη γη περιείχαν μια διαφορετική άποψη για τη ζωή απ' ό,τι εκείνες των άλλων επιστημόνων.

Ο Βερνάντσκι αποκαλούσε τη ζωή «διασπορά πετρωμάτων», επειδή έβλεπε τη ζωή ως μια χημική διαδικασία που μετέτρεπε το πέτρωμα σε εξαιρετικά δραστήρια ζωντανή ύλη και το αντίστροφο, το διασπούσε και το μετατόπιζε σε μια ατέλειωτη κυκλική διαδικασία. Η θεωρία του Βερνάντσκι παρουσιάζεται σε τούτο το βιβλίο ως η παρακάτω αντίληψη για τη ζωή: Το πέτρωμα αναδιαμορφώνεται, συσκευάζεται σε κύτταρα, επιταχύνει τις χημικές του αλλαγές με τα ένζυμα, μετατρέπει την κοσμική ακτινοβολία στις δικές του μορφές ενέργειας, μετατρέπεται σε διαρκώς εξελισσόμενα όντα και ξανά σε πέτρωμα. Αυτή η αντίληψη ότι η ζωντανή ύλη είναι μια συνέχεια και μια χημική μεταμόρφωση της μη ζωντανής πλανητικής ύλης διαφέρει σημαντικά από την άποψη ότι η ζωή αναπτύσσεται σε έναν μη ζωντανό πλανήτη και προσαρμόζεται σ' αυτόν.

Παρ' όλο που αυτή η θεωρία του Βερνάντσκι προκαλεί πολλές έρευνες στη Σοβιετική Ένωση, δεν έγινε ποτέ πλατιά γνωστή στη Δύση. Ο βιολόγος Τ.Η. Χάτσινσον ήταν ένας από τους πολύ λίγους Δυτικούς επιστήμονες τούτου του αιώνα που ενδιαφέρθηκαν και προώθησαν την άποψη του Βερνάντσκι ότι η ζωή είναι μια γεωχημική διαδικασία της γης.

Ύστερα ο ανεξάρτητος Άγγλος επιστήμονας Τζέιμς Λόβλοκ, που βρισκόταν στη ΝΑΣΑ στη διάρκεια της αναζήτησης ζωής στον Άρη, χωρίς να γνωρίζει το έργο του Βερνάντσκι, συγκλόνισε τον κόσμο της επιστήμης ισχυριζόμενος ότι το γεωλογικό περιβάλλον δεν είναι μόνο το προϊόν και το κατάλοιπο της προηγούμενης ζωής, αλλά επίσης μια ενεργή δημιουργία ζωντανών όντων. Οι ζωντανοί οργανισμοί, έλεγε ο Λόβλοκ, ανανεώνουν και ρυθμίζουν συνεχώς τη χημική ισορροπία του αέρα, των θαλασσών και του εδάφους, για να εξασφαλίσουν τη συνέχιση της ύπαρξής τους. Ονόμασε αυτή την ιδέα – ότι η γη δημιουργεί και διατηρεί ακριβείς περιβαλλοντολογικές συνθήκες ευνοϊκές για την ύπαρξή της – «Υπόθεση της Γαίας», σύμφωνα με την πρόταση του γείτονά του στην Κορνουάλη, του μυθιστοριογράφου Ουίλιαμ Γκόλντινγκ.

Η Υπόθεση της Γαίας αναγνωρίζεται σήμερα ως *Θεωρία της Γαίας*, όμως εξακολουθεί να προκαλεί διαφωνίες μεταξύ των επιστημόνων. Ο Λόβλοκ, όπως ο προκάτοχός του Χάτον, ονομάζει τη Γαία οργανισμό ή υπεροργανισμό και ισχυρίζεται ότι η σωστή επιστήμη για τη μελέτη της είναι η φυσιολογία. Όμως θεωρεί επίσης τη Γαία έναν αυτοσταθεροποιούμενο μηχανισμό, αποτελούμενο από συνδυασμένα ζωντανά και μη ζωντανά όντα – οργανισμούς και φυσικά περιβάλλοντα – που αλληλοεπηρεάζονται, με τρόπους που διατηρούν τη σχετικά σταθερή θερμοκρασία της γης και τη χημική της ισορροπία, σε όρια που ευνοούν τη ζωή. Ο Λόβλοκ περιγράφει αυτό το μηχανικό σύστημα ως ένα επινόημα Κυβερνητικής, που εργάζεται με την ανταλλαγή πληροφοριών ανάμεσα στα συνδυασμένα μέρη του, για να διατηρεί τις σταθερές συνθήκες της Γης, με τον τρόπου που ένα σύστημα θέρμανσης με θερμοστάτη διατηρεί τη θερμοκρασία ενός σπιτιού, ή ένας αυτόματος πιλότος κρατάει το αεροπλάνο στην πορεία του. Αυτή η θεωρία της Γαίας ως μια επινόηση της Κυβερνητικής είναι πολύ πιο αποδεκτή, με δεδομένη τη μηχανική κοσμοθεωρία που εξακολουθεί να κυριαρχεί στην επιστήμη, απ' ότι η θεωρία της Γαίας ως ζωντανού οργανισμού.

Για τον Λόβλοκ, ο «οργανισμός» και ο «μηχανισμός» είναι εξίσου σωστές έννοιες, όμως στην πραγματικότητα οι δύο έννοιες βρίσκονται σε λογική αντίφαση κι αυτό προκαλεί σύγχυση γύρω από το όλο ζήτημα της Θεωρίας της Γαίας. Η έννοια της ζωής – με οποιονδήποτε ορισμό, συμπεριλαμβάνοντας τον αυτοποιητικό ορισμό για τα αυτοπαραγόμενα και αυτοανανεωνόμενα ζωντανά συστήματα που παρουσιάστηκε στο Κεφάλαιο 3 – δε συμβιβάζεται λογικά με την έννοια και την πραγματικότητα ενός μηχανισμού.

Πρώτα απ' όλα, η ζωή δεν μπορεί ν' αποτελεί μέρος ενός ζωντανού όντος· η ζωή είναι η ουσία, η διαδικασία του όλου ζωντανού πλάσματος. Αν η Γαία είναι η ζωντανή γη, τότε δεν έχει νόημα να λέμε ότι η ζωή δημιουργεί τα δικά της περιβάλλοντα, τις δικές της συνθήκες πάνω στη γη, όπως δε θα είχε νόημα να λέγαμε ότι η ζωή δημιουργεί τα δικά της περιβάλλοντα ή συνθήκες στα σώματά μας.

Η ζωή *είναι* η διαδικασία των σωμάτων, όχι ένα από τα μέρη τους, και σε τούτο το βιβλίο υποστηρίζουμε ότι το ίδιο ισχύει και για τη Γαία/γη – ότι η ζωή είναι η διαδικασία της, το συγκεκριμένο της είδος λειτουργικής οργάνωσης, όχι απλώς ένα μέρος της. Μπορούμε ακόμα να λέμε ότι οι οργανισμοί της Γαίας δημιουργούν τα περιβάλλοντά τους και δημιουργούνται απ' αυτά, με την έννοια που λέμε ότι τα κύτταρα δημιουργούν τα περιβάλλοντά τους και δημιουργούνται απ' αυτά στο σώμα μας. Με άλλα λόγια, υπάρχει μια συνεχής και αμοιβαία δημιουργική αλληλεπίδραση ανάμεσα στα «όλα» και στις ολιγαρχίες που τα περιβάλλουν. Όμως δε διαιρούμε τα ζωντανά σώματα ή τις ολαρχίες σε «ζωή» και «μη ζωή».

Αν δεχθούμε τον αυτοποιητικό ορισμό της ζωής, βλέπουμε μιαν άλλη αντίφαση ανάμεσα στη Γαία ως ζωντανό ον και τη Γαίας ως ένα μηχανικό σύστημα, μέσα στο οποίο η ζωή και η μη ζωή αποτελούν συνδυασμένα μέρη. Ένα αυτοποιητικό σύστημα είναι αυτοπαραγόμενο και αυτοσυντηρούμενο. Πρέπει ν' αλλάζει διαρκώς, ν' ανανεώνεται διαρκώς προκειμένου να παραμείνει το ίδιο – το σώμα σας ανανεώνει π.χ. τα περισσότερα κύτταρά του μέσα σε εφτά χρόνια της ζωής σας. Κανένας μηχανισμός δεν το έκανε ποτέ αυτό, γιατί ένας μηχανισμός δεν είναι αυτόνομος αλλά ετερόνομος – παράγεται και επισκευάζεται (ή προγραμματίζεται για να επισκευάζεται) από κάποιον άλλο. Δεν μπορεί ν' αλλάξει αυτόνομα κι επομένως δεν αλλάζει, κι αυτό το μεμονωμένο δεδομένο τονίζει την ουσιαστική διαφορά ανάμεσα στα ζωντανά συστήματα και τα μηχανικά, ακόμα και στους πιο εξελιγμένους κομπιούτερ και τα κυβερνητικά ρομπότ. Γι' αυτό το θέμα θα πούμε περισσότερα αργότερα, ιδιαίτερα στο Κεφάλαιο 15 και στον Επίλογο. Για τώρα, ας σημειώσουμε απλώς την αντίφαση που δημιουργείται αν ορίσουμε τη Γαία ταυτόχρονα ως ζωντανό οργανισμό και ως επινόημα κυβερνητικής – μια αντίφαση που προκαλεί στους επιστήμονες σύγχυση ως προς τη θεωρία της Γαίας.

Η θέση αυτού του βιβλίου επομένως είναι ότι η Γη ανταποκρίνεται στο βιολογικό ορισμό ενός ζωντανού όντος, ως αυτοδημιουργούμενου αυτοποιητικού συστήματος, και ότι μόνο περιορισμένες πλευρές της λειτουργίας της – ποτέ η ουσιαστική αυτοοργάνωσή της – μπορεί να είναι χρήσιμο ν' αναπαρασταθούν με συστήματα της κυβερνητικής, ακριβώς όπως μπορεί να είναι χρήσιμο ν' αναπαραστήσουμε ορισμένες πλευρές της δικής μας φυσιολογίας (π.χ. τη ρύθμιση τη θερμοκρασίας μας) ως συστήματα κυβερνητικής.

Ας εξετάσουμε τώρα την πλανήτη Γη ως έναν αυτοπαραγόμενο ζωντανό οργανισμό, που τον ονομάζουμε Γαία για να τον ξεχωρίσουμε από έναν μη ζωντανό πλανήτη που απλώς έχει ζωή πάνω του. Η πρώτη ιδέα περί της Γαίας ήρθε στον Λόβλοκ καθώς συνέκρινε την ατμόσφαιρα των διάφορων πλανητών. Οι ατμόσφαιρες των άλλων πλανητών στο ηλιακό μας σύστημα είναι όλες χημικά λογικές – είναι σταθερά μίγματα από αέρια. Μόνο η Γη έχει μιαν ατμόσφαιρα ανεξήγητη σύμφωνα με τους νόμους της χημείας. Τα αέριά της έπρεπε να είχαν αλληλοκαεί προ πολλού!

Όμως αν είχε συμβεί αυτό, η Γη δεν θα είχε ζωντανά όντα. Και φυσικά έχει. Αυτά παράγουν και χρησιμοποιούν σχεδόν ολόκληρο το μίγμα αερίων που ονομάζουμε ατμόσφαιρα, του διοχετεύουν διαρκώς νέα εφόδια καθώς το χρησιμοποιούν και καθώς το ίδιο καίγεται χημικά. Αυτή η δραστηριότητα των ζωντανών όντων διατηρεί συνεχώς την ατμόσφαιρα στη σωστή ισορροπία ώστε να συνεχίζεται η ζωή στη Γη. Μπορούμε να το συγκρίνουμε με τη δραστηριότητα των κυττάρων μας που παράγουν, χρησιμοποιούν και ανανεώνουν το αίμα, τη λέμφο και τα ενδοκύτταρικά υγρά που πλέουν γύρω τους.

Τα ζωντανά όντα π.χ. παράγουν τέσσερα δισεκατομμύρια τόνους νέο οξυγόνο κάθε χρόνο, για ν' αντισταθμίσουν τη χρήση και την απώλειά του. Παράγουν επίσης τεράστιες ποσότητες μεθανίου, που ρυθμίζει κάθε στιγμή την ποσότητα του οξυγόνου στον αέρα, και διατηρούν τον αέρα καλά διαλυμένο με αβλαβές άζωτο. Μάλιστα, η γήινη ατμόσφαιρα διατηρείται διαρκώς σε ένα επίπεδο οξυγόνου γύρω στο είκοσι ένα τοις εκατό. Λίγο περισσότερο, και σ' ολόκληρο τον πλανήτη μας θα ξεσπούσαν πυρκαγιές, ακόμα και στο υγρό χορτάρι. Λίγο λιγότερο, και εμείς, μαζί με όλα τα άλλα πλάσματα που αναπνέουν αέρα, θα πεθαίναμε.

Κάθε μόριο αέρα που αναπνέετε, με εξαίρεση κάποια ποσότητα αδρανών αερίων, όπως είναι το αργόν και το κρυπτόν, έχει στην πραγματικότητα παραχθεί πρόσφατα μέσα στα κύτταρα άλλων ζωντανών πλασμάτων. Έτσι η ατμόσφαιρα είναι σχεδόν ολοκληρωτικά αποτέλεσμα της διαρκούς παραγωγής αερίων από τους οργανισμούς. Αν αυτοί οι μικρότεροι οργανισμοί μέσα στο μεγάλο οργανισμό της Γαίας σταματούσαν να παράγουν και να εξισορροπούν τα αέρια της ατμόσφαιράς μας, η ατμόσφαιρα θα καιγόταν αρκετά γρήγορα. Και αν τα ζωντανά όντα δεν μετέτρεπαν τα αλμυρά άλατα σε άζωτο και δεν προωθούσαν αυτό το άζωτο στον αέρα, οι θάλασσες θα γίνονταν πολύ αλμυρές για να συνεχιστεί η ζωή μέσα τους και η ατμόσφαιρα θα έχανε την ισορροπία της. Η σωστή ισορροπία των χημικών και των οξέων στις θάλασσες και στο έδαφος, ακόμα και η ισορροπία της θερμοκρασίας πάνω σ' ολόκληρη τη γη – δηλαδή όλες οι συνθήκες που είναι απαραίτητες για τη ζωή του πλανήτη μας – ρυθμίζονται στα πλαίσια του πλανήτη όπως και μέσα στο σώμα μας.

Ο ήλιος μας αύξησε το μέγεθος και τη θερμότητα του από τότε που σχηματίστηκε η γη, κι όμως η γη έχει διατηρήσει μια αρκετά σταθερή θερμοκρασία – με τον ίδιο περίπου τρόπο που ένα θερμόαιμο ζώο διατηρεί μια σταθερή θερμοκρασία, ενώ τα πράγματα γύρω του θερμαίνονται ή ψύχονται.

Οι παλιές απόπειρες να εξηγηθεί πώς οι γεωλογικοί μηχανισμοί μπορεί να ρυθμίζουν τη θερμοκρασία της γης, δίνουν τη θέση τους σε νέες εξηγήσεις για τους τρόπους με τους οποίους το καταφέρνει ένας ζωντανός πλανήτης. Μέρος του πολύπλοκου συστήματος αφορά τη ρύθμιση των «αερίων θερμοκηπίου», όπως του διοξειδίου του άνθρακα και του μεθανίου, που παγιδεύουν την ηλιακή θερμότητα, ένα άλλο μέρος αφορά τη ρύθμιση του καλύμματος από σύννεφα για να περνάει λιγότερο ή περισσότερο ηλιακό φως. Ίσως μάλιστα η γη να προκαλεί τις εποχές των παγετώνων για να δροσίζει τους πυρετούς της.

Στο δικό μας σώμα συμβαίνουν πάντα πράγματα που διαταράσσουν την ισορροπία του οξυγόνου, του αλατιού ή των οξέων στο αίμα και τα κύτταρά μας. Κι όμως τα μέρη του ζωντανού μας σώματος συνεργάζονται διαρκώς εναντίον αυτών των διαταραχών της ισορροπίας. Ακριβώς με τον ίδιο τρόπο φαίνεται ότι συνεργάζονται και τα μέρη της γης για να τη βοηθούν να συνέρχεται από τις ανισσοροπίες της, αν και ακόμα δεν ξέρουμε πολλά για το πώς γίνεται αυτό.

Παρ' όλο που έχουμε μάθει πολλά για τον τρόπο με τον οποίο λειτουργούν τα πολύπλοκα συντονισμένα συστήματα του σώματός μας, δεν μπορούμε να ονειρευτούμε ότι θα μάθουμε ποτέ τα πάντα για τους τρόπους με τους οποίους δομούνται και λειτουργούν αυτά τα συστήματα. Σπάνια συλλογιζόμαστε το γεγονός ότι το σώμα μας λειτουργεί χωρίς να ζητάει τίποτε από το συνειδητό, σκεπτόμενο νου μας. Δε χρειάζεται καν να έχουμε συνείδηση του τι συμβαίνει και πολύ λιγότερο να σκεφτόμαστε, να προγραμματίζουμε ή να *κάνουμε* κάτι. Και αυτό είναι καλό, γιατί ασφαλώς θα αναστατώναμε τη θαυμαστή λειτουργία του σώματός μας, αν επεμβαίναμε, με μιαν απόπειρα να το κατευθύνουμε εμείς οι ίδιοι. Ο Λούις Τόμας, ένας Αμερικανός επιστήμονας που είναι περισσότερο γνωστός για τα δημοφιλή δοκίμιά του σχετικά με την επιστήμη, είπε ότι παρ' όλες του τις γνώσεις της φυσιολογίας, θα προτιμούσε να τον καθίσουν στο τιμόνι ενός αεροπλάνου τζάμπο παρά να του αναθέσουν να διευθύνει το συκώτι του. Κάθε όργανό μας είναι περισσότερο πολύπλοκο και από τον πιο πολύπλοκο υπολογιστή που έχουμε επινοήσει – και ξέρει πώς να λειτουργεί πώς ν' αυτοεπισκευάζεται και πώς να εργάζεται σε αρμονία με όλα τα άλλα όργανα.

Με κάποια έννοια, έστω κι αν όχι με την έννοια ενός συνειδητού νου, τα σώματά μας και τα άλλα ζωντανά κύτταρα και σώματα *ξέρουν* τι είναι καλό γι' αυτά – ξέρουν πώς θα πρέπει να είναι εξισορροπημένα καθώς και πώς να διατηρούν την ισορροπία. Οι φυσιολόγοι ονομάζουν αυτήν την μυστηριώδη ακόμα ιδιότητα της ζωής «σωματική σοφία». Είναι σαφές ότι αυτή η σοφία, ή ευφυΐα, μπορεί να αναπτύσεται χωρίς το συνειδητό νου ή μια συνειδητή πρόσθεση. Έτσι δε θα πρέπει να μας φαίνεται παράξενο το ότι βλέπουμε το γήινο πλανήτη μας να ενεργεί με «ευφυΐα» η «σοφία» προς το ίδιο του το συμφέρον, χωρίς να προγραμματίζει εκ των προτέρων ή να έχει συνείδηση· χωρίς να έχει ένα νου με την ανθρώπινη έννοια. Καλά θα κάναμε ν' αναγνωρίζουμε και να σεβόμαστε τη σοφία της Γαίας, με την έννοια που ο Τόμας προτείνει να σεβόμαστε τη σοφία του σώματός μας.

Όσο πιο γρήγορα αναγνωρίσουμε και σεβαστούμε τη Γαία ως ένα απίστευτα πολύπλοκο αυτοοργανωμένο ζωντανό ον, τόσο πιο γρήγορα θ' αποκτήσουμε αρκετή ταπεινότητα για να πάψουμε να νομίζουμε ότι ξέρουμε πώς να εξουσιάζουμε τη γη. Αν παραμείνουμε στη σημερινή μας πορεία κι επιμείνουμε στη σημερινή μας πίστη ότι έχουμε την ικανότητα να εξουσιάζουμε τη γη ενώ στην ουσία λίγα ξέρουμε γι' αυτήν, η καταστροφικά ευφυής μας επέμβαση στις υποθέσεις της δε θα σκοτώσει τον πλανήτη, όπως πιστεύουν πολλοί, αλλά είναι πολύ πιθανόν ότι θα εξοντώσει εμάς ως είδος.

Αρχίζοντας με την τρέχουσα θεωρία των φυσικών για τις απαρχές του κόσμου, είδαμε ότι το σύμπαν έχει τεράστια ενέργεια για ανάλωση – κι ότι αναλώνει αυτή την ενέργεια εξελισσόμενο σε όλο και πιο πολύπλοκους σχηματισμούς, στους οποίους συμπεριλαμβάνονται κι εκείνοι που τους αναγνωρίζουμε ως ζωντανούς. Καταλήξαμε να πιστεύουμε ότι η συνολική χρήσιμη, ή λειτουργική, ενέργεια του σύμπαντος – σύμφωνα με τους νόμους της φυσικής, ιδιαίτερα με το νόμο της εντροπίας – βαθμιαία μειώνεται. Κι όμως τα ζωντανά όντα απορροφούν, αποθηκεύουν και αυξάνουν τη λειτουργική ενέργεια όπου τη βρίσκουν, παραβαίνοντας αυτό το νόμο. Για να διατηρήσουν συνεπείς τους νόμους της φυσικής, οι επιστήμονες πιστεύουν ότι, όταν η ενέργεια αυξάνεται τοπικά, τα ζωντανά όντα πρέπει να μειώνουν την ενέργεια του περιβάλλοντός τους σε ακόμα μεγαλύτερο βαθμό. Μόνο έτσι θα ικανοποιούσαν τις γενικές απαιτήσεις του νόμου της εντροπίας, που είναι αλλιώς γνωστός ως δεύτερος νόμος της θερμοδυναμιής – ο νόμος που λέει ότι τα πράγματα μειώνονται στο σύνολό τους. Αυτό συνεπάγεται ότι τα ζωντανά όντα πρέπει να εξαντλούν κι επομένως να υποβιβάζουν το περιβάλον τους, κάνοντάς το όλο και λιγότερο χρήσιμο για τα άλλα ζωντανά όντα.

Στον πλανήτη μας αυτό θα σήμαινε ότι κάθε μορφή ζωής βαθμιαία εξαντλεί ή υποβιβάζει τα περιβαλλοντικά της εφόδια, ώσπου να πεθάνει από ασφυξία. Πραγματικά, φαίνεται ότι ορισμένα ζωντανά όντα συμπεριφέρονται μερικές φορές μ' αυτόν τον τρόπο, όπως έκαναν τα πρώτα βακτηρίδια, που εξάντλησαν τα έτοιμα σάκχαρα και οξέα στο περιβάλλον τους, κι όπως κάνουμε εμείς οι άνθρωποι όταν εξαντλούμε και καταστρέφουμε τους φυσικούς μας πόρους. ΄Ομως όταν ένα είδος οργανισμού δημιουργεί μια τέτοια κρίση, το ζωντανό σύστημα της Γαίας ως σύνολο φαίνεται ότι βρίσκει μια λύση. Σε πλανητική κλίμακα βρίσκουμε τον εμπλουτισμό των ειδών και των περιβαλλόντων τους σε ποικιλία και πολυπλοκότητα – ένα ενιαίο σύστημα που ανακυκλώνει τα εφόδια του χωρίς να ξεκουρδίζεται, όπως κάνουν τα μηχανικά συστήματα.

Και τι συμβαίνει λοιπόν με τον πλανήτη ως ενιαίο ζωντανό ον; Υποβιβάζει το περιβάλλον του καθώς αυτοοργανώνεται; Επί δισεκατομμύρια χρόνια – που σίγουρα αποτελούν μια παραπάνω από αποκαλύπτική δοκιμασία για το νόμο της εντροπίας – ο γήινος πλανήτης μας συνέχισε να αυτοοργανώνεται με όλο και πιο μεγάλη πολυπλοκότητα. Τρέφεται από τον ήλιο, ασφαλώς, όμως ο ήλιος δεν εξαντλείται γρηγορότερα επειδή η γη χρησιμοποιεί την ενέργειά του και η περισσευούμενη θερμότητα που αποβάλλεται από τη γη δεν μπορεί να θεωρηθεί ότι υποβιβάζει το ψυχρό περιβάλλον του διαστήματος. Φαίνεται ότι ο νόμος της εντροπίας, που είναι ένας από τους νόμους της θερμοδυναμικής και «ανακαλύφθηκε» για να εξηγήσει πώς λειτουργούν ορισμένα μη ζωντανά μηχανικά συστήματα, όπως οι ατμομηχανές, δεν μπορεί να μας πει τίποτε για τα ζωντανά συστήματα.

Και πάλι συναντούμε μια αντίφαση ανάμεσα στο μηχανικό και το οργανικό. Πολλοί μη επιστήμονες, πολλοί αναγνώστες τούτου του βιβλίου, ίσως το βρίσκουν παράξενο που οι επιστήμονες προσπαθούν να εξηγήσουν τη ζωή με μηχανικούς όρους, γιατί διαισθάνονται (και σωστά) ότι κάποιο λάθος υπάρχει στην όλη ιδέα. Σε κατοπινά κεφάλαια θα δούμε πώς γεννήθηκε η μηχανική κοσμοθεωρία της επιστήμης και της κοινωνίας.

Οι πρόσφατες ανακαλύψεις της φυσικής υποδηλώνουν έντονα ότι η φύση του σύμπαντος ήταν από την αρχή τέτοια, ώστε θα ζωντάνευε όπως και όπου αυτό θα ήταν δυνατό. Ίσως οι πλανήτες να είναι για το γαλαξία μας ότι οι σπόροι και τα αβγά για τα πολυκύτταρα όντα της γης, με την έννοια ότι παράγονται πολύ περισσότερα απ' όσα μπορούν πραγματικά να σχηματίσουν νέα ζωντανά όντα. Και ίσως, όπως τα κύτταρα στο δικό μας σώμα, τα «κύτταρα» του σύμπαντος, με τη μορφή συστηματικών άστρων ή πλανητών, να είναι ζωντανά για ένα διάστημα κι ύστερα να πεθαίνουν· μετά το θάνατό τους τα συστατικά τους μπορεί ν' ανακυκλώνονται – με άλλα λόγια, η ενέργεια που περικλείεται στα άτομα και τα μόριά τους μπορεί να ξαναχρησιμοποιείται από κάποιο άλλο τμήμα, που ζωντανεύει και χρειάζεται εφόδια για ν' αναπτυχθεί. Αυτά τα τμήματα του σύμπαντος που μας φαίνονται εντελώς νεκρά μπορεί να είναι κάτι σαν το σκελετό του – να προσφέρουν ένα πλαίσιο, όπως κάνει ο πυρήνας της γης που στηρίζει τη ζωντανή επιφάνειά της, ή το νεκρό ξύλο από το οποίο αποτελείται το δέντρο σεκόια κάτω από τη ζωντανή επιφάνειά του.

Αν συμφωνούμε ότι η φύση δεν είναι μηχανική, γιατί να μη θεωρήσουμε ότι η ενεργητική κίνηση των πρώτων στροβιλιζόμενων σχημάτων στο νεαρό σύμπαν ήταν τα πρώτα σκιρτήματα της αυτοοργανωνόμενης διαδικασίας που οδήγησε τους ζωντανούς οργανισμούς; Τα σπειροειδή προγαλακτικά νεφελώματα, αποτελούμενα από συστρεφόμενα άτομα, έμειναν συσπειρωμένα, άντλησαν πρόσθετη ύλη-ενέργεια από το περιβάλλον τους, την ενσωμάτωσαν στον εαυτό τους και απέβαλαν και πάλι ενέργεια στο περιβάλλον τους. Στη διαδικασία αυτή της ανταλλαγής ενέργειας εξελίχθηκαν σε νέες, πιο πολύπλοκες μορφές. Όταν φτάνουμε στους γαλαξίες και στα πλήρως εξελιγμένα άστρα στο εσωτερικό τους, ο χορός προς τη ζωή έχει γίνει ήδη αρκετά πολύπλοκος. Μόλις αρχίζουμε ν' ανακαλύπτουμε πόσο πολύπλοκη είναι η δομή και η διαδικασία του δικού μας άστρου, του ήλιου, και έχουμε ακόμα πολλά να μάθουμε για τον τρόπο με τον οποίο ο ίδιος ο πλανήτης αναδιαμορφώνει τη ύλη του σ' αυτούς τους ζωηρούς χημικούς σχηματισμούς που όλοι συμφωνούμε να τους ονομάζουμε ζωντανούς οργανισμούς.

Η γη, όπως γνωρίζουμε σήμερα, είναι ο μοναδικός πλανήτης στο ηλιακό μας σύστημα που είχε ακριβώς το σωστό μέγεθος, την πυκνότητα, τη σύνθεση, την ρευστότητα των στοιχείων και ακριβώς τη σωστή απόσταση και την εξισσορόπηση της ενέργειας με το άστρο του, τον ήλιο και το δορυφόρο του, τη σελήνη, για να ζωντανέψει και να παραμείνει ζωντανός. Κι όμως η ζωή του *είναι* ένα αποτέλεσμα αυτής της ευτυχούς συγκυρίας των συνθηκών, ακριβώς όπως συμβαίνει με την ανάπτυξη ενός φυτού ή του εμβρύου ενός ζώου. Η ζωντανή γη μας δεν αποτελεί παράδοξη σύμπτωση, περισσότερο απ' ό,τι ο σπόρος που αναπύσσεται ή το αβγό του βατράχου που ωριμάζει. Όλα είναι το αναπόφευκτο αποτέλεσμα των σωστών συνθέσεων και συνθηκών. Μερικοί επιστήμονες πιστεύουν ότι οι συνθήκες ήταν τόσο εξαιρετικές ώστε η Γη αποτελεί ένα σπάνιο φαινόμενο, ίσως είναι ο μοναδικός τέτοιος πλανήτης στο σύμπαν. Όμως δεν υπάρχει λόγος να το πιστεύει κανείς αυτό, όπως δεν υπάρχει λόγος να πιστεύουμε ότι οι ζωντανοί πλανήτες είναι τόσο συνηθισμένοι στο σύμπαν όσο είναι οι φυτρωμένοι σπόροι και τα ανεπτυγμένα κλωσόπουλα στη γη. Κι αν ισχύει αυτό, υπάρχουν δισεκατομμύρια άλλοι ζωντανοί πλανήτες στα δισεκατομμύρια των γαλαξιών που ο καθένας τους έχει δισεκατομμύρια αστρικά συστήματα.

Το μόνο μέρος της γης που είναι πιο ενεργητικό από τα ζωντανά όντα είναι η λάβα που ξεχύνεται μέσα από το φλοιό της, όμως το μεγαλύτερο μέρος αυτής της ενέργειας χάνεται γρήγορα με τη μορφή της θερμότητας που ξεχύνεται στην ατμόσφαιρα, ενώ τα ζωντανά όντα ανακυκλώνουν την ενέργειά τους μέσα τους, μεταξύ τους και από τη μια γενιά στην άλλη. Στο σύνολο, η ζωντανή ύλη της γης, – όπως θα ονόμαζε ο Βερνάντσκι όλα τα ζωντανά όντα της μαζί – είναι μέχρι χίλιες φορές πιο δραστήρια, πιο ενεργητική απ' ό,τι ο πετρώδης φλοιός από τον οποίο αναπτύχθηκε. Δε βλέπουμε εδώ κανένα ίχνος της μειούμενης ενέργειας που προβλέπει ο νόμος της εντροπίας! Από πού έρχεται όλη αυτή η ενέργεια;

Τα γιγάντια μόρια, από τα οποία σχηματίστηκαν τα πρώτα όντα, είχαν παραχθεί τα ίδια από την ισχυρή ενέργεια του ήλιου και των κεραυνών, μέρος της οποίας περικλειόταν μέσα τους. Τα όντα που σχηματίστηκαν απ' αυτά τα μόρια απελευθέρωσαν αυτή την ενέργεια διασπώντας άλλα μεγάλα μόρια, ή έμαθαν να χρησιμοποιούν άμεσα την ηλιακή ενέργεια όπως είδαμε, ενώ ταυτόχρονα αυτοσυντηρούνταν και παρήγαγαν μιαν ατμόσφαιρα πλούσια σε οξυγόνο. Οι αναπνέοντες που καίνε οξυγόνο αντλούν την ενέργειά τους καταναλώνοντας βακτηρίδια ζύμωσης, φωτοσυνθέτες και ο ένας τον άλλο. Οι οργανισμοί μπορούν έτσι να μετατρέπουν την αποθηκευμένη ενέργεια ή την άμεση ηλιακή ενέργεια σε άλλες χρήσιμες μορφές ενέργειας – την ενέργεια της κίνησης, της θερμότητας, της χημικής αντίδρασης, ακόμα και του ηλεκτρισμού – ενώ η ατμόσφαιρα ρυθμίζει τα είδη και τις ποσότητες της διαθέσιμης ηλιακής ακτινοβολίας, κρατώντας την στα σωστά όρια. Όπως έλεγε ο Λούις Τόμας, η γη φαίνεται πως είναι ένα ον «θαυμαστά επιδέξιο στο να χειρίζεται τον ήλιο».

Στο μεταξύ, οι πρώτες ύλες του εσωτερικού της γης εκβάλλονταν ή ξεχύνονταν με μορφή νέων πετρωμάτων που θα μετατρέπονταν σε ζωντανή ύλη, ενώ η παλιά ζωντανή ύλη, νεκρή και συμπιεσμένη ξανά σε πέτρωμα, ξαναβυθιζόταν στο μαλακό περίβλημα στις άκρες των τεκτονικών πλακών. Στην επιφάνεια της γης οι επιστήμονες δυσκολεύονται να βρουν μια πέτρα που να μην υπήρξε μέρος κάποιων ζωντανών οργανισμών, που να μην είχε μεταμορφωθεί σε ζωντανή ύλη πριν ξαναγίνει πέτρωμα. Θα δούμε παραδείγματα αυτής της διαδικασίας αργότερα.

Έτσι, ουσιαστικά ολόκληρη η ατμόσφαιρα και όλα τα πετρώματα έχουν περάσει από τουλάχιστον μια φάση κατά την οποία ήταν ζωντανή ύλη. Το ίδιο ισχύει και για το χώμα και τις θάλασσες. Είναι ευκολότερο να κάνει κανείς διάκριση ανάμεσα στη ζωή και το θάνατο, παρά ανάμεσα στις σφαίρες της ζωής και της μη ζωής, που τις έχουμε αναθέσει στους βιολόγους και τους γεωλόγους. Ουσιαστικά κάθε γεωλογικό τμήμα ή χαρακτηριστικό της γης που βρίσκουμε αποτελεί προϊόν της ζωντανής δραστηριότητας του πλανήτη μας. Επιπλέον, οι ζωντανοί οργανισμοί έχουν «επινοήσει» το 99,9 τοις εκατό όλων των ειδών των μορίων που γνωρίζουμε, σχεδόν όλα, τον καιρό που τα βακτηρίδια ήταν τα μόνα ζωντανά όντα. Αυτή είναι η αυτοποίηση – η αυτοπαραγωγή που σε τούτο το βιβλίο τη χρησιμοποιούμε ως ορισμό των ζωντανών όντων.

Αυτό που μας προκαλούσε σύγχυση τόσον καιρό – μας εμπόδιζε να καταλάβουμε ότι ο πλανήτης μας είναι ζωντανός στο σύνολό του – είναι, τουλάχιστον ενμέρει, η δική μας ανθρώπινη προοπτική του χώρου (μεγέθους) και του χρόνου. Καθώς εύκολα βλέπουμε τους εαυτούς μας και πολλά είδη φυτών και ζώων ως σύνολα ξεχωριστά το ένα από το άλλο και από το περιβάλλον τους, δυσκολευτήκαμε ν' αναγνωρίσουμε τους εαυτούς μας ή αυτά ως μέρη ενός ενιαίου όντος, όπως δυσκολευτήκαμε και ν' αναγνωρίσουμε ότι εμείς οι ίδιοι είμαστε φτιαγμένοι από ξεχωριστά κύτταρα. Στη μια περίπτωση βλέπαμε ευκολότερα τα μέρη παρά το σύνολο· στην άλλη βλέπαμε το σύνολο ευκολότερα απ' ότι τα μέρη.

Αν είχαμε ένα μεγεθυντικό φακό αρκετά ισχυρό, ώστε να βλέπουμε τα πάντα στον κόσμο γύρω μας στο επίπεδο των μορίων, θα βλέπαμε τη ζωή στον ενεργητικό μοριακό χορό των χημικών αντιδράσεων και ανασυνδυασμών – το χορό που οργανώνει τα μόρια σε νέους σχηματισμούς, που μερικοί είναι ζωηρότεροι απ' ότι άλλοι. Όμως, αντίθετα, η εμπειρία μας περνάει από τα μάτια μας που βλέπουν τη ζωή ως μια συλλογή από ξεχωριστά φυτά και ζώα. Αυτό μας δυσκολεύει να τα δούμε ως μέρη του περιβάλλοντός τους κι ακόμα περισσότερο ως μέρη ενός συνολικού ζωντανού πλανήτη. Κι όμως, όταν βλέπουμε ολόκληρη τη γη από αρκετά μακριά ώστε να τη δείξουμε σε μια κινηματογραφική οθόνη και να επιταχύνουμε τις περιστροφές της, πραγματικά *φαίνεται* ζωντανή, παρ' όλο που δεν μπορούμε πια να δούμε τα «ξεχωριστά» φυτικά και ζωϊκά μέρη της. Δεν έχουμε τον τρόπο να δούμε τον κόσμο μας της ζωής μέσα στη ζωή, ταυτόχρονα σε όλα τα επίπεδα μεγεθών του, όμως *μπορούμε* να χρησιμοποιήσουμε το νου μας για να συνδυάσουμε τις πληροφορίες για τα διάφορα επίπεδα και να κατανοήσουμε τη ζωντανή του ολαρχία από επιμέρους «όλα».

Τα μικρότερα ζωντανά «όλα», οι οργανισμοί της Γαίας, αναπτύσσονται και αναπαράγονται. Έτσι καταλήξαμε να θεωρούμε την ανάπτυξη και την αναπαραγωγή ως τα ουσιαστικά χαρακτηριστικά των ζωντανών όντων. Ο αυτοποιητικός ορισμός της ζωής, ωστόσο, δεν τα συμπεριλαμβάνει ως ουσιαστικά χαρακτηριστικά· αποτελούν μάλλον συνέπειες της αυτοποιητικής διαδικασίας της ζωής – κάτι που μπορεί να συμβαίνει ή να μη συμβαίνει, όπως όταν οι άνθρωποι αναπαράγονται ή δεν αναπαράγονται. Επομένως, δε στέκει το επιχείρημα ότι η γη δεν μπορεί να είναι ζωντανή επειδή δεν αναπτύσσεται και δεν αναπαράγεται.

Τα κύτταρα είναι τα «πακέτα» στα οποία η ζωντανή ύλη κατοίκησε όταν ζωντάνεψε ο πλανήτης μας· περιέχουν και συνδέουν τα αυτοποιητικά συστήματα, περικλείοντάς τα σε ανοιχτά όρια – μεμβράνες δικής τους κατασκευής που επιτρέπουν να ανταλλάσσονται με το περιβάλλον τα υλικά και η ενέργεια, όπως κάνει και η αυτοδημιουργημένη ατμοσφαιρική μεμβράνη της γης. Με μια έννοια, ολόκληρη η γη είναι ένα γιγάντιο κύτταρο που μέσα στην οριακή μεμβράνη του αναπαράγονται άλλα μικρότερα κύτταρα, πεθαίνουν και ανακυκλώνονται, έτσι ώστε το σύνολο δε χρειάζεται ν' αναπτύσσεται. Αυτός είναι ένας θαυμαστά αποτελεσματικός τρόπος για να καθίστανται δυνατά τα ζωντανά όντα (πλανήτης) μέσα στις κοσμικές ερήμους, με μόνη τροφή τα άστρα. Επειδή η προσοχή μας ήταν τόσο πολύ συγκεντρωμένη στους ξεχωριστούς οργανισμούς στο φυσικό ή κοινωνικό περιβάλλον τους, τείνουμε να βλέπουμε τις κοινωνίες των εντόμων, των ζώων και των ανθρώπων, καθώς και ολόκληρα οικοσυστήματα, ως συγκεντρώσεις ατόμων που ήρθαν στη ζωή και λειτουργούν μαζί. Στην πραγματικότητα, είναι πιο σωστό να καταλάβουμε ότι αυτές οι συγκεντρώσεις λειτουργούσαν πάντα ως σύνολα, που δε χωρίζονταν ποτέ σε εντελώς μεμονωμένα όντα. Τα μεμονωμένα όντα ασφαλώς υπάρχουν μέσα στα είδη και διά μέσου των ειδών, όμως κανένα δεν θα μπορούσε ποτέ να είναι εντελώς ανεξάρτητο, παρ' όλο που μερικά είναι σχετικά λιγότερο ή περισσότερο ανεξάρτητα απ' ότι άλλα. Όλες οι πολύπλοκες μορφές και οι τρόποι τους αναπτύχθηκαν μέσα σ' ένα ενιαίο σύστημα, ακριβώς όπως τα κύτταρά μας ανέπτυξαν τις ξεχωριστές λειτουργίες τους μέσα σ' ένα αδιαίρετο σύνολο. Οι συνδέσεις τους με τους ομοίους τους του είδους και με το οικοσύστημά τους είναι «όλα» μέσα σε ολαρχίες, ώσπου να φτάσουμε στο συνολικό οργανισμό της Γαίας – συνδέσεις που δεν διακόπηκαν ποτέ και δεν μπορούν να διακοπούν, ακριβώς όπως τα κύτταρά μας δεν μπορούν να διακόψουν τις συνδέσεις τους με τα όργανά τους ή με ολόκληρο το σώμα μας/τους.

Οι επιστήμονες που προσπαθούν να κατανοήσουν τη Γαία ως μια συγκέντρωση ξεχωριστών οργανισμών που συνδυάζονται μηχανικά με μη ζωντανά περιβάλλοντα κολλούν σε συζητήσεις για το αν οι οργανισμοί – που συλλογικά ονομάζονται *βιωτά,* – θα μπορούσαν πράγματι να έχουν ενώσει σκόπιμα τις δυνάμεις τους για να «ελέγχουν» τις συνθήκες του *α-βιοτικού,* μη ζωντανού περιβάλλοντός τους προς το συμφέρον τους. Πώς θα μπορούσαν όλα τα βακτηρίδια – με την προϋπόθεση ότι ο μηχανισμός της Γαίας σχηματίστηκε όταν δεν υπήρχαν άλλα όντα – να συγκεντρωθούν, μας ρωτούν, για να συνεργαστούν σκόπιμα για το δικό τους καλό;

Αυτό το επιχείρημα, όπως και οι άλλες συγχύσεις που συζητήσαμε προηγουμένως, είναι άλλο ένα αποτέλεσμα του να βλέπει κανείς τη Γαία ως μηχανισμό. Η σκοπιμότητα είναι μια ουσιαστική πλευρά των μηχανών, καθώς όλες οι μηχανές κατασκευάζονται για να υπηρετούν τους σκοπούς των εφευρετών τους και εκείνων που τις χρησιμοποιούν (περισσότερα γι' αυτό στο Κεφάλαιο 15). Έτσι, οι μηχανές είναι «ετερόνομες», όπως είπαμε προηγουμένως. Κι έτσι, όταν βλέπουμε τη Γαία ως μηχανισμό, προκύπτει το ερώτημα της σκοπιμότητας. Όμως η σκοπιμότητα είναι ταμπού στις επιστημονικές περιγραφές της φύσης, επειδή ο Θεός, που οι επιστήμονες της Αναγέννησης τον έβλεπαν ως το μεγάλο μηχανικό του φυσικού μηχανισμού, δεν αποτελεί πια μέρος της επιστημονικής εξήγησης. Έτσι οι επιστήμονες επιχειρηματολογούν υπέρ μιας λογικής αντίφασης: Ότι η φύση είναι μηχανική, αλλά ότι δεν έχει ούτε δημιουργό ούτε σκοπό.

Αν δούμε τους φυσικούς οργανισμούς ως αυτόνομα αυτοποιητικά συστήματα που εξελίχθηκαν χωρίς τη μεσολάβηση ενός Θεού με κάποιους σκοπούς, βλέπουμε ότι απλώς αναπτύχθηκαν εκεί που δεν εμποδίστηκαν ν' αναπτυχθούν, εκεί που η ενεργητική ανάπτυξή τους είναι αμοιβαία συνεκτική με ό,τι άλλο συμβαίνει γύρω τους. Κανένας δεν υποστηρίζει ότι το σώμα μας ρυθμίζει τη θερμοκρασία μας «σκόπιμα» – απλώς δεχόμαστε ότι το κάνει επειδή είναι ανεπτυγμένο μ' αυτόν τον τρόπο, ενώ ο «σκοπός» περιορίζεται στο σχετικά πρόσφατο (στην εξέλιξη) συνειδητό νου, για τον οποίο θα πούμε περισσότερα αργότερα.

Η απάντηση στο ερώτημα αν τα βακτηρίδια συνενώθηκαν σκόπιμα για να επηρεάσουν το περιβάλλον τους είναι επομένως ότι *δεν* «συνενώθηκαν» περισσότερο απ' ότι τα κύτταρα του σώματός μας συνενώνονται μετά το σχηματισμό τους. Όλα τα βακτηρίδια είναι ζωντανή ύλη διαμορφωμένη από τον πετρώδη φλοιό της γης και συσκευασμένα σε ανοιχτά όρια που τους επιτρέπουν να λειτουργούν ως ένα ενιαίο σύστημα. Δεν είναι χωρισμένα το ένα από το άλλο ή από το φλοιό· δεν είναι μέρη ενός μονταρισμένου μηχανισμού αλλά μέρη μιας ενιαίας διαδικασίας ζωής της Γαίας, που μπορούμε να την ονομάσουμε γεωβιολογική. Ο οργανισμός της Γαίας αναπτύχθηκε για να κάνει ό,τι χρειάζεται, ώστε να αυτοσυντηρηθεί, τόσο φυσικά όσο εμείς, και όχι με περισσότερη σκοπιμότητα απ' ότι βρίσκουμε στο δικό μας σώμα.

Αν η Γαία είναι ενιαίος ζωντανός πλανήτης ή οργανισμός, γιατί το πέτρωμά της αναμορφώθηκε σε μια τέτοια εκπληκτική ποικιλία μεμονωμένων όντων; Γιατί όχι απλώς ένα πλανητικό «όλον», αντί για μια πλανητική ολαρχία «όλων»;

Θα ήταν το ίδιο αν ρωτούσαμε γιατί τα πρώτα νεφελώματα από αέρια χωρίστηκαν σε μεμονωμένους γαλαξίες και οι γαλαξίες σε άστρα, πλανήτες κι άλλα διαστημικά σώματα. Η απάντηση, όπως αρχίζουμε τώρα να καταλαβαίνουμε, είναι ότι η ζωή γίνεται όλο και πιο σταθερή όσο γίνεται πιο πολύπλοκη! Τα μηχανικά συστήματα μπορεί να είναι πιο ευαίσθητα όσο γίνονται πιο πολύπλοκα, όμως αυτό δε φαίνεται να ισχύει για τα ζωντανά συστήματα. Ο γήινος καταμερισμός της εργασίας ή των λειτουργιών ανάμεσα στα διάφορα είδη – τα διαφορετικά είδη όντων – καθιστά δυνατό έναν καταμερισμό εργασίας παρόμοιο με του σώματός μας, που λειτουργεί αποτελεσματικά με τη συνδυασμένη λειτουργία πολλών διαφορετικών ειδών οργάνων. Κανένας τόπος, κανένα περιβάλλον πάνω στη γη – από την πιο γυμνή βουνοκορφή μέχρι το βαθύτερο σημείο της θάλασσας – δεν έχει λιγότερα από χίλια διαφορετικά είδη ζωής, τα περισσότερα μικροβιακά, που το διαμορφώνουν και κάνουν διάφορα πράγματα για να το διατηρούν ζωντανό και εξελισσόμενο. Αν ένας πλανήτης ζωντανεύει, φαίνεται ότι αναγκαστικά ζωντανεύει παντού, όχι σε ορισμένα μόνο σημεία.

Οι επιστήμονες μόλις τώρα αρχίζουν να εξετάζουν τη φυσιολογία του πλανήτη μας – να καταλαβαίνουν γιατί η εμφάνιση ενός και μόνου νέου είδους σ' ένα πολύπλοκο περιβάλον μπορεί να προκαλέσει αρρώστια σ' αυτό το περιβάλλον, ακριβώς όπως η εμφάνιση ενός και μόνου είδους μικροβίου αρρώστιας στο σώμα μας μπορεί να μας κάνει ν' αρρωστήσουμε. Μόλις σήμερα φτάνουν να καταλάβουν γιατί η καταστροφή ενός περιβάλλοντος, όπως του τροπικού δάσους, μπορεί να διαταράξει την ισορροπία ολόκληρου του πλανήτη, ακριβώς όπως η αφαίρεση ενός οργάνου από το σώμα μας μπορεί να διαταράξει τη δική μας ισορροπία. Όμως ανακαλύπτουμε επίσης ότι η απίστευτη πολυπλοκότητα της Γαίας την κάνει πιο ανθεκτική και πιο πολυμήχανη απ' ό,τι είμαστε εμείς. Είναι πολύ πιο πιθανό ότι καταστρέφοντας το περιβάλλον μας, θα εξοντώσουμε το δικό μας είδος, παρά ότι θα σκοτώσουμε τη Γαία. Ο χορός της εξέλιξης της Γαίας θα συνεχιστεί με μας ή χωρίς εμάς.

Η λέξη «εξέλιξη», όταν τη χρησιμοποιούμε μιλώντας για τον ανθρώπινο χορό, σημαίνει τις εναλλασσόμενες φιγούρες βημάτων σ' ένα χορό. Ένας χορός εξελίσσεται λοιπόν όταν οι φιγούρες των βημάτων αλλάζουν σε νέες καθώς συνεχίζεται ο χορός. Ακριβώς μ' αυτή την έννοια, η εξέλιξη του χορού της Γαίας – της ζωής στη γη – είναι οι εναλλασόμενες φιγούρες βημάτων στην αλληλένδετη αυτοοργάνωση των όντων και του περιβάλλοντός τους μέσα στο χρόνο.

Βλέπουμε ότι ο χορός της Γαίας είναι ατέλειωτα επινοητικός. Όταν δοκιμάζουμε νέα βήματα σ' ένα χορό λέμε ότι *αυτοσχεδιάζουμε,* μια και ένας δημιουργικός χορός δεν είναι καθορισμένος εκ των προτέρων. Οι χορευτές αυτοσχεδιάζουν καθώς προχωρούν, δοκιμάζουν κάθε νέο βήμα αν ταιριάζει με τα άλλα βήματα και με όλες τις φιγούρες του χορού. Ο χορός της Γαίας φαίνεται πως εξελίχθηκε μ' ένα τέτοιο αυτοσχεδιασμό, με την επινόηση βασικών βημάτων πού χρησιμοποιούνται ξανά και ξανά σε νέους συνδυασμούς.

Στο χορό της Γαίας, όλοι οι οργανισμοί που είναι μικρότεροι από τη Γαία, από τα πρώτα βακτηρίδια μέχρι εμάς τους ίδιους, δημιουργήθηκαν από DNA και μόρια πρωτεΐνης. Οι πολύ περίπλοκοι σχηματισμοί αυτών των γιγάντιων μορίων αποτελούνται σχεδόν αποκλειστικά από έξι είδη ατόμων – υδρογόνο, άνθρακα, άζωτο, οξυγόνο, φώσφορο και θείο. Καθώς είδαμε, *όλα* τα είδη ατόμων εκτός από αυτά του υδρογόνου, δημιουργήθηκαν σ' ολόκληρο το σύμπαν υπό πίεση, μέσα στα άστρα, ως συνδυασμοί των αρχικών ατόμων υδρογόνου, που ήταν συνδυασμοί των αρχικών υποατομικών σωματιδίων.

Υπάρχουν πολύ λίγα είδη πρωτεΐνης ή άλλων μορίων στη γη σήμερα που τους σχηματισμούς τους να μην τους έχουν ήδη επινοήσει τα αρχαία βακτηρίδια εδώ και δισεκατομμύρια χρόνια. Ούτε έχουν αναπτυχθεί νέες βασικές διαδικασίες ζωής από τότε που οι φυσαλιδοποιοί, τα κυανοπράσινα και οι αναπνέοντες επινόησαν τους τρεις τρόπους για τη δημιουργία μορίων ενέργειας ATP: ζύμωση, φωτοσύνθεση και αναπνοή. Με άλλα λόγια, η εξέλιξη από τότε υπήρξε απλώς μια αναδιάταξη, όχι μόνο των ίδιων ατόμων, αλλά και των μορίων και διαδικασιών ζωής, σε μια ατέλειωτη ποικιλία από νέα όντα. Αυτός λοιπόν είναι ο χορός της Γαίας – ο ατέλειωτος αυτοσχεδιασμός και η επεξεργασία κομψών και απλών βημάτων στο καταπληκτικά ωραίο και πολύπλοκο ον του οποίου εμείς είμαστε το νεότερο μέλλον.

6. *Ένα μεγάλο άλμα*

Εδώ κι έναν αιώνα, οι παπάδες έλεγαν στον κόσμο ότι η γη είχε ηλικία μερικών χιλιάδων χρόνων· πριν από μερικές δεκαετίες, οι επιστήμονες πίστευαν ότι η ζωή στη γη άρχισε εδώ και λίγο περισσότερο από μισό δισεκατομμύριο χρόνια. Σήμερα γνωρίζουμε ότι το δέρμα της γης ήταν ήδη γεμάτο από πλήρως ανεπτυγμένα μόνερα πριν από περισσότερα από τρεισήμισι δισεκατομμύρια χρόνια. Δυο δισεκατομμύρια χρόνια – σχεδόν η μισή ζωή της γης – ανήκαν αποκλειστικά στα βακτηρίδια. Τούτο το κεφάλαιο είναι η περιγραφή του θεαματικού άλματος προς τα άλλα τέσσερα βασίλεια της ζωής, ένα άλμα που πραγματοποιήθηκε εδώ και μισό δισεκατομμύριο χρόνια περίπου και που περικλείει σημαντικά μαθήματα για τη σημερινή ανθρωπότητα.

Πριν προχωρήσουμε σ' αυτήν την περιγραφή ωστόσο, ας αναθυμηθούμε το μεγαλειώδες έργο των βακτηριδίων που προετοίμασαν το δρόμο για την εξέλιξή τους σε διαφορετικές μορφές ζωής. Ας θυμηθούμε ότι αυτά επινόησαν όλους τους τρόπους της ζωής και δημιούργησαν τις προϋποθέσεις για τη ζωή που απολαμβάνουμε σήμερα εμείς οι τεράστιοι νεοφερμένοι. Χωρίς τα βακτηρίδια, η ατμόσφαιρα της γης δε θα ήταν αναπνεύσιμη και ο φλοιός της θα παρέμενε μια έρημος από υαλώδεις βράχους γεμάτη κρατήρες. Χωρίς τη δραστηριότητα των βακτηριδίων, ακόμα και οι ωκεανοί, όπως είδαμε, θα είχαν εξαερωθεί και φύγει από τον πλανήτη μας.

Όταν σταματήσαμε την περιγραφή της εξέλιξης, τα κυανοπράσινα μετέτρεπαν την ηλιακή ενέργεια σε εφόδιο για τη δημιουργία τροφής και την τροφή σε ενέργεια για να χρησιμοποιείται στο έργο της ζωής. Το απόβλητο αέριό τους, το οξυγόνο, μαζί με άλλα απόβλητα αέρια, όπως το μεθάνιο που παραγόταν από τα αρχαιότερα βακτηρίδια, τους φυσαλιδοποιούς, συσσωρευόταν και δημιουργούσε ένα νέο είδος ατμόσφαιρας. Η Γαία είχε λύσει μερικά μεγάλα προβλήματα και ευδοκιμούσε.

Τα κυανοπράσινα δοκίμασαν κάθε είδους σχήματα για τα μονοκύτταρα σώματά τους – μικροσκοπικές μπάλες, μεγάλες μάζες, μακριές σειρές από άτομα συνδεδεμένα από τη μια άκρη μέχρι την άλλη, ακόμα και μεγάλα φύλλα από βακτηρίδια, κολλημένα μαζί με ένα υλικό σαν ζελατίνα, που έμοιαζαν με φύκια. Μερικά, που ζούσαν σε μεγαλύτερες αποικίες, διακλαδώθηκαν σε σχήματα που τα υιοθέτησαν τα φυτά, όταν αναπτύχθηκαν πολύ αργότερα· έκαναν ακόμα και σπόρους με τρόπους που μας θυμίζουν τους σπόρους των φυτών. Ίσως τα κωδικοποιημένα σχέδια γι' αυτά τα σχήματα και τα τμήματα ήταν αποθηκευμένα στο βακτηριακό DNA και μεταδίδονταν επί πολλά εκατομμύρια χρόνια, ώσπου ν' αναπτυχθούν τα αληθινά φυτά και να τα χρησιμοποιήσουν. Άλλα είδη βακτηριδίων ζούσαν μόνα τους σαν μαστίγια από κλωστή και πετάγονταν από τόπο σε τόπο. Αυτή ήταν μια άλλη πρόωρα εξελιγμένη δομή, που προεικόνιζε έναν τρόπο ο οποίος θα εξελισσόταν αργότερα στο χορό.

Πέρα από το να δοκιμάζουν νέα σχήματα και κινήσεις, τα μόνερα ανέπτυξαν έναν καταμερισμό εργασίας που απλούστευσε τα μεμονωμένα βακτηρίδια, μειώνοντας την ποσότητα DNA και εξοπλισμού που είχε να μεταφέρει το καθένα. Διάφορα είδη από μόνερα έγινα ειδικοί σε συγκεκριμένες δουλειές, όπως στην αναπνοή, τη φωτοσύνθεση ή την παρασκευή αζώτου, όμως όλα είχαν πρόσβαση στη συνολική βακτηριακή δεξαμενή γονιδίων, επειδή δεν έχασαν ποτέ την ικανότητά τους να ανταλλάξουν το DNA, όποτε ήταν αναγκαίο.

Οι νέοι, απλουστευμένοι ειδικοί εξαπλώθηκαν σε νέους τόπους. Μερικοί πήγαν στα παγωμένα νερά· άλλοι ζούσαν σε πολύ θερμές πηγές. Μερικοί παρασύρθηκαν στον αέρα στη δημιουργία του οποίου είχαν συμβάλει, κι ύστερα εγκαταστάθηκαν μακριά από εκεί που είχαν ξεκινήσει. Μερικοί βρήκαν ακόμα και τη δυνατότητα να ζουν και ν' αναπαράγονται στην ξηρά, κατατρώγοντας τους βράχους, όπου άρχισαν τη διαδικασία που θα τους μετέτρεπε τελικά σε χώμα. Όμως φυσικά, όσο πιο ειδικευμένα ήταν τα μόνερα, τόσο λιγότερο ανεξάρτητα ήταν, τόσο και πιο εξαρτημένα μεταξύ τους. Οι χρήστες οξυγόνου χρειάζονταν τώρα τους παραγωγούς οξυγόνου, οι καταναλωτές τροφής τους δημιουργούς τροφής, οι παραγωγοί αζώτου τους επεξεργαστές αζώτου κ.ο.κ. Καθώς εξειδικεύονταν, τα μόνερα ανέπτυσσαν αυτό που αποκαλούμε αλυσίδες τροφής, ή οικολογικά συστήματα, όπου κάθε είδος παρήγαγε για τους άλλους κι έπαιρνε από τους άλλους.

Φαίνεται ότι η φύση επιτυγχάνει πάντα μια ισορροπία ανάμεσα στην *ανεξαρτησία* και την *αλληλεξάρτηση* των μεμονωμένων όντων – ανάμεσα στην αυτονομία και την ολονομία τους. Η εξειδίκευση – είτε στην ανθρώπινη κοινωνία, είτε στα οικοσυστήματα, στα πολυκύτταρα όντα ή στα βακτηριακά δίκτυα – είναι ένα χαρακτηριστικό ολόκληρων συστημάτων, που τα κάνει πιο ευπροσάρμοστα μέσα από την αλληλεξάρτηση που δημιουργεί ανάμεσα στα μέρη. Η εξειδίκευση φέρνει την ποικιλία στο χορό της ζωής, όμως αυξάνει την ολονομία εις βάρος της αυτονομίας, καθώς αυξάνει την αλληλεξάρτηση. Η εξισορρόπηση της αυτονομίας και της ολονομίας είναι πολύ σημαντικό να γίνει κατανοητή, αν πρόκειται να μάθουμε να χειριζόμαστε τις ανθρώπινες υποθέσεις μας τόσο καλά όσο χειρίστηκε η Γαία τις δικές της.

Είδαμε τα βακτηρίδια να πολλαπλασιάζονται σε όλο και μεγαλύτερους αριθμούς, ν' ανακαλύπτουν όλο και περισσότερους και πιο ποικίλους τρόπους επιβίωσης και ευημερίας, να προσαρμόζονται στις γεωλογικές αλλαγές του περιβάλλοντός τους καθώς και στις αλλαγές που επέφεραν τα ίδια. Πριν συγκεντρωθεί το στρώμα του όζοντος, το ισχυρό υπεριώδες φως συχνά έβλαπτε το DNA, όμως τα βακτηρίδια επινόησαν συνδετικά ένζυμα για να επισκευάζουν τις ζημιές κι έμαθαν να μοιράζονται μεταξύ τους αυτή την πληροφορία, καθώς και τις άλλες πληροφορίες που ήταν αποθηκευμένες στα σχέδια του DNA. Έτσι, τα σχέδια των γονιδίων – σχεδιασμένα τμήματα DNA – για πολλές παραλλαγές της οργάνωσής τους παρέμεναν διαθέσιμα, για να τα δανείζεται και να τα αντιγράφει το ένα βακτηρίδιο από το άλλο, όταν παρουσιαζόταν ανάγκη. Ο βακτηριακός πληθυσμός ως σύνολο μπορούσε επομένως να ανταποκρίνεται σε περιπτώσεις ανάγκης, όπως π.χ. χημικές αλλαγές στο περιβάλλον, αντλώντας και διαδίδοντας γρήγορα τα γονίδια που τον βοηθούσαν περισσότερο να αντιμετωπίσει αυτές τις καταστάσεις έκτακτης ανάγκης. Σήμερα, αυτή η ικανότητά τους αναπτύσσει ως ένα βαθμό αντίσταση απέναντι στα αντιβιοτικά που κατασκευάζει ο άνθρωπος.

Τεράστιες ομάδες εξειδικευμένων βακτηριδίων σχημάτιζαν πράγματι τα όργανα του οργανισμού της Γαίας, εκτελούσαν τα διάφορα καθήκοντά του και ανακύκλωναν τα υλικά του, μάθαιναν να εξισορροπούν το συνολικό χορό της ζωής. Όμως, ως ειδικοί, πότε πότε αντιμετώπιζαν προβλήματα. Μπορούμε να φανταστούμε π.χ. ότι οι κυανοπράσινοι παραγωγοί τροφής – που χρειάζονταν φως – μερικές φορές βρίσκονταν χωμένοι σε σκοτεινά μέρη, ενώ οι φυσαλιδοποιοί ή οι αναπνέοντες, που κατανάλωναν τροφή, μερικές φορές αντιμετώπιζαν έλλειψη επειδή υπήρχε τόσο μεγάλος ανταγωνισμός γι' αυτήν, τόσα πολλά στόματα για να τραφούν, θα λέγαμε.

Το υπεριώδες φως που έφτανε στη γη είχε βοηθήσει να δημιουργηθούν σάκχαρα και άλλα βρώσιμα μόρια από τα οποία ήταν εξαρτημένοι οι φυσαλιδοποιοί και οι αναπνέοντες. Καθώς το στρώμα του όζοντος μεγάλωνε κι άρχισε να συγκρατεί τις υπεριώδεις ακτίνες, αυτή η παραγωγή σταματούσε κι έτσι ο ανταγωνισμός για την τροφή έφτανε σε σημείο κρίσης. Η πρόκληση της παγκόσμιας πείνας φαίνεται πώς ώθησε τα μόνερα να ξαναανακαλύψουν μερικά παλιά βήματα και φιγούρες στο χορό ζωής τους και να τα συνθέσουν σ' ένα νέο σχηματισμό που επέφερε ένα πολύ μεγάλο άλμα στο χορό της εξέλιξης.

Αυτό το άλμα επιτεύχθηκε όταν τα όλο και πιο εξειδικευμένα βακτηρίδια συγκεντρώθηκαν μέσα στα ίδια τοιχώματα, όπου μπορούσαν να χρησιμοποιήσουν τους διάφορους τρόπους τους για να ζήσουν σε συνεργασία. Κάνοντάς το αυτό, ανέπτυξαν ένα πολύ μεγάλο και εξελιγμένο κύτταρο νέου είδους – ένα κύτταρο τόσο διαφορετικό από το βακτηριακό μονεριακό είδος ώστε σχετίζεται μαζί μας πιο στενά απ' ότι με κάποιον από τους δικούς του προγόνους.

Τα νέα κύτταρα – κατά μέσον όρο χίλιες φορές μεγαλύτερα από τα βακτηριακά κύτταρα – σχημάτισαν ένα δεύτερο βασίλειο ζωής μαζί με τα μόνερα – ένα βασίλειο ζωής που το ονομάζουμε *πρώτιστα*. Η ονομασία προέρχεται από μια μεγαλύτερη λέξη, *πρωτοκτίστης*. Τα πρώτιστα, όπως και τα μόνερα, είναι μονοκύτταρα όντα, παρ' όλο που αργότερα στην αφήγησή μας θα δημιουργήσουν πολυκύτταρα πλάσματα, όπως και τα μόνερα, είναι μονοκύτταρα όντα, παρ' όλο που αργότερα στην αφήγησή μας θα δημιουργήσουν πολυκύτταρα πλάσματα, όπως τα ίδια είναι πολυκύτταρα πλάσματα.

Παρ' όλο που τα μεγάλα νέα πρώτιστα, από τη στιγμή που αναπτύχθηκαν, ήταν συνεργατικά εγχειρήματα που προχωρούσαν ομαλά, δεν ήταν από την αρχή έτσι. Μάλιστα, το νέο βήμα στην εξέλιξη είναι σχεδόν βέβαιο ότι άρχισε με μια απελπισμένη μη συνεργατική προσπάθεια για την αναζήτηση τροφής. Με την αύξηση των βακτηριακών πληθυσμών και το αναπτυσσόμενο στρώμα του όζοντος, πήρε τέλος η εποχή όπου η έτοιμη τροφή υπήρχε ή έπλεε παντού. Ο φυσικός θάνατος δεν είχε ακόμα επινοηθεί για να ανακυκλώνονται τα υλικά, καθώς τα βακτηρίδια φυσιολογικά δεν πεθαίνουν απαραιτήτως και δε διαλύονται σε επαναχρησιμοποιήσιμα μέρη. Μάλλον τα βακτηρίδια γονείς διασπώνται και μετατρέπονται στους ίδιους τους τους απογόνους και οι όλο και πιο πολλοί απόγονοι πρόβαλαν όλο και πιο μεγάλες απαιτήσεις για την τροφή που χρειάζονταν ώστε να αναπτυχθούν σε πλήρεις διαστάσεις.

Με δυο λόγια, ο φλοιός της γης είχε ζωντανέψει συσκευάζοντας όλο και πιο πολλά από τα άτομα και τα μόριά του σε βακτηρίδια, πολλά από τα οποιά ήταν εξαρτημένα από τα έτοιμα αποθέματα τροφών που τώρα ήταν περιορισμένα, επειδή οι δραστηριότητες των βακτηριδίων είχαν δημιουργήσει μια νέα ατμόσφαιρα. Η πλανητική διαδικασία της άφιξης στη ζωή διέτρεχε τον κίνδυνο να αυτοστραγγαλιστεί από συνωστισμό και έλλειψη τροφής. Δεν είναι αδύνατο κάτι τέτοιο να συνέβη στον Άρη – ο Άρης να ζωντάνεψε κάποτε κι ύστερα να πέθανε από έλλειψη εφοδίων, ή από έλλειψη μιας μεθόδου για να ανακυκλώνονται τα εφόδιά του αρκετά αποτελεσματικά, ώστε να διατηρούνται υγιή τα αρχαία του όντα.

Στη γη, η εξέλιξη γιγάντιων συνεταιρισμών από κύτταρα άρχισε πιθανώς, όταν τα μικροσκοπικά ενεργητικά βακτηρίδια, οι αναπνέοντες, άρχισαν να διεισδύουν στα τοιχώματα των μεγαλύτερων φυσαλιδοποιών για να φτάσουν στα πλούσια μόριά τους – όπως περίπου εμείς οι άνθρωποι εισβάλαμε σε άλλα βασίλεια ή χώρες, για να αποκτήσουμε τα έτοιμα εφόδιά τους και τις πρώτες ύλες τους.

Το πρόβλημα μ' αυτή την προσέγγιση ήταν – κι εξακολουθεί να είναι – ότι κάποτε οι εισβολείς μένουν και πάλι χωρίς εφόδια, αφού έχουν καταβροχθίσει τους υφιστάμενους την εισβολή. Μακροπρόθεσμα, οι εισβολείς δεν έχουν να κερδίσουν πολλά περισσότερα απ' ό,τι τα θύματά τους. Όμως αυτή η κρίση ήταν μια νέα πρόκληση για τη ζωή κι η ζωή αποδείχθηκε και σ' αυτήν την περίπτωση τόσο επινοητική όσο υπήρξε κι όταν αντιμετώπιζε προηγουμένως προβλήματα.

Ανίκανοι να ξεφορτωθούν τους αναπνέοντες εισβολείς, οι μεγάλοι φυσαλιδοποιοί φαίνεται πως διαπραγματεύτηκαν μια συμφωνία μαζί τους, ευνοϊκή και για τις δυο πλευρές. Ίσως σε αντάλλαγμα της τροφής από τα μόρια των φυσαλιδοποιών, οι αναπνέοντες έδιναν στους φυσαλιδοποιούς ένα μέρος της ενέργειας ATP, που ήταν σε θέση να την παράγουν πολύ πιο γρήγορα. Αυτό μοιάζει με τις συμφωνίες που γίνονται ανάμεσα σε χώρες – όταν π.χ. μια πλούσια χώρα προσφέρει σε μια χώρα του Τρίτου Κόσμου τον εξηλεκτρισμό, με αντάλλαγμα προϊόντα τροφίμων – κι όπως ξέρουμε, δεν είναι εύκολο αυτές οι συμφωνίες να αποβούν αληθινά συμφέρουσες και για τις δύο πλευρές. Μια τέτοια βακτηριακή συμφωνία θα βοηθούσε τους μεγάλους φυσαλιδοποιούς να επισκευάζονται ή να παράγουν πρόσθετα μόρια για να θρέψουν τους αναπνέοντες, με αντάλλαγμα τον εφοδιασμό τους με άφθονη ενέργεια.

Οι ρυθμίσεις αυτού του είδους θα πρέπει να λειτούργησαν μ' επιτυχία, γιατί τα πρώτα απολιθώματα πρωτίστων από ενάμισι δισεκατομμύριο χρόνια δείχνουν πολλούς αναπνέοντες μέσα σε μεμονωμένα μεγάλα κύτταρα που ολοφάνερα ήταν υγιή. Αυτό μας λέει ότι οι αναπνέοντες πολλαπλασιάζονταν σε μεγάλους αριθμούς μέσα στο κύτταρο υποδοχής, χωρίς να του κάνουν ζημιές. Όταν αυτά τα διογκωμένα κύτταρα χωρίζονταν, οι μισοί αναπνέοντες πήγαιναν στη μια πλευρά και οι άλλοι μισοί στην άλλη. Κι έτσι η συνεργατική ανταλλαγή της τροφής με την ενέργεια συνεχίστηκε σε όλο και πιο πολλά κύτταρα-απογόνους.

Αργότερα αυτά τα κύτταρα φαίνεται ότι απέκτησαν κι άλλους συνεταίρους – τους κυανοπράσινους ειδικούς της φωτοσύνθεσης. Τα κυανοπράσινα βακτηρίδια πιθανώς καταβροχθίζονταν από τους πεινασμένους αναπνέοντες, όμως απ' ό,τι φαίνεται αντιστέκονταν στη χώνευσή τους. Κάποτε επιτεύχθηκε μια άλλη συνεργατική συμφωνία. Τα κυανοπράσινα θα έφτιαχναν μόρια τροφής – που τα χρειάζονταν οι φυσαλιδοποιοί και οι αναπνέοντες – από νερό, διοξείδιο του άνθρακα και απλά μέταλλα συν το ηλιακό φως. Αυτή η συνεργατική ρύθμιση επέτρεπε στα γιγάντια κύτταρα να παράγουν ενέργεια ATP και με τους τρεις τρόπους, μέσα στο ίδιο κυτταρικό τοίχωμα, κι έτσι να επιβιώνουν από όλων των ειδών τις ελλείψεις.

Καθώς αυτοί οι νέοι συνεταιρισμοί γίνονταν πιο πολύπλοκοι, γίνονταν επίσης όλο και πιο μεγάλοι και βαρύτεροι, κι ασφαλώς αντιμετώπιζαν δυσκολίες για να μη βουλιάξουν χάνοντας το φως, ή επειδή μετατοπίζονταν πολύ αργά για να βρουν τροφή. Μια άλλη συνεργατική λύση – μια άλλη μεταμόρφωση του ιμπεριαλισμού σε αμοιβαία βοήθεια – τους επέτρεψε να μετατοπίζονται πιο μακριά και πιο γρήγορα.

Θυμάστε ότι μερικά βακτηρίδια είχαν το σχήμα συστρεφόμενων κινητικών μαστιγίων; Άλλα είχαν επινοήσει έναν «κινητήρα πρωτονίου» – έναν περιστρεφόμενο δίσκο που λειτουργούσε πραγματικά με ηλεκτρικό δυναμικό και είχε μια ουρά συνδεδεμένη πάνω του, έτσι ώστε το βακτηρίδιο μπορούσε να οδηγεί το ίδιο με προωστήρα. Τι γινόταν όταν αυτά τα κινούμενα βακτηρίδια κολλούσαν πάνω σε μεγαλύτερα κύτταρα για ν' απορροφήσουν απ' αυτά τροφή; Τα μεγάλα κύτταρα βρίσκονταν να μετακινούνται με τις ουρές-μαστίγια και τους προωστήρες. Φαίνεται ότι ακριβώς αυτό συνέβαινε. Οι αναπτυσσόμενοι συνεταιρισμοί θα πρέπει να θεωρούσαν ότι άξιζε να τρέφουν τα κινητικά βακτηρίδια, με αντάλλαγμα τη μεταφορά τους εκεί που μπορούσαν να βρουν τροφή ή φως. Κάποτε, οι μακριές ευκίνητες ουρές-μαστίγια και οι προωστήρες εξελίχθηκαν σε μαστίγια (flagella) και μερικά μεγάλα κύτταρα εξελίχθηκαν σε κοντύτερες, και άκαμπτες βλεφαρίδες, διευθετημένες σε σειρές, έτσι ώστε οι μαστιγωτές ή περιστροφικές κινήσεις τους να συγχρονίζονται όπως τα κουπιά των αρχαίων μας πλοίων. Οι βλεφαρίδες ήταν τόσο επιτυχημένες, ώστε σχεδόν κάθε φυτικό και ζωϊκό κύτταρο που ζει σήμερα έχει κάποιο μέρος ή μέρη που αναπτύχθηκαν από εκείνες τις αρχαίες κινούμενες τρίχες.

Όμως πριν αναπτυχθούν πραγματικά αυτοί οι επιτυχείς συνεταιρισμοί, θα πρέπει να υπήρξε μια φάση όπου δεν ήταν σαφές αν η συνεργασία θα υπερτερούσε του ανταγωνισμού, όταν τα εξελισσόμενα πρώτιστα ήταν σαν εργάτες ενός εργοστασίου χωρίς διευθυντή, ή σαν ένας κόσμος από ξεχωριστά έθνη που προσπαθούν να εκμεταλλευτούν το ένα το άλλο και όλα προσπαθούν να δίνουν διαταγές ταυτόχρονα. Άλλωστε, κάθε είδος μόνερου είχε τα δικά του σχέδια DNA, τις δικές του ανάγκες για να ευδοκιμήσει.

Αυτό που χρειαζόταν ήταν μια σοβαρή οργάνωση. Και τα μόνερα, όπως είδαμε, είχαν ήδη αναπτύξει ένα πολύ αποτελεσματικό σύστημα επικοινωνιών, που καθιστούσε δυνατή αυτήν την οργάνωση. «Ήξεραν» πώς να ανταλλάσσουν το DNA για να αναθεωρούν τα σχέδιά τους· «ήξεραν» πώς να εργάζονται από μια κοινή δεξαμενή γονιδίων. Και προφανώς άντλησαν απ' αυτήν την πείρα, για να δημιουργήσουν ένα νέο είδος δεξαμενής γονιδίων, ένα κέντρο πληροφοριών. Αντί να συγκεντρώνουν το ένα τα γονίδια του άλλου μέσα τους, απλουστεύθηκαν ακόμα περισσότερο, εγκαταλείποντας μέρος του DNA τους σε μια κοινή δεξαμενή γονιδίων με γενικά σχέδια κυττάρων, που έγινε ο κυτταρικός πυρήνας. Καθώς περνούσε ο καιρός, ο πυρήνας έγινε μια πραγματική βιβλιοθήκη πληροφοριών για την παραγωγή πρωτεϊνών και, με τρόπους που ακόμα τους κατανοούμε ελάχιστα, μάλλον ανέλαβε τη διεύθυνση των υποθέσεων ολόκληρου του κυττάρου. Τα μεμονωμένα μόνερα του νέου κυττάρου έγιναν λιγότερο ανεξάρτητα αλλά περισσότερο ασφαλή, περισσότερο αδιαίρετα μέρη των νέων συνόλων.

Το πυρηνικό DNA, που αρχικά προσφέρθηκε από γενιές χιλίων ή και περισσότερων μελών του κάθε εξελισσόμενου συνεταιρισμού, εξακολουθεί ακόμα και στα σύγχρονα κύτταρα να περιέχει μια τεράστια ποσότητα αντιγραφής. Πολλές θεωρίες διατυπώθηκαν για να εξηγήσουν τα επαναληπτικά πυρηνικά γονίδια, όμως ίσως να μην έχουν περισσότερους λόγους ύπαρξης απ' ό,τι όλα τα αντίγραφα των εγγράφων στα κυβερνητικά μας γραφεία. Οπωσδήποτε, η τεράστια ποσότητα του πυρηνικού DNA δεν μπορούσε να διατηρηθεί στο βακτηριακό στιλ, ως ελεύθερες θηλιές που έπλεαν μέσα στο κύτταρο. Θα μπερδευόταν και θα έσπαζε, ανακατεύοντας τα σχέδια. Εκτός απ' αυτό, το DNA θα μπορούσε εύκολα να καταστραφεί απ' όλη την παραγωγή οξυγόνου που γινόταν σ' αυτά τα κύτταρα. Κι έτσι φαίνεται ότι το DNA συλλεγόταν από το κάθε τμήμα του κυττάρου, τυλιγμένο σε πρωτεΐνη, και φυλαγόταν μέσα σ' ένα προστατευτικό πυρηνικό τοίχωμα σαν ένα είδος κεντρικού κυτταρικού γραφείου για τη διατήρηση σε τάξη των σχεδίων του DNA, καθιστώντας έτσι δυνατή την καλύτερη οργάνωση ολόκληρης της λειτουργίας του κυττάρου.

Αυτό το κεντρικό γραφείο και βιβλιοθήκη ενός πυρήνα εξελίχθηκε σε μια εκπληκτικά πολύπλοκη αλλά κομψή οργάνωση, με διάφορα είδη πρωτεΐνης να του δίνουν δομική και διευθυντική τάξη, καθώς λάβαινε πληροφορίες από το υπόλοιπο κύτταρο και καθόριζε ανάλογα τις διαδικασίες του.

Όταν ήταν καιρός να διαιρεθεί το κύτταρο, κάθε πολύ μακρύ συστραμμένο μόριο DNA χωριζόταν και αντιγραφόταν. Το ζευγάρι έμενε συνδεδεμένο σ' ένα σημείο κατά μήκος του, με ένα *κεντρο-μέρος* – που σημαίνει «κεντρικό μέρος» – και ονομάζεται επίσης *κινητοχώρος*, «κινούμενο σημείο», ενώ κάθε μέλος κουλουριαζόταν γύρω από έναν πυρήνα πρωτεΐνης. Αυτή η θηλιά στη συνέχεια τυλιγόταν τακτικά γύρω στον εαυτό της, ενώ τούτη η θηλιά ξανατυλιγόταν σε μια πιο κοντή, κ.ο.κ. ώσπου σχημάτιζε ένα συμπαγές *χρωμόσωμα*, τριάντα χιλιάδες φορές κοντύτερο απ' ότι το μόριο DNA, μήκους 12 εκατοστών του μέτρου που ήταν, όταν άρχισε η διαδικασία!

Αργότερα θα περιγράψουμε τα επόμενα βήματα στη διαίρεση των κυττάρων. Εδώ θέλουμε απλώς να αναφέρουμε τα αξιοσημείωτα επιτεύγματα που πραγματοποιούνταν σ' αυτό τον *πυρήνα* – αυτό το κέντρο πληροφοριών από DNA και πρωτεΐνη, που αναπτύχθηκε ως το πιο σημαντικό νέο χαρακτηριστικό των συνεταιρισμών των γιγάντιων κυττάρων. Κάθε ζωντανό ον στη γη, εκτός από τα βακτηρίδια, αναπτύχθηκε απ' αυτά τα πυρηνωμένα κύτταρα, πράγμα που σημαίνει ότι κάθε ζωντανό ον κάθε βασιλείου της ζωής, πέρα από τα μόνερα, είναι φτιαγμένο από το ίδιο είδος πυρηνωμένου κυττάρου. Οι βιολόγοι ονομάζουν αυτό το υπερβασίλειο των κυττάρων – που περιλαμβάνει τα βασίλεια των πρωτίστων, των μυκήτων, των φυτών και των ζώων – *ευκαρυότη*, που σημαίνει «με ένα κάρυον», ή με έναν πυρήνα. Για να κρατήσουμε τα πράγματα σαφή, θα ονομάζουμε τα βακτηριακά μόνερα *προκαρυότες*, που σημαίνει «πριν από τον πυρήνα».

Αναπτύσσοντας αυτά τα πρώτιστα κύτταρα, τους βακτηριακούς συνεταιρισμούς, τα πλάσματα της Γαίας ανέκτησαν μέρος της ανεξαρτησίας που είχαν πριν γίνουν ειδικοί, εξαρτημένοι ο ένας από τον άλλο. Τα γιγάντια κύτταρα, ευκαρυότες, μπορούσαν τώρα ν' αναπτύξουν νέα μέρη και τρόπους χρησιμοποίησής τους – κάθε είδους ειδικά μεμβρανικά τοιχώματα και άλλες δομές υποστήριξης, κενοτόπια με φυσαλίδες αερίων για να μπορούν να επιπλέουν ή να βυθίζονται, άλλες δομές και χημικά συστήματα που βοηθούσαν για άλλες δουλειές. Βρέθηκε ακόμα και ένα μέσο για να κυκλοφορεί το ζελατινοειδές κυτόπλασμα στο οποίο εμπεριέχονται όλες αυτές οι δομές, πράγμα το οποίο πρόσφερε ένα σύστημα μεταφοράς για τα εφόδια και τ' απόβλητα.

Τα κύτταρα ευκαρυότες, όπως είπαμε, είναι κατά μέσον όρο χίλιες φορές μεγαλύτερα απ' ότι οι προκαρυότες, με χίλιες φορές περισσότερο DNA. Είναι από πολλές πλευρές τόσο πολύπλοκα όσο οι ανθρώπινες πόλεις. Μέχρι πρόσφατα, ο πυρήνας μας φαινόταν σαν μια αυταρχική κυβέρνηση ή σαν μια δικτατορία, που περιείχε όλες τις απαραίτητες πληροφορίες και εξέδιδε διαταγές για το τι έπρεπε να κατασκευαστεί, να παραχθεί, να μεταφερθεί ή γενικά να γίνει. Σήμερα αποδεικνύεται όλο και πιο πολύ ότι η διακυβέρνηση των κυττάρων είναι πιο αποκεντρωμένη – ότι το συνολικό κύτταρο κυβερνά τον εαυτό του, χρησιμοποιώντας τον πυρήνα ως κέντρο πληροφοριών.

Η βιολογία έχει κάνει περισσότερη πρόοδο στην κατανόηση της λεπτομερειακής σύνθεσης των ζωντανών όντων, παρά στην κατανόηση της οργάνωσής τους ως συνόλων, όμως η τάση αυτή έχει σήμερα αρχίσει ν' αλλάζει. Οπωσδήποτε, στον παραλληλισμό μας με τις πόλεις, ορισμένα κυτταρικά μέρη είναι δομές σαν τους δρόμους και τα κτίρια· άλλα είναι χημικοί αγγελιοφόροι, που μεταφέρουν οδηγίες προς και από τον πυρήνα· ορισμένα είναι παραγωγικά κέντρα σαν τα εργοστάσια· άλλα εκτελούν υπηρεσίες, παίρνουν και παραδίνουν την τροφή, μαζεύουν τ' απόβλητα, κάνουν επισκευές. Με ακόμα πιο ισχυρά μικροσκόπια και με την κινούμενη εικόνα της μικροσκοπίας, αρχίζουμε να καταλαβαίνουμε πόσο πολυάσχολη και ζωηρή, πόσο πολύπλοκη κι εκπληκτική είναι η ζωή μέσα σ' αυτά τα κύτταρα. Όμως αυτό που βλέπουμε μας αφήνει πολλά που πρέπει να μάθουμε για το πώς όλα είναι οργανωμένα για να λειτουργούν απρόσκοπτα.

Όλα τα κύτταρα στο σώμα μας είναι ευκαρυότες, όμως μόλις που αρχίζουμε να κατανοούμε την εξέλιξή τους από τους αρχαίους βακτηριακούς συνεταιρισμούς. Η ιστορία αυτής της εξέλιξης απλουστεύτηκε εδώ. Στην πραγματικότητα είναι ένα από τα πιο γοητευτικά και δύσκολα αινίγματα που αντιμετώπισαν ποτέ οι βιολόγοι.

Οι βιολόγοι, όπως είπαμε, συνηθίζουν να μελετούν τα ζωντανά όντα, τους οργανισμούς, σαν να ήταν πολύπλοκες μηχανές που μπορούμε να τις διαλύσουμε για να δούμε πώς λειτουργούν. Πήραν αυτή την ιδέα από τους φυσικούς, που πίστευαν ότι η φύση είναι κατασκευασμένη σαν μια μηχανή κι έτσι μπορεί να περιγραφεί με μαθηματικούς όρους. Επειδή η φυσική, ως η πιο βασική και μαθηματική επιστήμη είχε γόητρο και ισχύ, οι ιδέες της επιβλήθηκαν στους βιολόγους, όπως θα δούμε πιο λεπτομερειακά όταν φτάσουμε στο θέμα της ανθρώπινης ιστορίας σε κατοπινά κεφάλαια. Προσπαθώντας να κατανοήσουν τα κύτταρα ως αυστηρά μηχανικά συστήματα, οι βιολόγοι κατέληξαν να βλέπουν το πυρηνικό DNA σαν ένα είδος κεντρικού κομπιούτερ, που τα προγράμματά του καθορίζουν τις δραστηριότητες όλων των άλλων μηχανισμών έξω από τον πυρήνα.

Οι περισσότεροι βιολόγοι εξακολουθούν να πιστεύουν ότι αυτή η διαδικασία είναι μονόδρομος, όπως ο παραλληλισμός με τη δικτατορία, όμως όλο και πιο πολλοί καταλήγουν να καταλάβουν ότι το πυρηνικό DNA είναι οργανωμένο σε ανταπόκριση προς τις αλλαγές μέσα απ' το κύτταρο, ότι ολόκληρο το κύτταρο, συμπεριλαμβανόμενης της μεμβράνης, του τοιχώματός του, είναι ένα δημιουργικό αυτοποιητικό σύστημα.

Τα σχέδια και η σύνθεση του DNA των δικών μας κυττάρων είναι φυσικά μοναδικά για τους ανθρώπους και διαφέρουν από εκείνα των κυττάρων του βατράχου και της φτέρης, του βακτηριδίου ή της Βακτριανής καμήλας. Όταν δόθηκε η δυνατότητα να αναλυθεί λεπτομερειακά το DNA, δόθηκε επίσης η δυνατότητα να αναγνωρίζεται κάθε είδος από το ιδιαίτερο σχέδιο του DNA του. Πολλά είδη μοιάζουν πολύ, όμως διακρίνονται από διαφορές στα σχέδια του DNA τους.

Ανάμεσα στα μέρη των κυττάρων μας, έξω από τους πυρήνες τους, υπάρχουν μεγάλοι αριθμοί μικροσκοπικών πραγμάτων που παράγουν ATP – τα μόρια που αποθηκεύουν ενέργεια. Αυτά τα κυτταρικά τμήματα θεωρούνταν για πολύν καιρό μικροί μηχανισμοί που έκαιγαν το οξυγόνο για να παράγουν την ενέργεια του κυττάρου. Όμως με το αυξανόμενο ενδιαφέρον για το DNA και την κατανόησή του, οι βιολόγοι έκαναν μια πολύ παράξενη ανακάλυψη: Ότι αυτές οι μικρές μηχανές έχουν το δικό τους DNA, τα κωδικοποιημένα σχέδια του οποίου είναι αρκετά διαφορετικά από εκείνα του πυρηνικού DNA.

Πώς μπορούσαν τμήματα των κυττάρων να είναι διαφορετικού είδους από το ον που αποτελείται απ' αυτά τα κύτταρα;

Σύντομα παρουσιάστηκαν εξηγήσεις. Όσο διαφορετικό κι αν ήταν αυτό το DNA, από το πυρηνικό DNA, ανακαλύφθηκε ότι έμοιαζε με ορισμένα άλλα DNA για τα οποία γνώριζαν οι βιολόγοι – τα DNA βακτηριδίων παρόμοιων με τους αναπνέοντες που αναπτύχθηκαν πριν από δισεκατομμύρια χρόνια! Την εποχή που ανακαλύφθηκε αυτό, η ιστορία της βακτηριακής συνεργασίας στην εξέλιξη των ευκαρυοτών ήταν ακόμα άγνωστη.

Η ιδέα της *κυτταρικής συμβίωσης* – η προέλευση των ευκαρυοτών ως προκαρυοτών που ζούσαν μαζί σε συνεταιρισμούς – είχε διατυπωθεί ανεξάρτητα από ένα Γερμανό, έναν Αμερικανό κι ένα Ρώσο βιολόγο γύρω στις αρχές του αιώνα. Όλοι είχαν προσέξει ότι οι φωτοσυνθέτες *χλωροπλάστες* στα κύτταρα των φυτών έμοιαζαν με τα κυανοπράσινα βακτηρίδια. Ο Ρώσος, ο Κ.Σ. Μερεσόφσκι, διατύπωσε την υπόθεση ότι και άλλα αρχαία βακτηρίδια είχαν εξελιχθεί σε άλλα τμήματα κυττάρων. Όμως οι βιολόγοι, που ήταν εκπαιδευμένοι να βλέπουν τα ζωντανά όντα σαν ν' αποτελούνταν από μηχανικά τμήματα, δεν μπορούσαν να θεωρήσουν τα τμήματα των κυττάρων όντα καθεαυτά.

Έτσι η θεωρία της συμβίωσης αγνοήθηκε, μέχρι τη στιγμή που η Λίν Μάργκουλις, μια Αμερικανίδα μικροβιολόγος που έγινε συνεργάτης του Τζέιμς Λόβλοκ στην ανάπτυξη της υπόθεσης της Γαίας, την ανέσυρε και βρήκε πολλές αποδείξεις για να την υποστηρίξει.

Μετά από πολλή δουλειά, η Μάργκουλις και άλλοι έδειξαν ότι αυτά τα ενεργειοπαραγωγά κυτταρικά τμήματα είναι πραγματικά απόγονοι των αρχαίων βακτηριδίων, των αναπνέοντων, που κατέληξαν να ζουν μέσα στα μεγαλύτερα κύτταρα προκαρυότες, συνεργαζόμενα για τη δημιουργία των πρώτων κυττάρων ευκαρυοτών – των πρωτίστων, ή «πρωτοκτιστών», όλων των βασιλείων της γης εκτός από τα μόνερα, που είχαν δημιουργήσει τα πρώτιστα.

Ευτυχώς, ομάδες βιολόγων που εργάζονταν για να φωτίσουν τα αρχαία μυστήρια της κυτταρικής συμβίωσης, βρήκαν πολλές ενδείξεις στη συμπεριφορά των σημερινών βακτηριδίων. Υπάρχουν ακόμα κάποιοι επιθετικοί αναπνέοντες που τρυπούν άλλα βακτηρίδια για να αναπαραχθούν μέσα τους και να τα φάνε από μέσα. Στο εργαστήριο του Κουάγκ Τζιον στο Τένεσι, τα πρώτιστα που είχαν υποστεί μια τέτοια εισβολή έμαθαν να ανέχονται και ύστερα να συνεργάζονται με τους εισβολείς τους, σε μια σχέση αλληλεξάρτησης που επέφερε ένα νέο είδος όντος. Πράγμα εκπληκτικό, αυτή η επανάληψη της αρχαίας εξελιξιακής αλλαγής, από την άμεση επιθετικότητα στην πλήρη συνεργασία, συνέβη σε διάστημα μερικών χρόνων μόνο.

Σήμερα βρίσκουμε τους απογόνους των αρχαίων αναπνεόντων να ζουν και να πολλαπλασιάζονται στα κύτταρα κάθε πρώτιστου, μύκητα, φυτού και ζώου. Είναι καιρός να μάθουμε το όνομά τους. Λέγονται *μιτοχόνδρια*— μια λέξη που προέρχεται από τα αρχαία ελληνικά και σημαίνει «νηματοειδείς κόκκοι» – επειδή κάτω από το μικροσκόπιο μοιάζουν σαν μικροσκοπικοί κόκκοι γεμάτοι ίνες.

Χρησιμοποιώντας το οξυγόνο που αναπνέουμε, τα μιτοχόνδρια δημιουργούν όλη την ενέργεια που χρειάζεται το σώμα μας για να λειτουργεί και να αυτοεπισκευάζεται. Χωρίς τα μιτοχόνδριά μας, δε θα μπορούσαμε να κουνήσουμε ούτε το δάχτυλό μας. Μάλιστα, αυτά τα πλήθη των βακτηριδίων, που δουλεύουν μέρα νύχτα σ' όλα μας τα κύτταρα, είναι εκείνα που μας διατηρούν στη ζωή.

Ή μήπως εμείς δουλεύουμε γι' αυτά; Ο Λούις Τόμας, στα δημοφιλή βιολογικά δοκίμιά του, ανέφερε ότι *αν* κάτι στη φύση είναι μηχανή, αυτή ίσως είμαστε *εμείς*. Ίσως είμαστε γιγάντια ταξί που κατασκευάζουν τα μιτοχόνδρια για να μετακινούνται με ασφάλεια και άνεση. Ασφαλώς τα μιτοχόνδρια πέτυχαν να εξαπλωθούν σ' ολόκληρο τον πλανήτη, μέσα σε κάθε άλλο ζωντανό ον, σχεδόν από τότε που ζωντάνεψε η γη. Είναι τόσα πολλά στα κύτταρά μας, ώστε είναι δύσκολο να υπολογιστεί ο αριθμός τους, όμως όλα μαζί θα ζύγιζαν σχεδόν όσο και το σώμα μέσα στο οποίο ζουν – δηλαδή τα μιτοχόνδρια είναι κατά μεγάλο μέρος εκείνα που μας δίνουν το βάρος μας, όπως και το βάρος των ελεφάντων και των εντόμων, των στρειδιών και των πιθήκων, των βατράχων και των σαυρών, των ψαριών και των σκουληκιών.

Στα φυτά – από τα φύκια μέχρι τα ηλιοτρόπια, από τις πατάτες μέχρι τα φοινικόδενδρα – τα μιτοχόνδρια ζουν μαζί με τους συγγενείς τους, τους χλωροπλάστες, που δίνουν στα φυτά το πράσινο χρώμα τους. Θα τους αναγνωρίσετε εύκολα ως απογόνους των αρχαίων κυανοπράσινων και να θυμάστε ότι, όπως δημιουργούν ενέργεια από το φως του ήλιου, το νερό και το διοξείδιο του άνθρακα, παράγουν επίσης και το οξυγόνο που χρειάζονται τα ξαδέλφια τους, τα μιτοχόνδρια, για να παράγουν τη δική τους ενέργεια.

Τα μιτοχόνδρια και οι χλωροπλάστες, μαζί με τα ξαδέλφια τους, τα μόνερα που εξακολουθούν να ζουν ελεύθερα, δηλαδή τα βακτηρίδια, είναι τα κατά πολύ πιο πολυάριθμα και σημαντικά πλάσματα της Γαίας, παρ' όλο που αργήσαμε πολύ να αναγνωρίσουμε την πλήρη μας εξάρτηση απ' αυτά. Αντίθετα, ανακαλύψαμε τα βακτηρίδια στα πλαίσια της ιατρικής και τα αντιμετωπίσαμε μόνο σαν εχθρούς. Είναι τόσο κρυμμένα και μικροσκοπικά ώστε, για χρόνια, δε δίναμε προσοχή στα καλά τους έργα, όμως σήμερα ξέρουμε ότι η συνεργασία τους είναι η ουσία ολόκληρου του συστήματος ζωής της Γαίας. Εκτός από το ότι παράγουν τα ζωτικά αέρια οξυγόνο και διοξείδιο του άνθρακα το μεν για τα δε, οι χλωροπλάστες και τα μιτοχόνδρια των ευκαρυοτών, μαζί με τους προκαρυότες ξαδέλφους τους, σχηματίζουν άλλους συνεργατικούς κύκλους – π.χ. τις αλυσίδες της τροφής που αναφέρθηκαν προηγουμένως. Ενώ τα φυτά δημιουργούν τα οργανικά σώματά τους από απλά μέταλλα, νερό και διοξείδιο του άνθρακα, τα ζώα μπορούν να δημιουργήσουν τα σώματά τους μόνο από τα έτοιμα οργανικά μόρια των φυτών και άλλων όντων. Τα βακτηρίδια με τη σειρά τους, προκαλούν τη σήψη των νεκρών φυτών και ζώων, μετατρέποντάς τα στις απλές ουσίες από τις οποίες μπορούν να ζήσουν νέα φυτά.

Η ανακάλυψη της Μάργκουλις, ότι τα πρώτιστα ευκαρυότες αναπτύχθηκαν συνεργαζόμενα για να ξεπεράσουν τα προβλήματα που δημιουργήθηκαν από τον ανταγωνισμό ανάμεσα στα βακτηρίδια προκαρυότες, αποτέλεσε για τον επιστημονικό κόσμο ένα σοκ παρόμοιο μ' εκείνο που προκάλεσε η ίδια η υπόθεση της Γαίας. Εκτός από το ότι κατέδειξε ότι οι κυτταρικοί «μηχανισμοί» είναι πραγματικά όντα, διατύπωσε την υπόθεση ότι η συνεργασία έπαιξε μεγάλο ρόλο στην εξέλιξη, ενώ από τον καιρό του Δαρβίνου οι επιστήμονες – τουλάχιστον στις Δυτικές χώρες – πίστευαν ότι η εξέλιξη είχε προωθηθεί μόνο από τον ανταγωνισμό.

Η θεωρία της εξέλιξης μέσω του ανταγωνισμού έχει παίξει μεγάλο ρόλο στον κόσμο μας, όχι μόνο στην επιστήμη αλλά και στη διαμόρφωση ολόκληρης της ανθρώπινης προοπτικής μας και του τρόπου ζωής μας. Μόνο αν καταλάβουμε την προέλευσή της και τις εκτεταμένες επιπτώσεις της στη ζωή μας, μπορούμε να μάθουμε πώς να αλλάξουμε την άποψή μας για τους εαυτούς μας και για το ρόλο μας στο πλαίσιο του ευρύτερου πλανήτη μας, της Γαίας. Ας δούμε λοιπόν πώς γεννήθηκε η δαρβίνεια άποψή μας για την εξέλιξη.

7. Οι μαρτυρίες της εξέλιξης

Ο Κάρολος Δαρβίνος ήταν ένας Άγγλος αριστοκράτης επιστήμονας που έζησε σχεδόν ολόκληρο το δέκατο ένατο αιώνα και ταξίδεψε παντού για να μελετήσει τη φύση. Βλέποντας τη μεγάλη ποικιλία των φυτών και των ζώων σ' ολόκληρο τον κόσμο, εντυπωσιάστηκε από τον τρόπο με τον οποίο κάθε είδος ήταν ταιριασμένο με το μέρος στο οποίο ζούσε. Πίστευε, όπως και μερικοί άλλοι επιστήμονες, ότι όλα αυτά τα ζωντανά όντα είχαν αλλάξει με τον καιρό, για να προσαρμοστούν τόσο καλά στο περιβάλλον τους. Αυτή ήταν μια πρωτότυπη ιδέα σε μια εποχή όπου όλοι σχεδόν πίστευαν ότι ο ίδιος ο κόσμος είναι αμετάβλητος κι ότι ο Θεός είχε δημιουργήσει όλα τα είδη ταυτόχρονα, ακριβώς όπως είναι σήμερα. Πώς άραγε είχαν αλλάξει; Παρ' όλες τις παρατηρήσεις του Δαρβίνου ως προς τις πιθανές αλλαγές, δεν είχε κάποια θεωρία, έναν τρόπο για να εξηγήσει πώς είχαν πραγματοποιηθεί.

Πρόσεξε ότι η φύση δημιουργούσε μεγάλους αριθμούς από σπόρους και ωάρια για όλα τα είδη των φυτών και των ζώων, αν και λίγα μόνο από κάθε είδος αναπτύσσονταν τελικά. Φαίνεται πως κατά κάποιον τρόπο επιβίωναν για ν' αναπαραχθούν μόνο εκείνα που ήταν καλύτερα προσαρμοσμένα στο περιβάλλον τους – τα «ικανότερα» κάθε γενιάς. Όμως πώς τα αναγνώριζε και τα επέλεγε η φύση;

Ο Δαρβίνος είχε δει τους καλλιεργητές και τους κτηνοτρόφους να διαλέγουν τους παχύτερους σπόρους ή τα ταχύτερα άλογα κάθε γενιάς, για να γίνουν γονείς της επόμενης γενιάς. Αυτό ήταν δυνατόν επειδή, σε κάθε είδος, τα νεαρά πλάσματα δεν είναι όλα ακριβώς ίδια, αλλά διαφέρουν όσο τα ανθρώπινα αδέρφια. Μ' αυτή την επιλογή, γενιά με γενιά, οι καλλιεργητές κι οι κτηνοτρόφοι άλλαξαν το είδος, δημιουργούσαν όλο και πιο παχείς σπόρους ή όλο και πιο γρήγορα άλογα. Ακριβώς το ίδιο πράγμα φαινόταν να κάνει κι η φύση. Όμως πώς μπορούσε η φύση να επιλέγει τα ικανότερα πλάσματα κάθε γενιάς;

Συνέλαβε τη θεωρία της εξέλιξης όταν διάβασε ένα άρθρο για την έλλειψη τροφίμων και τους λιμούς. Ήταν δυνατόν όλα τα μικρά της φύσης ν' ανταγωνίζονται για την τροφή, όταν δεν υπήρχε αρκετή για όλα; Αυτός ήταν ο τρόπος που η φύση δοκίμαζε τα όντα; Αν ήταν έτσι, τότε ασφαλώς τα ικανότερα σ' αυτό τον ανταγωνισμό θα περνούσαν τη δοκιμασία και θα επιβίωναν για να μεγαλώσουν.

Οι ικανότερες αρκούδες π.χ., θα ήταν εκείνες με το πιο πυκνό τρίχωμα, που τις κρατούσε ζεστές όταν κυνηγούσαν την τροφή τους στα κρύα μέρη· στα ζεστά μέρη θα επιβίωναν αρκούδες με ελαφρότερο τρίχωμα. Τα πουλιά με τα μακριά ράμφη ήταν τα ικανότερα εκεί που τα σκουλήκια έπρεπε να τραβηχτούν μέσα από τρύπες· τα πουλιά με τα κοντά, δυνατά ράμφη θα επιβίωναν εκεί που έπρεπε ν' ανοίγονται σκληροί σπόροι. Οι αρκούδες ή τα πουλιά που γεννήθηκαν με τα πιο κατάλληλα τριχώματα ή ράμφη θα κέρδιζαν τον αγώνα για την τροφή και θα μεγάλωναν για να κάνουν παιδιά, ενώ τα υπόλοιπα πάγωναν, πέθαιναν της πείνας ή τρώγονταν από άλλα πλάσματα. Τα μωρά τους θα κληρονομούσαν περισσότερο ή λιγότερο κατάλληλα τριχώματα ή ράμφη, και πάλι τα ικανότερα απ' όλα θα επιλέγονταν μέσα από τον ανταγωνισμό.

Όλα φαίνονταν σαφή τώρα. Οι μεγάλοι πληθυσμοί και η λίγη τροφή δημιουργούσαν τον ανταγωνισμό κι ο ανταγωνισμός οδηγούσε στη *φυσική επιλογή*. Η ίδια η επιλογή βασιζόταν στη φυσική ποικιλία των όντων, μερικά από τα οποία ήταν ικανότερα από άλλα.

Τον καιρό του Δαρβίνου βέβαια, τα περιβάλλοντα – όπως οι έρημοι, οι βουνοκορφές ή ο πυθμένας της θάλασσας – αντιμετωπίζονταν ως τόποι όπου τα ζωντανά όντα ζούσαν τη ζωή τους, όχι ως ζωντανά μέρη ενός ζωντανού πλανήτη. Κάθε περιβάλλον επέλεγε διαφορετικά είδη ικανοτήτων στον ανταγωνισμό για την τροφή, για τους σεξουαλικούς συντρόφους, για τους καλύτερους κρυψώνες ή τις φωλιές κ.ο.κ.

Αν π.χ. ο άνεμος σκόρπιζε τους σπόρους του ίδιου φυτού σε διάφορα μέρη, μια έρημος θα επέλεγε νεαρά φυτά που να μπορούν να ζήσουν με το λιγότερο νερό, ενώ μια ανεμοδαρμένη βουνοκορφή εκείνα που ριζώνουν πιο αποτελεσματικά στους βράχους. Ακριβώς με τον ίδιο τρόπο, μερικές αρκούδες με παχύ τρίχωμα, που ευημερούσαν σε κρύο περιβάλλον, μπορούσαν να περιπλανηθούν σε θερμότερους τόπους και να εξοντωθούν, ενώ οι αρκούδες με αραιότερο τρίχωμα επιβίωναν.

Οι απόγονοι των ίδιων αρχικών γονέων μπορούσαν επομένως να γίνουν αρκετά διαφορετικοί μετά από πολλές γενιές, αν μετατοπίζονταν σε διαφορετικό περιβάλλον, που επέλεγε διαφορετικούς τύπους σωμάτων ή διαφορετικά χαρακτηριστικά. Όταν γίνονταν τόσο διαφορετικοί ώστε να μην μπορούν πια να ζευγαρώνουν μεταξύ τους, είχαν μετατραπεί σε διαφορετικά είδη. Έτσι εξηγούσε ο Δαρβίνος την εξέλιξη των νέων ειδών.

Σύμφωνα με τη θεωρία του Δαρβίνου λοιπόν, κάποιες ανεξήγητες συμπτώσεις στη γέννηση, που έκαναν τα όντα να ταιριάζουν καλύτερα στο περιβάλλον τους, επιλέγονταν για την επιβίωση και μεταβιβάζονταν στις μελλοντικές γενιές. Οι ατυχείς συμπτώσεις που έκαναν τα όντα λιγότερο ικανά απορρίπτονταν από τη φυσική επιλογή και τα όντα έπαυαν να υπάρχουν.

Οι επιστήμονες προσάρμοσαν σύντομα τη δαρβίνεια εξέλιξη στην ιδέα της φύσης ως μηχανισμού, αντιμετωπίζοντας τα όντα πάνω κάτω σαν γρανάζια που ταίριαζαν με τα δόντια άλλων γραναζιών στο μεγάλο ρολόι της φύσης. Μερικά γρανάζια συνέβαινε απλώς να είναι φτιαγμένα καλύτερα από άλλα, από κάποιες ευτυχείς μηχανικές συμπτώσεις κατά την αντικατάστασή τους, ή κατά την αναπαραγωγή τους. Η ιδέα του φυσικού ανταγωνισμού που οδηγούσε στην επιβίωση των ικανότερων ήταν ελκυστική για τους ανθρώπους που ήταν παθιασμένοι με τη νέα κοινωνική δομή του καπιταλισμού.

Αυτές οι συμπτώσεις της γέννησης ανακαλύφθηκε κάποτε ότι ήταν αλλαγές των γονιδίων, κι ύστερα του ίδιου τού DNA, και πιστευόταν ότι ήταν καθαρά τυχαίες συμπτώσεις – «τυχαίες» σημαίνει χωρίς κανένα συγκεκριμένο σχέδιο – που παρουσιάζονταν καθώς το DNA αυτοαντιγραφόταν ή αν είχε πάθει κάποια ζημιά. Οι περισσότεροι βιολόγοι εξακολουθούν να βλέπουν συμπτώσεις, που σήμερα είναι γνωστό ότι παρουσιάζονται στο DNA, τη μόνη πηγή της φυσικής ποικιλίας.

Από την εποχή του Δαρβίνου, η γενική μας αντίληψη για την εξέλιξη ήταν ένας αγώνας ανάμεσα σε μεμονωμένα όντα, που πολεμούν το ένα το άλλο σ' έναν ανταγωνισμό για τα ανεπαρκή προϊόντα διατροφής. Μόνο σήμερα είμαστε σε θέση να κατανοούμε ότι ολόκληρη η γη είναι ένα ζωντανό σώμα – ένας ενιαίος χορός που χορεύεται από πολλούς εναλλασσόμενους χορευτές και αποτελείται από τους πολύπλοκους τρόπούς αλληλεπίδρασης μεταξύ τους. Ο ανταγωνισμός και η συνεργασία παρουσιάζονται και τα δυο μέσα και ανάμεσα στα είδη, καθώς μαζί αυτοσχεδιάζουν και εξελίσσονται, εξισορροπούν το χορό και του διαταράσσουν την ισορροπία. Η εξέλιξη *είναι* αυτός ο αυτοσχέδιος χορός, όπου αποκαθίσταται ξανά και ξανά η οικολογική ισορροπία. Ας θυμηθούμε ότι τα ζωντανά όντα είναι υποχρεωμένα ν' αλλάζουν για να μείνουν τα ίδια – είναι υποχρεωμένα να ανανεώνονται και να προσαρμόζονται στις αλλαγές γύρω τους. Τα κουνέλια εξελίσσονται μαζί με το περιβάλλον τους – όλα τα όντα εξελίσσονται σε σύνδεση με όλα τα άλλα που εξελίσσονται γύρω τους.

Χρειάστηκε παραπάνω από ένας αιώνας μετά τη δημοσίευση της θεωρίας του Δαρβίνου, για να καταλάβουμε ότι τα περιβάλλοντα δεν είναι έτοιμοι τόποι που αναγκάζουν τους κατοίκους τους να προσαρμόζονται σ' αυτά, αλλά οικοσυστήματα δημιουργημένα από τα ζωντανά όντα για τα ζωντανά όντα, ακόμα κι αν αυτό δε γίνεται σκόπιμα. Όλα τα ζωντανά όντα που ανήκουν σ' ένα οικοσύστημα, από τα μικροσκοπικά βακτηρίδια μέχρι τα μεγαλύτερα φυτά και ζώα, εργάζονται αδιάκοπα για να εξισορροπήσουν τις ζωές τους το ένα με του άλλου, καθώς αναδιαμορφώνουν και ανακυκλώνουν τα υλικά του φλοιού της γης.

Ο Δαρβίνος, ο Λαμάρκ κι ο Γουάλας μας έδειξαν ότι τα είδη πραγματικά εξελίσσονται με τον καιρό και επιχείρησαν να εξηγήσουν πώς γίνεται αυτό. Οι θεωρίες τους ήταν ένα μεγάλο βήμα μπροστά για την επιστήμη, καθώς η θρησκεία είχε θέσει τέρμα σε όλη την θεωρητικολογία σχετικά με την εξέλιξη από δύο χιλιετίες σχεδόν, από τότε που στοχάζονταν πάνω στην εξέλιξη οι πιο αρχαίοι Έλληνες φιλόσοφοι, όπως ο Αναξίμανδρος. Όμως το μηχανικό πλαίσιο του δαρβινισμού – κι ακόμα περισσότερο η εκσυγχρονισμένη εκδοχή που είναι γνωστή ως νεοδαρβινισμός – είναι ένας παραπλανητικός τρόπος για να βλέπουμε τη φύση. Η ιδέα ότι κάθε ον είναι ξεχωριστό και ανταγωνίζεται τα άλλα σ' έναν αγώνα *εναντίον* της πρόκλησης της φύσης, ταιριάζει με την αλλαγή της ίδιας της ανθρώπινης κοινωνίας, το πέρασμά της στην ανταγωνιστική και εκμεταλλευτική βιομηχανική παραγωγή. Σήμερα, καθώς εμείς οι ίδιοι πρέπει να μάθουμε να εναρμονίζουμε τη συμπεριφορά μας μ' εκείνη της υπόλοιπης φύσης, αντί να εκμεταλλευόμαστε ανενδοίαστα εκείνη κι ο ένας τον άλλο, αυτή η ιδέα δε φαίνεται πιο λογική από την ιδέα ότι τα κύτταρα μας είναι ξεχωριστά όντα που ανταγωνίζονται μεταξύ τους για να επιβιώσουν μέσα στο εχθρικό σώμα μας. Δεν είναι πια χρήσιμο ή παραγωγικό να βλέπουμε τους εαυτούς μας αναγκασμένους να ανταγωνιζόμαστε μεταξύ μας για να επιβιώσουμε μέσα σε μια εχθρική κοινωνία, περιβαλλόμενη από μια εχθρική φύση.

Το ζήτημα εδώ είναι ότι πράγματι βλέπουμε τους εαυτούς μας σ' ένα τέτοιο ανταγωνισμό, όχι επειδή αυτό είναι φυσικό ή λογικό, αλλά επειδή η ευρωπαϊκή, η δυτική παράδοση της επιστήμης αναπτύχθηκε σε στενή αρμονία με τις κοινωνικές και πολιτικές παραδόσεις. Η δαρβίνεια θεωρία της εξέλιξης εφαρμόστηκε και στη διαμόρφωση της κοινωνίας, ένα κοινωνικό σύστημα σχεδιασμένο σύμφωνα με τη δαρβίνεια άποψη για τη φύση και δικαιολογούμενο απ' αυτήν. Αν μάθουμε να βλέπουμε την εξέλιξη ως μια ενιαία ολαρχία, αποτελούμενη από «όλα» που συνεργάζονται για να επιτύχουν με τον καιρό την υγεία και τις ευκαιρίες για όλους, μπορούμε να δημιουργήσουμε ένα κοινωνικό σύστημα που να ταιριάζει μ' *αυτή* την άποψη. Η ιστορία ίσως καταγράψει κάποτε ότι η μεγαλύτερη ανακάλυψη της επιστήμης του εικοστού αιώνα ήταν, όχι η πυρηνική ενέργεια ή η ηλεκτρονική, αλλά η επίγνωση ότι δεν υπάρχει απόλυτη αλήθεια που να μπορεί ν' ανακαλυφθεί για τον κόσμο – ότι οι επιστημονικές θεωρίες μπορούν να κρίνονται μόνο ως προς τη χρησιμότητά τους για την επιστήμη και τελικά για ολόκληρη την κοινωνία. Αυτή η χρησιμότητα αλλάζει με τον καιρό, κι έτσι οι επιστημονικές «αλήθειες» αναγκαστικά εξελίσσονται μαζί με την ανθρώπινη κοινωνία.

Ο νεοδαρβινισμός επιμένει ότι οι τυχαίες συμπτώσεις και η φυσική επιλογή είναι οι μοναδικοί «μηχανισμοί» της εξέλιξης. Κι όμως συσσωρεύονται πολλές αποδείξεις ότι τα καλά οργανωμένα, υγιή όντα και τα οικοσυστήματά τους παράγονται με την αυτοοργάνωση, όπως αυτή που είδαμε στις γενετικές ανταλλαγές των βακτηριδίων και στη διαπραγματευομένη οργάνωση των πυρηνούχων κυττάρων – διαδικασίες που είναι αδύνατον να πραγματοποιηθούν με μια απλή συσσώρευση ευτυχών συμπτώσεων. Και η φυσική επιλογή δεν εξηγεί επαρκώς την εξέλιξη, γιατί δε μας λέει τίποτε περισσότερο από το ότι μερικά όντα πεθαίνουν πριν φτάσουν στην ηλικία της αναπαραγωγής. Μια σύγχρονη θεωρία της εξέλιξης πρέπει να αναφέρεται στον τρόπο με τον οποίο τα φυσικά «όλα» είναι οργανωμένα και συντηρημένα σε ολαρχίες, με περιγραφές των διαρκών αλληλεπιδράσεων σε επίπεδο *DNA*, οργανισμών και ολόκληρων οικοσυστημάτων.

Όπως τονίστηκε πρωτύτερα, κανένα μέρος της γης

σήμερα, ούτε η πιο γυμνή βουνοκορφή ή το βαθύτερο τμήμα της θάλασσας, δεν έχει λιγότερα από χίλια διαφορετικά είδη από διάφορα βασίλεια – μόνερα, πρώτιστα, μύκητες, φυτά και ζώα. Όμως αυτά που εμείς οι άνθρωποι βλέπουμε ως ζωντανά όντα είναι μόνο τα μεγαλύτερα φυτά και ζώα, όντα στο μέγεθος του εντόμου, του θάμνου ή της φάλαινας όντα στη δική μας κλίμακα μεγέθους. Η τεράστια πλειονότητα των όντων της γης ωστόσο, εξακολουθούν να είναι τα μικροσκοπικά μόνερα και πρώτιστα. Ας σκεφτούμε ξανά το βραχώδη πλανήτη μας να αναδιοργανώνεται μέσα από τη χημική δραστηριότητα σ' ένα πλούσιο δίκτυο βακτηριδίων και περιβαλλόντων που είναι κατάλληλες εστίες για τα βακτηρίδια. Η ίδια εξακολουθεί σε μεγάλο βαθμό να είναι η δραστηριότητα του ζωντανού μας πλανήτη.

Καθώς συνεχιζόταν η εξέλιξη της Γαίας, μερικά μέρη κάθε οικοσυστήματος εξακολούθησαν να αναδιοργανώνονται, όπως θα δούμε, σε όλο και πιο μεγάλα ζωντανά σώματα που αναπτύσσονταν από μεμονωμένα κύτταρα: σκουλήκια και έντομα, ψάρια και αμφίβια, μύκητες, λουλούδια και δέντρα, ερπετά, πουλιά και θηλαστικά. Κι όμως, τα μικρότερα ζωντανά όντα είναι ακόμα και σήμερα εκείνα που εργάζονται εντατικότερα για να δημιουργούν τα περιβάλλοντα που χρειάζονται για να συντηρηθούν τα μεγαλύτερα φυτά και ζώα, όπως είδαμε στο τελευταίο κεφάλαιο. Αυτά τα μεγαλύτερα όντα, άλλωστε, είναι στην πραγματικότητα προεκτάσεις του μικρόκοσμου. Είδαμε ήδη ότι τα κύτταρα ευκαρυότες, από τα οποία είμαστε όλοι φτιαγμένοι, είναι στην πραγματικότητα μικροβιακοί συνεταιρισμοί. Και τι είναι τα μεγαλύτερα όντα αν όχι οι συλλογικοί απόγονοι – στην πραγματικότητα οι *κλώνοι* – τέτοιων κυτταρικών συνεταιρισμών;

Σε κάθε οικοσύστημα της Γαίας, μπορούμε να θεωρήσουμε κάθε πλάσμα όπως ένα κύτταρο στο σώμα μας, κάθε είδος όπως ένα όργανο. Κάθε οικοσύστημα είναι ένα οικολογικά εξισορροπημένο σώμα που εξελλίσσεται ως σύνολο. Στην πραγματικότητα θα έπρεπε να μιλάμε για συνεξέλιξη, όχι απλώς για εξέλιξη, για να θυμόμαστε ότι κανένα είδος δεν μπορεί ν' αναπτυχθεί μόνο του, αλλά ότι όλα είναι υποχρεωμένα να συνεργάζονται προσαρμοζόμενα στα βήματα των άλλων στο χορό της ζωής – αναζητώντας, όπως το τοποθετήσαμε σε προηγούμενα κεφάλαια, την αμοιβαία συνεκτικότητα μεταξύ τους και με το υπόλοιπο περιβάλλον τους. Η ιστορία της συνεξέλιξης συνεχίζεται, καθώς εμείς προσπαθούμε να καταλάβουμε ότι τα όντα δεν είναι απλώς παθητικά μηχανικά δόντια σ' ένα γρανάζι, αλλά ενεργητικοί συντελεστές της ίδιας τους της εξέλιξης, της συνεξελεκτικής διαδικασίας – είναι τα αλληλένδετα αυτοποιητικά συστήματα που συνθέτουν τα ζωηρότερα στοιχεία της πλανητικής αυτοποίησης.

Ως ένα βαθμό, μπορούμε να μελετήσουμε τη συνεξέλιξη των ειδών μέσα στα σημερινά οικοσυστήματά τους και να βρούμε ενδείξεις για το πώς θα πρέπει να συνεξελίχθηκαν στο θαμπό παρελθόν, όμως έχουμε και πολλές άλλες ενδείξεις για τους αρχαίους σχηματισμούς της ζωής. Τα απολιθώματα – τα ίχνη και τα κατάλοιπα όντων που μετατράπηκαν σε πετρώματα – είναι πολύ σημαντικές μαρτυρίες για το πώς ήταν τα πρώτα όντα, ιδιαίτερα τώρα που ξέρουμε πώς να βρίσκουμε την ηλικία τους κι έχουμε ανακαλύψει απολιθώματα και των πιο αρχαίων βακτηριδίων σε πετρώματα, όπως στους στρωματολίτες που σχηματίστηκαν πριν από δισεκατομμύρια χρόνια. Τα απολιθώματα από μόνα τους δεν μπορούν ν' αποδείξουν ότι ένα είδος άλλαξε σ' ένα άλλο, όμως η καταγραφή των απολιθωμάτων δείχνει καθαρά ότι τα μεγαλύτερα, πιο πολύπλοκα όντα υπήρξαν μόνο αφού τα μικρότερα και απλούστερα είχαν στρώσει το δρόμο για την ύπαρξή τους.

Στη θεωρία του Δαρβίνου, τα είδη αλλάζουν πολύ αργά, αλλά σταθερά, καθώς τα περιβάλλοντα επιλέγουν τις μικροσκοπικές συμπτωματικές αλλαγές που κάνουν ορισμένα άτομα κάθε γενιάς ελάχιστα ικανότερα από άλλα. Από εκείνη την εποχή ωστόσο, έχουν συγκεντρωθεί πολύ περισσότερα απολιθώματα και βλέπουμε ότι τα περισσότερα είδη θα πρέπει να έχουν αλλάξει απότομα από καιρό σε καιρό – πολύ πιο γρήγορα απ' ό,τι μπορούν να εξηγήσουν τέτοιες συμπτώσεις – ενώ άλλα δεν έχουν αλλάξει σχεδόν καθόλου, παρά την αργή, σταθερή ροή συμπτώσεων που θα πρέπει να έχουν υποστεί. Είναι δύσκολο να υποστηρίξει κανείς ότι υπάρχει μια σχέση ανάμεσα στο ποσοστό των συμπτώσεων στο DNA και στο ποσοστό των αλλαγών στους σχηματισμούς των όντων. Μερικά βακτηρίδια που ζουν σήμερα είναι όμοια μ' εκείνα που ζούσαν πριν από δισεκατομμύρια χρόνια. Τα καλαμάρια, οι καρχαρίες και τα μυρμήγκια έχουν μείνει σε μεγάλο βαθμό όπως ήταν πριν από εκατομμύρια χρόνια, όπως βλέπουμε καθαρά στα απολιθώματα. Όμως, πολλά από τα συγγενή είδη αυτών των όντων που αλλάζουν τόσο αργά στη συνεξέλιξη, έχουν γίνει πολύ διαφορετικά σύγχρονα είδη.

Τα είδη που τα γενετικά τους σχέδια έχουν αλλάξει ελάχιστα είναι σαν τα ποδήλατα σ' έναν κόσμο αεροπλάνων τζετ – λειτουργούν ακόμα πολύ καλά όπως είναι κι όμως στο μεταξύ έχουν γίνει βήματα στο δρόμο για τις μεγαλύτερες, πιο πολύπλοκες εφευρέσεις. Είναι, κατά μία έννοια, ζωντανά απολιθώματα, σε σύγκριση με τα όντα που εμφανώς εξακολούθησαν ν' αλλάζουν ή να εξελίσσονται. Φαίνεται ότι η συνεξέλιξη έχει ρυθμούς όπως κάθε άλλος χορός – μερικοί είναι αργοί, άλλοι τόσο γρήγοροι, σε σύγκριση με τους πρώτους, ώστε σχεδόν μοιάζουν με άλματα από ένα είδος όντος σ' ένα άλλο. Εμείς οι ίδιοι είμαστε ένα καλό παράδειγμα ενός είδους που άλλαξε πολύ γρήγορα.

Αν όλα τα ζωντανά όντα δημιουργήθηκαν ταυτόχρονα – όπως πιστεύουν ακόμα οι οπαδοί της δημιουργίας οι κρεασιονιστές (creationists) – τότε όλα τα σύγχρονα είδη θα έπρεπε να έχουν απολιθωμένους προγόνους που να τους μοιάζουν. Όμως αυτό αποκαλύπτεται ότι ισχύει για πολύ λίγα όντα μεγαλύτερα από τα μόνερα. Υπολογίζεται ότι σήμερα ζουν από τρία ως δέκα εκατομμύρια όντα, κι όμως πάνω από το ενενήντα εννιά τοις εκατό όλων των ειδών που έζησαν ποτέ έχουν εξαφανιστεί. Αξίζει να σημειώσουμε εδώ ότι, στις εποχές της πιο γρήγορης εξαφάνισής τους, υπολογίζεται ότι ο ρυθμός ήταν περίπου η εξαφάνιση ενός είδους κάθε χίλια χρόνια, ενώ εμείς οι άνθρωποι προκαλέσαμε την εξαφάνιση ενός εκατομμυρίου περίπου ειδών μέσα στα τελευταία είκοσι πέντε χρόνια και μόνο!

Πότε πότε, τα απολιθώματα μας δίνουν θαυμάσιες ενδείξεις για την αλλαγή, όπως αυτά που δείχνουν ερπετά να αλλάζουν σε πουλιά. Ο αρχαιοπτέρυξ ήταν ένα είδος δεινόσαυρου με κεράτινο ράμφος και φτερούγες αρκετά δυνατές, ώστε να προωθούν το μεγάλο του σώμα στον αέρα. Ο σκελετός του μοιάζει πολύ με το σκελετό των σύγχρονων πουλιών και τα απολιθωμένα αποτυπώματα είναι τόσο καθαρά, ώστε μπορούμε σχεδόν να δούμε τα λέπια του ερπετού να εξελίσσονται σε φτερά, τα μπροστινά πόδια σε φτερούγες και το μακρύ ρύγχος σε ράμφος. Τα μωρά των πουλιών ακόμα και σήμερα βγαίνουν από τ' αβγά, ακριβώς όπως έκαναν οι πρόγονοί τους, τα ερπετά.

Οι καταγραφές των πετρωμάτων και οι χημικές γεωλογικές έρευνες δείχνουν ότι οι δεινόσαυροι και τα άλλα μεγάλα όντα της εποχής τους εξαφανίστηκαν πριν από εξήντα εκατομμύρια χρόνια περίπου, σε μια περίοδο όπου πραγματοποιήθηκαν μεγάλες αλλαγές στο περιβάλλον τους. Φαίνεται ότι αυτά τα μεγάλα πλάσματα δεν μπόρεσαν να προσαρμοστούν στις μεγάλες αλλαγές του κλίματος που προκλήθηκαν, όπως νομίζουμε σήμερα, από τις επιπτώσεις ενός γιγάντιου μετεωρίτη ή πλανητοειδούς. Τα μικρότερα ζώα επιβίωσαν μετά την κρίση, όμως θα πρέπει να εξελίχθηκαν τόσο γρήγορα, ώστε κανένα τους δεν άφησε απολιθώματα των βαθμιαίων αλλαγών που υποστηρίζει ότι έγιναν η δαρβίνεια θεωρία της εξέλιξης.

Αυτά τα άλματα στο απόθεμα των απολιθωμάτων είναι πολύ μεγάλα, ώστε ν' αποδεικνύουν από μόνα τους τ' απολιθώματα τις γραμμές προέλευσης των σύγχρονων όντων. Άλλωστε, οι επιστήμονες δεν έχουν βρει στα απολιθώματα ούτε μια σαφή και ολοκληρωμένη γραμμή προέλευσης για κανένα σύγχρονο ον, κι αυτό έχει γίνει ένα σημαντικό επιχείρημα που το χρησιμοποιούν οι κρεασιονιστές οι οποίοι δεν πιστεύουν στην εξέλιξη. Πώς *μπορούμε* να είμαστε τόσο σίγουροι ότι τα σύγχρονα όντα πράγματι κατάγονται από αρχαιότερα που ήταν αρκετά ανόμοιά τους;

Έχουμε ευτυχώς κι άλλες ενδείξεις για την εξέλιξη. Πρώτα απ' όλα μπορούμε να *δούμε* στην πραγματικότητα τις εξελικτικές αλλαγές που πραγματοποιούνται σε ορισμένα ζωντανά είδη. Στα βακτηρίδια, στα πρώτιστα, στους μύκητες, στα φυτά και στα ζώα που αναπαράγονται γρήγορα και συχνά, μπορούμε να παρακολουθήσουμε τις αλλαγές επί πολλές γενιές. Με τα ηλεκτρονικά μικροσκόπια και άλλα σύγχρονα όργανα μπορούμε να εντοπίσουμε τις αλλαγές στο DNA τους, καθώς και τις πιο εμφανείς αλλαγές στην κυτταρική ή τη σωματική δομή που είναι αποτελέσματα των μικροσκοπικών αλλαγών.

Ήταν φυσικά μεγάλη έκπληξη για τους βιολόγους όταν ανακάλυψαν ότι τα όντα μπορούν να αναδιοργανώνουν το DNA τους με τρόπους που είναι αδύνατο να θεωρηθούν συμπτωματικοί. Χρησιμοποιώντας αντιβιοτικά φάρμακα για να σκοτώσουμε συγκεκριμένα είδη βακτηριδίων, όπως αναφέρθηκε πρωτύτερα, βρίσκουμε συχνά ότι ένα είδος που το έχουμε καταπολεμήσει με επιτυχία έχει ξαφνικά αλλάξει σε ένα είδος που δε βλάπτεται από το φάρμακο. Λέμε ότι έχει γίνει *ανθεκτικό*. Όμως αυτή η νέα αντίσταση συνεπάγεται γενετική αλλαγή – το είδος της γενετικής αλλαγής για το οποίο σήμερα γνωρίζουμε ότι είναι ικανά όλα τα βακτηρίδια, μέσω του συστήματος αναδιοργάνωσης του DNA, που είναι τόσο αρχαίο όσο κι εκείνα – του συστήματος που τα βοήθησε να αντιμετωπίσουν πριν από δισεκατομμύρια χρόνια αυτά που απειλούσαν την επιβίωσή τους, όπως την υπεριώδη ακτινοβολία και το δηλητηριώδες οξυγόνο στο περιβάλλον τους.

Ακόμα πιο εντυπωσιακό είναι το γεγονός ότι και μεγαλύτερα, πιο πολύπλοκα όντα μπορούν επίσης ν' αλλάξουν το DNA τους σε περίπτωση έκτακτης ανάγκης. Πολλά έντομα και φυτά που εμείς οι άνθρωποι τα θεωρούμε παράσιτα έγιναν ανθεκτικά στα χημικά μας δηλητήρια, μέσα σε λίγες μόνο γενιές. Πρόσφατες βιολογικές έρευνες, όπως της Μάε-Γουάν Χο, δείχνουν ότι οι οδηγίες δεν εκπέμπονται μόνο από το πυρηνικό DNA προς τα σώματα, αλλά και ότι τα σώματα καταγράφουν τις αλλαγές στο περιβάλλον και στον εαυτό τους και μεταδίδουν αυτές τις αλλαγές στο DNA, με τρόπους ώστε να τις κληρονομούν οι απόγονοί τους.

Ακριβώς όπως ανακαλύπτουμε ότι οι οργανισμοί δεν είναι ξεχωριστοί από το περιβάλλον τους, ανακαλύπτουμε επίσης ότι το DNA δεν είναι ξεχωριστό από το δικό του περιβάλλον, μέσα και έξω από τον οργανισμό του. Ξέρουμε επίσης σήμερα ότι στις ικανότητες αναδιοργάνωσης του DNA που έχουν τα κύτταρα συμπεριλαμβάνεται η ικανότητα να αναπαράγουν το DNA μεταξύ των κυτταρικών διαιρέσεων ότι τα γονίδια μπορούν να αντιγράφονται και να αναπροσδιορίζονται, όταν αυτό είναι αναγκαίο. Κι αυτή είναι μόνο η αρχή των γνώσεών μας για τους τρόπους με τους οποίους οι οργανισμοί αλλάζουν τα σχέδιά τους για να επιβιώσουν με υγεία.

Η ιδέα ότι το περιβάλλον μπορεί να προκαλέσει κληρονομήσιμες αλλαγές στα όντα, είχε στην πραγματικότητα διατυπωθεί πριν από την αντίθετη άποψη του Δαρβίνου ότι τα περιβάλλοντα απλώς επιλέγουν μεταξύ αλλαγών που πραγματοποιούνται ανεξάρτητα από τα περιβάλλοντα. Ο Ζαν Λαμάρκ, που ονόμασε τη μελέτη των ζωντανών όντων «βιολογία», διατύπωσε την πρώτη σύγχρονη θεωρία της εξέλιξης. Η εξήγηση του Λαμάρκ για τον τρόπο με τον οποίο τα ζωντανά όντα αλλάζουν τους εαυτούς τους – το κλασικό παράδειγμα είναι η καμηλοπάρδαλη, που τεντώνει το λαιμό της για να φτάσει τα ψηλότερα φύλλα και ύστερα μεταβιβάζει το μακρύ λαιμό της στους απογόνους της – δεν ήταν για τους δυτικούς επιστήμονες τόσο πειστική όσο η θεωρία του Δαρβίνου για τη συμπτωματική ποικιλία και τη φυσική επιλογή μέσω του ανταγωνισμού. Έτσι, η θεωρία του Λαμάρκ γελοιοποιήθηκε, ενώ του Δαρβίνου υιοθετήθηκε στη Δύση, αν και ο Λαμάρκ εξακολούθησε να είναι σεβαστός στη Ρωσία.

Ούτε ο Λαμάρκ ούτε ο Δαρβίνος ήξεραν φυσικά για το DNA, και δεν είχαν καν μια θεωρία για τα γονίδια, έτσι δεν ήταν δυνατόν να μαντέψουν ότι τα βακτηρίδια μπορούν να ανταλλάσσουν το γενετικό υλικό τους πάνω στη βάση της εμπειρίας από το περιβάλλον τους. Άλλωστε, οι περισσότεροι βιολόγοι αρνούνται ακόμα να δεχτούν τις νέες λαμαρκιανές ενδείξεις. Έχουμε ακόμα πολλά να μάθουμε για τα βιολογικά συστήματα πληροφοριών. Προηγουμένως, αναφέραμε ότι το πυρηνικό DNA περιέχει μια μεγαλύτερη ποικιλία γονιδίων απ' όσα χρειάζονται για να εξηγήσουν τη σωματική οργάνωση, καθώς και πολλά πρόσθετα αντίγραφα των ίδιων γονιδίων. Υποθέσαμε ότι το περίσσευμα μπορεί να είναι ένα κατάλοιπο από την εποχή που πολλά βακτηρίδια συνέβαλαν στο πυρηνικό DNA. Όμως, είναι επίσης πιθανόν, όπως πιστεύουν πολλοί βιολόγοι, ότι μέσα σ' ολόκληρη την εξέλιξη, τα είδη συλλέγουν και μεταβιβάζουν εφεδρικά γονίδια, που μπορεί κάποια μέρα να είναι χρήσιμα σε περίπτωση έκτακτης ανάγκης.

Φαίνεται μάλιστα, διαρκώς πιο πιθανό ότι το DNA μπορεί να αναδιοργανώνει τον εαυτό του – ή να αναδιοργανώνεται από άλλα κυτταρικά συστατικά – για να επισκευάζει το είδος της συμπτωματικής αλλαγής που πιστεύουν ότι ήταν ο μοναδικός δρόμος για την εξέλιξη. Θα ήταν ωραίο να σκεφτόμαστε ότι δεν είμαστε απλώς μια συσσώρευση συμπτώσεων και λαθών στην αντιγραφή, αλλά όντα που, τουλάχιστον ενμέρει, οργανώσαμε και αναπτύξαμε τους εαυτούς μας σε αρμονία με τα άλλα ζωντανά όντα που αποτελούν το περιβάλλον μας.

Ασφαλώς συσσωρεύονται οι ενδείξεις ότι η συνεξέλιξη στα οικοσυστήματα επιτρέπει στα όντα ν' αλλάζουν από μέσα, ανταποκρινόμενα στο περιβάλλον τους, και να προκαλούν αλλαγές σε άλλα όντα ως μέρη του περιβάλλοντός τους. Μια αλλαγή σε ένα είδος αντικατοπτρίζεται από αλλαγές σε άλλα. Η εξέλιξη ολόκληρων οικοσυστημάτων πραγματοποιείται καθώς τα ζωντανά όντα εξελίσσονται· τα ίδια και το ένα μέσω του άλλου, καθώς αφομοιώνουν τις πρώτες ύλες στο σώμα τους και μετατρέπονται με τη σειρά τους σε πρώτες ύλες για άλλα όντα. Τα περιβάλλοντα, όπως είπαμε, δεν είναι σταθερά μέρη, στα οποία είναι υποχρεωμένα να προσαρμόζονται τα ζωντανά όντα, αλλά η ζωηρή δραστηριότητα των ίδιων των ζωντανών όντων, που προωθούν μαζί τούς τρόπους ζωής τους ως τμήματα της ζωντανής γης.

Αρχίσαμε να μελετάμε την οικολογία εδώ και μερικές δεκαετίες μόνο, όταν καταλάβαμε ότι τα πράγματα δεν πάνε καλά στο περιβάλλον μας, εξαιτίας των αλλαγών που προκαλούσαμε εμείς – δημιουργούσαμε διάβρωση και ερήμους κόβοντας τα δάση, δηλητηριάζαμε με τα παρασιτοκτόνα μας τη στεριά και τα θαλάσσια όντα ολόκληρου του πλανήτη, καταστρέφαμε τον αέρα, το νερό και το έδαφός μας με άλλα μολύνοντα χημικά κ.ο.κ. Αρχίσαμε, δηλαδή, να μελετάμε το οικολογικά εξισορροπημένο σώμα του πλανήτη μας, στρέφοντας την προσοχή μας στις οικολογικές «αρρώστιες» και τις πιθανές θεραπείες τους, ακριβώς όπως είχαμε παλιότερα αρχίσει να μελετάμε τα σώματά μας με την προσοχή μας στραμμένη στα προβλήματά τους – με άλλα λόγια, στις αρρώστιες τους. Όμως, όπως έχει τονίσει ο Λόβλοκ, η ιατρική άρχισε να σημειώνει πραγματική πρόοδο μόνο όταν αρχίσαμε να μελετάμε τη *φυσιολογία* των σωμάτων μας – τον τρόπο με τον οποίο τα αλληλένδετα συστήματά τους λειτουργούν σε φυσιολογικές, υγιείς συνθήκες. Έτσι θα σημειώσουμε περισσότερη πρόοδο στην κατανόηση της οικολογίας και της εξέλιξης, καθώς θα μαθαίνουμε πώς λειτουργεί η φυσιολογική φυσιολογία του πλανήτη μας. Πώς ανακυκλώνονται τα τόσων ειδών υλικά του; Πώς λειτουργούν τα συστήματα πληροφοριών του για να εξουδετερώνουν τις ανισορροπίες; Πώς συμβάλλουν τα αμέτρητα και ποικίλα πλάσματά του στη γενική του υγεία;

Όσες περισσότερες απαντήσεις βρούμε σε ερωτήματα σαν αυτά, τόσο καλύτερα θα κατανοήσουμε πώς λειτουργεί σήμερα το σύστημα της Γαίας και τόσο μεγαλύτερη πρόοδο θα σημειώσουμε στην κατανόηση της εξέλιξής του.

Πολλή θεμελειακή εργασία πάνω στην πλανητική φυσιολογία βρίσκεται στο έργο του Β. Ι. Βερνάντσκι. Η άποψη του Βερνάντσκι για τη ζωή ως «διασπορά πετρωμάτων», που σε τούτο το βιβλίο παραφράζεται ως «αναδιάταξη πετρωμάτων» διαφέρει πολύ από τη συνηθισμένη μας αντίληψη για τη ζωή ως μια συγκέντρωση μεμονωμένων πλασμάτων σε διάφορους βαθμούς ανταγωνισμού ή συνεργασίας, καθώς προσαρμόζονται σε ένα μη ζωντανό περιβάλλον. Ο Βερνάντσκι υπογράμμισε ότι οι ζωντανοί οργανισμοί διαμορφώθηκαν αρχικά από τα «ανόργανα» ορυκτά του φλοιού της γης, ότι εξακολουθούν να περιέχουν τέτοια ανόργανα ορυκτά κι ότι μετατρέπουν τα ανόργανα ορυκτά σε ζωντανή ύλη και τη ζωντανή ύλη ξανά σε ανόργανα ορυκτά. Γι' αυτό το λόγο, εκείνος δεν έβλεπε καμιά διαίρεση ανάμεσα στη βιολογία και τη γεωλογία, παρά άρχισε να ενδιαφέρεται για την αδιάκοπη μεταμόρφωση που συντελείται από τον ένα τομέα στον άλλον. Η αντίληψή του ότι όλα τα ζωντανά όντα μαζί μπορούν να θεωρηθούν «ζωντανή ύλη» προϋποθέτει ότι μέρος του φλοιού της γης είναι διαρκώς αρκετά ενεργό, ώστε να μετατρέπει δραστήρια τα πιο παθητικά μέρη του στον εαυτό του και στα προϊόντα του.

Επιφανειακά, αυτή η άποψη για τη ζωντανή ύλη είναι ηίδια με την άποψη του Λόβλοκ για τα «βιωτά» – το σύνολο των ζωντανών όντων, σε αντίθεση με το «αβίωτο», το μη ζωντανό περιβάλλον. Όμως στη θεωρία του Βερνάντσκι, η έμφαση είναι στη γεωλογική συνέχεια, στο ότι το καθένα αποτελεί μια μεταμόρφωση του άλλου, ενώ στη θεωρία του Λόβλοκ η έμφαση είναι στην αλληλεπίδρασή τους ως ξεχωριστών μεών ενός λειτουργικού συστήματος. Περιέργως, ο Βερνάντσκι, που προφανώς δεν έβλεπε τον πλανήτη ζωντανό στο σύνολό του, διέκρινε ότι είναι ενιαίος πιο θεμελειακά απ' ότι ο Λόβλοκ, που τον βλέπει ως έναν οργανισμό.

Οι διαδικασίες με τις οποίες οι οργανισμοί δημιουργούν και καταστρέφουν το ίδιο τους το πρωτόπλασμα – το μίγμα από πρωτεΐνες, νερό, διοξείδιο του άνθρακα και μέταλλα από τα οποία αποτελούνται όλοι οι οργανισμοί – αποκαλείται *μεταβολισμός*. Ο μεταβολισμός είναι μια διαδικασία χημικών αλλαγών στη ζωντανή ύλη, με την οποία τα όντα εφοδιάζονται με ενέργεια απορροφώντας νέα ύλη, δημιουργώντας και επισκευάζοντας κύτταρα, συγκεντρώνοντας και αποβάλλοντας απόβλητα. Ο μεταβολισμός χωρίζεται σε δύο μέρη – τον *αναβολισμό* και τον *καταβολισμό*, τη δημιουργία και την καταστροφή του πρωτοπλάσματος.

Ο μεταβολισμός λοιπόν είναι η πιο βασική (αυτοποιητική) δραστηριότητα όλης της ζωής – μια ανακύκλωση των υλικών του φλοιού της γης σε ζωντανή ύλη και πάλι πίσω σε μη ζωντανή ύλη, που μπορεί να ξαναχρησιμοποιηθεί για τη δημιουργία άλλης ζωντανής ύλης. Ο Βερνάντσκι έβλεπε το μεταβολισμό ως τη δραστηριότητα όλης της ζωντανής ύλης στο σύνολό της, καθώς και ως δραστηριότητα κάθε μεμονωμένου οργανισμού, καθώς θεωρούσε ότι όλη η ζωντανή ύλη είναι ένα διαρκώς μετατοπιζόμενο τμήμα του φλοιού της γης, με υψηλή ενέργεια. Καθώς, όπως είπαμε προηγουμένως, ουσιαστικά όλη η ατμόσφαιρα της γης, οι θάλασσες, το χώμα και οι βράχοι, μέχρι και τα καθαρότερα, σκληρότερα διαμάντια της, είναι φτιαγμένα από τα προϊόντα και τα νεκρά σώματα των οργανισμών, είναι σαφές ότι η ζωή είναι η ισχυρότερη «γεωλογική» δύναμη. Το χρονικό της εξέλιξης της γήινης ζωής υπάρχει σε ολόκληρη τη γεωλογία – όχι μόνο στα αναγνωρισμένα απολιθώματα – ένα χρονικό που στον τίτλο ενός βιβλίου (του Λάπο) πάνω στο έργο του Βερνάντσκι αναφέρεται ως «*Ίχνη Παρελθουσών Βιοσφαιρών*».

Τα ιζηματογενή πετρώματα που σχηματίστηκαν με πίεση στον πυθμένα των ωκεανών π.χ., αρχίζουν ως ίζημα, που περιλαμβάνει τεράστιες ποσότητες από φύκη και ζωικά όστρακα, όλα περασμένα από τα σπλάχνα των σκουληκιών που τρέφονται από άμμο και λάσπη, για να μεταμορφωθούν ακόμα παραπέρα, ακριβώς όπως το χώμα μεταμορφώνεται από τα συγγενικά σκουλήκια της στεριάς που τρέφονται με χώμα.

Η γεωλογική δραστηριότητα των όντων περιλαμβάνει επίσης την παραγωγή των ατμοσφαιρικών αερίων και τη μεταφορά απ' αυτά του επίγειου νερού πίσω στην ατμόσφαιρα, μια διαδικασία που είναι σαφώς ορατή στη δράση αντλίας των τροπικών δασών – ενώ η βροχχή ξαναπέφτει για να διαλύσει κι άλλο χώμα και πετρώματα. Συνολικά, ωστόσο, η γεωλογική δραστηριότητα των όντων είναι μικρότερη όσο μεγαλύτερα είναι τα ίδια, ενώ η περισσότερη δουλειά γίνεται από τα μικρόβια και τα σκουλήκια που τρέφονται με πετρώματα, λάσπη ή χώμα. Μερικοί μικροοργανισμοί περιέχουν από μισό ως ένα εκατομμύριο φορές περισσότερο από κάποιο μέταλλο (όπως το σίδερο, το μαγγάνιο ή το ασήμι) απ' ό,τι περιέχει το περιβάλλον τους. Η συγκέντρωση των στοιχείων είναι ένας από τους τρόπους με τους οποίους η ζωή μετακινεί το φλοιό της γης. Οι μικροοργανισμοί είναι ακόμα υπεύθυνοι και για τη συγκέντρωση ραδιενεργών υλικών, όπως του ουρανίου, που εμείς τα εξορύσσουμε για να παράγουμε ατομική ενέργεια – πιθανώς απλώς και μόνο για να διατηρούνται ζεστά!

Για τον Βερνάντσκι είναι τόσο σαφές ότι η δραστηριότητα της ζωντανής ύλης είναι μεταβολική, ώστε πρότεινε να ανακατατάξουμεε τους ζωντανούς οργανισμούς πάνω στη βάση του μεταβολισμού τους. Ισχυριζόταν ότι η σημερινή κατάταξή μας από το βασίλειο στο είδος, μέσω του φλοιού, της τάξης, της οικογένειας και του γένους, μας οδήγησε να ταξινομήσουμε ως συγγενικούς οργανισμούς πολλούς, που στην πραγματικότητα δε σχετίζονται σε φυσικές συνθήκες. Ένα καλύτερο σχήμα, κατά τη γνώμη του, θα ήταν να διαιρέσουμε τα βασίλεια ανάλογα με τον τρόπο με τον οποίο καθένα από τα είδη τους μεταβολίζει τα εφόδια από το περιβάλλον του. Οι διαφορετικοί τρόποι με τους οποίους τρέφονται οι οργανισμοί είχαν ήδη αναφερθεί από το Γερμανό βιολόγο Βίλχελμ Πφέφερ. Ο Βερνάντσκι τους πρότεινε ως ένα βιολογικό σχήμα κατάταξης για την εξελιξιακή γεωχημική, ή μεταβολική διαδικασία της ζωντανής ύλης.

Σ' αυτό το σημείο, η μεταβολική διαδικασία των οργανισμών αρχίζει με την κατηγορία που ονομάζεται *αυτότροφα* – οργανισμούς που μπορούν να οικοδομήσουν μόνοι τους τα γιγάντια μόριά τους, όπως την πρωτεΐνη και το πυρηνικό οξύ, από απλά μόρια και στοιχεία, όπως μέταλλα, νερό και διοξείδιο του άνθρακα. Αυτή η κατηγορία συμπεριλαμβάνει τα *φωτοαυτοτροπικά* αυτότροφα, που χρησιμοποιούν το φως του ήλιου για να μεταβολίσουν τα βασικά τους μόρια. Μια δεύτερη μεγάλη κατηγορία οργανισμών ονομάζεται *ετερότροφα*, επειδή τα μέλη της δεν μπορούν να κατασκευάσουν μεγάλα μόρια από τα βασικά αλλά είναι αναγκασμένα να τρώνε άλλους οργανισμούς για τα έτοιμα μεγάλα μόριά τους. Μια τρίτη κατηγορία ονομάζεται *σαπρόφυτα*, επειδή τα μέλη της τρώνε νεκρά σώματα και μετατρέπουν τα μεγάλα μόριά τους ξανά σε βασικά μόρια που μπορούν να τα χρησιμοποιήσουν τα αυτότροφα. Η τέταρτη κατηγορία είναι τα *μιξότροφα*, που μπορούν να μεταβολίζουν με περισσότερους από έναν τρόπους.

Λεπτότερες διακρίσεις στο εσωτερικό αυτών των κατηγοριών γίνονται καθώς τα ετερότροφα τρέφονται από άλλα ετερότροφα κ.ο.κ. Το σημαντικό σ' αυτό το σχήμα είναι ότι οι οργανισμοί ταξινομούνται όχι ανάλογα με τη δομή τους, αλλά ανάλογα με τη λειτουργία τους μέσα στην όλη γεωβιολογική διαδικασία της ζωής. Θεωρεί τους οργανισμούς ως αυτοοργανωμένες δέσμες από το φλοιό της γης, με αρκετή ενέργεια ώστε να μετακινούν την πιο αδρανή ύλη γύρω τους. Ο Βερνάντσκι ανέφερε μάλιστα ότι η εξέλιξη μπορεί να προχωρεί με τη φυσική επιλογή των οργανισμών που αυξάνουν περισσότερο τη *βιογενή* ενέργεια – την ενέργεια να μετακινούν τα άτομα και τα μόρια του φλοιού της γης με τη μεγαλύτερη ταχύτητα.

Η ενέργεια της ζωντανής ύλης μερικές φορές εκρήγνυται σχεδόν απίστευτα. Ένα κοπάδι ακρίδες υπολογίστηκε ότι σε μια και μόνη μέρα μπορεί να γεμίσει έξι χιλιάδες κυβικά χιλιόμετρα χώρου και να ζυγίζει σαράντα πέντε εκατομμύρια τόνους! Φυσικά, αυτό που κάνει τις ακρίδες καταστροφικές είναι ο ετεροτροφικός μεταβολισμός τους, καθώς ξαφνικά αφομοιώνουν στα σώματά τους τεράστιες ποσότητες από τα αυτοτροφικά φυτά που έχουν καλλιεργηθεί από τους ανθρώπους. Οι περισσότερες βιογεωλογικές δραστηριότητες πραγματοποιούνται λιγότερο δραματικά, παρ' όλο που είναι αρκετά εντυπωσιακό να σκεφτεί κανείς ότι μια και μόνη κάμπια μπορεί να τρώει κάθε μέρα διακόσιες φορές το βάρος της. Όλες οι οικολογικές περιοχές έχουν περισσότερα αυτότροφα παρά ετερότροφα, επειδή χρειάζονται περισσότερα από τα πρώτα για να συντηρηθούν τα δεύτερα. Έτσι, ένα δάσος μπορεί να έχει δύο ως πέντε χιλιάδες φορές περισσότερη αυτοτροφική ζωντανή ύλη απ' ότι ετεροτροφική.

Ο Βερνάντσκι δε θεωρούσε αυτό το είδος κατάταξης ως το μόνο δυνατό· αναγνώριζε ότι μπορεί κανείς να μάθει πολλά δοκιμάζοντας άλλες μεθόδους. Ένα από τα σχήματά του βασιζόταν στον τύπο και την ποσότητα των μετάλλων που περιέχονται στους οργανισμούς. Ασφαλώς ήταν ένας από τους πρώτους σύγχρονους επιστήμονες που είδαν τη γη μ' έναν αληθινά ολιστικό τρόπο και που απέδειξαν ότι η εξέλιξή της βασίζεται στη μεταμόρφωση των πετρωμάτων σε ζωντανά όντα και ξανά πίσω σε πετρώματα.

Πολλοί επιστήμονες βασίστηκαν έκτοτε στο έργο του ή εκπόνησαν ανεξάρτητες μελέτες για τη γη από μια ολιστική προοπτική, όμως εδώ δίνεται ιδιαίτερη προσοχή στο έργο του Βερνάντσκι, επειδή η θεμελειακή του θεωρία της βιογεωχημικής ενότητας είναι τόσο σημαντική και τόσο λίγο γνωστή στη Δύση. Πρόσφατα και πιο προσιτά βιβλία – του Λόβλοκ, *Οι ηλικίες της Γαίας*· της Μάργκουλις, *Αρχαία Ζωή* και των Μάργκουλις και Σάγκαν,

Μικρόκοσμος – παρουσιάζουν μια σύγχρονη περιγραφή της εξέλιξης της γης ως πλανήτη, ως Γαίας.

8. Από τα πρώτιστα στους πολύποδες

Αν κοιτάξετε με το μικροσκόπιο μια σταγόνα νερό από λίμνη, θα δείτε μια μεγάλη ποικιλία από πρώτιστα που ζουν μαζί, όντα που δεν είχατε ποτέ υποψιαστεί πως ήταν εκεί. Μπορεί να δείτε π.χ. παραμήκια, μικροσκοπικά φύκια σε σχήμα παντόφλας που μετακινούνται με τη βοήθεια εκατοντάδων ευκίνητων βλεφαρίδων. Ύστερα θα βλέπατε μια γιγάντια, άμορφη αμοιβάδα, ν' αλλάζει σχήμα μπροστά στα μάτια σας καθώς βγάζει ψευδόποδες στην αναζήτηση της τροφής της. Ίσως να μπερδευτεί σ' ένα κουβάρι από φύκια σε σχήμα ραβδιού, αλυσίδες από κύτταρα που μένουν ήσυχα και δημιουργούν ενέργεια από το φως με τους πράσινους χλωροπλάστες τους. Άλλα πράσινα φύκια, όπως οι ευγλήνες, με τις μακριές σαν μαστίγια ουρές τους, μπορεί να πηδούν δεξιά κι αριστερά.

Αν, αντίθετα, κοιτάξετε μια σταγόνα θαλασσινό νερό, μπορεί να δείτε τα δινομαστιγωτά που λάμπουν στο σκοτάδι, καθώς φτιάχνουν το δικό τους φως, ή τα διάτομα και τα ραδιολάρια, σαν απίστευτα όμορφα στέμματα ή γυάλινα στολίδια. Φαίνεται σαν να μην υπάρχει τέλος στα φανταστικά σχήματα αυτών των μικροσκοπικών μονοκύτταρων όντων, είτε ζουν μόνα τους, είτε κολλημένα μαζί σε αποικίες, όπως ο βόλβοξ με το σφαιρικό του σχήμα.

Ο κόσμος των μονοκύτταρων όντων σε μια σταγόνα νερό είναι πιθανώς ίδιος όπως πριν από ένα δισεκατομμύριο χρόνια, όταν δεν υπήρχαν τα μεγαλύτερα όντα. Κι όμως, αυτά τα ίδια πρώτιστα στη συνέχεια δημιούργησαν και ανέπτυξαν όλα τα μεγαλύτερα πολυκύτταρα όντα της γης.

Στους σημερινούς ωκεανούς πλέουν μεγάλα στρώματα από πλαγκτόν – που αποτελείται κυρίως από πρώτιστα – τα οποία ανανεώνουν την ατμόσφαιρα με το άζωτο, το φρέσκο οξυγόνο, το μεθάνιο και τα άλλα αέρια που αποβάλλουν. Αποτελούν επίσης τροφή για πολλά ετεροτροφικά είδη, από τη σχεδόν μικροσκοπική γαρίδα που κολυμπάει ανάμεσά τους, μέχρι τη μεγαλύτερη φάλαινα. Τα απόβλητα και τα νεκρά σώματα των όντων αυτών που τρώνε πλαγκτόν βυθίζονται στον πυθμένα, όπου μυριάδες σαπρότροφα τα κάνουν να σαπίζουν και να ξαναγίνονται μόρια που μπορεί ν' ανεβαίνουν στην επιφάνεια για να θρέψουν το νέο πλαγκτόν.

Το πλαγκτόν δε χρησιμεύει μόνο ως μέρος του κύκλου της τροφής, αλλά παίζει επίσης κι έναν εξαιρετικά σημαντικό ρόλο στην εξισορρόπηση των χημικών συστατικών της ατμόσφαιρας και της θάλασσας, καθώς και στη βιογεωλογία για την οποία μιλήσαμε στο προηγούμενο κεφάλαιο – τη μετατροπή του φλοιού της γης από πέτρωμα σε ζωντανή ύλη και ξανά σε πέτρωμα.

Ανάμεσα στα όντα που αποτελούν το πλαγκτόν, υπάρχουν χιλιάδες είδη διατόμων και ακτινόζωων – αυτά τα όμορφα πρώτιστα που τα κέλυφή τους μοιάζουν σαν φανταχτερά γυάλινα στολίδια, όταν τα βλέπουμε με το μικροσκόπιο. Στο χορό της Γαίας, υπάρχουν περισσότερα διάτομα παρά οποιοδήποτε άλλο είδος όντος, εκτός από τα βακτηρίδια. Και είναι υπεύθυνα για τη μετατόπιση μεγάλης ποσότητας πετρωμάτων – καθώς βοηθούν στη μετατροπή του πετρώματος σε ίζημα στο χορό της ζωής.

Τα πετρώματα της στεριάς, όπως ξέρουμε, διαλύονται από τα ρεύματα και τα ποτάμια σε άλατα και μέταλλα τα οποία μεταφέρονται στη θάλασσα. Η ζωή στη θάλασσα χρειάζεται αυτά τα δομικά υλικά, αλλά όπως και τα αέρια στην ατμόσφαιρα, πρέπει να διατηρούνται σε ισορροπία. Αν συσσωρευτούν πάρα πολλά στη θάλασσα, τα ζωντανά όντα θα πάθουν ασφυξία.

Ένα τέτοιο ορυκτό είναι το πυρίτιο. Μια τεράστια ποσότητα πυριτίου παρασύρεται στη θάλασσα κάθε χρόνο – εκατοντάδες εκατομμύρια τόνοι. Όμως, μεγάλοι αριθμοί διατόμων περιμένουν στη θάλασσα αυτό το πυρίτιο. Τα διάτομα χρησιμοποιούν πολύ πυρίτιο για να οικοδομήσουν τα φανταστικά λαμπερά κελύφη τους. Όταν πεθαίνουν, τα διάτομα βυθίζονται στον πυθμένα αφήνοντας τα κελύφη τους να μετατραπούν σε πέτρωμα – τριακόσια εκατομμύρια τόνοι πέτρωμα πυριτίου το χρόνο.

Ο αριθμός των διατόμων στη θάλασσα προσαρμόζεται φυσικά στην ποσότητα του πυριτίου που φέρνουν τα ποτάμια. Υπάρχει πάντα ακριβώς ο σωστός αριθμός διατόμων για να καταναλώσουν το πυρίτιο που διαλύεται στη θάλασσα. Αυτό το καλά εξισορροπημένο σύστημα – το νερό που διαλύει το πέτρωμα, τα διάτομα που το μετατρέπουν σε όμορφα κελύφη από πυρίτιο κι ύστερα τρώγονται από άλλους ή πεθαίνουν, έτσι ώστε τα κελύφη τους να βυθίζονται στον πυθμένα της θάλασσας για να γίνουν νέο πέτρωμα – δημιουργήθηκε στη συνεξέλιξη, ως ένα είδος συστήματος μεταφορών μέσα στο μεγάλο σώμα της Γαίας. Τα κελύφη των ραδιολαρίων αποτελούν επίσης μέρος αυτής της διαδικασίας. Οι περίφημοι λευκοί βράχοι του Ντόβερ στην παραλία της Αγγλίας είναι αρχαία ιζήματα από τα μικροσκοπικά, ασβεστώδη, σαλιγκαροειδή κελύφη ενός άλλου θαλάσσιου πρωτίστου – του τρηματοφόρου – που σπρώχτηκαν έξω από τη θάλασσα από τις ατέλειωτες κινήσεις του φλοιού της γης.

Πολλοί άλλοι βιογεωλογικοί κύκλοι ή συστήματα μένουν ακόμα ν' ανακαλυφθούν, καθώς εξακολουθούμε να εργαζόμαστε πάνω στο αίνιγμα της πλανητικής φυσιολογίας. Ασφαλώς είναι πολύ διαφορετικό να βλέπεις τα όντα ως ζωντανά μέρη του μεγάλου σώματος της Γαίας, από το να τα βλέπεις όπως τα βλέπαμε μέχρι τώρα, ως μεμονωμένα όντα που αγωνίζονται να επιβιώσουν σ' ένα ξένο περιβάλλον.

Δυστυχώς, η παλιά μας άποψη για τη φύση μάς έκανε

να βλέπουμε και τους εαυτούς μας ως ένα από τα πολλά πλάσματα που ανταγωνίζονται για την επιβίωσή τους, σ' ένα πλανήτη που δεν έχει αρκετά εφόδια για να ζήσουν όλοι. Όμως σήμερα που έχουμε μικροσκόπια, τηλεσκόπια, διαστημόπλοια, κομπιούτερ κι άλλα όργανα, που μας δείχνουν πολλά περισσότερα απ' όσα μπορούσαμε να δούμε με γυμνό μάτι, είμαστε και πάλι σε θέση να κατανοήσουμε το σχήμα της ζωής μέσα στη ζωή – από το μεγαλύτερο μέχρι το μικρότερο «όλον».

Ξέρουμε ότι τα μιτοχόνδρια, που συνεργάστηκαν στα κύτταρά μας πριν από πολύν καιρό, επεξεργάστηκαν έναν αμοιβαία συνεκτικό τρόπο ζωής με άλλα τμήματα των κυττάρων. Ξέρουμε ότι αυτά κι εμείς έχουμε μια αμοιβαία συμφωνία, καθώς εμείς τους παρέχουμε τα καύσιμα και την ασφάλειά τους, ενώ εκείνα παράγουν την ενέργειά μας. Βλέπουμε πως όλα τα είδη, μαζί και το δικό μας, πρέπει να επεξεργαστούμε την αμοιβαία συνεκτικότητα μεταξύ μας ως συνεξελισσόμενα μέρη του μεγάλου σώματος της Γαίας.

Απ' όλα τα συνεργατικά βήματα στο χορό της Γαίας, το πιο σημαντικό ήταν η επινόηση του σεξ – ο συνδυασμός των σχεδίων των όντων με την ένωση του DNA από περισσότερες από μια «γονικές» πηγές, σ' ένα και μόνο νέο ον. Το είδαμε ήδη να λειτουργεί στα μόνερα, όπου όλες οι ποικιλίες των βακτηριδίων έχουν πρόσβαση σε μια και μόνη μεγάλη δεξαμενή DNA και οι σεξουαλικές ανταλλαγές συμβαίνουν διαρκώς, χωρίς να συνδέονται με την αναπαραγωγή, όπως υπογράμμισε η Λιν Μάργκουλις μελετώντας την προέλευση του σεξ. Εξαιτίας ακριβώς αυτής της σεξουαλικής ελευθερίας – που χάθηκε για πάντα στα μεταγενέστερα βασίλεια της ζωής – τα βακτηρίδια είναι απλουστευμένα όντα με ένα αποτελεσματικό σύστημα επικοινωνίας και με τεράστια προσαρμοστικότητα, ικανά να ανταλλάσσουν πληροφορίες παγκόσμια κι έτσι να προσαρμόζονται σε οποιαδήποτε έκτακτη κατάσταση.

Στο βασίλειο των πρωτίστων, το σεξ πήρε μερικούς παράξενους δρόμους, πολύ πιθανώς από σύμπτωση. Οι δρόμοι αυτοί τελικά συνένωσαν και περιόρισαν το σεξ στην αναπαραγωγή και σε δυο συντρόφους του ίδιου είδους. Έτσι τα όρια της σεξουαλικής αναπαραγωγής έγιναν ο τρόπος με τον οποίο ορίζουμε τα όρια των ειδών. Το σεξ των πρωτίστων που περιοριζόταν σε όντα του ίδιου είδους, μεταβιβάστηκε στα πολυκύτταρα όντα, αν και μερικές φορές διαφορετικά είδη συνεξελίσσονταν για να αλληλοβοηθούνται στην αναπαραγωγή τους, όπως συμβαίνει με τα ανθοφόρα φυτά που ανταλλάσσουν τη γύρη τους με τη βοήθεια των πουλιών, των νυχτερίδων, των πεταλούδων, των μελισσών ή άλλων εντόμων. Όμως, πριν φτάσουμε στα μεγαλύτερα όντα, ας δούμε πώς εμφανίστηκε στα πρώτιστα το είδος του σεξ που γνωρίζουμε – η παραγωγή απογόνων με το ζευγάρωμα δύο γονέων.

Ένας προκαρυότης χωρίς πυρήνα, όπως θυμάστε, αναπαράγεται διαιρούμενος ή βλασταίνοντας, αφού το χαλαρό DNA του ανοιχτεί και αυτοαντιγραφεί. Ακόμα κι αν αυτή η διαδικασία γίνεται κάπως πιο πολύπλοκη, εξαιτίας της μεγάλης ποσότητας DNA που είναι συσκευασμένη στον πυρήνα ενός ευκαρυότη, οι περισσότεροι ευκαρυότες, συμπεριλαμβανόμενων και των κυττάρων του σώματός μας, διαιρούνται επίσης μ' αυτόν τον τρόπο. Η διαδικασία αρχίζει όταν κάθε χρωμόσωμα ανοίγει και αντιγράφεται, ύστερα τυλίγεται και ξανατυλίγεται τακτικά σε ζεύγη χρωμοσωμάτων που συνδέονται μεταξύ τους μ' ένα κεντρομέρος ή έναν κινητοχώρο, όπως είδαμε στο Κεφάλαιο 6. Το πυρηνικό τοίχωμα διαλύεται για να τ' απελευθερώσει και το κύτταρο κατασκευάζει έναν ιστό από μικροσωλήνες πάνω στους οποίους παρατάσσονται τα διπλά χρωμοσώματα. Ύστερα αυτά αποσυνδέονται διαιρώντας τους κινητοχώρους τους, που τότε συνδέονται στους σωλήνες, έτσι ώστε τα δυο μέλη κάθε ζεύγους διπλών χρωμοσωμάτων να προχωρούν ομαλά προς αντίθετες κατευθύνσεις, συρόμενα από τους κινητοχώρους σε διαφορετικές άκρες του κυττάρου, πριν διαιρεθούν σε δύο, με μια πλήρη σειρά χρωμοσωμάτων το καθένα.

Ο συνηθισμένος τρόπος με τον οποίο διαιρούνται τα κύτταρα ονομάζεται μίτωση – μίτος σημαίνει «νήμα», σαν αυτό που επινόησαν οι άνθρωποι για να υφαίνουν. Αν μπορούσαμε να δούμε τη μίτωση των κυττάρων μέσα από ένα ηλεκτρονικό μικροσκόπιο, ο τακτικός σχηματισμός των μικροσωλήνων που λέγονται *μιτωτική άτρακτος* και η μετακίνηση των χρωμοσωμάτων κατά μήκος των νημάτων της θα έμοιαζαν σαν μια πραγματική διαδικασία ύφανσης.

Η μίτωση είναι ένας μη σεξουαλικός, ή α-σεξουαλικός, τρόπος αναπαραγωγής. Οι απόγονοι της μίτωσης είναι κλώνοι – απόγονοι ενός και μόνου γονικού κυττάρου, που συνήθως θεωρούνται πως είναι ακριβή αντίγραφα του γονιού. Όμως, ξέρουμε ότι ολόκληρο το σώμα μας είναι μια κλώνωση από το μεμονωμένο γονιμοποιημένο ωάριο από το οποίο ξεκινήσαμε, κι όμως τα κύτταρά μας είναι πολύ ποικίλα. Η ιδέα ότι οι κλώνοι είναι όλοι ίδιοι συνδέεται με την ιδέα ότι η σεξουαλική αναπαραγωγή είναι αυτή που έφερε την ποικιλία στην εξέλιξη. Όμως, οι κλώνοι κάποιων σπάνιων ζωϊκών ειδών που αναπαράγονται α-σεξουαλικά, όπως ορισμένες σαύρες, είναι τόσο ποικίλοι όσο οι απόγονοι των πιο συνηθισμένων ειδών που αναπαράγονται σεξουαλικά.

Αν η σεξουαλική αναπαραγωγή δεν αναπτύχθηκε με τη φυσική επιλογή για την προώθηση της ποικιλίας, όπως πίστευαν τόσον καιρό οι επιστήμονες, τότε γιατί αναπτύχθηκε;

Και πάλι οφείλουμε την έρευνα του θέματος από τον αρχαίο μικρόκοσμο στη Λιν Μάργκουλις και τους συνεργάτες της που συνδύασαν ευρήματα παλαιότερων βιολόγων με δικές τους έρευνες. Η Μάργκουλις σημειώνει ότι η σεξουαλική αναπαραγωγή έχει τρεις σημαντικές πλευρές: τη μείωση κατά το ήμισυ των αριθμών των χρωμοσωμάτων μέσα στον καθέναν από τους γονείς, το διπλασιασμό των αριθμών των χρωμοσωμάτων με το ζευγάρωμα δύο γονικών κυττάρων και την εναλλαγή ανάμεσα σ' αυτά τα δύο στάδια των μειωμένων κατά το ήμισυ και διπλασιασμένων αριθμών από γενιά σε γενιά.

Τι παράξενο να μειώνονται συνέχεια τα χρωμοσώματα, μόνο και μόνο για να διπλασιαστούν και πάλι. Η Μάργκουλις ερεύνησε αυτό το μυστήριο αναζητώντας περιπτώσεις μείωσης και διπλασιασμού χρωμοσωμάτων στο μικρόκοσμο και τους τρόπους με τους οποίους μπορεί να συνδυάζονται σ' ένα ενιαίο σύστημα αναπαραγωγής. Η εξήγηση που προέκυψε αρχίζει, όπως η εξέλιξη των ευκαρυοτών, με την εκμετάλλευση και καταλήγει στο συνεργατικό συνεταιρισμό, ενώ και πάλι η πείνα είναι το αρχικό κίνητρο.

Ένα απελπιστικά πεινασμένο πρώτιστο, ακόμα και σήμερα, μπορεί να καταφύγει στον κανιβαλισμό και κάποτε να συγχωνεύει τον πυρήνα του θύματος που καταβρόχθισε με το δικό του. (Όλα τα πυρηνούχα κύτταρα συγχωνεύονται μεταξύ τους όταν βρουν τις σωστές συνθήκες). Τα διπλασιασμένα χρωμοσώματα μπορεί επίσης να παρουσιάζονται όταν ένα πρώτιστο αρχίζει τη μιτωτική του διαίρεση κι ύστερα, για κάποιο λόγο, είναι ανίκανο να ολοκληρώσει τη διαδικασία – όταν αποτυχαίνει να διαιρεθεί, αφού έχει διπλασιάσει τον αριθμό των χρωμοσωμάτων του και τα ενσωματώνει ξανά σ' έναν και μόνο πυρήνα. Αυτό έχει επίσης παρατηρηθεί.

Και στις δύο περιπτώσεις, τα πρόσθετα χρωμοσώματα μπορεί να λειτουργούν καλά σε καιρούς ανάγκης, αλλά γίνονται ανεπιθύμητο περιττό βάρος όταν τα πράγματα πάνε καλά. Έτσι τα πρώτιστα έμαθαν από πολύ παλιά – περισσότερο από ένα δισεκατομμύριο χρόνια, όχι τόσον πολύ καιρό αφότου είχαν γίνει πρώτιστα – να μειώνουν και πάλι τον αριθμό των χρωμοσωμάτων, όταν αυτό τα συνέφερε. Μερικά πρώτιστα φαίνεται πως έγιναν ειδικοί στο διπλασιασμό και τη μείωση κατά το ήμισυ των χρωμοσωμάτων τους, ανάλογα με τις απαιτήσεις των συνθηκών, που μεταβάλλονταν από την ξηρασία στην αφθονία και το αντίστροφο.

Η συγχώνευση δύο σειρών χρωμοσωμάτων σε έναν ενιαίο πυρήνα, αν είναι από δυο διαφορετικά πρώτιστα – ακόμα κι όταν το ένα πρώτιστο τρώει το άλλο – είναι μια σεξουαλική ένωση. Όμως τι σχέση έχει αυτού του είδους το σεξ με την αναπαραγωγή; Η μείωση των χρωμοσωμάτων, όπως είδαμε μόλις, ήταν μια λύση για το άχρηστο και ενοχλητικό φορτίο διπλών ή τριπλών χρωμοσωμάτων. Αυτό που ονομάζουμε *απλοειδή* σειρά χρωμοσωμάτων, που περιέχεται στους σπόρους, στους κόκκους της γύρης, στα ωάρια και στο σπέρμα, είναι τα μισά από τη συνήθως *διπλοειδή* σειρά μας – τα χρωμοσώματα όλων των σωματικών μας κυττάρων είναι ζευγαρωτά, ένα από κάθε ζευγάρι από τον έναν από τους δύο γονείς μας. Παλιά στην εξέλιξη, αυτός ο διπλασιασμός θα πρέπει να παρουσιάστηκε όπως περιγράψαμε και να «κόλλησε» ως ο φυσιολογικός αριθμός. Όταν η σεξουαλική πυρηνική συγχώνευση συνδέθηκε με την αναπαραγωγική διαμόρφωση νέων γενεών ατόμων, ο διπλός αριθμός έπρεπε να μειώνεται στο ήμισυ πριν από κάθε γεγονός σεξουαλικής συγχώνευσης και αναπαραγωγής, για να αποφευχθεί ο ανελέητος διπλασιασμός των χρωμοσωμάτων σε κάθε γενιά, που θα αποτελούσε κυριολεκτικά ένα αδιέξοδο. Τα κύτταρα του σπέρματος, της γύρης και των ωαρίων παράγονται όλα μ' αυτή τη διαδικασία της μείωσης, με τέτοιον τρόπο, ώστε η συγχώνευση ωαρίου και σπέρματος ή ωαρίου και γύρης να καταλύγει στη «φυσιολογική» διπλοειδή σειρά χρωμοσωμάτων των ζώων και των φυτών.

Ο κανιβαλισμός, η συγχώνευση των πυρήνων και ύστερα η επαναμείωση των χρωμοσωμάτων, οι χρονικές συμπτώσεις και ίσως άλλα γεγονότα εξελίχθηκαν τελικά σ' ένα ομαλό σύστημα σεξουαλικής αναπαραγωγής – όχι το πιο κομψό σύστημα που επινόησε η φύση, αλλά ένα σύστημα που προφανώς λειτούργησε αρκετά καλά στον κόσμο των όντων εκείνων που είναι λιγότερο κομψά και λιγότερο σεξουαλικά ελεύθερα απ' ότι τα βακτηρίδια.

Για να διεξάγει το έργο ενός αναπτυσσόμενου εμβρύου, το DNA των απλοειδών χρωμοσωμάτων από δύο γονείς πρέπει να ταιριάζει γονίδιο προς γονίδιο. Δυο νέα είδη μπορεί να μην έχουν διακλαδωθεί ακόμα αρκετά από ένα γονικό είδος, ώστε να μη ζευγαρώνουν και ν' αποκτούν μωρά, όμως το χρωμοσωματικό τους ταίριασμα μπορεί να μην είναι πια αρκετά καλό, ώστε να είναι γόνιμα και τα μωρά τους. Αυτό συμβαίνει όταν ένα άλογο ζευγαρώνει μ' ένα γάιδαρο και κάνουν ένα μουλάρι, ή ένα λιοντάρι με μια τίγρη και κάνουν ένα τιγρολέοντα. Αυτά τα διακλαδωμένα είδη συνήθως διακλαδώνονται επειδή ζουν σε διαφορετικές οικολογικές περιοχές κι έτσι κατά κανόνα δε ζευγαρώνουν, όμως οι άνθρωποι έχουν δείξει ότι υπάρχει αυτή η δυνατότητα, αν και οι απόγονοι τους είναι στείροι.

Η αλλαγή προς το νέο τρόπο αναπαραγωγής δεν έγινε μονομιάς. Ακόμα και σήμερα μάλιστα, ορισμένα πρώτιστα – όπως τα παραμήκια – εξακολουθούν ν' αναπαράγονται και με τον παλιό τρόπο της μιτωτικής κλώνωσης και με το νεότερο τρόπο της σεξουαλικής αναπαραγωγής. Τα παραμήκια είναι ένα καλό παράδειγμα για τα πειράματα της φύσης με το σεξ και την αναπαραγωγή, καθώς έχουν μέχρι οκτώ διαφορετικά φύλα, αντί για δύο μόνο, αν θέλουμε να ονομάσουμε έτσι τους τύπους ζευγαρώματος και τεκνοποιίας.

Πολλά πρώτιστα μπορούν ν' αναπαράγονται με ή χωρίς σεξ – δηλαδή σεξουαλικά ή α-σεξουαλικά. Μερικές φορές ο ένας τρόπος εξυπηρετεί τις ανάγκες τους καλύτερα, μερικές φορές ο άλλος. Τα διάτομα π.χ. – αυτά τα όμορφα μικροσκοπικά πλάσματα με τα φανταχτερά πυρίτινα κελύφη – τείνουν ν' αναπαράγονται με μιτωτική διαίρεση. Αυτό το καταφέρνουν με το να κατασκευάζουν τα κελύφη τους σε δυο κομμάτια που μπορούν να χωριστούν – το ένα κομμάτι ελαφρά μεγαλύτερο και καλά προσαρμοσμένο στην άκρη του άλλου για να το καλύπτει, ακριβώς όπως ένα κουτί με καπάκι.

Το κακό είναι ότι ενώ όλοι οι απόγονοι πρέπει να συμπληρώνουν το μισό κέλυφος που κληρονομούν, τα διάτομα έχουν μάθει να κατασκευάζουν μόνο το μικρότερο «κάτω» τμήμα του κελύφους τους όταν βρεθούν με μισό κέλυφος. Αυτό σημαίνει ότι το διαιρεμένο διάτομο που μένει με το «κάτω» μέρος είναι υποχρεωμένο να το χρησιμοποιεί ως «πάνω» μέρος, κι έτσι να κατασκευάζει ένα μικρότερο κάτω μέρος απ' ό,τι είχε το γονικό του διάτομο. Μετά από γενιές, λοιπόν, οι σειρές των απογόνων που κληρονομούν «κάτω» κέλυφος γίνονται όλο και πιο μικρές, ενώ μόνο εκείνα που κληρονομούν άμεσα το αρχικό «πάνω» κέλυφος διατηρούν το αρχικό μέγεθος. Αυτό το πρόβλημα λύνεται κάποτε με το σεξ.

Αντί να συνεχίσουν να διαιρούνται με τη μίτωση, καταφεύγουν στη μείωση, παράγουν μικρές δέσμες απλοειδών χρωμοσωμάτων-*γαμέτες*, ή σεξουαλικά κύτταρα, που δεν έχουν καθόλου κέλυφος και συμπεριφέρονται με τον τρόπο των ωαρίων και του σπέρματος. Έτσι, όταν δύο απ' αυτούς τους γαμέτες συνενώνονται, όλα τα σχέδια του DNA για ένα νέο διάτομο – όπου συμπεριλαμβάνονται τα σχέδια για το πάνω και το κάτω τμήμα ενός διατομικού κελύφους φυσιολογικού μεγέθους – αρχίζουν δράση. Μ' αυτόν τον τρόπο, ακόμα και τα μικρότερα διάτομα μπορούν να ξαναφέρουν τον εαυτό τους – ή τουλάχιστον τους απογόνους τους – πίσω στο φυσιολογικό μέγεθος.

Τα πρώτιστα που αναπαράγονται σεξουαλικά – γίγαντες σ' έναν κόσμο βακτηριδίων – εξελίχθηκαν σε μια νέα ποικιλία πολύπλοκων σχηματισμών, προορισμένων για διαφορετικά είδη ζωής και περιβάλλοντα. Η συνεξέλιση των πρωτίστων μ' αυτά τα περιβάλλοντα οδήγησε το χορό της Γαίας σε αλλεπάλληλους αυτοσχεδιασμούς και ταυτόχρονα στο σχηματισμό από τα πρώτιστα ενός νέου είδους συνεταιρισμού που οδήγησε στα πολυκύτταρα όντα κι επομένως τα τρία υπόλοιπα βασίλεια της ζωής – τους μύκητες, τα φυτά και τα ζώα – σε όλη τους την ορατή φανταστική ποικιλία.

Παρακολουθήσαμε τη γη να μεταμορφώνεται από φλεγόμενη σφαίρα σ' έναν πλανήτη με φλοιό, που το δέρμα του ζωντάνευε όλο και πιο πολύ, καθώς σχηματίζονταν γιγάντια μόρια και ένζυμα κι ύστερα συσκευάζονταν ως βακτηρίδια. Είδαμε ζωντανές μάζες μικροβίων να μεταμορφώνονται, καθώς δημιουργούσαν μια ατμόσφαιρα και ανακάλυπταν νέους τρόπους ζωής. Είδαμε πώς τα μόνερα συσπειρώθηκαν στα πολύ μεγαλύτερα πρώτιστα, αφού επινόησαν τους πυρήνες και ανακάλυψαν τη σεξουαλική αναπαραγωγή. Τώρα η ιστορία μας συνεχίζεται με την εξέλιξη όλο και πιο μεγάλων και όλο και πιο πολύπλοκων πλασμάτων.

Μερικά πρώτιστα άρχισαν να ζουν όλα μαζί σε αποικίες – κολλώντας μεταξύ τους μετά τη διαίρεσή τους, αντί να πλέουν μόνα τους, αν και κάθε πρώτιστο της αποικίας ήταν τόσο ανεξάρτητο όσο αν είχε πάρει το δικό του δρόμο. Όμως καθώς τα πρώτιστα εξελίχθηκαν αφού τα διάφορα μόνερα άρχισαν να συνεργάζονται σαν συνεταιρισμοί, τα πρώτιστα «πρωτοκτίστες» που ζούσαν μαζί σε αποικίες έκαναν σύντομα το επόμενο βήμα για ν' ανακαλύψουν έναν τρόπο να επικοινωνούν μεταξύ τους.

Άλλωστε, η επικοινωνία έπαιζε πάντα σημαντικό ρόλο στη ζωή της Γαίας, από τις ελεύθερες ανταλλαγές του βακτηριακού DNA, μέχρι τα επικοινωνιακά συστήματα DNA-RNA-πρωτεΐνης, που αναπτύχθηκαν ανάμεσα στον πυρήνα και το κυτόπλασμα μέσα στα κύτταρα ευκαρυότες. Τώρα ήταν καιρός να αναπτυχθούν οι επικοινωνίες *ανάμεσα* στους ευκαρυότες, και πραγματικά βρήκαν τρόπους να στέλνουν χημικά μηνύματα ο ένας στον άλλον.

Αυτή η χημική επικοινωνία έδωσε τη δυνατότητα στα μεμονωμένα πρώτιστα κύτταρα να εναρμονίζουν τα πράγματα που έκαναν – π.χ. να χτυπούν τις βλεφαριδωτές ουρές τους όλα μαζί, με ρυθμούς που μετακινούσαν ομαλά ολόκληρη την αποικία προς μία κατεύθυνση. Η ικανότητα επικοινωνίας σύντομα έγινε χρήσιμη για πολλούς νέους τρόπους συνεργασίας, ιδιαίτερα για τον καταμερισμό εργασίας ανάμεσα στα διαφορετικά κύτταρα. Αυτές οι αποικίες άρχισαν την εξέλιξη των πολυκύτταρων όντων.

Ένα πολύ ιδιότυπο και γοητευτικό ενδιάμεσο βήμα στην εξέλιξη των πολυκύτταρων όντων από τα μεμονωμένα κύτταρα είναι η εμφάνιση των βλενομυκήτων. Οι επιστήμονες αφιέρωσαν ολόκληρες σταδιοδρομίες στη μελέτη αυτών των παράξενων πλασμάτων που μοιάζουν να είναι ενμέρει πρώτιστα, ενμέρει μύκητες, ενμέρει ζώα.

Οι βλενομύκητες ξεκινούν ως ξεχωριστά όντα παρόμοια με αμοιβάδες, όμως, όταν στερέψει η πηγή της τροφής τους, εκκρίνουν χημικά μηνύματα που προσελκύουν το ένα κοντά στο άλλο ώσπου να συγκεντρωθούν σε μια ορατή κοινότητα που θυμίζει γυμνοσάλιαγκα. Μπορείτε μερικές φορές να δείτε τη ζελατινοειδή μάζα τους στο κάτω μέρος ενός μισοσαπισμένου κούτσουρου ή φύλλου. Μερικές ποικιλίες σχηματίζουν ένα μεγάλο φύλλο σαν ζελατίνα.

Αυτή η κοινότητα, που θυμίζει γυμνοσάλιαγκα, μπορεί να μετακινείται όπως ένα ανεγκέφαλο σκουλήκι, όμως κάποτε σταματάει κι αρχίζει να πετάει βλαστούς που στις άκρες τους σχηματίζουν καρποφόρα μορφώματα. Ύστερα αυτά αποβάλλουν σπόρους –μικροσκοπικές αποξηραμένες δέσμες από DNA και άλλα κυτταρικά υλικά – με τον τρόπο που θα το έκανε κάθε αξιοπρεπής βλενομύκητας. Οι σπόροι παρασύρονται στον αέρα και, αφού εγκατασταθούν σ' ένα νέο υγρό σημείο, σχηματίζουν νέα αμοιβαδοειδή όντα για να ξαναρχίσει και πάλι ο κύκλος. Οι βλενομύκητες είναι επομένως ικανοί για εξειδίκευση και συνεργασία σε περιπτώσεις πείνας, αν όχι και άλλοτε. Σημειώστε ότι έχουμε εντοπίσει την πείνα ως κίνητρο πίσω από τη συνεργατική εξέλιξη των πυρηνούχων κυττάρων, πίσω από την επινόηση της συνεργατικής σεξουαλικής αναπαραγωγής και την εξέλιξη συνεταιρισμών των πολυκύτταρων όντων – όλες δημιουργικές ανταποκρίσεις πολύ διαφορετικές από την ανταγωνιστική πάλη με την οποία ο Δαρβίνος προσπάθησε να εξηγήσει την εξέλιξη.

Σε άλλες αποικίες αρχαίων πρωτίστων που δεν κάνουν τη διπλή ζωή των βλενομυκήτων, μερικά από τα κύτταρα έγιναν ειδικοί στην παραγωγή τροφής, άλλοι στη σύλληψή της, άλλοι στη διάσπαση και τη χώνευση της τροφής. Σε ορισμένες αποικίες, υπήρχαν εξειδικευμένα κύτταρα για να μετακινούν τον όλο σχηματισμό· άλλες περιείχαν εξειδικευμένα κύτταρα για να τις κολλούν σφιχτά πάνω σε βράχους. Τα πρώτα πολυκύτταρα όντα ήταν συνεταιριστικές αποικίες πρωτίστων, ακριβώς όπως τα πρώτα πρώτιστα ήταν συνεργατικές ομάδες μονέρων.

Σε ορισμένα αποικιακά όντα, ορισμένα κύτταρα άρχισαν να εξειδικεύονται στη σεξουαλική αναπαραγωγή της αποικίας στο σύνολό της. Αυτό σήμαινε ότι λίγα μόνο κύτταρα είχαν την ικανότητα να αναπαράγουν ολόκληρη την αποικία, αντί, κάθε κύτταρο της αποικίας, ν' αναπαράγει τον εαυτό του. Αυτό ήταν ένα μεγάλο βήμα στην εξέλιξη των αποικιών σε όντα και στην εξέλιξη των εμβρύων ως ενός νέου τρόπου για να αρχίσουν να δημιουργούνται νέες γενιές. Για τη συνέχεια της ζωής των ειδών, όλα τα άλλα κύτταρα εξαρτώνταν τώρα από τα εξειδικευμένα κύτταρα που παρήγαγαν γαμέτες – τις απλοειδείς δέσμες χρωμοσωμάτων που κάνουν τα διάτομα. Τους ονομάζουμε γαμέτες επειδή δεν ήταν ακόμα ούτε τα εξειδικευμένα ωάρια και η γύρη των φυτών, ούτε τα ωάρια και το σπέρμα των ζώων. Όλοι οι γαμέτες ήταν ίδιοι, παρ' όλο που έπρεπε να ζευγαρώσουν για να δημιουργήσουν ένα νέο ον.

Η ανάπτυξη των πολυκύτταρων όντων, που όλα μετατρέπονται σε μονοκύτταρα όντα σε κάθε γενιά στη διαδικασία της αναπαράγωγής, ήταν επίσης η ανάπτυξη του «φυσικού» ή αναπόφευκτου θανάτου από γήρας. Οι βακτηριακοί πρόγονοι δε γερνούν για να πεθάνουν. Αντίθετα, κληροδοτούν σταδιακά τη φυσική και γενετική ταυτότητά τους σε γενιές απογόνων. Τα πολυκύτταρα φυτά και ζώα ωστόσο, αφήνουν πίσω τα σώματά τους, καθώς τα γονίδιά τους περνούν σε νέες γενιές. Η Γαία, περιορισμένη στην πλανητική της ύλη, μπορεί να εξελίσσεται μόνο αν την ανακυκλώνει. Η επινόηση του φυσικού θανάτου για τα μεγαλύτερα όντα ήταν ένας σημαντικός νέος τρόπος ανακύκλωσης.

Από τη μικροβιακή σκοπιά, τα μεγάλα πολυκύτταρα σώματα που δημιουργούνται από ωάρια και σπόρους δεν έχουν πια αξία όταν εμφανίζονται νέες γενιές, αν και γίνονται εξαιρετικές πηγές τροφής. Το γεγονός ότι ο θάνατος – είτε επιλέγουμε να τον βλέπουμε ως φυσικό είτε ως αφύσικο – είναι απαραίτητος για να συνεχιστεί η ζωή ουσιαστικά δίχως τέλος, ήταν δύσκολο να γίνει αντιληπτό και αποδεκτό από μας τους ανθρώπους. Αν έρχονταν διαρκώς στη ζωή νέα όντα χωρίς να φεύγουν άλλα από τη ζωή, τα εφόδια του φλοιού της γης σύντομα θα εξαντλούνταν και το πλήθος των όντων θα εξοντωνόταν από το συνωστισμό και την ασιτία – όμως μαθαίνουμε γρήγορα εμείς οι άνθρωποι από τις επιτυχημένες μας προσπάθειες να καθυστερούμε το θάνατο.

Με το θάνατο των όντων, έτσι ώστε άλλα να μπορούν ν' ανακυκλώνουν τα υλικά των σωμάτων τους, η ζωή μπορεί να συνεχίζεται αδιάκοπα. Μάλιστα, ο τρόπος με τον οποίο τα ζωντανά όντα πεθαίνουν, για να δώσουν τη θέση τους στη νέα ζωή στο χορό της Γαίας, μοιάζει πολύ με τον τρόπο με τον οποίο συμβαίνουν τα πράγματα σε κάθε χορό. Κάθε χορευτής ξέρει πως ένας χορός συνεχίζεται βήμα με βήμα – ότι τα παλιά βήματα πρέπει να εγκαταλείπονται, έτσι ώστε το σώμα του χορευτή να είναι ελεύθερο να κάνει νέα, που μπορεί να επαναλαμβάνουν ή ν' αλλάζουν το σχήμα των παλιών βημάτων.

Η Γαία, η ζωντανή γη μας, έχει ζήσει δισεκατομμύρια χρόνια κι έχει μπροστά της άλλα τόσα δισεκατομμύρια χρόνια ζωής. Τα μεμονωμένα σώματά μας θα πεθάνουν και θ' αντικατασταθούν από άλλα, ακριβώς όπως τα κύτταρα του σώματός μας διαρκώς πεθαίνουν κι αντικαθίστανται από νέα κύτταρα. Κάθε εφτά χρόνια περίπου γινόμαστε ουσιαστικά ένα νέο πρόσωπο, μ' αυτή την αντικατάσταση των κυττάρων – κι όμως δε συνειδητοποιούμε αυτή την αλλαγή. Με τον ίδιο τρόπο, από τη σκοπιά της Γαίας, δεν υπάρχει θάνατος – υπάρχει απλώς μια αδιάκοπη αντικατάσταση παλιών κυττάρων στο σώμα της από καινούρια.

Κάθε άτομο που υπάρχει σήμερα, που υπήρξε ποτέ, ή που θα υπάρξει ποτέ ως μέρος του σώματός μας, θα εξακολουθήσει να ζει κάπου στον διαρκώς εξελισσόμενο χορό της Γαίας πολλά δισεκατομμύρια χρόνια επιπλέον. Ακόμα κι αφού πεθάνει η Γαία, αυτά τα άτομα θα εξακολουθήσουν να ζουν ως μέρος του γαλακτικού μας χορού και μερικά ίσως βρουν το δρόμο τους προς νέα ζωντανά σώματα σε νέους πλανήτες.

Τα ζώα, ως τμήματα του πλανήτη μας, ήταν μια θαυμαστή εξέλιξη για την αντιμετώπιση ενός ακόμα προβλήματος. Μερικά πρώτιστα, όταν έμειναν χωρίς τροφή, δεν μπορούσαν να κατασκευάσουν την τροφή τους από το φως, επειδή δεν περιείχαν κυανοπράσινα βακτηρίδια – ούτε κανέναν από τους χλωροπλάστες απογόνους τους. Δεν είμαστε σίγουροι αν οι πρόγονοί μας, τα πρώτιστα, δεν περιείχαν ποτέ κυανοπράσινα, ή αν περιείχαν κάποια κι αργότερα τα έχασαν. Αυτό που ξέρουμε είναι ότι τα φυτά είχαν πάντα και χλωροπλάστες και μιτοχόνδρια, που τους επιτρέπουν να δημιουργούν τροφή χρησιμοποιώντας το ηλιακό φως και να καίνε την τροφή χρησιμοποιώντας το οξυγόνο. Τα ζώα, στα οποία συμπεριλαμβανόμαστε κι εμείς, μπορούν να καίνε μόνο έτοιμη τροφή.

Αυτό σημαίνει ότι τα φυτά μπορούσαν – και μπορούν ακόμα – να ζήσουν όλη τους τη ζωή μένοντας σ' ένα μέρος και κατασκευάζοντας τα ίδια την τροφή τους, ενώ τα ζώα έπρεπε ν' αναπτύξουν τρόπους για να βρίσκουν την τροφή τους. Τα ζώα, όπως θα δούμε, ανέπτυξαν κάθε είδους όργανα –από τα μάτια και τ' αφτιά, μέχρι τα πόδια και τις φτερούγες, τα συστήματα θέρμανσης και ψύξης, τους εγκεφάλους για να οργανώνουν όλη αυτή την πολυπλοκότητα – μόνο και μόνο για να μπορούν να κυνηγούν την τροφή τους κι όλα αυτά επειδή δεν είχαν χλωροπλάστες!

Η φύση, ή η Γαία, δεν είναι φυσικά, ποτέ τόσο τακτική όσο θα την θέλαμε, έτσι κατάφερε ν' αφήσει ορισμένα αινίγματα, όπως το γιγάντιο πράσινο στρείδι, που έχει χλωροπλάστες και τους χρησιμοποιεί σε περίπτωση ανάγκης για να κατασκευάζει ενέργεια από το ηλιακό φως, αν και είναι σαφώς ζώο από κάθε άλλη άποψη.

Ένα από τα αρχαιότερα πολυκύτταρα όντα που εξελίχθηκαν από τις αποικίες των πρωτίστων ήταν οι πολύποδες. Ευτυχώς, υπάρχουν ακόμα πολλά ζωντανά είδη πολυπόδων, που μοιάζουν με τα αρχαία απολιθώματα κι έτσι μας δίνουν ιδέες για την αρχαία εξέλιξή τους. Στην πραγματικότητα, οι πολύποδες μοιάζουν περισσότερο με φυτά παρά με ζώα. Οι θαλάσσιες ανεμώνες, που μοιάζουν με λουλούδια, είναι πολύποδες· τα δάση των κοραλιών είναι τεράστιες αποικίες πολυπόδων.

Το ζώο πολύποδας έχει σχήμα σωλήνα με έναν κύκλο κεραιών σαν λουλούδι στη μια άκρη γύρω από το στόμα του. Η άλλη άκρη του σωλήνα είναι κολλημένη σ' ένα βράχο ή στο σώμα ενός άλλου πολύποδα στην αποικία των πολυπόδων. Κι εκεί μένει. Είναι ένα απλό ζώο, μ' ένα σώμα οργανωμένο για να αρπάζει τη λεία του με τις κεραίες του και να χώνει την τροφή στο στόμα του.

Παρ' όλα αυτά, πολλοί πολύποδες έχουν εκπληκτικά πολύπλοκα κύτταρα κατά μήκος των κεραιών τους. Αυτά τα κύτταρα έχουν ένα ιδιαίτερο όνομα· τα ονομάζουμε *νηματοκύστεις*, επειδή εξελίχθηκαν από εσωτερικές βλεφαρίδες που αναπτύχθηκαν σε εξαιρετικά μακριά, λεπτά, κούφια νήματα κι εξειδικεύτηκαν πολύ στη δουλειά τους. Όταν η λεία αγγίζει ένα απ' αυτά τα επιφανειακά κύτταρα, το μακρύ κουλουριασμένο νήμα πετάγεται κάτω από την πίεση του υγρού που το γεμίζει, αρπάζει το θύμα και το παραλύει με δηλητηριώδεις *ακίδες*. Η νηματοκύστη είναι ένα θαυμαστό παράδειγμα των απίστευτων τρόπων οργάνωσης που επεξεργάστηκε η φύση, ακόμα και στα κύτταρα των μικρότερων και των πιο απλών όντων. Και οι νηματοκύστεις είναι τόσο καλά, αυτάρκη όπλα, ώστε κάποια άλλα πλάσματα, αφού φάνε πολύποδες, μπορεί να μη χωνέψουν τις νηματοκύστεις αλλά να τις κρατήσουν για δική τους χρήση στο κυνήγι της λείας.

Οι πολύποδες πολλαπλασιάζονται με εκβλάστηση. Αυτή η δουλειά ανατίθεται μερικές φορές σε ορισμένα μέλη της αποικίας των πολυπόδων που τρέφονται από τα άλλα, έτσι ώστε τα υπόλοιπα να μπορούν να συγκεντρώνονται στη δική τους σημαντική δουλειά. Σε μερικά είδη οι βλαστοί μεγαλώνουν κολλημένοι στο γονιό, αλλά σε άλλα συμβαίνει κάτι πολύ πιο ενδιαφέρον. Ο νεοβλαστημένος πολύποδας αποσπάται, αναποδογυρίζεται, ώστε οι κεραίες να κρέμονται προς τα κάτω, και φεύγει πλέοντας μέσα στη θάλασσα. Καθώς μεγαλώνει μεταβάλλεται σε μια υαλώδη ομπρέλα με μια κροσωτή φούντα από ουρές που αιωρούνται. Είναι η *μέδουσα*, το όνομα της οποίας προέρχεται από τον αρχαίο μύθο μιας γυναίκας που είχε φίδια στο κεφάλι της αντί για μαλλιά. Οι μέδουσες είναι ένα πολύ πιο περιπετειώδες στάδιο της ζωής των πολυπόδων κι έχει μάθει ν' αναπαράγεται σεξουαλικά. Ορισμένα είδη προσπάθησαν να έχουν και τα δύο φύλα στο ίδιο άτομο – όπως τα έχουν τα λουλούδια και τα σκουλήκια της γης – ενώ άλλα είδη άρχισαν να παράγουν ξεχωριστά αρσενικά και θηλυκά.

Οπωσδήποτε, όλες οι μέδουσες παράγουν θηλυκά ωάρια και αρσενικό σπέρμα, που συνενώνονται για να γίνουν οι νέες μέδουσες. Η νέα μέδουσα είναι τόσο διαφορετική από τους γονείς της, ώστε έχει κι αυτή το δικό της όνομα. Τη λέμε *πλάνουλα*. Η πλάνουλα είναι μια μακριά, επίπεδη μάζα, που πλέει ελεύθερα για λίγο χρησιμοποιώντας μια φούντα από βλεφαρίδες. Ύστερα εγκαθίσταται σ' ένα βράχο και κολλάει σφιχτά πάνω του για να αναπτυχθεί σε – πολύποδα.

Η ζωή ενός πολύποδα είναι έτσι μια συνεχής *μεταμόρφωση* – από πλάνουλα σε πολύποδα και σε μέδουσα. Αυτές οι μεταμορφώσεις αργότερα επαναλήφθηκαν στην εξέλιξη – στις πεταλούδες π.χ. – όπως τόσα πολλά προηγούμενα βήματα, που ενσωματώνονται ξανά και ξανά στο μεταγενέστερο χορό. Οι πολύποδες, σε αμέτρητη ποικιλία, εξακολουθούν ν' αφθονούν στις θάλασσες και μοιάζουν πολύ με τους αρχαίους προγόνους τους. Κι όμως, κάποτε, κάποια στιγμή στο μακρινό παρελθόν, μερικοί απ' αυτούς δεν αρκέστηκαν σ' αυτή τη μεταμόρφωση των τριών σταδίων, που επέστρεφε πάντα σε μια στάσιμη φάση, παρά προχώρησαν για να επινοήσουν μια πιο περιπετειώδη ζωή.

9. Από τους πολύποδες στα μαρσιποφόρα

Ένα από τα πολλά αξιοσημείωτα πράγματα της ζωής είναι η μνήμη. Η διαδικασία της ζωής δημιουργεί και αποθηκεύει πληροφορίες – όχι απλώς το είδος των πληροφοριών που χρειάζονται για να αναπαράγεται κάθε νέο σώμα από ένα και μόνο μικροσκοπικό κύτταρο, αλλά και πληροφορίες για την εξέλιξη από αμνημονεύτων χρόνων. Ο τρόπος με τον οποίο ο καθένας μας ήρθε στη ζωή μάς δείχνει κάτι για ολόκληρο το χορό της εξέλιξης, από τον καιρό των πρώτων πρωτίστων. Πριν καν γεννηθούμε – μέσα σε εννέα σύντομους μήνες – επαναλαμβάνουμε πολλά βήματα της ενός δισεκατομμυρίου χρόνων εξέλιξής μας ως γήινων όντων.

Ο καθένας μας άρχισε ως ένα μεμονωμένο κύτταρο, ακριβώς όπως ένα αρχαίο πρώτιστο, που άρχιζε τη ζωή του με τη σεξουαλική αναπαραγωγή, ως απόγονος δύο γονέων. Αυτό το κύτταρο του νέου όντος διαιρείται ξανά και ξανά, κλωνώνεται πρώτα σε δύο κύτταρα, ύστερα σε τέσσερα, οχτώ, δεκάξι, τριάντα δύο, εξήντα τέσσερα κύτταρα κ.ο.κ., ώσπου να δημιουργηθεί ένα απλό σφαιρικό ον που μοιάζει πολύ με μια αποικία πρωτίστων. Αυτό το πλάσμα, στα πρώτα του στάδια, ζει όπως οι άλλες αποικίες πρωτίστων στη θάλασσα της μήτρας – έναν ειδικό σάκο με αλμυρό υγρό που απομιμείται τη θάλασσα.

Η εμβρυακή μας αποικία κυττάρων σύντομα εξειδικεύεται και μας μετατρέπει σε πολυκύτταρα όντα. Αν μπορούσατε να δείτε μια κινηματογραφική ταινία της ανάπτυξής σας – ίσως να έχετε δει ταινίες με την ανάπτυξη άλλων εμβρύων – θα βλέπατε ότι η σφαίρα-αποικία αλλάζει σχήμα, καθώς τα εξειδικευμένα κύτταρά της διαιρούνται ξανά και ξανά. Η μια πλευρά της σφαίρας υποχωρεί προς τα μέσα, για να δημιουργηθεί μια εσοχή όπου θα αναπτυχθεί η σπονδυλική στήλη. Ένα άμορφο κεφάλι εμφανίζεται στη μία άκρη. Σύντομα το έμβρυο μοιάζει σαν μικροσκοπικό ψάρι, με σχισμές σπαράχνων, σκούρα μάτια που εξέχουν από το χλωμό κεφάλι του και μια ουρά που αρχίζει να κινείται. Λίγο αργότερα, μοιάζει τόσο πολύ με τα αναπτυσσόμενα έμβρυα του βατράχου, της χελώνας, της κότας και του γουρουνιού, ώστε θα ήταν δύσκολο να πει κανείς τι πρόκειται να γίνει! Ακόμα κι όταν τα χέρια μας και τα πόδια μας έχουν ξεφυτρώσει από το σώμα μας, εξακολουθούμε να μοιάζουμε πολύ με τα έμβρυα των άλλων ζώων.

Αργά αργά, συνεχίζουμε τη διαμόρφωσή μας, ξαπλωμένοι αναπαυτικά μέσα στη ζεστή μας θάλασσα. Οι ουρές μας συρρικνώνονται κι εξαφανίζονται, οι εγκέφαλοί μας μεγαλώνουν, τα πόδια και τα χέρια μας γίνονται ανθρώπινα. Τέλος, μετά από εννέα μήνες, εγκαταλείπουμε τη μητρική μας θάλασσα για ν' αρχίσουμε ν' αναπνέουμε αέρα.

Πόσο γοητευτικό είναι ότι ο καθένας μας ξαναζεί αυτή την ανάμνηση του χορού της ζωής της Γαίας, που μας θυμίζει ποιοι είμαστε, από πού ερχόμαστε, πώς σχετιζόμαστε με όλα τα άλλα είδη και με ολόκληρο το χορό της Γαίας – τον εξελιξιακό χορό που παρακολουθήσαμε στο τέλος του τελευταίου κεφαλαίου, μέχρι τους ανήσυχους προγόνους μας, τους πολύποδες. Ας συνεχίσουμε τώρα για να δούμε τι τους έκανε να εξελιχθούν σε πιο πολύπλοκα ζώα.

Όσο μονότονος κι αν ήταν ο κύκλος της ζωής του πολύποδα στην αρχή και στο τέλος, τα μεσαία στάδιά του, όταν ήταν μέδουσα και πλάνουλα, του επέτρεπαν κάποιες περιπέτειες, κάποιες περιπλανήσεις σε νέα περιβάλλοντα. Κάπως έτσι, ορισμένες νεαρές πλάνουλες φαίνεται πως αισθάνθηκαν τη διαφορά τους κι αρνήθηκαν να εγκατασταθούν κάπου και να ζήσουν μια μονότονη ενήλικη ζωή ως πολύποδες. Άρχισαν ν' αναπτύσσονται κατευθείαν σε μέδουσες, παραλείποντας ολόκληρο το στάδιο του πολύποδα. Άλλες άρχισαν ν' αναπαράγονται σεξουαλικά, όταν ήταν ακόμα πλάνουλες που κολυμπούσαν ελεύθερα, και βαθμιαία αναπτύχθηκαν, γενιά με γενιά, σε διάφορα είδη σκωληκοειδών και ύστερα ιχθυοειδών όντων.

Η ανάπτυξη νέων ειδών από το βρεφικό στάδιο ενός γονικού είδους είναι γνωστή στους ειδικούς της εξέλιξης ως *νεοτενεία*-«επεκταμένη νεότητα». Η νεοτενεία είναι ένα είδος βήματος προς τα πίσω της Γαίας, όταν ο χορός της εξέλιξης βρίσκεται ξαφνικά σε κάποιο αδιέξοδο, όταν για κάποιο λόγο η σωματική οργάνωση του ώριμου σταδίου εξελίσσεται μέχρι κάποια όρια κι ύστερα κολλάει.

Φαίνεται π.χ. ότι όταν ένα είδος εξειδικευτεί εξαιρετικά σ' ένα συγκεκριμένο τρόπο ζωής, χάνει την ποικιλία του DNA του και καταλήγει σε μια πολύ σταθεροποιημένη σωματική δομή, που δεν μπορεί πια ν' αλλάξει ή να εξελιχθεί. Τέτοια αδιέξοδα μπορούμε να τα δούμε στους πολύποδες που ζουν σήμερα και που εξακολουθούν να μοιάζουν πολύ με τους αρχαίους προγόνους τους, γιατί δεν έχουν εξελιχθεί παραπέρα. Όμως σε κάποια αρχαία είδη, όπως είπαμε, η φύση επωφελήθηκε από το γεγονός ότι τα βρέφη πλάνουλες, που δεν είχαν ακόμα το εξειδικευμένο σώμα των ενηλίκων, μπορούσαν ακόμα ν' αλλάξουν. Μπορούμε να βρούμε την καταγωγή ορισμένων όντων που κολυμπούν ελεύθερα σε προγόνους που πιθανότατα ήταν μη εξειδικευμένα βρέφη πλάνουλες. Αργότερα θα δούμε ότι η νεοτενεία παρήγαγε κι άλλα ενδιαφέροντα νέα είδη ανάμεσά τους και το δικό μας!

Από τα νέα μέλη των πιο πολύπλοκων πλασμάτων που εξελίχθηκαν από πλανουλοειδείς προγόνους, σημαντικά ήταν τα δίκτυα από νεύρα. Αυτά φαίνεται πως εξελίχθηκαν από γυρισμένες προς τα μέσα βλεφαρίδες, που έγιναν σωλήνες για να μεταφέρονται μηνύματα από κύτταρο σε κύτταρο. Από τη στιγμή που τα ζώα ανέπτυξαν νευρικά συστήματα, δεν έπαψαν να τα βελτιώνουν και ποτέ δεν τα εγκατέλειψαν, γιατί αυτά τα συστήματα επικοινωνίας έδιναν τη δυνατότητα να οργανώνονται όλο και μεγαλύτεροι αριθμοί κυττάρων μέσα σ' ένα και μόνο ον, ακριβώς όπως οι πυρήνες είχαν δώσει τη δυνατότητα να οργανώνονται όλο και μεγαλύτεροι αριθμοί κυτταρικών μερών μέσα σ' ένα πρώτιστο.

Οργάνωση σήμαινε τώρα κυριολεκτικά σχηματισμός οργάνων – ομαδοποίηση κυττάρων σε σωματικά μέλη, ειδικευμένα για συγκεκριμένες δουλειές, όπως έντερα για τη χώνευση της τροφής, καρδιά και αιμοφόρα αγγεία για την κυκλοφορία των υλικών, μάτια για να διακρίνεται το φως από το σκοτάδι κι αργότερα γιά να σχηματίζονται εικόνες που βοηθούσαν στην αναγνώριση της τροφής ή των κυνηγών. Θυμηθείτε ότι τα ζώα εξαναγκάστηκαν ν' αναπτύξουν πολύπλοκα όργανα επειδή ήταν υποχρεωμένα να κυνηγούν την τροφή τους, αντί να την παράγουν τα ίδια. Η άλλη πλευρά του νομίσματος είναι η ανάπτυξη τρόπων για ν' αποφύγεις να φαγωθείς εσύ ο ίδιος.

Ένας ιδιαίτερος σωλήνας, σκληρός αλλά εύκαμπτος, αναπτύχθηκε κατά μήκος των βασικών νεύρων που διέτρεχαν τα σκωληκοειδή ζώα από τη μια άκρη ως την άλλη. Αυτός προστάτευε τα ευαίσθητα νεύρα από ζημιές. Αργότερα, ο σωλήνας τυλίχτηκε γύρω τους για να γίνει ραχοκοκκαλιά. Όμως, πολύ πριν συμβεί αυτό, ο σωλήνας ήταν χρήσιμος μ' έναν άλλο τρόπο. Τα μακριά κύτταρα, που είχαν τη δυνατότητα να τεντώνονται και να συστέλλονται, συνδέθηκαν μ' αυτόν και τον τραβούσαν κάμπτοντάς τον. Αυτή ήταν η αρχή των μυώνων, που έδωσαν στα όντα έναν σημαντικό νέο τρόπο μετακίνησης – από μέσα κι όχι πια με εξωτερικές παλλόμενες τρίχες ή ουρές.

Κουβάρια νεύρα στην πλευρά του κεφαλιού εξελίχθηκαν σε απλούς εγκεφάλους· τα υποτυπώδη μάτια εξελίχθηκαν σε μάτια με φακούς για να εστιάζουν το φως και με αμφιβληστροειδείς χιτώνες για να μετατρέπουν σε εικόνες όσα συνέβαιναν στο περιβάλλον. Τα καλαμάρια κι οι σουπιές έχουν σώματα που μας θυμίζουν σωληνοειδείς πολύποδες με κεραίες, όμως έχουν αναπτύξει μάτια αρκετά όμοια με τα δικά μας. Είναι ένα βιολογικό μυστήριο, γιατί τέτοια θαυμαστά μάτια αναπτύχθηκαν σε όντα με τόσο λίγο εγκέφαλο, ώστε να μην καταλαβαίνουν αυτά που βλέπουν τα μάτια τους.

Οι μυώνες των καλαμαριών και των σουπιών εξελίχθηκαν για έναν άλλο τρόπο μετακίνησης – με τζετ! Τα σωληνωτά σώματά τους τραβούν μέσα το νερό και οι μυώνες το ξαναβγάζουν με ορμή κι έτσι το πλάσμα εκσφενδονίζεται. Αυτά, μαζί με τα εξαδέλφια τους τα χταπόδια, ανέπτυξαν επίσης κι έναν τρόπο να κρύβονται ακόμα κι όταν είναι σε ανοιχτό μέρος, δημιουργώντας αποθέματα μελανιού που το εκτοξεύουν σαν σύννεφο στη θάλασσα γύρω τους. Τα χταπόδια ανέπτυξαν επίσης μεγαλύτερους εγκεφάλους και είναι πιο έξυπνα απ' ό,τι θα φανταζόταν κανείς.

Σε ορισμένα είδη παλαιών ζώων, τα στόματα έχασαν τις κεραίες τους για να μετατραπούν σε μια και μόνη μεγάλη ρουφήχτρα, όπως σε μερικά χέλια, ή για ν' αποκτήσουν σαγόνια κι ύστερα δόντια, που έγιναν πολύ δημοφιλή. Τα διάφορα είδη πειραματίστηκαν με τα εσωτερικά τους κόκκαλα και τα εξωτερικά τους κελύφη που συγκρατούσαν και προστάτευσαν τα σώματά τους.

Έτσι, η μια εξελιξιακή επινόηση ακολουθούσε την άλλη, ίσως ορισμένες φορές επιτρέποντας στη φυσική επιλογή να βελτιώσει λίγο ένα παλιό σχήμα, αργά αργά, άλλοτε με την ενεργητική αναδιοργάνωση των διαθέσιμων γονιδίων αρκετά γρήγορα, ώστε να δημιουργηθεί ένας νέος σχηματισμός. Κάθε φορά που το DNA ενός όντος αυτοαντιγραφόταν στη διαδικασία του σχηματισμού κυττάρων σπέρματος ή ωαρίου, και κάθε φορά που αυτά συνενώνονταν με γαμέτες του αντίθετου φύλου – αν όχι και άλλες φορές επίσης – υπήρχε η ευκαιρία για μια νέα αναδιοργάνωση των πληροφοριών των γονιδίων.

Οι σύγχρονοι τρόποι για τη διερεύνηση του παρελθόντος μας δείχνουν ότι πιθανότατα όλα τα γονίδια που υπάρχουν σήμερα αναπτύχθηκαν σε πολύ αρχαίους καιρούς, ακριβώς όπως ακόμα πιο αρχαία όντα είχαν αναπτύξει σχεδόν όλα τα μόρια και τις πρωτεΐνες που υπάρχουν σήμερα. Η μόνη νέα εξέλιξη του DNA, από τότε που πρωτοεμφανίστηκαν τα πολυκύτταρα όντα, φαίνεται ότι είναι τα *ρυθμιστικά γονίδια*, που οργανώνουν τα απλά γονίδια σε πιο πολύπλοκους γενετικούς σχηματισμούς. Αυτό δίνει τη δυνατότητα να αναπτύσσονται ατέλειωτοι νέοι σχηματισμοί από τα ίδια βασικά γονίδια.

Πολλά πράγματα σχετικά με την οργάνωση και την αναδιοργάνωση του DNA ίσως γίνουν περισσότερο κατανοητά όταν θα γνωρίσουμε περισσότερα για τον εγκέφαλο. Η δεξαμενή βακτηριδίων του DNA, ο κυτταρικός πυρήνας, και ο εγκέφαλος είναι φυσικά συστήματα για τη λήψη, την αποθήκευση και την επεξεργασία πληροφοριών αναγκαίων για τους οργανισμούς. Η αποτελεσματικότητα του τρόπου ζωής της Γαίας, που χρησιμοποιεί ξανά και ξανά τα ίδια σχήματα σε όλο και πιο πολύπλοκους συνδυασμούς, υποδηλώνει ότι αυτά τα τρία συστήματα είναι πιθανό να έχουν πολλά κοινά σημεία.

Μάθαμε ότι ο εγκέφαλος είναι περισσότερο συντονιστής παρά δικτάτορας της φυσιολογίας και της συμπεριφοράς του σώματος – ένα είδος κεντρικού γραφείου επιλογής και κέντρου πληροφοριών για το σώμα στο σύνολό του. Ίσως το οργανωμένο DNA των κυτταρικών πυρήνων να είναι παρόμοιο, να μην υπαγορεύει τι θα κάνει το κύτταρο, αλλά μάλλον να χρησιμοποιείται ως κέντρο πληροφοριών για το κύτταρο στο σύνολό του.

Βήμα με βήμα, επί εκατομμύρια χρόνια – αν και ορισμένα βήματα, όπως ξέρουμε, ήταν πιο γρήγορα από άλλα – οι θάλασσες γέμισαν με μια απίστευτη ποικιλία ζωντανών όντων, που συνεξελίσσονταν ως οικοσυστήματα.

Ή, όπως θα μπορούσαμε να πούμε από τη σκοπιά μας της Γαίας, οι θάλασσες, με τον διαρκώς ανανεωμένο εφοδιασμό τους με άλατα και μέταλλα που παρασύρονταν από τα πετρώματα της ξηράς, μετατράπηκαν σε μια ζωντανή σούπα από πλαγκτόν και μεγαλύτερα όντα.

Πολλά είδη συνέχισαν το «φυτικό» τρόπο ζωής, παρ' όλο που δεν ήταν ακόμα αληθινά φυτά – αποικίες φυκιών αναπτύχθηκαν από απλά φύκια. Ορισμένα είχαν μέρη που έμοιαζαν με ρίζες, κορμούς και φύλλα, όμως οι πραγματικές ρίζες, οι κορμοί και τα φύλλα αναπτύχθηκαν αργότερα στη στεριά. Αυτά τα πλάσματα, που περιείχαν χλωροπλάστες, αντέγραψαν βακτηριακούς τρόπους για να επεξεργάζονται το άζωτο, έπαιρναν άλλα δομικά εφόδια από τη θάλασσα και τον πυθμένα της, που ήταν πλούσιος σε σώματα σε αποσύνθεση, και εξακολουθούσαν να παράγουν τροφή χρησιμοποιώντας την ηλιακή ενέργεια. Το χρησιμοποιήσιμο άζωτο και ο άνθρακας, που τον έπαιρναν από το διοξείδιο του άνθρακα και τον αφομοίωναν στο σώμα τους, χρησιμοποιούνταν επίσης και από άλλα ζώα, που έτρωγαν τα φύκια για ν' αναπτυχθούν.

Ένα μέρος του άνθρακα ανακυκλωνόταν, όμως μεγάλο μέρος θαβόταν στα ιζήματα από νεκρά πρώτιστα, φύκια και ζώα του θαλάσσιου πυθμένα. Με το πέρασμα εκατομμυρίων χρόνων εξέλιξης, αυτή η διαδικασία, μαζί με μια παρόμοια αποθήκευση του άνθρακα στην ξηρά, αφού αναπτύχθηκαν εκεί τα φυτά, είχε καταναλώσει το μεγαλύτερο μέρος του αρχικού ατμοσφαιρικού διοξείδιου του άνθρακα. Αυτό και άλλα αρχαία ατμοσφαιρικά αέρια αντικαταστάθηκαν βαθμιαία από ένα μίγμα ισορροπημένων αερίων, που ήταν σχεδόν αποκλειστικά προϊόντα των ζωντανών όντων και ήταν ό,τι έπρεπε για τη συνέχεια της επιβίωσης και της εξέλιξής τους – αέρια που διαρκώς αλληλοκαίγονταν, παράγονταν ξανά, ανακυκλώνονταν από τα ζωντανά όντα.

Τα βακτηρίδια και τα πρώτιστα συνέχισαν να ζουν ανάμεσα στα μεγαλύτερα όντα, σε πολύ μεγαλύτερους αριθμούς απ' αυτά, να εργάζονται για τον ανασχηματισμό και την εξισορρόπηση της ατμόσφαιρας και τη χημική σύσταση της θάλασσας, προμηθεύοντας ταυτόχρονα τροφή στα μεγαλύτερα όντα.

Τα φυτά δεν έγιναν τόσο πολύπλοκα όσο τα ζώα, επειδή τίποτα δεν τα ώθησε – η ζωή τους ήταν πολύ εύκολη. Δεν είχαν καμιά ανάγκη ν' αναζητήσουν την τροφή τους, να τη δουν, να την αρπάξουν, να χωνέψουν ολόκληρα άλλα πλάσματα. Τα ζώα, που ήταν υποχρεωμένα να κάνουν όλα αυτά τα πράγματα, δοκίμασαν πολλούς τρόπους αυτοδημιουργίας. Μερικά ανέπτυξαν σκληρά καλύμματα, όπως τα στρείδια, τα σαλιγκάρια, οι πεταλίδες, οι αστερίες και οι αχινοί. Άλλα, όπως τα καβούρια και οι αστακοί, δοκίμασαν μ' επιτυχία να χρησιμοποιήσουν ζεύγη ποδιών. Άλλα, όπως τα σκουλήκια, τα καλαμάρια και τα χταπόδια, έμειναν μαλακά. Άλλα πάλι όντα, που κολυμπούσαν ελεύθερα, έγιναν καρχαρίες και οι οστεώδεις πρόγονοι των σύγχρονων ψαριών. Όμως, όσο διαφορετικά κι αν ήταν τα σχήματά τους, όλα ανέπτυξαν μυώνες για να κινούνται, αίμα για να κυκλοφορούν τα υλικά τους, μάτια για να βλέπουν και νευρικά συστήματα με εγκεφάλους για να συντονίζουν τα όλο και πιο πολύπλοκα σώματά τους.

Μαζί, όλα αυτά τα ποικίλα ζωντανά όντα δημιούργησαν διάφορα περιβάλλοντα για τους εαυτούς τους και το ένα για το άλλο, στον πυθμένα της θάλασσας, στην επιφάνειά της και στα ρηχά κοντά στις ακτές. Αυτά τα περιβάλλοντα επέδρασαν με τη σειρά τους πάνω στα όντα, προσαρμόζοντας τα είδη το ένα στο άλλο και στο όλο περιβάλλον. Έτσι η ζωή δημιούργησε τις δικές της συνθήκες κι αυτές οι συνθήκες με τη σειρά τους δημιούργησαν νέους τρόπους ζωής. Αυτή είναι η Γαία.

Η αστερόσκονη που σχημάτισε τη βραχώδη γη μας είχε κάνει μακρύ δρόμο για την αναδιοργάνωσή της. Όμως, ενώ αμέτρητα μικρά κομμάτια από το φλοιό του πλανήτη μετατρέπονταν σε ζωντανά όντα, ο φλοιός ως σύνολο έσπαζε σε κομμάτια που γλιστρούσαν πέρα δώθε πάνω στο μαλακότερο λιωμένο εσωτερικό, όπως οι θωρακισμένες πλάκες ενός αρμαδίλου*. Οι επανειλημμένες εκρήξεις της λάβας χώριζαν τις πλάκες προσθέτοντας ψυχόμενα πετρώματα στις άκρες τους, ενώ οι απέναντι πλευρές γλιστρούσαν κάτω από τις άκρες άλλων πλακών, για να κάνουν χώρο.

Τις αναφέραμε στο Κεφάλαιο 2 ως τεκτονικές πλάκες και η ονομασία τους προέρχεται από την αρχαιοελληνική λέξη «τέκνων». Και πραγματικά, αυτές έδωσαν στον κόσμο το σχήμα που γνωρίζουμε. Τα παχύτερα τμήματα των τεκτονικών πλακών είναι οι μάζες της ξηράς που αποκαλούμε ηπείρους και που εξέχουν από τις θάλασσες. Τον καιρό που αναπτύχθηκαν οι δεινόσαυροι, όλα τα παχιά σημεία είχαν ενωθεί στην τεράστια μάζα ξηράς που ονομάζουμε Παγγαία. Από τότε, αυτή η μάζα ξηράς χωρίστηκε για να σχηματίσει ηπείρους, που χωρίζονται από ωκεανούς και θάλασσες. Ο Ατλαντικός Ωκεανός εξακολουθεί να γίνεται πλατύτερος χρόνο με το χρόνο, καθώς η Νότια Αμερική και η Αφρική απομακρύνονται όλο και πιο πολύ.

Οι ήπειροι ήταν χωρισμένες πριν συνενωθούν στη μάζα ξηράς της Παγγαίας, όμως τότε βρίσκονταν κυρίως σ' αυτό που γνωρίζουμε ως Νότιο Ημισφαίριο της γης. Καθώς η Παγγαία σχηματίστηκε και χωρίστηκε και πάλι, οι ήπειροι μετακινήθηκαν προς τα βόρεια και απομακρύνθηκαν μεταξύ τους. Αν μπορούσατε να δείτε την κίνησή τους στα δισεκατομμύρια χρόνια που πέρασαν σαν σε κινηματογραφική ταινία, θα τις βλέπατε να γλιστρούν πάνω στο περιστρεφόμενο αργά, μαλακό εσωτερικό της γης.

Ας γυρίσουμε τώρα πίσω στην προ-παγγαιική εποχή, στο επόμενο μεγάλο βήμα του εξελισσόμενου χορού της

* Σ.τ.Μ.: armadillo = μικρό φολιδωτό ζώο της Ν. Αμερικής.

ζωής – τη μεγάλη περιπέτεια της ξηράς, όταν ορισμένα όντα βγήκαν στη στεριά κι εξακολούθησαν να εξελίσσονται εκεί.

Από τους οργανισμούς που ήταν μεγαλύτεροι από τα μικρόβια, πρώτοι βγήκαν στη στεριά οι μύκητες και τα φυτά, ανοίγοντας το δρόμο για τα ζώα, καθώς εξελίχτηκαν σε πλούσιες πηγές τροφής – ακριβώς όπως τα βακτηρίδια είχαν ανοίξει το δρόμο για τα φυτά, όταν άρχισαν να διαλύουν τα πετρώματα και ν' αναπαράγονται, δημιουργώντας έτσι ένα απόθεμα χώματος.

Οι σπόροι των μυκήτων και των φυτών παρασύρθηκαν στην ξηρά από τον αέρα. Όπου τα βακτηρίδια είχαν δημιουργήσει αρκετό χώμα κι υπήρχε αρκετή υγρασία από δροσοσταλίδες ή βροχή, αυτοί οι σπόροι αναπτύχθηκαν.

Τα πρώτα φυτά της ξηράς που αναπτύχθηκαν ήταν τα βρύα, που μεγάλωναν κοντά στο έδαφος μαζί με τις συνεργατικές ομάδες από φύκια και μύκητες που ονομάζονται λειχήνες και μοιάζουν σαν φυτά. Χρειάστηκε πολύς καιρός ώσπου τα φυτά ν' αναπτύξουν δυνατές ρίζες και ψηλότερα, πιο άκαμπτα σώματα, που θα εξελίσσονταν σε φτέρες και δέντρα.

Η μετανάστευση των φυτών στη στεριά άρχισε ίσως όταν κάποιο απ' αυτά βρισκόταν ξεβρασμένο αρκετές ώρες κάθε μέρα, από την άμπωτη και παλίρροια που προκαλούσε η σελήνη. Για να επιβιώσουν, προσάρμοσαν τα σώματά τους, έμαθαν να ζουν και μέσα και έξω από το νερό. Οι βασικές νέες δομές που ήταν αναγκασμένα ν' αναπτύξουν για να στηρίξουν το σώμα τους στη στεριά και να μεταφέρουν το νερό από τις ρίζες σε όλα τα τμήματα, ήταν *αγγειακά συστήματα* – άκαμπτοι σωλήνες, ή αρτηρίες, που διέτρεχαν τα φυτά κατά μήκος. Ολόκληρο το φυτικό βασίλειο διαιρείται σε αγγειακά και μη αγγειακά φυτά.

Τα ζώα ακολούθησαν πιο αργά στην ξηρά, όταν υπήρχαν αρκετά φυτά για να τους προσφέρουν προστασία και τροφή. Αυτά ήταν υποχρεωμένα να πραγματοποιήσουν ακόμα μεγαλύτερες αλλαγές στα σώματά τους για να κυκλοφορήσουν στην ξηρά και ν' αναπνέουν τον αέρα. Μερικά ζώα, όπως και τα πρώτα φυτά των ακτών, ανέπτυξαν τρόπους για να ζουν πότε στη θάλασσα και πότε έξω από αυτήν. Τα ονομάζουμε *αμφίβια*, όντα που ζουν διπλές ζωές, στη στεριά και στη θάλασσα. Τους αρχαίους καιρούς υπήρχαν πολύ περισσότερα είδη αμφιβίων απ' ό,τι σήμερα. Τα περισσότερα αρχαία είδη εξαφανίστηκαν, καθώς νέα ζώα αναπτύσσονταν. Ανάμεσα σ' αυτά που εξακολουθούν να ζουν σήμερα είναι τα βατράχια κι οι σαλαμάνδρες.

Ενώ τα αμφίβια έχουν τους οστεώδεις σκελετούς τους μέσα στα σώματά τους, τα *αρθρόποδα* έχουν τους σκληρούς σκελετούς τους απ' έξω. Ορισμένα αρθρόποδα ήρθαν επίσης να ζήσουν στη στεριά και εξελίχθηκαν σε ελαφριά έντομα, ενώ οι συγγενείς τους στη θάλασσα ανέπτυξαν μεγαλύτερα σώματα, όπως τα καβούρια και οι αστακοί.

Τα πρώτα αμφίβια ήταν ιχθυοειδή όντα, που σέρνονταν πάνω σε πτερύγια κι ανέπτυξαν πνεύμονες για ν' αναπνέουν τον αέρα. Κάποτε μετέτρεψαν τα πτερύγιά τους σε κοντά πόδια και μερικά είδη εξελίχθηκαν σε ερπετά. Αργότερα, μερικά από τα ερπετά συνέχισαν την εξέλιξή τους και μετατράπηκαν σε πουλιά, ενώ άλλα μετατράπηκαν σε θηλαστικά. Μερικά από τα θηλαστικά μετέτρεψαν αργότερα τα πόδια τους σε πτερύγια και ξαναγύρισαν στη θάλασσα για να γίνουν φώκιες, θαλάσσιοι ελέφαντες, θαλάσσιες αγελάδες, φάλαινες και δελφίνια.

Όμως, ας παραμείνουμε μια στιγμή στη μεγάλη εποχή, όταν τα ερπετά κυκλοφορούσαν στη γη ως τα μεγαλύτερα πλάσματά της επί 160 εκατομμύρια χρόνια – δύο με τρεις φορές περισσότερο απ' ό,τι υπάρχουν τα θηλαστικά, σαράντα φορές περισσότερο απ' ό,τι υπάρχουν οι άνθρωποι. Τα απολιθώματα δείχνουν πολλά σχήματα και μεγέθη ερπετών και πρέπει να ξέρουμε τους σημαντικούς ρόλους που έπαιξαν στην εξέλιξη. Κοιτάζοντας τα απολιθώματα δεινοσαύρων, βλέπουμε ότι τα σημερινά ερπετά, όπως οι σαύρες και οι κροκόδειλοι, πρέπει να κατάγονται από τους μικρούς επιζώντες των δεινοσαύρων. Και τα πουλιά μας, όπως βλέπουμε καθαρά, κατάγονται από τον ακόμα ημι-ερπετό *αρχαιοπτέρυγα* και τον εξάδελφό του τον *πτεροδάκτυλο*. Τα απολιθώματά τους, όπως είπαμε πρωτύτερα, μας δείχνουν οστά ποδιών που εξελίσσονται σε οστά πτερύγων, σαγόνια σε ράμφη, λέπια σε φτερά. Αυτά τα πρώτα πουλιά ήταν πολύ μεγαλύτερα από τα σημερινά, με φτερούγες που άνοιγαν μέχρι δώδεκα μέτρα. Οι άνθρωποι άρχισαν να κατασκευάζουν ιπτάμενα μοντέλα τους, για να δουν πώς τόσο μεγάλα ζώα μπορούσαν να μένουν στον αέρα.

Οι ίδιοι οι δεινόσαυροι είχαν μήκος μέχρι είκοσι τέσσερα μέτρα και ορισμένα είδη σηκώνονταν όρθια στα πίσω τους πόδια. Στη βασιλεία των δεινοσαύρων, ο κόσμος ήταν γεμάτος από ιπτάμενα και έρποντα έντομα και γινόταν όλο και πιο πράσινος από τα φυτά, μερικά από τα οποία τελικά έβγαλαν λουλούδια.

Τα λουλούδια έφεραν ένα νέο θαυμαστό πλήθος από χρώματα στον κόσμο, ένα ιδιαίτερο είδος ομορφιάς, όμως αυτή η ομορφιά ήταν επίσης πρακτική. Με τα λουλούδια, τα φυτά ολοκλήρωσαν την πλήρη διγονική σεξουαλικότητά τους, όμως και τα δύο φύλα βρίσκονταν στο ίδιο άτομο. Τα λουλούδια, δηλαδή, έχουν και τα δύο φύλα μαζί, όμως βρήκαν έναν ειδικό τρόπο για να σκορπίζουν τα γονίδιά τους σε άλλους δυνητικούς συντρόφους, που δεν μπορούν να τους πλησιάσουν τα ίδια. Τα λουλούδια πρόσφεραν στα φυτά έναν τρόπο να προσελκύουν τα πουλιά και τα έντομα, για να συνεργάζονται μαζί τους και να μεταφέρουν την αρσενική γύρη του ενός φυτού στα ωάρια ενός άλλου.

Τα επόμενα και τελευταία είδη ζώων που αναπτύχθηκαν ήταν τα θερμόαιμα θηλαστικά, που διατηρούσαν διαρκώς ζεστή τη θερμοκρασία του σώματός τους και κρατούσαν τα μωρά τους μέσα στο σώμα τους, αντί μέσα σε αβγά, ώσπου να είναι έτοιμα να γεννηθούν. Στο τέλος της εποχής των δεινοσαύρων, ορισμένα ερπετά που ονομάζονται θεραψίδες εξελίσσονται σε θηλαστικά, ακριβώς όπως ο αρχαιοπτέρυξ κι ο πτεροδάκτυλος εξελίσσονται σε πουλιά. Παρ' όλο που μέχρι τώρα νομίζαμε ότι μονο τα θηλαστικά και τα πουλιά είναι θερμόαιμα πλάσματα, ξέρουμε σήμερα ότι ορισμένα ψάρια έχουν αναπτύξει και αυτά το ίδιο χαρακτηριστικό. Οι κοκκινόαιμοι τόνοι π.χ. διατηρούνται πολύ θερμότεροι απ' ότι η θάλασσα που τους περιβάλλει, με συστήματα εξαιρετικά αποτελεσματικά, ώστε να εμποδίζουν την απώλεια θερμότητας.

Οι μεγάλοι δεινόσαυροι εξαφανίζοντε ξαφνικά – στη χρονική κλίμακα της γης – απ' ό,τι δείχνουν τα απολιθώματα πριν από 60 ως 65 εκατομμύρια χρόνια, όταν κάποια μεγάλη καταστροφή – πιθανώς, όπως είπανε προηγουμένως, ένας γιγάντιος μετεωρίτης ή πλανητοειδής, χτύπησε τη γη – άλλαξε τον καιρό, το κλίμα, ολόκληρο το περιβάλλον από το οποίο ήταν εξαρτημένοι, τόσο ώστε τα τεράστια εξειδικευμένα όντα που κυριαρχούσαν τόσον καιρό δεν μπορούσαν ν' αλλάξουν αρκετά, ή αρκετά γρήγορα, ώστε να ξαναποκτήσουν την αμοιβαία συνεκτικότητα τους μαζί της.

Ακριβώς όπως πολλά από τα πρώτα βακτηρίδια της Γαίας είχαν πεθάνει από δηλητηρίαση οξυγόνου, όλοι οι δεινόσαυροι της ξηράς εξοντώθηκαν απ' αυτή την πιο σύγχρονη καταστροφή. Όμως, ακριβώς όπως νέοι τύποι βακτηριδίων επικράτησαν αμέσως, έτσι και νέα είδη ζώων αναπτύχθηκαν από τα μικρότερα που είχαν απομείνει μετά απ' αυτή τη μεγάλη εξόντωση. Τα μόνα μεγάλα όντα που επιβίωσαν ήταν εκείνα τα μεγάλα θηλαστικά που είχαν επιστρέψει στη θάλασσα για να συνεχίσουν την εξέλιξή τους ως υδρόβια όντα.

Η Γαία έχει δείξει επανειλημμένα την ικανότητά της να συνέρχεται από καταστροφές, συνεχίζοντας πάντα το χορό της ζωής με δημιουργικούς νέους τρόπους. Ή, θα μπορούσαμε να πούμε, το πέτρωμα μπορεί να αναδιοργανώνεται σε διαρκώς νέα σχέδια, αν τα παλιά δε λειτουργούν πια καλά.

Η ζωή συνεχιζόταν, τα διάφορα είδη φυτών και ζώων ανέπτυσσαν διαφορετικά σώματα και τρόπους ζωής, για να εξισορροπούνται και να εναρμονίζονται μεταξύ τους ως μέρη του μεγάλου συστήματος της Γαίας στο οποίο εξελίχθηκαν – ένα σύστημα που εξακολούθησε να λειτουργεί ως ενιαίο ον και να ρυθμίζει τη θερμοκρασία, τη χημική σύσταση και τον καιρό της γης. Τα ζωντανά όντα μπορεί ακόμα και να βοηθούν στη μετακίνηση των τεκτονικών πλακών βαραίνοντάς τις, καθώς τα σώματά τους μετατρέπονται και πάλι σε πέτρωμα, ή τουλάχιστον προσφέροντάς ασβεστώδη στρώματα που βοηθούν κάποιες από τις βαριές πλάκες να γλιστρήσουν κάτω από τις άκρες άλλων.

Όταν η Παγγαία διαιρέθηκε, όταν η Αφρική χωρίστηκε από τη Νότια Αμερική και η Γροιλανδία μοιράστηκε ανάμεσα στην Αμερική και την Ευρώπη, ο Ατλαντικός Ωκεανός κάλυψε τα κενά ανάμεσα σ' αυτά τα κομμάτια. Την ίδια εποχή η Ινδία είχε «πλεύσει» περίπου το μισό δρόμο από την Ανταρκτική, απ' όπου ξεκίνησε, προς την Ασία, όπου θα κολλούσε στη θέση της σπρώχνοντας προς τα πάνω τα Ιμαλάια, όπως και έκανε.

Τον καιρό που εξαφανίστηκαν οι δεινόσαυροι, η γη είχε αρχίσει να γίνεται όπως είναι σήμερα, αν και οι ήπειροι ήταν ακόμα πιο κοντά η μια στην άλλη απ' ότι σήμερα. Καθώς οι γέφυρες ξηράς που τις ένωναν εξαφανίζονταν κάτω από το νερό, τα φυτικά και ζωικά είδη παρέμεναν σε διαφορετικές ηπείρους για να συνεχίσουν ξεχωριστούς δρόμους εξέλιξης. Αυτός είναι ο λόγος που πολλά είδη που ζουν σήμερα, όπως τα καγκουρό και τα κοάλα της Αυστραλίας, υπάρχουν μόνο σε μια συγκεκριμένη ήπειρο. Μερικά είδη από διαφορετικές ηπείρους, όπως οι αλιγάτορες της Βόρειας Αμερικής, τα κάιμαν της Νότιας Αμερικής και οι κροκόδειλοι της Αφρικής, αναγνωρίζονται ακόμα εύκολα ως απόγονοι των ίδιων παγγαιικών προγόνων, παρά τις διαφορές στην κατοπινή εξέλιξή τους.

Τα ερπετά ήταν, κι εξακολουθούν να είναι, ψυχρόαιμα ζώα, πράγμα που σημαίνει ότι η σωματική τους θερμοκρασία ανεβαίνει και κατεβαίνει ανάλογα με τη θερμοκρασία του περιβάλλοντός τους. Όταν κάνει κρύο, επιβραδύνουν τη δράση τους· όταν ο ήλιος τα ζεσταίνει ζωηρεύουν. Γι' αυτό οι δεινόσαυροι κυνηγούσαν την τροφή τους την ημέρα. Μερικοί δεινόσαυροι μπορεί να εξελίχθηκαν σε θερμόαιμα πλάσματα, όμως οι ενδείξεις γι' αυτό δεν είναι αρκετά σαφείς.

Όπως τα πουλιά που κατάγονται απ' αυτά, τα ερπετά γεννούν αβγά. Όμως, αντίθετα απ' τα θερμόαιμα πουλιά, τα ερπετά σπάνια φροντίζουν τα μικρά τους. Οι εγκέφαλοί τους είναι τόσο απλοί, ώστε τα περισσότερα ερπετά δεν μπορούν καν ν' αναγνωρίσουν τα δικά τους μικρά όταν σκάζουν απ' τ' αβγό. Μάλιστα υπάρχουν περιπτώσεις που τρώνε τα ίδια τους τα παιδιά – όχι επειδή είναι κακά ή άκαρδα, αλλά επειδή δεν ξεχωρίζουν τα παιδιά τους από άλλα φαγώσιμα πράγματα. Αυτός ο κίνδυνος για τα νεαρά ερπετά τα έκανε να εξελιχθούν σε πλάσματα που τρέχουν ιδιαίτερα γρήγορα από πολύ νωρίς. Ένα βρέφος ερπετό είναι στην πραγματικότητα σχεδόν τόσο ικανό όσο κι ένα μεγάλο, σε όλα όσα κάνουν τα ερπετά.

Η συμπεριφορά των ερπετών προκύπτει άμεσα από τα γονίδιά τους, τα σώματά τους και τη φυσιολογία τους, χωρίς να έχουν καθόλου σκέψη ή επιλογή. Κάνουν σε γενικές γραμμές τα ίδια πράγματα με τους ίδιους τρόπους, γιατί δεν έχουν αρκετό εγκέφαλο για να τα σκεφτούν ή να τ' αλλάξουν. Κυνηγούν την τροφή τους, κάνουν επίδειξη για να κερδίσουν τους ερωτικούς συντρόφους τους, φουσκώνουν και σφυρίζουν για να διώξουν τους ξένους που μπαίνουν στο έδαφός τους και πολεμούν, αν ο ξένος δε φύγει. Αυτό είναι περίπου όλο. Ούτε καν κοιμούνται, απλώς κάθονται ήσυχα σ' ένα μέρος όταν τα ψυχράνει η νύχτα.

Μερικά από τα σημερινά μικρά θηλαστικά δείχνουν ότι συνδέονται με τα αρχαία θηλαστικά που εξελίχθηκαν από τα ερπετά. Ο πλατύπους π.χ. είναι ένα παράξενο, τριχωτό θερμόαιμο ζώο που γεννά αβγά κι έχει ράμφος και νηκτικές μεμβράνες στα πόδια του, σαν να μην μπορούσε ν' αποφασίσει αν θα εξελιχθεί σε πουλί ή θηλαστικό. Τα αληθινά θηλαστικά διακλαδώθηκαν σε δύο τύπους. Ο ένας κλάδος, που συμπεριλαμβάνει τα καγκουρό και τα *οπόσουμ**, γεννά πολύ ασχημάτιστα μωρά, που μένουν σε μάρσιπους έξω από το σώμα της μητέρας τους αφού γεννηθούν, ώσπου να είναι έτοιμα να ζήσουν μόνα τους. Ο άλλος κλάδος αφήνει τα μωρά να ωριμάσουν μέχρι ένα κατοπινότερο στάδιο, βαθιά μέσα στο μητρικό σώμα, πριν να γεννηθούν.

Τα μαρσιποφόρα είναι ένα από τα πιο πρωτόγονα – ή αρχαία – είδη θηλαστικών που ζουν σήμερα. Δε φαίνεται να έχουν αλλάξει πολύ από τότε που αναπτύχθηκαν ανάμεσα στους δεινόσαυρους, έτσι είναι σημαντικά στη μελέτη της εξέλιξης. Μεταξύ άλλων, ίσως ήταν τα πρώτα ζώα που κοιμούνταν κι ονειρεύονταν.

---

* Σ.τ.Μ.: opossum· μικρό θηλαστικό ζώο της Αμερικής και της Αυστραλίας.

10. *Από τα μαρσιποφόρα στους ανθρώπους*

Δεν είμαστε ακόμα βέβαιοι για ποιο λόγο τα θερμόαιμα ζώα κοιμούνται κι ονειρεύονται. Ο ύπνος και το όνειρο είναι ειδικές συμπεριφορές, που αναπτύχθηκαν και μεταβιβάστηκαν σε όλους τους θηλαστικούς απογόνους, όμως κανείς δεν ξέρει γιατί. Οι επιστήμονες πίστευαν άλλοτε ότι ο ύπνος αναπαύει τα κουρασμένα σώματα, όμως δεν υπάρχουν αποδείξεις γι' αυτή τη θεωρία. Μερικοί άνθρωποι κοιμούνται πολύ λίγο, ορισμένοι ποτέ, και αυτό δεν τους δημιουργεί προβλήματα. Για τους περισσότερούς μας, ωστόσο, ο ύπνος είναι σαφώς μια αναπόφευκτη πλευρά της φυσιολογίας μας. Αυτό καθιστά εξαιρετικά πιθανό ότι ο ύπνος και τα όνειρα αναπτύχθηκαν επειδή βοηθούσαν κατά κάποιον τρόπο τους προγόνους μας να επιβιώνουν.

Μια υπόθεση είναι ότι ο ύπνος ήταν ένας τρόπος ώστε τα θερμόαιμα σώματα, που εργάζονταν τόσο την ημέρα όσο και τη νύχτα, να ησυχάζουν και να κρύβονται τις ώρες που κυνηγούσαν οι δεινόσαυροι. Τα θηλαστικά πιθανώς έβλεπαν στα όνειρά τους δεινόσαυρους κι αυτό τα κρατούσε ίσως αρκετά κοντά στην εγρήγορση, ώστε να μπορούν να σηκώνονται και να το βάζουν γρήγορα στα πόδια, αν ένας δεινόσαυρος έχωνε το κεφάλι του στη φωλιά τους. Αυτή η θεωρία μοιάζει να ταιριάζει σε θηλαστικά που είναι δραστήρια τη νύχτα. Όμως, η μυγαλή, ένα μικρό θηλαστικό που μοιάζει με ποντίκι, είναι δραστήρια μέρα και νύχτα, ενώ οι νυχτερίδες, που είναι μικρά θηλαστικά που μοιάζουν με ποντίκια αλλά έχουν φτερούγες, κοιμούνται σχεδόν όλη τη μέρα και τη νύχτα. Μερικά είδη θηλαστικών, όπως οι άνθρωποι, κοιμούνται τη νύχτα αντί για τη μέρα. Μια άλλη θεωρία λέει ότι μας κοιμίζει ένα χημικό συστατικό που δημιουργεί στο σώμα μας το ηλιακό φως, το οποίο μας κάνει όλο και πιο κουρασμένους όσο πέφτει η νύχτα.

Όλα αυτά δείχνουν ότι είναι άλυτο ακόμη το μυστήριο πώς και γιατί αναπτύχθηκε ο ύπνος και τα όνειρά. Το μόνο που ξέρουμε σίγουρα είναι ότι ήταν μια από τις πολλές νέες συμπεριφορές που οργανώθηκαν στους μεγαλύτερους, πιο πολύπλοκους εγκεφάλους των πρώτων θηλαστικών, όπως των μαρσιποφόρων. Ίσως κοιμόμαστε απλώς για να επιμηκύνουμε τη ζωή μας, γιατί ο ύπνος επιβραδύνει τη σωματική δραστηριότητα και κάνει ένα σώμα να διαρκεί περισσότερο. Οι νυχτερίδες ζουν περίπου πέντε φορές περισσότερο απ' ότι τα υπερδραστήρια εξαδέλφια τους, οι μυγαλές, που έχουν περίπου το ίδιο σωματικό μέγεθος. Και τα δύο είδη έχουν περίπου τον ίδιο αριθμό χτύπων της καρδιάς στη διάρκεια της ζωής τους! Όμως η μακρά ζωή στα άτομα δε σημαίνει αναγκαστικά ότι το είδος επιβιώνει περισσότερο καιρό, καθώς είναι σαφές ότι το είδος νυχτερίδα και μυγαλή έχουν επιβιώσει εξίσου καλά.

Τα μαρσιποφόρα – εκτός από το ότι είναι θερμόαιμα, κυνηγούν τη νύχτα και κοιμούνται βλέποντας όνειρα τη μέρα – φροντίζουν τα μικρά τους. Η φροντίδα για τα νεογνά ήταν ένα νέο και σημαντικό εξελικτικό βήμα στα θηλαστικά. Ένας από τους νέους τρόπους με τους οποίους έβλεπαν κι αισθάνονταν ήταν η ικανότητα των γονέων να αναγνωρίζουν τα μωρά τους και να αισθάνονται την ανάγκη να τα φροντίσουν – να τα ταΐζουν, να τα καθαρίζουν, να τα προστατεύουν και να τα διδάσκουν, όπως κάνουν τόσο τα πουλιά όσο και τα θηλαστικά.

Και πάλι πρέπει να σημειώσουμε ότι η φύση δε διατηρεί τα πράγματα σε ξεκάθαρες ανθρώπινες κατηγορίες, κι έτσι βρίσκουμε έντομα, όπως τις σφήκες, που φροντίζουν τα μικρά τους πριν αυτά βγουν από τ' αβγά, αποθηκεύοντας τροφή. Οι βάτραχοι κρατούν τα ζωντανά μικρά μέσα στο στομάχι τους και τα εμέσσουν κάθε τόσο για να δουν αν είναι έτοιμα να λειτουργήσουν μόνα τους. Ορισμένα είδη ψαριών έχουν αναπτύξει μια αρκετά περίπλοκη φροντίδα των μικρών από τους γονείς τους, παρ' όλο που δεν είναι θερμόαιμα. Οι πατέρες ιππόκαμποι κρατούν τα μωρά σε τσέπες σαν των καγκουρό, και μερικοί πατέρες του γένους ψαριών κιχλίδες κρατούν τα μωρά που έχουν βγει από τ' αβγά στο στόμα τους. Όταν μάθουν να κολυμπούν μόνα τους, οι πατέρες τα βρίσκουν και τ' αφήνουν να ξαναμπαίνουν στο στόμα τους κάθε φορά που τα απειλεί κάποιος κίνδυνος.

Παρ' όλα αυτά, αν παρακολουθούσατε έναν πατέρα ψάρι και μια μητέρα γάτα να φροντίζουν τα μικρά τους, θα βλέπατε σύντομα ότι το ψάρι έχει πιο απλές κινήσεις και δρα περισσότερο αυτόματα, ενώ η γάτα φαίνεται συχνά σαν να έχει δυνατότητα επιλογής για την επόμενή της κίνηση. Η τάση προς ιδιαίτερους τρόπους συμπεριφοράς αναπτύχθηκε στα ζώα μαζί με τη δομή των σωμάτων τους. Αυτές οι έμφυτες συμπεριφορές – π.χ. το χτίσιμο της φωλιάς ή οι τελετές των ερωτοτροπιών – ονομάζονται κοινά «ενστικτώδεις», αν και οι περισσότεροι επιστήμονες, που έχουν εγκαταλείψει την παλιά άποψη για τα ένστικτα, τις ονομάζουν «χαρακτηριστικές του είδους» ή απλώς έμφυτες συμπεριφορές. Όπως κι αν τις ονομάσουμε, το ζώο τις ασκεί χωρίς να τις έχει μάθει, κι έτσι φαίνονται αυτόματες, ότι απαιτούν σχετικά λίγη βούληση και ότι δε διαθέτουν πολλή ελαστικότητα.

Καθώς προχωρούμε από τα απλά ζώα στα αμφίβια, στα ερπετά, κι ύστερα στα θηλαστικά, βρίσκουμε ότι τα νευρικά συστήματα γίνονται πιο πολύπλοκα και η συμπεριφορά πιο ποικίλη. Καθώς οι εγκέφαλοι γίνονται μεγαλύτεροι και πιο περίπλοκοι, μερικές από τις έμφυτες συμπεριφορές χαλαρώνουν και δίνουν στο ζώο περισσότερη ελαστικότητα και δυνατότητα επιλογής, σε ανταπόκριση προς το περιβάλλον του και τις δικές του εσωτερικές παρορμήσεις. Ο εγκέφαλος είναι ένα ολοένα και πιο ελαστικό σύστημα συντονισμού, που εργάζεται για ν' αλλάζει τη συμπεριφορά και να την προσαρμόζει στις περιστάσεις.

Καθώς τα ζώα κέρδιζαν περισσότερη ελευθερία στο τι να κάνουν και πώς και πότε να το κάνουν, κέρδιζαν και περισσότερη ελευθερία και στο να ενεργούν ανάλογα με αυτό που αισθάνονται και στο να μαθαίνουν νέες συμπεριφορές. Τα θηλαστικά άρχισαν σαφώς να εκδηλώνουν αυτό που θεωρούμε ως συναισθήματα και κάποια απ' αυτά τα συναισθήματα φαίνεται πως ήταν αυτό που θα μπορούσαμε να ονομάσουμε αρχή της αγάπης στη ζωική εξέλιξη. Οι μητέρες-ζώα ήταν φανερό ότι αισθάνονταν καλά όταν έμεναν κοντά στα μωρά τους, τα τάιζαν με γάλα από το σώμα τους, τα έγλειφαν για να τα καθαρίσουν και τα έκρυβαν από τον κίνδυνο. Όποτε μητέρες και παιδιά χωρίζονταν, αισθάνονταν άσχημα και έκλαιγαν. Ξαναβρίσκονταν ακούγοντας ο ένας τον άλλο και ακολουθώντας τις κραυγές. Αυτή ήταν η αρχή της επικοινωνίας μέσω της φωνής, που οι φάλαινες, τα δελφίνια και οι άνθρωποι την ανέπτυξαν σε γλώσσα, η οποία μπορεί να χρησιμοποιηθεί για να λεχθούν κάθε είδους πράγματα. Το κελάηδισμα των πουλιών είναι ένα περισσότερο έμφυτο είδος επικοινωνίας μέσω της φωνής, αν και τα μωρά των πουλιών είναι συχνά υποχρεωμένα να μάθουν από τους μεγάλους το ακριβές κελάηδισμα του είδους τους.

Ένα από τα σημαντικότερα πράγματα που έμαθαν και δίδαξαν το ένα στο άλλο τα θηλαστικά ήταν το παιχνίδι. Το παιχνίδι, για τα νεαρά θηλαστικά, φαίνεται πως είναι μια εξάσκηση για μια πιο σοβαρή ενήλικη συμπεριφορά, όπως το κυνήγι ή η απόκτηση συντρόφου. Βλέπουμε να παίζουν σχεδόν όλα τα είδη των νεαρών θηλαστικών, από τα κατσικάκια που κουτουλούν το ένα το άλλο, μέχρι τα κουτάβια που κρύβονται και ψευτοτσακώνονται. Οι μητέρες γάτες σαφώς δείχνουν στα γατάκια τους πώς να εξασκούνται μεταξύ τους στο κυνήγι, χωρίς να είναι πολύ σκληρά, και τα γατάκια τελικά απολαμβάνουν αυτή τη δραστηριότητα. Από τότε που αναπτύχθηκε, το παιχνίδι αποτέλεσε ένα σημαντικό μέρος της κοινωνικής ζωής, της ζωής των ζώων που ζουν μαζί, αγωνίζονται μαζί για τη ζωή τους, επικοινωνούν και φροντίζουν το ένα το άλλο.

Τα θηλαστικά, όπως οι γάτες, τα σκυλιά και οι πίθηκοι, έχουν ευλύγιστα σώματα που τα διευκολύνουν να φροντίζουν τα μωρά τους και να κατρακυλούν εδώ κι εκεί παίζοντας. Τα ευλύγιστα δάχτυλα των ποδιών μπορούν να είναι πολύ χρήσιμα, γιατί μ' αυτά ένα ζώο μπορεί να κάνει πολλά πράγματα. Τα ζώα με άκαμπτα πόδια και χωρίς ευλύγιστα δάχτυλα, όπως οι κατσίκες, οι αντιλόπες και τ' άλογα, μπορούν να κάνουν λιγότερα πράγματα κι έτσι ζουν απλούστερες ζωές, βόσκουν αντί να κυνηγούν άλλα ζώα, τρέχουν για ν' αποφύγουν τους διώκτες τους, προστατεύοντας τα μικρά τους όσο καλύτερα μπορούν. Ενώ τα δυνατά, λεπτά πόδια τους τα κάνουν εξαιρετικούς δρομείς, αυτά τα πόδια είναι υπερβολικά εξειδικευμένα για να μπορούν να φροντίσουν μωρά ή να παίξουν. Έτσι τα μικρά τους στέκονται αμέσως σχεδόν στα άκαμπτα πόδια τους και τρέχουν.

Τα θηλαστικά όλων των σχημάτων και των μεγεθών – μερικά πολύ εξειδικευμένα, άλλα πιο προσαρμοστικά – διακλαδώθηκαν από αρχαίους προγόνους που έμοιαζαν με τα μαρσιποφόρα. Κάθε νέο είδος δημιουργούσε νέα βήματα στο χορό της Γαίας καθώς εντασσόταν σ' ένα πολύπλοκο περιβάλλον. Ενώ οι ωκεανοί γέμιζαν ζώα, από το πλαγκτόν, που έχει το μέγεθος μικροβίου, μέχρι τα θαλάσσια σαλιγκάρια, από τα ψάρια ως τα θηλαστικά φάλαινες και θαλάσσιους ελέφαντες, τα δάση γέμιζαν πολύχρωμα έντομα, πουλιά και τριχωτά θηλαστικά, και οι πεδιάδες αντιλαλούσαν από τις οπλές των γρήγορων δρομέων.

Από τη στιγμή που εξαφανίστηκαν οι δεινόσαυροι, τα θηλαστικά ήταν τα μεγαλύτερα ζώα της στεριάς, όπως τα δέντρα ήταν τα μεγαλύτερα φυτά. Σ' όλη την πορεία της εξέλιξης, όλο και πιο μεγάλα άτομα αναπτύσσονταν τόσο στο φυτικό όσο και στο ζωικό κόσμο. Όμως υπήρχε ένα όριο μεγέθους πέρα από το οποίο τα άτομα δε λειτουργούσαν τόσο καλά. Τα δέντρα που γίνονταν υπερβολικά ψηλά δεν μπορούσαν να σταθούν όρθια στις καταιγίδες, ή να αντλούν το νερό μέχρι τα ψηλότερα φύλλα τους. Οι γιγάντιοι δεινόσαυροι ήταν πολύ μεγάλοι για να επιβιώσουν μετά από μια καταστροφή, από την οποία ωστόσο επέζησαν τα μικρότερα πλάσματα. Τα θηλαστικά στο μέγεθος της φάλαινας και του ελέφαντα φαίνεται πως είναι τα μεγαλύτερα που μπορεί να συντηρεί με επιτυχία το βιοτικό σύστημα της Γαίας. Τα μεγαλύτερα σώματα, εκτός από τα άλλα προβλήματα, θα δυσκολεύονταν να παίρνουν αρκετή τροφή και οξυγόνο. Ένα ζώο, δέκα φορές μεγαλύτερο από ένα άλλο προς όλες τις κατευθύνσεις, ζυγίζει χίλιες φορές περισσότερο και χρειάζεται χίλιες φορές περισσότερη τροφή. Τα μεγάλα ζώα που εξελίχθηκαν είναι πολύ λίγα σε σύγκριση με τα μικρότερα είδη και βέβαια τα πιο πολυάριθμα απ' όλα είναι τα βακτηρίδια που εργάζονται αδιάκοπα.

Ενώ ορισμένα ζώα της Γαίας έφτασαν σε οριακά μεγέθη, δε φαίνεται να υπήρχαν όρια στην ποικιλία των σωμάτων τους και των συμπεριφορών τους. Ανέπτυξαν ατέλειωτους και θαυμαστούς τρόπους να κολυμπούν, να έρπουν, να τρέχουν, να σκαρφαλώνουν και να πετούν, να κυνηγούν, να παλεύουν, να παίζουν και να μαθαίνουν. Είχαν αισθήσεις για να βλέπουν, ν' ακούν, να μυρίζουν, να αισθάνονται και γενικά να αντιλαμβάνονται τον κόσμο τους. Επικοινωνούσαν μεταξύ τους και βρήκαν αμέτρητους τρόπους για να φτιάχνουν τα σπίτια τους και να τρέφονται. Ανέπτυξαν θαυμαστά σχέδια σωμάτων, χρώματα και χορούς για να προσελκύουν τους ερωτικούς τους συντρόφους.

Ποιό θα ήταν το επόμενο βήμα της δημιουργίας της Γαίας; Τι άλλο ήταν δυνατόν να γίνει που δεν είχε ακόμη αναπτυχθεί;

Σκεφτείτε τον κόσμο όπως ήταν, με την τεράστια ποικιλία του από μόνερα, πρώτιστα, μύκητες, φυτά και ζώα, συνυφασμένα και συνυφαίνοντα τους σχηματισμούς της ζωής. Το πέτρωμα είχε μεταμορφωθεί σε αμέτρητα όντα, που είχαν δημιουργήσει μια πλούσια ατμόσφαιρα, θρεπτικές θάλασσες και εδάφη για τους εαυτούς τους. Κάθε είδος της δημιουργίας της Γαίας είχε το μέρος του στο χορό, καθώς η συνεξέλιξή τους ήταν η εξέλιξη ενός ενιαίου μεγάλου πλανητικού σώματος. Αυτό το μεγάλο ον, η Γαία, γνώριζε τον εαυτό του, με την ίδια έννοια που τα σώματά μας γνωρίζουν τον εαυτό τους, καθώς έχουν τη σωματική σοφία να αυτοφροντίζονται και να συνεχίζουν να εξελίσσονται. Κι όμως, τα πλάσματα της ζούσαν τις ζωές τους χωρίς ποτέ να σκέφτονται αυτές τις ζωές ή τις σχέσεις τους το ένα με το άλλο, ακριβώς όπως κάνουν τα δικά μας κύτταρα και όργανα.

Όπως τα κύτταρα στο σώμα μας, αυτά τα όντα έπαιζαν τους ρόλους τους χωρίς να έχουν καμιά ιδέα από πού έρχονταν ή προς τα πού κατευθύνονταν. Κατά έναν τρόπο, ήταν σαν ηθοποιοί που έχουν μάθει το ρόλο τους στον ύπνο τους και τον παίζουν χωρίς να έχουν την παραμικρή ιδέα για το έργο.

Τα θηλαστικά με το μεγαλύτερο εγκέφαλο στη θάλασσα ήταν οι φάλαινες και τα δελφίνια. Και πόσο επιτυχημένα πλάσματα ήταν! Τα σώματά τους είχαν αναπτυχθεί σε πλήρη αρμονία με τη θάλασσα, στην οποία είχαν επιστρέψει πριν από πολύ καιρό. Κυκλοφορούσαν στα υδάτινα τρία τέταρτα της γης. Όταν το νερό ήταν θολό, «έβλεπαν» με το σόναρ, όταν ήταν καθαρό, με τα μάτια τους. Προσαρμόζονταν στα ψυχρότερα και τα θερμότερα, τα βαθύτερα και τα ρηχότερα νερά και είχαν επινοήσει μια γλώσσα με την οποία μιλούσαν και τραγουδούσαν το ένα στο άλλο από τη μια άκρη του ωκεανού στην άλλη.

Είναι πιθανό ότι τα κήτη – οι φάλαινες και τα δελφίνια – έχουν αναπτύξει την ικανότητα να σκέφτονται και να μιλούν για τον κόσμο στον οποίο ζουν. Η γλώσσα τους είναι εξαιρετικά πολύπλοκη και, όπως φαίνεται, πολύ πιο γρήγορη από τη δική μας. Μόλις τώρα αρχίσαμε να τη μελετάμε σοβαρά, κι ως τώρα δεν έχουμε προοδεύσει πολύ στην κατανόησή της. Μέχρι πολύ πρόσφατα, εμείς οι άνθρωποι πιστεύαμε ότι είμαστε τα μόνα ευφυή όντα και δε μεταχειριζόμαστε τα άλλα όντα με πολύ σεβασμό. Μάλιστα, κοντεύαμε να εξοντώσουμε όλες τις φάλαινες και τα δελφίνια ακριβώς όπως, παλιότερα στην ιστορία μας, εξοντώσαμε τα περισσότερα είδη ελεφάντων – τα μόνα ζώα εκτός από τα κήτη που έχουν εγκεφάλους μεγαλύτερους από τους δικούς μας. Ο HOMO SAPIENS είναι πιθανό ότι έχει εξοντώσει επίσης και άλλα είδη ανθρώπων, ανταγωνιζόμενος μαζί τους για την τροφή – το τελευταίο άλλο γνωστό ανθρώπινο είδος ήταν οι Νεάντερταλ, που εξαφανίστηκαν από το χρονικό της εξέλιξης πριν από σαράντα χιλιάδες χρόνια μόνο. Μερικοί επιστήμονες πιστεύουν ότι ίσως εξαφανίστηκαν λόγω επιμιξίας με το δικό μας είδος· άλλοι πιστεύουν ότι τους εξοντώσαμε εμείς.

Οπωσδήποτε, τα κήτη δεν είχαν τίποτε για ν' ανησυχούν, ώσπου το δικό μας ανθρώπινο είδος ανέπτυξε εγκεφάλους τόσο μεγάλους κι ευφυείς όσο ήταν οι δικοί τους, τριάντα εκατομμύρια χρόνια ή και περισσότερο από τότε που είχαν εξελιχθεί οι δικοί τους. Παρ' όλο που εμείς οι άνθρωποι εξελιχθήκαμε τόσο πολύ αργότερα από τα κήτη, με τα κριτήρια της Γαίας εξελιχθήκαμε με απίστευτη ταχύτητα. Οι εγκέφαλοί μας άνθισαν ξαφνικά, επεκτάθηκαν σχεδόν εκρηκτικά, σε σύγκριση με τους πολύ μικρότερους εγκεφάλους των πιθηκοειδών προγόνων μας.

Για να γίνουν άνθρωποι, αυτοί οι πίθηκοι πρόγονοί μας χρειάστηκε να κάνουν κάτι παρόμοιο μ' αυτό που είχαν κάνει οι πολύ αρχαιότεροι πρόγονοί τους, οι πολύποδες. Χρειάστηκε να ασκήσουν *νεοτενεία* – δηλαδή χρειάστηκε να μείνουν σε παιδική κατάσταση, να μην αναπτυχθούν καθόλου σε ώριμους πιθήκους!

Συναρμολογώντας την ιστορία μας από απολιθώματα και άλλες ενδείξεις, βλέπουμε ότι η ιστορία της ανθρώπινης εξέλιξης προχώρησε κάπως έτσι: Γενιά με γενιά, μερικά μωρά πιθήκων γεννιόνταν πρόωρα· κατά τη γέννησή τους, τα κόκκαλα στο πάνω μέρος του κρανίου τους ήταν ακόμα μαλακά και όχι ενωμένα. Αυτό επέτρεπε στους εγκεφάλους τους να εξακολουθούν να αναπτύσσονται και μετά τη γέννησή τους. Τον πρώτο χρόνο της ζωής ενός ανθρώπινου μωρού, ο εγκέφαλος γίνεται τρεις φορές μεγαλύτερος και ξεπερνά το μέγεθος του εγκεφάλου ενός ώριμου εγκεφάλου χιμπαντζή ή γορίλλα. Όμως τα ανθρώπινα πρόσωπα διατηρούν τα μωρουδίστικα επίπεδα χαρακτηριστικά, αντί να αναπτύσσουν προεξοχές όπως τα ρύγχη, τα σαγόνια και οι οστεώδεις προεξοχές πάνω από τα μάτια των ενήλικων πιθήκων. Αν δείτε μια οικογένεια χιμπαντζήδων, θα διαπιστώσετε εύκολα ότι οι άνθρωποι, ακόμα και οι ώριμοι άνθρωποι, μοιάζουν πολύ περισσότερο με τα μωρά των χιμπαντζήδων παρά με τους ενήλικους.

Γνωρίζουμε σήμερα ότι το DNA μας είναι κατά 99 τοις εκατό όμοιο με των χιμπαντζήδων κι ότι διακλαδωθήκαμε από τους κοινούς μας προγόνους εδώ και δύο ή τρία εκατομμύρια χρόνια μόνο. Μερικοί επιστήμονες δυσκολεύονται να πιστέψουν ότι το είδος μας μπορεί να είναι τόσο διαφορετικό από τους συγγενείς μας, τους μεγάλους πιθήκους, με τόσο μικρή διαφορά στα γονίδιά μας, όμως ίσως οι σημαντικότερες αλλαγές στο σώμα μας να οφείλονται απλώς σε λίγα γονίδια που ρυθμίζουν την ωρίμανση. Είναι πιθανό ότι στους εγκεφάλους των πιθήκων υπάρχει το δυναμικό για μεγαλύτερο μέγεθος και πολυπλοκότητα, όμως δεσμεύεται από το πρώιμο κλείσιμο των οστών του κρανίου τους. Οπωσδήποτε, το να ξέρουμε πόσο στενή συγγένεια έχουμε με τους πολύ πιο ειρηνικούς εξαδέλφους μας, τους χιμπαντζήδες και τους γορίλλες, μπορεί να μας βοηθήσει να ξεπεράσουμε την έμμονη ιδέα ότι είμαστε «φυσιολογικά» βίαια πλάσματα.

Χωρίς τα ρύγχη να τους εμποδίζουν, οι παιδόμορφοι πίθηκοι μπορούσαν εύκολα να βλέπουν τι έκαναν με τα μπροστινά τους πόδια, που είχαν γίνει πολύ επιδέξια στο να σφίγγουν και να κρατιούνται από πράγματα. Άλλωστε, από εκατομμύρια χρόνια, είχαν προσαρμοστεί σε μια ζωή όπου κρέμονταν από τα δέντρα. Τώρα, όλο και πιο πολύ, αυτά τα εξελισσσόμενα πλάσματα έκαναν τα σπίτια τους στο έδαφος αντί πάνω στα δέντρα. Τα μπράτσα και τα μπροστινά τους πόδια, που δεν τα χρειάζονταν πια για να κρεμιούνται, ήταν ελεύθερα να κάνουν νέα πράγματα. Με τον καιρό, τα μπροστινά πόδια εξελίχθηκαν σε χέρια με αντικριστούς αντίχειρες, που ήταν θαυμαστά χρήσιμοι για να κρατούν και να φτιάχνουν πράγματα. Στο μεταξύ, ο λαιμός και η λεκάνη, οι μηροί και τα πόδια, βαθμιαία αναμορφώνονταν για να βαδίζουν και να τρέχουν όρθιοι.

Όσο περισσότερο αυτά τα όρθια θηλαστικά έμεναν σε μωρουδίστικη κατάσταση, τόσο αργότερα φύτρωναν τα δόντια τους και τόσο λιγότερο τρίχωμα έβγαζαν, αν και ίσως να είχαν χάσει το τρίχωμά τους όταν ανέπτυξαν ένα σύστημα ψύξης που άφηνε τον ιδρώτα να εκκρίνεται σ' ολόκληρο το σώμα τους. Το σύστημα ψύξης τούς επέτρεπε να τρέχουν τόσην ώρα, ώστε τα ζώα που έμαθαν να κυνηγούν για τροφή και για ένδυση κουράζονταν πριν κουραστούν οι ίδιοι.

Τα μικρά των ανθρώπων χρειάζονταν ζεστασιά, προστασία και στοργή. Χρειάζονταν φροντίδα πολύ περισσότερο καιρό απ' όσο άλλα νεαρά θηλαστικά. Όμως η μακρά παιδική τους ηλικία τους έδινε το χρόνο να παίζουν, να είναι περίεργα και να μαθαίνουν καινούρια πράγματα και οι γονείς είχαν άφθονο καιρό να διδάξουν τα παιδιά τους πριν αυτά μεγαλώσουν. Μάλιστα, ακριβώς επειδή δε μεγαλώνουμε ποτέ πραγματικά με τον τρόπο που μεγαλώνουν οι πίθηκοι, μπορούμε να εξακολουθούμε σε όλη μας τη ζωή να παίζουμε και να μαθαίνουμε νέα πράγματα – φτάνει να μη σφραγίζουμε οι ίδιοι τον εγκέφαλό μας με έμμονες ιδέες τόσο άκαμπτες όσο τα παλιά έμφυτα πρότυπα συμπεριφοράς.

Υπήρχαν αμέτρητες νέες προκλήσεις γι' αυτούς τους πρώτους ανθρώπους. Χωρίς τα ζεστά τριχώματα, τα δυνατά μπροστινά πόδια και τα μακριά δόντια που είχαν άλλα ζώα στο μέγεθός τους, ήταν υποχρεωμένοι για να επιβιώσουν να χρησιμοποιούν τους μεγάλους εγκεφάλους τους, τα έξυπνα χέρια τους και την ικανότητα τους να τρέχουν περισσότερη ώρα, αν και όχι πιο γρήγορα, από πολλά άλλα ζώα. Όμως, ίσως αυτό να τους βοήθησε, γιατί ακόμα και σήμερα οι πιο δημιουργικοί κι επιτυχημένοι άνθρωποι είναι συχνά εκείνοι που δεν είχαν όλα όσα ήθελαν στη ζωή και που αναγκάστηκαν να δουλέψου σκληρά για να ξεπεράσουν τα μειονεκτήματά τους.

Όταν οι ρίζες, οι σπόροι, τα καρύδια, τα φρούτα κι άλλες φυτικές τροφές δεν τους επαρκούσαν πια, οι άνθρωποι πρόσθεσαν στο διαιτολόγιό τους το κρέας. Και η ανάγκη να ξεγελούν τα άλλα ζώα για να τους κλέψουν τη λεία τους ή να τα κυνηγούν άμεσα, τους έκανε πιο επινοητικούς. Έφτιαξαν όπλα κι εργαλεία για να διευρύνουν τη χρήση των χεριών τους. Ανακάλυψαν επίσης ότι μπορούσαν να ζεσταίνονται φορώντας δέρματα από ζώα.

Δεν ξέρουμε πολλά πράγματα για τη ζωή των πρώτων ανθρώπων, όμως μπορούμε να είμαστε βέβαιοι ότι ήταν και συνεργατικοί και ανταγωνιστικοί. Οι οικογένειες και οι ομάδες οικογενειών μοιράζονταν τη σπηλιά τους και τον τρόπο ζωής τους, ζούσαν μαζί όπου η τροφή ήταν άφθονη, ταξίδευαν μαζί όταν η τροφή ήταν λίγη. Καθώς γίνονταν όλο και πιο κοινωνικοί και εκδηλωτικοί, μπορούμε να τους φανταστούμε να γελούν και να χορεύουν χαρούμενοι, όταν η ζωή ήταν καλή, να γίνονται φοβισμένοι κι εχθρικοί, όταν η τροφή ήταν λίγη, όταν τριγύριζαν κοντά τους επικίνδυνα ζώα, ή όταν ξεσπούσαν πυρκαγιές από κεραυνούς κοντά στα σπίτια τους. Όμως δεν υπάρχει λόγος να υποθέσουμε ότι ήταν πιο εχθρικοί μεταξύ τους απ' ό,τι είναι οι χιμπαντζήδες ή οι γορίλλες. Ακόμα κι αν με το κυνήγι γίναμε σαρκοβόρο είδος, θα ήταν εξαιρετικά αφύσικο να σκοτώνουμε τους όμοιούς μας, εκτός από περιστάσεις ακραίας ανάγκης.

Πόσο ενδιαφέρον θα ήταν όταν επινοούσαν νέες βελτιώσεις! Φανταστείτε τους πρώτους ανθρώπους που έφεραν φλεγόμενα κλαδιά στη σπηλιά τους, έμαθαν να διατηρούν τις φλόγες, χωρίς να τις αφήνουν να εξαπλώνονται, και να σκεπάζουν τα κάρβουνα για να μπορούν να τα μεταφέρουν σ' ένα νέο σπίτι και να τα ξανανάψουν.

Πόσο περήφανοι θα ήταν όταν δίδασκαν αυτές τις ανακαλύψεις στο γένος ή τη φυλή τους.

Όπως οι πίθηκοι, οι άνθρωποι είχαν πολύ ευλύγιστα, εκφραστικά σώματα κι ένα φυσικό ταλέντο για μιμήσεις. Η ανθρώπινη γλώσσα πιθανώς άρχισε με χορούς, για να δείχνει ο ένας στον άλλον, κι αργότερα να θυμίζει ο ένας στον άλλο τις εμπειρίες του. Μπορούμε να τους φανταστούμε να χορεύουν κυνηγετικές περιπέτειες, ή τρόπους για να κάνει κανείς κάτι, ή τους ρόλους που έπαιζαν καθώς ζούσαν μαζί συνεργαζόμενοι. Μπορούμε να μαντέψουμε ότι οι ήχοι που έκαναν καθώς χόρευαν άρχισαν ν' αποκτούν νόημα, έγιναν τελικά προφορικός λόγος, σύμβολα πράξεων και πραγμάτων, ακριβώς όπως οι ζωγραφιές έγιναν εικαστικά σύμβολα. Από τη στιγμή που υπήρχε προφορικός λόγος, πρέπει να ήταν πολύ πιο εύκολο γι' αυτούς να μαθαίνουν και να διδάσκουν ο ένας στον άλλο όλο και πιο πολύπλοκους τρόπους ζωής.

Όπως τα αρχαία βακτηρίδια είχαν συνεργαστεί για να κάνουν διαφορετικές δουλειές μέσα στα ίδια κυτταρικά τοιχώματα, κι όπως τα κύτταρα των αποικιών των πρωτίστων, ή τα μυρμήγκια των αποικιών των μυρμηγκιών, μοίραζαν τις δουλειές μεταξύ τους, έτσι και οι άνθρωποι οργανώνονταν τώρα σε κοινότητες, όπου διαφορετικοί άνθρωποι έκαναν διαφορετικές δουλειές. Μερικοί έγιναν ειδικοί στο να φτιάχνουν εργαλεία, καλάθια, ή πήλινα αγγεία, που τα σκλήραιναν στη φωτιά. Μερικοί ήταν σίγουρα καλύτεροι από άλλους στη ζωγραφική, το χορό ή στο να λένε ιστορίες. Και μερικοί έγιναν ηγέτες που οργάνωναν τις δουλειές, όριζαν τους κανόνες για την κοινή ζωή κι έπαιρναν αποφάσεις για το τι έπρεπε να γίνει, όταν οι άλλοι δεν μπορούσαν να συμφωνήσουν.

Οι ανθρώπινες κοινότητες, καθώς γίνονταν μεγαλύτερες και πιο πολύπλοκες, δημιούργησαν ηγεσίες και κυβερνήσεις, ακριβώς όπως τα κύτταρα ευκαρυότες είχαν αναπτύξει πυρήνες κι ακριβώς όπως τα ζωικά σώματα είχαν αναπτύξει εγκεφάλους. Κάθε «όλον» που γίνεται μεγαλύτερο και πιο πολύπλοκο, είναι υποχρεωμένο να αναπτύξει κάποιον τρόπο για να οργανωθεί και να απλουστεύει και να χειρίζεται την πολυπλοκότητά του, αν είναι να επιβιώσει. Όταν οι ανθρώπινες κοινότητες έγιναν πολύ μεγάλες, θα πρέπει να χωρίζονταν ή να διακλαδώνονταν σε νέες αποικίες, αναπαράγοντας έτσι τους εαυτούς τους.

Για αρκετό χρόνο υποθέταμε ότι οι πρόγονοί μας της Λίθινης Εποχής ήταν βάναυσοι και επιθετικοί, ότι χρησιμοποιούσαν τα κυνηγετικά τους ρόπαλα ο ένας εναντίον του άλλου κι ότι βαθμιαία εκπολιτίστηκαν με την επινόηση καλύτερων όπλων. Ονομάσαμε τις εποχές του ανθρώπου σύμφωνα με τα μέταλλα από τα οποία οι άνθρωποι έφτιαχναν τα όπλα τους. Επειδή η βία παίζει τόσο μεγάλο ρόλο στις σύγχρονες ανθρώπινες κοινωνίες, γοητευόμαστε με την ιδέα της αρχαίας και «φυσικής» ανθρώπινης βίας. Γράφουμε βιβλία και γυρίζουμε κινηματογραφικές ταινίες γι' αυτήν, λες και έχουμε την ανάγκη να διαβεβαιώσουμε τους εαυτούς μας ότι η βία είναι ο φυσικός τρόπος ζωής για τους ανθρώπους. Όμως, δεν υπάρχουν π.χ. περισσότερες ενδείξεις ότι το είδος μας εξόντωσε βίαια το τελευταίο ανθρώπινο είδος, τους Νεάντερταλ, απ' όσες υπάρχουν ότι οι Νεάντερταλ ενσωματώθηκαν ειρηνικά στο δικό μας είδος.

Από τα αρχαιότερα χειροτεχνήματα των πρώτων κοινωνιών της Λίθινης Εποχής είναι τα ομοιώματα μητέρων, σκαλισμένα στην πέτρα ή πλασμένα σε πηλό. Έχουν πια βρεθεί τόσο πολλά απ' αυτά, χωρίς ανάλογα ομοιώματα κυνηγών ή πολεμιστών, ώστε να είναι σαφές ότι οι δημιουργοί τους ενδιαφέρονταν περισσότερο για την προσφορά της ζωής παρά για την αφαίρεσή της.

Η προσφορά της ζωής είναι μια ισόβια δουλειά διατροφής των ανθρώπων και οι πρώτοι άνθρωποι έμαθαν βαθμιαία να δημιουργούν κοντά τους αποθέματα τροφής και να τα εξασφαλίζουν ακόμα περισσότερο σπέρνοντας σπόρους και διατηρώντας αιχμάλωτα ζώα. Όπου το επέτρεπε το κλίμα και το έδαφος, οργανώθηκαν σε χωριά με χωράφια. Βελτίωσαν την τέχνη της γεωργίας – όχι απλώς φυτεύοντας σπόρους αλλά επιλέγοντας τους σπόρους από τα καλύτερα φυτά κάθε συγκομιδής – και ξεχέρσωσαν ακόμα περισσότερη γη. Έτσι οι άνθρωποι άρχισαν ν' αλλάζουν το περιβάλλον τους, να εξοντώνουν ορισμένα είδη και να ανατρέφουν άλλα, ν' αλλάζουν τη γενετική ταυτότητα των φυτών και των ζώων.

Η γεωργική επανάσταση της Λίθινης Εποχής ήταν αναμφίβολα το μεγαλύτερο άλμα στην ανθρώπινη ιστορία, γιατί σφυρηλάτησε το μέλλον μας ως είδους που θ' άλλαζε το πρόσωπο ολόκληρου του πλανήτη, καταστρέφοντας κι αναδιαμορφώνοντας τα πράγματα ανάλογα με τις επιθυμίες μας. Νέες ενδείξεις υποδηλώνουν ότι όλα αυτά άρχισαν ειρηνικά και ταπεινά με απλές αγροτικές τεχνικές, όπως η διατήρηση κοπαδιών από ζώα για το γάλα, το κρέας και το μαλλί τους. Φροντίζοντας ο ένας τον άλλον, οι άνθρωποι έμαθαν να φτιάχνουν νήμα και να υφαίνουν υφάσματα, να πλάθουν τον πηλό σε μεγαλύτερα δοχεία, να φτιάχνουν σπίτια από πήλινα τούβλα και έπιπλα από ξύλο. Έμαθαν να λιώνουν τα μέταλλα της γης για να κατασκευάζουν ομοιώματα λατρείας, στολίδια και ισχυρότερα εργαλεία.

Έφτιαχναν μουσικά όργανα και χόρευαν και τραγουδούσαν για να γιορτάσουν κι έλεγαν συναρπαστικές ιστορίες για τον κόσμο τους και για τους εαυτούς τους. Μερικές απ' αυτές τις ιστορίες ήταν αναφορές, άλλες χρησίμευαν ως μαθήματα, ακόμα περισσότερες λέγονταν απλώς για καυχησιολογία και διασκέδαση. Μπορούμε να φανταστούμε τις πρώτες προσπάθειες να εξηγηθούν πράγματα που ήταν δύσκολο να κατανοηθούν – όπως τι ήταν ο κόσμος της φύσης στον οποίο ζούσαν οι άνθρωποι. Από τα πρώτα χειροτεχνήματα, ωστόσο, μπορούμε να συμπεράνουμε ότι επιδίδονταν σε τελετουργική λατρεία δυνάμεων έξω από τον άνθρωπο.

Όταν συνεχίσουμε την ιστορία της ανθρώπινης κοινωνικής εξέλιξης κατά τη Λίθινη εποχή και αργότερα, θα δούμε ότι η θεσμοποιημένη βία ανάμεσα στους ανθρώπους ήταν πολύ πιθανώς μια διαστροφή της ανθρωπότητας που παρουσιάστηκε αργά στη σκηνή του ανθρώπινου πολιτισμού – κι αυτό μας δίνει ελπίδες ότι μπορούμε να απαλλαγούμε απ' αυτήν. Όμως, ας ρίξουμε πρώτα μια ματιά προς τα πίσω κι ας συλλογιστούμε το γεγονός ότι στο μεγαλύτερο μέρος της ύπαρξής μας δεν είμαστε τόσο διαφορετικοί από τον υπόλοιπο ζωικό κόσμο.

Κοιτάζοντας τους εαυτούς μας σήμερα, είναι δύσκολο να δούμε τους ανθρώπους σαν φυσικά ζώα. Όμως από τη σκοπιά της Γαίας είμαστε ακριβώς αυτό – κι επιπλέον ένα πολύ νέο είδος ζώων. Στο μεγαλύτερο μέρος της ιστορίας μας δεν κάναμε τίποτε περισσότερο από το να προφυλάσσουμε και να φροντίζουμε τα μικρά μας, να μαζεύουμε τροφή, να υπερασπιζόμαστε τους εαυτούς μας και τα σπίτια μας απέναντι στα άλλα ζώα κι ύστερα να ξεκουραζόμαστε και να συζητάμε ή να παίζουμε, ώσπου ν' αποκοιμηθούμε για να δούμε τα ανήσυχα όνειρά μας. Σε σύγκριση με τα εκατομμύρια χρόνια στα οποία η ανθρώπινη ζωή δεν ήταν πολύ διαφορετική από τη ζωή των άλλων θηλαστικών, οι πολιτισμοί μας είναι ακόμα μια πολύ νέα εξέλιξη σ' ένα νέο ακόμα είδος.

Φανταστείτε ότι συνοψίζουμε τα τεσσεράμισι δισεκατομμύρια χρόνια της ύπαρξης της γης σε είκοσι τέσσερις ώρες. Θα βρίσκαμε ότι οι άνθρωποι εμφανίζονται μόνο το τελευταίο λεπτό. Και μόνο το τελευταίο *δευτερόλεπτο* σχηματίζουν οι άνθρωποι οργανωμένες κοινωνίες. Στην πραγματικότητα, μόλις έχουμε αρχίσει να γινόμαστε άνθρωποι. Αν καταφέρουμε να επιβιώσουμε όσο έχουν επιβιώσει η φάλαινες με τη σημερινή μορφή τους, έχουμε μπροστά μας πολλά εκατομμύρια χρόνια ακόμα.

Από τότε που εξελιχθήκαμε, επιβιώσαμε μετά από τέσσερις εποχές παγετώνων που μέχρι σήμερα πιστεύαμε ότι είναι αφύσικες για τον πλανήτη μας. Ο Λόβλοκ κι άλλοι που εργάζονται σήμερα πάνω στη φυσιολογία της Γαίας διατυπώνει την υπόθεση ότι οι εποχές παγετώνων μπορεί να είναι ο κανόνας για τη Γαία, με περιόδους, ανάμεσα στις εποχές παγετώνων αφύσικης ζέστης, σαν πυρετούς. Έχουμε στοιχεία σήμερα για δεκαεπτά ξεχωριστές φάσεις της εποχής των παγετώνων, οι περισσότερες από τις οποίες παρουσιάστηκαν πριν εξελιχθούν οι άνθρωποι. Οι εποχές των παγετώνων είναι μόνο κατά μερικούς βαθμούς ψυχρότερες κατά μέσον όρο απ' ότι οι εποχές ανάμεσά τους, κι όμως εμείς τα ευαίσθητα πλάσματα τις θεωρούμε ακραίες. Οπωσδήποτε, στις εποχές των παγετώνων, μεγάλα κομμάτια πάγου κινούνται, όπως ξέρουμε, από τους πόλους προς μέρη της γης που είναι θερμά ανάμεσα στις εποχές των παγετώνων. Καθώς παράγεται περισσότερος πάγος, το επίπεδο της θάλασσας κατεβαίνει και νέα στεριά σχηματίζεται κοντά στον ισημερινό – τόση όση είναι σήμερα ολόκληρη η ήπειρος της Αφρικής. Όταν οι παγετώνες υποχωρούν και πάλι, αυτές οι περιοχές πλημμυρίζουν, όμως οι περιοχές που είναι σκεπασμένες από πάγους θερμαίνονται, λιώνουν τους πάγους και δημιουργούνται πλούσια νέα δάση και πεδιάδες.

Οι άνθρωποι φαίνεται πως μετακινούνταν πριν από τους παγετώνες, όταν αυτοί προχωρούσαν, κι αργότερα ακολουθούσαν τους παγετώνες που υποχωρούσαν. Μετανάστευαν σε περιοχές πλούσιες σε τροφή και νερό κι έμεναν εκεί ώσπου – πολλές γενιές αργότερα – μια νέα εποχή παγετώνων τους έστελνε πίσω. Όταν τελείωσε η τελευταία εποχή των παγετώνων, πριν από δέκα χιλιάδες χρόνια περίπου, οι άνθρωποι είχαν εξαπλωθεί στο μεγαλύτερο μέρος των εδαφών της γης, παίρνοντας μαζί τους τους αρχαίους πολιτισμούς τους, τους τρόπους τους για ν' αλλάζουν τη γη, τους σπόρους και τα ζώα τους. Όμως πριν συνεχίσουμε την ιστορία τους, ας δούμε λίγο πιο προσεχτικά τους θεαματικούς εγκεφάλους που τους έκαναν ικανούς για όλα αυτά.

11. *Το πείραμα του μεγάλου εγκεφάλου*

Αν μπορούσαμε να κοιτάξουμε μέσα στο κεφάλι μας, όπως προηγουμένως κοιτάξαμε το αναπτυσσόμενο έμβρυο, θα βλέπαμε άλλο ένα ρεκόρ της εξέλιξης. Το εσωτερικό μέρος ενός ανθρώπινου εγκεφάλου μοιάζει πολύ μ' έναν εγκέφαλο ερπετού και φαίνεται πως αυτός ο βαθύς πυρήνας του εγκεφάλου είναι που μας κάνει μερικές φορές να φουσκώνουμε και να δείχνουμε μια αυτόματη επιθετικότητα προς τους άλλους, σαν να είναι αποσυνδεμένος από τον υπόλοιπο εγκέφαλο, που θα μπορούσε να εξετάσει τι κάνουμε. Τυλιγμένο γύρω από τον πυρήνα, θα λέγαμε, υπάρχει ένα πιο πρόσφατα ανεπτυγμένο μέρος του εγκεφάλου που, μαζί με τον πυρήνα, μοιάζει με τον εγκέφαλο ενός πιο σύγχρονου θηλαστικού, π.χ. του αλόγου. Αυτή η χαρακτηριστική για τα θηλαστικά περιπλοκή του εγκεφάλου επιτρέπει εκείνα τα, χαρακτηριστικά για τα θηλαστικά, συναισθήματα που τα ονομάζουμε οργή και αγάπη, θλίψη και χαρά. Έπίσης φαίνεται πως μας κάνει παιχνιδιάρηδες, περίεργους και πρόθυμους να μαθαίνουμε.

Στην επιφάνεια του ανθρώπινου εγκεφάλου βρίσκουμε την νεότερη περιπλοκή – το *νεοφλοιό*, που έχει ζάρες και δίπλες και μοιάζει μ' ένα μεγάλο περίπλοκο καρύδι μέσα στο κέλυφος του κρανίου. Στην πραγματικότητα ο ανθρώπινος εγκέφαλος δεν είναι χωρισμένος σε τμήματα με τέτοιον τρόπο ώστε να μπορούμε να πούμε ότι αυτό ή εκείνο το συναίσθημα ή η συμπεριφορά προέρχεται από το ένα ή το άλλο τμήμα του. Κι όμως ξέρουμε ότι η εξέλιξη του νεοφλοιού, που είναι πλούσια συνυφασμένος με τον εσωτερικό εγκέφαλο, είναι εκείνη που επιτρέπει στο συνολικό εγκέφαλο να επιδεικνύει τις ιδιαίτερες ανθρώπινες ιδιότητες μας, μας κάνει να θυμόμαστε λεπτομερειακά το παρελθόν μας, να το συγκρίνουμε με το παρόν μας και πάνω σ' αυτή τη βάση να κάνουμε σχέδια για το μέλλον. Ο νεοφλοιός συμμετέχει σημαντικά, όταν δημιουργούμε τις ιδέες μας για τον κόσμο, επικοινωνούμε με τη γλώσσα και συλλογιζόμαστε τις εφευρέσεις μας, από τα δικαστήρια μέχρι τους κομπιούτερ, όταν γινόμαστε καλλιτέχνες και επιστήμονες, όταν αποφασίζουμε τι είναι καλό και τι κακό, όταν μαθαίνουμε και σκεφτόμαστε τη σχέση μας με όλα τα άλλα πλάσματα της γης, ακόμα και ολόκληρου του σύμπαντος.

Είναι πολλά που ακόμα δεν ξέρουμε για τον εγκέφαλο, όπως π.χ. τις βασικές λειτουργίες του, όμως, όταν συγκρίνουμε τους εγκεφάλους πολλών ειδών, διαπιστώνουμε σαφώς τον όλο και πιο περίπλοκο σχηματισμό της εξέλιξής τους και τον συνδέουμε με την παράλληλη εξέλιξη μιας πιο πολύπλοκης συμπεριφοράς. Η συνείδηση, η επικοινωνία και η ελευθερία της επιλογής στη συμπεριφορά φαίνεται πως εξελίχθηκαν βαθμιαία στα είδη που είχαν τον σχετικά μεγαλύτερο εγκέφαλο, όμως στο δικό μας είδος και ίσως νωρίτερα στα κήτη, φαίνεται πως υπήρξε μια ασυνήθιστη έκρηξη αυτών των ταλέντων.

Τα κήτη έχουν εγκεφάλους που είναι μεγαλύτεροι και τουλάχιστον τόσο πλούσια πολύπλοκοι όσο οι δικοί μας κι ήταν έτσι πολλά εκατομμύρια χρόνια πριν από μας. Όπως οι άνθρωποι, έτσι και τα δελφίνια φαίνεται πως έχουν ιδέες, ηθική, πολύπλοκες γλώσσες και προσωπικά ονόματα, παρ' όλο που δεν ξέρουμε ακόμα πολλά πράγματα για το πώς οι άνθρωποι και τα δελφίνια θα μπορούσαν να μεταδώσουν ο ένας στον άλλο τις ιδέες τους.

Αν διηγούμαστε ξανά τον αρχαίο μύθο για το χορό της Γαίας στο φως των σύγχρονων γνώσεων σχετικά με την εξέλιξη, θα μπορούσαμε να πούμε ότι η Γαία χόρευε μέρα-νύχτα μέσα στους αιώνες, δημιουργώντας μια ατέλειωτη ποικιλία παιδιών, προσέχοντάς τα και τελικά αναθέτοντας σ' εκείνα με τους μεγαλύτερους, πιο ελαστικούς εγκεφάλους να μάθουν από τη δική τους πείρα και να ζήσουν με τις δικές τους επιλογές και αποφάσεις. Από τα όντα που ελευθερώθηκαν μ' αυτόν τον τρόπο, κανένα άλλο είδος της Γαίας δεν είναι τόσο έξυπνο στο να επινοεί και να παράγει τεχνολογία, τόσο ισχυρό στην ικανότητά του να εξοντώνει ή να προστατεύει τα άλλα είδη, να καταστρέφει ή να συντηρεί ολόκληρα οικοσυστήματα σ' ολόκληρο τον κόσμο. Είμαστε πραγματικά ένα πείραμα ελευθερίας, και μάλιστα ένα επικίνδυνο πείραμα.

Τα περισσότερα ζώα, όπως είδαμε πρωτύτερα, κάνουν σχεδόν όλα όσα κάνουν με μια έμφυτη κατεύθυνση της συμπεριφοράς τους. Δεν μπορεί κανείς να διδάξει και πολλά σ' ένα μυρμήγκι ή σε μια σαύρα, καθώς ουσιαστικά όλοι οι τρόποι με τους οποίους ένα τέτοιο πλάσμα ανταποκρίνεται στο περιβάλλον του έχουν ενσωματωθεί σ' αυτό από την εξέλιξη. Οι αναγκαίες πληροφορίες για ν' αναπτυχθούν αυτές οι ενσωματωμένες ανταποκρίσεις είναι αποθηκευμένες στο DNA και το κυτόπλασμα του μεμονωμένου κυττάρου από το οποίο έχει δημιουργηθεί το ον. Η συμπεριφορά εκδηλώνεται στη συνέχεια από το νευρικό σύστημα και την υπόλοιπη φυσιολογία του, σε ανταπόκριση προς τις αλλαγές στο περιβάλλον του – τα πράγματα και τα γεγονότα που συναντά. Στο προηγούμενο κεφάλαιο είδαμε ότι οι μεγαλύτεροι, πιο πολύπλοκοι εγκέφαλοι των θηλαστικών τα απελευθέρωσαν από ένα μέρος της άκαμπτης έμφυτης συμπεριφοράς τους και τους επέτρεψαν να μαθαίνουν νέες συμπεριφορές, μέσα από τα συναισθήματα και την εμπειρία. Στα θηλαστικά είναι ακόμα εμφανής η έμφυτη συμπεριφορά, όμως τα συναισθήματα, η μάθηση και η φωνητική επικοινωνία προσθέτουν ποικιλία και πλούτο στη συμπεριφορά.

Είναι μερικά πράγματα που εμείς οι άνθρωποι τα κάνουμε αυτόματα, όπως λέμε «από ένστικτο», π.χ. όταν τρέχουμε για ν' αποφύγουμε τον κίνδυνο ή απαντάμε στην απειλή με επιθετικότητα, όταν αναζητούμε ερωτικούς συντρόφους, όταν αισθανόμαστε αγάπη για τα μωρά μας και αναζητούμε τροφή ή ένα μέρος για να ξαπλώσουμε όταν είμαστε πεινασμένοι ή κουρασμένοι. Δε χρειάζεται να τα σκεφτούμε αυτά τα πράγματα. Όμως δεν έχουμε έμφυτα προγράμματα για να ζωγραφίζουμε πίνακες, ή να ξεθάβουμε απολιθώματα, ή να κατασκευάζουμε αεροπλάνα ή νοσοκομεία ή να κάνουμε τα εκατομμύρια άλλα πράγματα που κάνουμε.

Η συμπεριφορά μας κατευθύνεται ενμέρει από τις βασικές ανάγκες, σε μεγάλο βαθμό απ' αυτά που μας έχει διδάξει η κοινωνία μας και κατά ένα βαθμό από την προσωπική μας επιλογή. Αυτό που κάνουμε με δική μας επιλογή συνήθως, εξαρτάται από τα συναισθήματα και την πείρα μας από τις προηγούμενες επιλογές μας, μερικές από τις οποίες γίνονται συνήθειες. Αυτό που μαθαίνουμε από την κοινωνία εξαρτάται από τον τρόπο με τον οποίο τα συναισθήματα και η εμπειρία από προηγούμενες επιλογές άλλων ανθρώπων έχουν μετατραπεί σε έθιμα ή κοινωνικές συνήθειες και κανόνες. Η κοινωνία μας π.χ. είναι εκείνη που μας στέλνει στο σχολείο και προσπαθεί να μας εμποδίζει να συγκρουόμαστε με τους άλλους.

Ας δούμε για λίγο αυτό το ζήτημα, της αποφυγής συγκρούσεων με άλλα μέλη του είδους μας. Στα περισσότερα άλλα κοινωνικά είδη, οι έμφυτοι τρόποι συμπεριφοράς εμποδίζουν τα άτομα να συγκρούονται σοβαρά με άλλους όμοιούς τους. Πολλά είδη ερπετών, πουλιών, ψαριών και θηλαστικών π.χ. φτιάχνουν τα σπίτια τους σε μέρη ή περιοχές που τις θεωρούν δικές τους. Όταν ένα άλλο μέλος του είδους βρεθεί σ' αυτό το ζωτικό χώρο, οι πρώτοι κάτοικοι το προειδοποιούν με χαρακτηριστικούς για το είδος χορούς ή τραγούδια. Συνήθως, ο παρείσακτος οπισθοχωρεί και φεύγει. Ακόμα κι αν το πράγμα εξελιχθεί σε καβγά, οι παρείσακτοι ξέρουν έμφυτα να υποχωρούν πριν τραυματιστούν σοβαρά ή σκοτωθούν. Ίσως έχετε προσέξει ότι ο ηττημένος σ' ένα σκυλοκαβγά ή γατοκαβγά προσφέρει στο νικητή το κάτω μέρος του λαιμού του. Μ' αυτό το σινιάλο, που σημαίνει «υποχωρώ», η επίθεση του νικητή σταματάει, σαν να έχει κλείσει ξαφνικά κάποιος διακόπτης.

Τα ζώα χρησιμοποιούν τελετουργικούς χορούς και αγωνίζονται για να κερδίζουν και να προστατεύουν τα σπίτια τους και τους συντρόφους τους, καθώς και για ν' ανατρέφουν τα μικρά τους με ασφάλεια. Τα τελετουργικά λειτουργούν σαν ένα σύστημα κανόνων για μια συμβίωση σχετικά ειρηνική – κανόνες συμπεριφοράς καθορισμένοι από την εξέλιξη, στον ίδιο βαθμό όπως η δομή του σώματός τους. Αυτοί οι κανόνες τα βοηθούν να εξισορροπούν τις ζωές τους με την εξάπλωση κάθε είδους σε μια περιοχή της ξηράς ή της θάλασσας χωρίς να σημειώνεται συνωστισμός, έτσι ώστε όλα να έχουν λογικές πιθανότητες να βρίσκουν αρκετή τροφή. Μ' αυτόν τον τρόπο, η έμφυτη αίσθηση του ζωτικού χώρου και η επιθετικότητα εργάζονται τόσο για το καλό του ατόμου όσο και για το καλό ολόκληρου του είδους.

Ακριβώς όπως τα ζώα ξέρουν έμφυτα πώς να μοιράζονται μια περιοχή χωρίς ν' αλληλοσκοτώνονται γι' αυτήν, ξέρουν επίσης έμφυτα πότε έχουν επαρκή χώρο και τροφή για τις ανάγκες τους. Ένα ζώο μπορεί να συσσωρεύει επαρκή τροφή για να τα βγάλει πέρα ένα δύσκολο χειμώνα, όμως κανένα ζώο δεν κάνει τεράστια αποθέματα, ούτε καταλαμβάνει μεγαλύτερη περιοχή απ' ό,τι χρειάζεται.

Το τίμημα της ελευθερίας ν' αποφασίζουμε μόνοι μας για τη συμπεριφορά μας είναι η απώλεια των κανόνων που θα περιόριζαν την επιθετικότητα και την απληστία μας. Όπως άλλα ζώα, έχουμε μια έμφυτη παρόρμηση να εφοδιαζόμαστε με τα απαραίτητα της ζωής, να κερδίζουμε ερωτικούς συντρόφους, να φτιάχνουμε ένα σπίτι για την οικογένειά μας και να προστατεύουμε τον εαυτό μας και την οικογένειά μας από τους παρείσακτους. Όμως, αντίθετα με τα άλλα ζώα, που ξέρουν έμφυτα πώς ακριβώς να ικανοποιούν αυτές τις παρορμήσεις, εμείς είμαστε ελεύθεροι να τις ικανοποιούμε με αμέτρητους διαφορετικούς τρόπους και πρέπει να ορίζουμε τους δικούς μας κανόνες για να μοιραζόμαστε ή να μη μοιραζόμαστε τους πόρους της γης μεταξύ μας και με τα άλλα είδη. Αν μοιραζόμαστε τους πόρους δίκαια, με κοινή συμφωνία, δεν υπάρχει λόγος να χρησιμοποιούμε επιθετικότητα. Η επιθετικότητα δεν είναι κάτι μέσα μας που απαιτεί μια διέξοδο, όπως ισχυρίζονται μερικοί κοινωνιοβιολόγοι· είναι μια εφεδρική ικανότητα, διαθέσιμη σε καταστάσεις πραγματικής ανάγκης. Αν θα παρουσιαστεί ή όχι μια τέτοια ανάγκη, εξαρτάται αποκλειστικά από μας.

Όπως εμείς τα μεγαλεγκέφαλα θηλαστικά χάσαμε την ακαμψία της έμφυτης συμπεριφοράς και κερδίσαμε την ελευθερία της επιλογής, κερδίσαμε επίσης τη συνειδητότητά μας – την επίγνωση του τι κάνουμε, τη μνήμη του τι έχουμε κάνει, τις εικόνες μας για το τι θα κάνουμε – δηλαδή τη συνείδηση της δυνατότητάς μας για επιλογές. Αυτή η συνειδητή επίγνωση του παρελθόντος, του παρόντος και του μέλλοντος μας δίνει τη δυνατότητα να προβλέπουμε, πάνω στη βάση των παλαιότερων εμπειριών μας, ποιες θα είναι οι επιπτώσεις της συμπεριφοράς μας – κι αυτός είναι ο σημαντικός οδηγός μας για τις επιλογές μας. Είναι δύσκολο να φανταστεί κανείς κάποιο εξελικτικό πλεονέκτημα της συνειδητότητας για είδη που δεν μπορούν να την χρησιμοποιήσουν για να επιλέγουν πώς θα δράσουν. Ούτε η δυνατότητα επιλογής μπορεί ν' αναπτυχθεί χωρίς τη συνειδητότητα που απαιτείται για την άσκησή της. Είναι πιθανό λοιπόν ότι η συνειδητή επίγνωση εμφανίστηκε και επεκτάθηκε στην πορεία της εξέλιξης μαζί με την δυνατότητα επιλογής της συμπεριφοράς.

Το πρόβλημα του είδους μας φαίνεται πως είναι ότι χρησιμοποιήσαμε τη συνειδητότητά μας για να προβλέπουμε μόνο τις *άμεσες* συνέπειες της συμπεριφοράς μας, ενώ αποτύχαμε να εξετάσουμε τα ευρύτερα, μακροπρόθεσμα αποτελέσματα. Με άλλα λόγια, δε μάθαμε ακόμα να χρησιμοποιούμε τη συνειδητή ελευθερία επιλογών μας για το καλό ολόκληρου του είδους μας μέσα στο χρόνο. Η «πολιτισμένη» ιστορία – τουλάχιστον τα τελευταία πέντε χιλιάδες χρόνια της – δείχνει ότι οι μεμονωμένοι άνθρωποι κι ολόκληρες οι κοινωνίες χρησιμοποίησαν επανειλημμένα τις ευκαιρίες και τη δύναμή τους για να παίρνουν πολύ περισσότερα απ' όσα χρειάζονταν, συνήθως να τα παίρνουν από άλλους και να τους σκοτώνουν αν αντιστέκονταν. Μας λείπουν τα έμφυτα όρια και πρέπει να επιλέξουμε να περιορίσουμε την επιθετικότητά μας για την υγεία του είδους μας.

Υπάρχουν σήμερα αρκετές ενδείξεις ότι οι πρώτες γεωργικές κοινωνίες ήταν πραγματικά ειρηνικές, ότι μοιράζονταν τη γη και τους άλλους πόρους χωρίς να κάνουν πόλεμο. Κάποτε κυριεύθηκαν από ορισμένους νομαδικούς λαούς, που είχαν γίνει επιθετικοί – ίσως από την έλλειψη επαρκών πόρων. Από εκείνη την εποχή ήδη, υπήρχαν ορισμένοι άνθρωποι που είχαν πολύ περισσότερα απ' όσα χρειάζονταν και άλλοι που είχαν πολύ λιγότερα. Απλώς δε μοιραζόμαστε τους πόρους μας τόσο καλά όσο τα περισσότερα άλλα είδη. Όμως, από την άλλη πλευρά, είμαστε ακόμα πολύ νέοι και, όπως θα δούμε σύντομα, υπάρχουν ενδείξεις ότι ίσως μπορέσουμε να λύσουμε αυτό το πρόβλημα.

Η ανάγκη μας να ζούμε σε κοινωνίες είναι κληρονομημένη από ζωικούς προγόνους μας, όπως και η αίσθηση του ζωτικού χώρου και η επιθετικότητα. Όμως κι εδώ, είμαστε πολύ ελεύθεροι ν' αποφασίζουμε πώς ακριβώς θ' ανταποκριθούμε σ' αυτά – τι είδους κοινωνία θα οικοδομήσουμε για μας τους ίδιους.

Τα έντομα, όπως οι μέλισσες, τα μυρμήγκια και οι τερμίτες, ήταν ίσως τα πρώτα όντα που ανέπτυξαν εξαιρετικά οργανωμένες κοινωνίες. Δεν ξέρουμε αν εξελίχθηκαν ως κοινωνίες παρόμοιες με τις αποικίες των κυττάρων, ή αν εξελίχθηκαν πρώτα ως άτομα και αργότερα συσπειρώθηκαν σε κοινωνίες. Οπωσδήποτε, ορισμένα είδη χτίζουν ολόκληρες πόλεις, φτιάχνουν αγροκτήματα για να διατηρούν φυτά κι άλλα έντομα για τροφή, κυβερνώνται από τους ηγέτες τους, έχουν στρατιώτες κι εργάτες που λένε ο ένας στον άλλο τι να κάνουν με χημικά μηνύματα, κάνουν πολέμους κι αιχμαλωτίζουν σκλάβους.

Μας ξαφνιάζει όταν βλέπουμε τα κοινωνικά έντομα να κάνουν τόσα πολλά πράγματα που μας φαίνονται τόσο ανθρώπινα. Όμως τα έντομα αυτά στην πραγματικότητα δε θα μπορούσαν να είναι πιο διαφορετικά από τους ανθρώπους. Τα κοινωνικά έντομα ζουν αυτές τις πολύπλοκες κοινωνικές ζωές από εκατομμύρια χρόνια, πάντα με τον ίδιο τρόπο, γιατί οι σκληροί, εξωτερικοί σκελετοί τους κρατούν τους εγκεφάλους τους πολύ μικροσκοπικούς κι ανίκανους ν' αναπτυχθούν. Τα πράγματα που κάνουν σ' όλη τους τη ζωή, γενιά με γενιά, είναι καθορισμένα έμφυτα. Ένα μυρμήγκι εργάτης δεν μπορεί ν' αλλάξει γνώμη και να γίνει στρατιώτης· μια βασίλισσα μέλισσα δεν μπορεί ν' αλλάξει γνώμη και να κυβερνήσει διαφορετικά.

Για ν' αντισταθμίσουν τις μικρές διαστάσεις των εγκεφάλων τους, αυτά τα έντομα εξειδίκευσαν τις λειτουργίες τους με τέτοιον τρόπο ώστε οι διάφοροι ειδικοί να σχηματίζουν όλοι μαζί ένα κοινωνικό σώμα. Τα κοινωνικά έντομα χρειάζονται το ένα το άλλο και δεν μπορούν να επιβιώσουν ως μοναχικά άτομα. Αν απομονώσουμε ένα μυρμήγκι, θα χάσει την όρεξή του, θ' αρρωστήσει και θα πεθάνει. Κατά έναν τρόπο, δεν είναι ένα ολοκληρωμένο ον καθαυτό, αλλά ένα «όργανο», ένα μέρος του κοινωνικού του σώματος – της κοινωνίας της μυρμηγκοφωλιάς. Ίσως ένα μυρμήγκι να είναι για την κοινωνία του ό,τι είναι ένα μιτοχόνδριο για το κύτταρό του.

Τα θηλαστικά είδη, όπως οι ειρηνικοί εξάδελφοί μας οι γορίλες, έχουν πολύ λιγότερο άκαμπτη κοινωνική συμπεριφορά απ' ότι τα μυρμήγκια, όμως κι αυτοί έχουν έμφυτα πρότυπα συμπεριφοράς – που διατηρούν τις κοινωνίες μέσα στις οποίες γεννιώνται – κοινωνικές δομές που δοκιμάστηκαν στην εξέλιξη και αποδείχθηκαν υγιεινές για το είδος. Είναι ενδιαφέρον να παρατηρήσουμε ότι τα πολύ επιθετικά είδη, όπως οι ιεροί μπαμπουίνοι της Βόρειας Αφρικής, έχουν ένα πολύ άκαμπτο σύστημα κοινωνικής εξουσίας, ενώ τα ειρηνικά είδη, όπως οι χιμπαντζήδες, παρουσιάζουν μεγαλύτερη ισότητα και δυνατότητες ν' αλλάζουν ρόλους.

Όπως θα δούμε αργότερα, εμείς οι άνθρωποι είμαστε ελεύθεροι να διαμορφώνουμε, να δοκιμάζουμε και ν' αλλάζουμε τις κοινωνικές δομές μας και πραγματικά έχουμε δοκιμάσει διάφορα είδη κοινωνιών στην πορεία της ιστορίας μας. Κι όμως, παρ' όλα τα πειράματά μας, οι άνθρωποι εξακολουθούν να μη ζουν σε μια κοινωνική δομή που να είναι πραγματικά υγιής για όλα τα μέλη της καθώς και για τα άλλα είδη ανάμεσα και γύρω τους. Όμως και πάλι, είμαστε ακόμα πολύ νέοι κι υπάρχουν όλες οι ενδείξεις ότι θα μπορούσαμε να λύσουμε αυτό το πρόβλημα, φτάνει να κατανοήσουμε το ζωντανό πλανήτη μας, να εμπνευστούμε από το μακρινό αλλά ειρηνικό παρελθόν και να επιθυμούμε πραγματικά ένα ειρηνικό μέλλον.

Οι μεγάλοι, ελεύθεροι εγκέφαλοί μας και τα έξυπνα χέρια μας μάς επέτρεψαν να πραγματοποιήσουμε θεαματικές και γρήγορες αλλαγές στους εαυτούς μας και στον κόσμο μας τις τελευταίες χιλιετίες – όσο το άνοιγμα και το κλείσιμο ενός ματιού στη χρονική κλίμακα της εξέλιξης της Γαίας, κι όμως αρκετός χρόνος για μας ώστε οι επιλεγμένοι τρόποι ζωής μας και οι εφευρέσεις μας να έχουν γίνει ταυτόχρονα απειλή και ελπίδα για ολόκληρο τον πλανήτη μας. Ίσως σήμερα να έχουμε γίνει ένα πείραμα μορφών ζωής τόσο επικίνδυνο, όσο εκείνο το άλλο πολύ επινοητικό είδος, τα κυανοπράσινα βακτηρίδια, που έμαθαν να παράγουν ενέργεια από το ηλιακό φως και κάποτε γέμισαν τον κόσμο με δηλητηριώδες οξυγόνο, σκοτώνοντας αμέτρητα άλλα είδη. Και μπορεί, τελικά, ν' αποδειχθούμε ένα βήμα για τις υγιείς νέες εξελίξεις της Γαίας, όπως τα βακτηρίδια-αναπνέοντες, που βρήκαν έναν τρόπο να χρησιμοποιούν το δηλητηριώδες οξυγόνο με την πιο αποτελεσματική διαδικασία παραγωγής ενέργειας που επινοήθηκε ποτέ, τη διαδικασία της αναπνοής, που μας επέτρεψε να εξελιχθούμε.

Δεν είμαστε ηθοποιοί που μαθαίνουμε τους ρόλους μας στον ύπνο μας και παίζουμε τη ζωή μας χωρίς συνειδητότητα. Είμαστε ξύπνιοι κι ελεύθεροι να μάθουμε ποιο ακριβώς είναι το έργο στο οποίο παίζουμε κι είμαστε ελεύθεροι ν' αλλάξουμε το έργο μετά από δική μας επιλογή.

Σήμερα ζούμε την πιο ενδιαφέρουσα εποχή της ιστορίας μας. Είναι μια εποχή όπου μπορούμε να δούμε τους εαυτούς μας όπως ποτέ άλλοτε και να καταλάβουμε ποιοι είμαστε μέσα από τη γνώση της ιστορίας μας, της εξέλιξής μας, του σύμπαντός μας – όπου μπορούμε να δούμε τι παιδιά είμαστε ακόμα ως είδος και τι δυνατότητες έχουμε να μεγαλώσουμε.

Εξελιχθήκαμε αρνούμενοι να μεγαλώσουμε ως πίθηκοι, όμως αργά ή γρήγορα θα πρέπει να μεγαλώσουμε ως άνθρωποι. Και για να μεγαλώσουμε ως άνθρωποι θα πρέπει να πάρουμε την ευθύνη και να χρησιμοποιήσουμε την ελευθερία μας με υγιείς τρόπους, να βοηθήσουμε στην αποκατάσταση της ισορροπίας στο μεγάλο συνεχιζόμενο χορό της δημιουργίας της Γαίας και ν' αναπτύξουμε αρμονικούς νέους τρόπους συμπεριφοράς στο πλαίσιό του. Όμως για να καταλάβουμε πώς πρέπει να προχωρήσουμε, πρέπει να κοιτάξουμε την ανθρώπινη ιστορία όχι ως κάτι ξεχωριστό και διαφορετικό από τη βιολογική εξέλιξη, αλλά ως μέρος και συνέχειά της – ως την κοινωνική εξέλιξη ενός είδους μέσα στο σύστημα ζωής της Γαίας.

Ποια ήταν λοιπόν η ιστορική εξέλιξη των πλανόδιων κυνηγών και των μόνιμα εγκατεστημένων καλλιεργητών την περίοδο του γνωστού πολιτισμού, που σήμερα φτάνει περίπου τριάντα με σαράντα χιλιάδες χρόνια πίσω;

Οι άνθρωποι στις μόνιμα εγκατεστημένες γεωργικές κοινωνίες, παρά τα γενικά ευνοϊκά κλίματα και τους τρόπους εφοδιασμού τους, ασφαλώς αντιμετώπιζαν κακουχίες, όπως πλημμύρες και ξηρασίες, ή επιδημίες. Αυτές οι προκλήσεις έκαναν τους ανθρώπους ακόμα πιο εφευρετικούς στον τρόπο ζωής τους, ακριβώς όπως παρόμοιες προκλήσεις έκαναν τα αρχαία βακτηρίδια επινοητικά στον δικό τους τρόπο ζωής. Οι άνθρωποι έμαθαν ν' αποθηκεύουν τροφή για καιρούς ανάγκης, να φτιάχνουν κανόνες για να μοιράζονται τη γη και να την καλλιεργούν, να φτιάχνουν φάρμακα από φυτά, κανάλια για να φέρνουν το νερό από τα ποτάμια στα χωράφια και να κατασκευάζουν βάρκες για να μεταφέρουν πράγματα πάνω κάτω στα ποτάμια και κατά μήκος των ακτών, για να τα εμπορεύονται με άλλους λαούς.

Οι αρχαιολόγοι, που μελετούν τους πρώτους ανθρώπινους πολιτισμούς, βρίσκουν όλο και πιο πολλές ενδείξεις ότι οι αρχαίες γεωργικές κοινωνίες λάτρευαν μια Μητέρα Θεά, ως πηγή της ζωής, και θεωρούσαν τους άντρες και τις γυναίκες ως ίσους συντρόφους, παρ' όλο που η ίδια η διαχείριση αυτών των αρχαίων οικονομιών ίσως ήταν συνολικά ευθύνη των γυναικών. Αυτοί οι πολιτισμοί ανέπτυξαν γεωργικές τεχνικές, άλλες τέχνες, νόμους και εμπόριο, επί σαράντα ολόκληρες χιλιάδες χρόνια ειρηνικής εξέλιξης – η μεγαλύτερη περίοδος της γνωστής ανθρώπινης ιστορίας. Θα ξαναγυρίσουμε σ' αυτό σε επόμενα κεφάλαια.

Τέσσερις ή πέντε χιλιάδες χρόνια μετά το τέλος της τελευταίας εποχής παγετώνων και περίπου τον ίδιο αριθμό χρόνων πριν το Χριστό, οι πολιτισμοί που λάτρευαν τη Θεά, ιδιαίτερα στη Μέση Ανατολή και γύρω στη Μεσόγειο, άρχισαν να κατακτώνται ένας ένας. Οπλισμένες φυλές νομάδων και κυνηγών πάνω σε άλογα έρχονταν κατά κύματα, από λιγότερο πλούσιες, ψυχρότερες ή έρημες περιοχές, αναζητώντας μια καλύτερη ζωή. Οι φυλές αυτές, που είχαν άντρες κυβερνήτες και λάτρευαν Πατέρες Θεούς, εισέβαλαν στους πιο ειρηνικούς γεωργικούς οικισμούς, τους κατέκτησαν και, σε πολλές περιπτώσεις, έμειναν για να διαμορφώσουν νέες, πιο πολύπλοκες κοινωνικές τάξεις, που τελικά εξελίχθηκαν σε πολεμικά βασίλεια ή αυτοκρατορίες. Μέχρι πρόσφατα, αυτά τα βασίλεια θεωρούνταν λίκνα του πολιτισμού, επειδή δεν ξέραμε για τους παλαιότερους ειρηνικούς πολιτισμούς.

Και πάλι θυμόμαστε τον αρχαϊκό κόσμο της Γαίας, όπου τα πεινασμένα μόνερα εισέβαλαν βίαια μέσα σε άλλα μόνερα για να φτάσουν στα πλούσια εφόδιά τους, ύστερα έμειναν και πολλαπλασιάστηκαν, μεταβαίνοντας τελικά από τον ανταγωνισμό στη συνεργασία, καθώς σχημάτιζαν τα πολύ μεγαλύτερα και πιο πολύπλοκα πρώτιστα. Ίσως χωρίς τους εισβολείς, οι μόνιμα εγκατεστημένοι ανθρώπινοι πολιτισμοί να έμεναν όπως τα βακτηρίδια που πολλαπλασιάζονται με κλώνωση – να παρήγαγαν τους ίδιους ειρηνικούς απογόνους πολιτισμούς ξανά και ξανά. Αντίθετα, οι κατακτητικές φυλές εμφανίστηκαν όπως τα εισβάλλοντα μόνερα προ αμνημονεύτων χρόνων, κατέκτησαν τους οικισμούς για να εξυπηρετήσουν τα ανταγωνιστικά συμφέροντά τους κι έμειναν για να οικοδομήσουν τις δικές τους αυτοκρατορίες. Αν αυτό το πρότυπο των ανθρώπων ακολουθήσει το πρότυπο των αρχαίων βακτηριδίων – και θα δούμε κι άλλες ενδείξεις γι' αυτό – τότε κι εμείς θα επεξεργαστούμε μια ειρηνική συνεργασία, για ν' αντικαταστήσουμε τον ανταγωνισμό μας με μια υγιέστερη ζωή για όλους.

Στην εξέλιξη της Γαίας, τα μόνερα που πολλαπλασιάζονταν με κλώνωση χρειάστηκαν δισεκατομμύρια χρόνια για ν' αλλάξουν τους εαυτούς τους και το περιβάλλον τους, με τρόπους που να επιτρέπουν την πολύ πιο γρήγορη εξέλιξη των πρωτίστων, που ανέπνεαν οξυγόνο, και των μεγαλύτερων όντων που αναπαράγονταν σεξουαλικά. Στην ανθρώπινη κοινωνική εξέλιξη, οι πολιτισμοί που λάτρευαν τη Θεά χρειάστηκαν δεκάδες χιλιάδες χρόνια για ν' αναπτύξουν γεωργικούς τρόπους ώστε ν' αλλάξουν το περιβάλλον τους, για να μπορούν να συντηρούνται, ενώ οι κατοπινοί πολιτισμοί που λάτρευαν το Θεό άλλαξαν καταπληκτικά τους εαυτούς τους και το περιβάλλον τους μέσα σε μόνο πέντε με έξι χιλιάδες χρόνια.

Είναι σαφές ότι η ανθρώπινη κοινωνική εξέλιξη επιταχύνθηκε και δημιούργησε πιο ποικίλους και περίπλοκους σχηματισμούς από τον καιρό αυτών των εισβολών. Δυστυχώς όμως, η ανταγωνιστική, εκμεταλλευτική κατάσταση που παρουσιάστηκε μέσα στα μεγάλα βακτηρίδια πριν γίνουν πυρηνούχα πρώτιστα, συνεχίζεται στον ανθρώπινο κόσμο. Οι ανδροκρατούμενες κατακτητικές φυλές πήραν από τις γυναίκες σχεδόν ολόκληρη την κοινωνική τους δύναμη και το κύρος τους, τις ανακήρυξαν κατώτερες και δημιούργησαν κι άλλες ανισότητες στην κοινωνία. Η ιστορία αυτών των κατακτήσεων είναι η πρώτη σαφής ένδειξη της βίας σε μεγάλη κλίμακα ανάμεσα στους ανθρώπους.

Οι εισβολείς, αφού κατέκτησαν αυτές τις πολύ διαφορετικά οργανωμένες κοινωνίες, τους επέβαλαν τις δικές τους κοινωνικές δομές και τα έθιμά τους, αν και ασφαλώς κάποιοι από τους παλιούς κανόνες εξακολούθησαν να ισχύουν στους νέους υβριδικούς πολιτισμούς. Εμείς οι άνθρωποι είμαστε πλάσματα της συνήθειας· οι πολιτιστικοί μας κανόνες, οι πεποιθήσεις και τα τελετουργικά μας είναι η συνδετική ουσία της κοινωνίας μας. Η ίδια μας η ικανότητα να λειτουργούμε συνδεόταν πάντα στενά με τις κοινωνικές μας ιδέες και δομές και γι' αυτό αγωνιστήκαμε για να τις διατηρήσουμε.

Καθώς οι νέοι μεγαλύτεροι πολιτισμοί έκαναν πολέμους, οι ηττημένοι ενσωματώνονταν στις αυτοκρατορίες των νικητών κι εξαναγκάζονταν να συμμορφώνονται με τα έθιμά τους, αν και ορισμένα από τα έθιμα των ηττημένων επιβίωναν πάντα και τροποποιούσαν τον κυρίαρχο πολιτισμό. Έτσι οι αυτοκρατορίες γίνονταν όλο και πιο μεγάλες. Αχανείς αυτοκρατορίες σχηματίστηκαν μ' αυτόν τον τρόπο από τους Ασσύριους, τους Ετρούσκους, τους Βαβυλώνιους, τους Κινέζους, τους Αιγύπτιους, τους Πέρσες, τους Έλληνες, τους Ρωμαίους· από τους Αζτέκους, τους Ίνκα και τους Μάγια στη Νότιο Αμερική· τους Κους, τους Νοκ και τους Άξουμ στην Αφρική.

Μέσα σε κάθε αυτοκρατορία, οι άνθρωποι οργανώνονταν από κυβερνήτες που έφτιαχναν νόμους και διατηρούσαν στρατούς για να εξασφαλίσουν την τήρηση αυτών των νόμων, για να επιβάλουν την τάξη και να διεξάγουν πολέμους με άλλες αυτοκρατορίες. Συχνά αυτοί οι κυβερνήτες διατηρούσαν την εξουσία τους ισχυριζόμενοι ότι ήταν εκλεκτοί των Θεών· μερικοί μάλιστα έλεγαν ότι ήταν οι ίδιοι Θεοί. Οι περισσότεροι από τους κοινούς ανθρώπους σ' αυτές τις κοινωνίες ήταν εργάτες και σκλάβοι που καλλιεργούσαν τα χωράφια και διέτρεφαν ζώα· κουβαλούσαν ή διοχέτευαν με κανάλια το νερό· εξόρυσσαν μέταλλα και πολύτιμους λίθους από τη γη· κατασκεύαζαν κεραμεικά, εργαλεία και όπλα· έχτιζαν πόλεις με τεράστια, όμορφα διακοσμημένα παλάτια και ναούς για τους κυβερνήτες τους· και με διάφορους τρόπους αναμόρφωναν το φυσικό περιβάλλον για τη χρήση των ανθρώπων.

Η δημιουργία αυτοκρατοριών από ανδροκρατούμενες ταξικές κοινωνίες έγινε η κύρια διαδικασία και το πρότυπο της ανθρώπινης κοινωνικής οργάνωσης, και με τη μια μορφή ή την άλλη συνεχίζεται μέχρι τις μέρες μας. Στην αρχαία Ελλάδα έγινε ένα σύντομο πείραμα για την αυτοκυβέρνηση των πολιτών, μια μορφή διακυβέρνησης που την ονομάζουμε δημοκρατία – από το *δήμος*, που σημαίνει «λαός» ή «κοινότητα», και το *κράτος*, που σημαίνει «κυβέρνηση». Αργότερα θα εξετάσουμε πιο διεξοδικά αυτήν την πειραματική ανδρική δημοκρατία και τους λόγους για τους οποίους δεν κράτησε πολύ, αν και επηρέασε σημαντικά ολόκληρο το σύγχρονο κόσμο μας. Προς το παρόν ας προχωρήσουμε γρήγορα μέσα στην ιστορία, για να δούμε το βασικό σχηματισμό της, να δούμε πώς εμείς οι άνθρωποι χρησιμοποιήσαμε τους μεγάλους εγκεφάλους μας για να συνεχίσουμε τη δημιουργία αυτοκρατοριών.

Η Ρωμαϊκή Αυτοκρατορία κατέκτησε την Ελλάδα και αργότερα εξελίχθηκε στην Αγία Ρωμαϊκή Αυτοκρατορία, που κυβερνούσε την Ευρώπη· Η Βυζαντινή, η Κινέζικη και η Οθωμανική αυτοκρατορία σχηματίστηκαν ανατολικότερα. Η καθεμιά απ' αυτές τις αυτοκρατορίες διαλύθηκε με τη σειρά της και τελικά ο ανθρώπινος κόσμος διαιρέθηκε σε χώρες, όπως τις γνωρίζουμε σήμερα. Όμως πολύ σύντομα οι πιο ισχυρές απ' αυτές τις χώρες άρχισαν να οικοδομούν τις δικές τους αυτοκρατορίες κατακτώντας νέα μακρινά εδάφη.

Δύο ανθρώπινες εφευρέσεις – η πυξίδα και η τυπογραφία – βοήθησαν τις αυτοκρατορίες να επεκταθούν πέρα από τους ωκεανούς, σ' ολόκληρο τον πλανήτη, και να διαδόσουν τη γνώση και τον πολιτισμό σ' ολόκληρη την ανθρωπότητα. Σύντομα εφευρέθηκαν κι άλλες μηχανές που έφτιαχναν σε μεγάλες ποσότητες άλλα πράγματα, πέρα από τα βιβλία. Είχε αρχίσει η εποχή της βιομηχανίας.

Η κατασκευή πραγμάτων με μηχανές μεταμόρφωσε ολόκληρο τον ανθρώπινο τρόπο ζωής, δημιούργησε ένα νέο είδος αυτοκρατορίας και αποτέλεσε έναν νέο τρόπο απόκτησης πλούτου. Οι μεγαλύτερες αυτοκρατορίες στην αρχή της βιομηχανικής εποχής ανήκαν στους βασιλιάδες και τις βασίλισσες των θαλασσοπόρων ευρωπαϊκών χωρών, όπως της Αγγλίας και της Ισπανίας. Με πλοία και όπλα κατέκτησαν τους λαούς της Αφρικής, της Ασίας, της Αυστραλίας και της Αμερικής, τους απέσπασαν τα πλούτη και τις πλούσιες πρώτες ύλες, έκαναν τους λαούς σκλάβους, όποτε ήταν δυνατόν, και μετέτρεψαν τα εδάφη τους σε αποικίες. Οι Ευρωπαίοι χρησιμοποίησαν αυτά τα πλούτη για να αναπτύξουν το νέο βιομηχανικό τρόπο ζωής τους. Οι ιθαγενείς λαοί, στις ευρωπαϊκές αποικίες, εξαναγκάζονταν να σκάβουν τη γη τους και να βγάζουν σίδερο, χαλκό και άλλα μεταλλεύματα που χρειάζονταν στους κατακτητές για να κατασκευάζουν μηχανήματα και μεταφορικά συστήματα. Εξαναγκάζονταν επίσης να παραδίνουν τη γη τους στη μονοκαλλιέργεια και να καλλιεργούν λάστιχο, καπνό, βαμβάκι και μαλλί – όλα για εξαγωγή στην Ευρώπη, όπου άλλοι φτωχοί ακτήμονες εργάζονταν στις μηχανές, που μετέτρεπαν αυτές τις συγκομιδές και τις πρώτες ύλες σε προϊόντα για πώληση. Αυτοί εξόρυσσαν επίσης το κάρβουνο που κινούσε τις μηχανές.

Με τον καιρό, οι αποικίες άρχισαν ν' αγωνίζονται και να κερδίζουν την ανεξαρτησία τους, διαλύοντας έτσι τις αυτοκρατορίες. Οι βορειοαμερικανικές αποικίες ήταν οι πρώτες που κέρδισαν την ανεξαρτησία τους και σύντομα ανέπτυξαν τη δική τους μηχανική τεχνολογία και βιομηχανία για ν' ανταγωνιστούν τις ευρωπαϊκές αυτοκρατορίες. Η επιτυχία των Ηνωμένων Πολιτειών, από τότε που κέρδισαν την ανεξαρτησία τους, δεν ήταν ωστόσο τυπική. Στις περισσότερες άλλες αποικίες, η καλύτερη γη και οι φυσικοί πόροι είχαν καταληφθεί από τους Ευρωπαίους αποίκους που είχαν πλουτίσει στέλνοντας πρώτες ύλες στις μητροπόλεις τους. Μετά την απόκτηση της ανεξαρτησίας, αυτές οι χώρες συνέχισαν τον αποικιακό τρόπο ζωής, εξάγοντας πρώτες ύλες και τρόφιμα στις βιομηχανικές χώρες και εισάγοντας βιομηχανικά προϊόντα.

Πολλοί λαοί, που κάποτε συντηρούνταν ανεξάρτητα με το κυνήγι ή με την καλλιέργεια όλων όσων χρειάζονταν για να ζήσουν στη δική τους γη, περνούν χειρότερα στην ανεξάρτητη σήμερα χώρα τους, απ' ό,τι πριν σχηματιστούν οι αποικιακές αυτοκρατορίες. Ενώ θεωρούνται καθυστερημένοι με τα Δυτικά κριτήρια, στην πραγματικότητα υπαναπτύχθηκαν συστηματικά – εμποδίστηκαν να προχωρήσουν τη δική τους φυσική εξέλιξη – για να βοηθήσουν χώρες που ήταν ήδη πλούσιες. Ακόμα κι αφού κερδίσουν την ανεξαρτησία τους, οι άνθρωποι εξαναγκάζονται να εξακολουθούν να δουλεύουν στη γη για άλλους, όπως έκαναν την εποχή των αποικιών, να καλλιεργούν συχνά μονοκαλλιέργειες, ή να εξορύσσουν ένα και μόνο μετάλλευμα, ή καύσιμο, για εξαγωγή. Είναι αναγκασμένοι ν' αγοράζουν τα τρόφιμα, τα ρούχα και την κατοικία τους με τα λίγα χρήματα που πληρώνονται, έτσι δεν μπορούν να ξεφύγουν από τη φτώχεια και συχνά υποφέρουν από την πείνα και τις αρρώστιες.

Αυτοί οι λαοί δεν έχουν χάσει μόνο τη γη τους και τους φυσικούς πόρους συντήρησής τους, αλλά και ολόκληρο τον τρόπο ζωής τους – την οργάνωσή τους σε φυλές, τις φυσικές τους θρησκείες, τις τέχνες τους, πολλές φορές ακόμη και τις γλώσσες τους. Τους είπαν ότι πρόοδος σημαίνει να μάθουν να ζουν όπως οι Ευρωπαίοι και οι Αμερικανοί. Όμως, παρ' όλο που εγκατέλειψαν τους παλιούς τους πολιτισμούς για να υιοθετήσουν αυτούς τους καινούριους, πρόοδος γι' αυτούς σήμαινε μόνο να γίνονται με κάθε τρόπο φτωχότεροι, ενώ εκείνοι που κατείχαν τη γη τους γίνονταν όλο και πιο πλούσιοι.

Η βιομηχανία άλλαξε τον τρόπο ζωής τόσο στις ισχυρές χώρες όσο και στις φτωχές. Οι πλούσιοι δεν ήταν πια εκείνοι που είχαν στην κατοχή τους μεγάλες εκτάσεις αναξιοποίητης γης, αλλά εκείνοι που ήταν κάτοχοι μηχανών κι αγόραζαν τη γη, την απογύμνωναν και τη χρησιμοποιούσαν για να παράγουν πρώτες ύλες για τη βιομηχανία. Όλο και πιο πολλοί άνθρωποι εξαναγκάζονταν να εγκαταλείπουν την αγροτική ζωή που τους συντηρούσε και να πηγαίνουν να δουλεύουν σε εργοστάσια, γεμίζοντας τις πόλεις γύρω από τα εργοστάσια, καθώς ο αστικός τρόπος ζωής γινόταν κοινωνικός κανόνας και σύμβολο προόδου.

Πριν από τη Βιομηχανική Επανάσταση, όλη η ανθρωπότητα ζούσε από τη γεωργία και λίγοι άνθρωποι ήταν αρκετά πλούσιοι ώστε να μην είναι αναγκασμένοι να παράγουν οι ίδιοι την τροφή τους, τα ρούχα και το κατάλυμά τους. Στο σημερινό κόσμο, οι περισσότεροι από μας αγοράζουμε έτοιμα σχεδόν όλα όσα καταναλώνουμε, που είναι φτιαγμένα από άλλους, συχνά πολύ μακριά. Ακόμα κι όταν τα προϊόντα κατασκευάζονται στη δική μας χώρα, οι πρώτες ύλες τους είναι πολύ πιθανό ότι έρχονται από μια άλλη χώρα. Όλος ο κόσμος είναι σήμερα ενοποιημένος μέσω της *οικονομίας* του – μια λέξη που προέρχεται από το *οίκος*, «νοικοκυριό» και *νόμος*. Το ανθρώπινο «νοικοκυριό», που κάποτε ήταν μια τοπική οικογενειακή ή φυλετική μονάδα, περιλαμβάνει σήμερα ολόκληρο τον κόσμο. Ένα τεράστιο δίκτυο από γραμμές μεταφορών και επικοινωνιών έχει υφανθεί γύρω από τον πλανήτη μας, για να μεταφέρονται οι πρώτες ύλες, τα τελειωμένα προϊόντα και οι άνθρωποι και για να διεξάγεται η διαχείριση του παγκόσμιου νοικοκυριού.

Μέσα σε λίγες εκατοντάδες χρόνια λοιπόν – πολύ λιγότερο από το ανοιγοκλείσιμο ενός ματιού με τα κριτήρια της Γαίας – το παράτολμο νεαρό ανθρώπινο είδος, με το μεγάλο του εγκέφαλο και τα έξυπνα χέρια, εξαφάνισε τεράστια φυσικά οικοσυστήματα και μετέτρεψε το περιβάλλον σε μια ενιαία οικονομική αυτοκρατορία που καλύπτει ολόκληρο τον πλανήτη και κυβερνάται από τις πλούσιες βιομηχανικές χώρες. Όμως, τόσο οι εξουσιαστές, όσο και οι εξουσιαζόμενοι αυτής της αυτοκρατορίας, είναι διασπασμένοι σε μπλοκ χωρών με αντιτιθέμενα, ανταγωνιστικά πρότυπα διακυβέρνησης αυτής της παγκόσμιας οικονομίας και των ανθρώπων της.

Ο σύγχρονος κόσμος μας, με όλες του τις επιτυχίες και τα προβλήματα, φαίνεται ευκολότερα κατανοητός αν ανατρέξουμε και πάλι στα αρχαία βακτηριακά μόνερα, στη διαδικασία των εξελισσόμενων πρωτίστων. Η εκμετάλλευση των βακτηριδίων-υποδοχέων από τα πεινασμένα βακτηρίδια-εισβολείς, που χρειάζονται τα εφόδιά τους, μας θυμίζει όχι μόνο τους πολιτισμούς του θεού που εισέβαλαν στους πολιτισμούς της θεάς, αλλά και τον πιο σύγχρονο ιμπεριαλισμό μας, όπου ορισμένες χώρες εισέβαλαν σε άλλες και τις έκαναν αποικίες. Όμως με την εκμετάλλευση του υποδοχέα της αποικίας, τα εφόδια των βακτηριδίων σκότωναν τον υποδοχέα, κι έτσι αυτή η διαδικασία δεν ανταποκρινόταν στα μακροπρόθεσμα συμφέροντα των εκμεταλλευτών. Αυτό είναι το μάθημα που παίρνουμε, μετά από χιλιάδες χρόνια που εκμεταλλευόμαστε ο ένας τον άλλον, στον αγώνα μας να γίνουμε ένα ώριμο είδος – χιλιάδες χρόνια που δεν είναι τίποτε για μια τέτοια μεγάλη εξελικτική αλλαγή. Το υγιές συνεργατικό σύστημα που άρχισε να εξελίσσεται όταν τα εισβάλλοντα βακτηρίδια παρήγαγαν ενέργεια για τον υποδοχέα, σε αντάλλαγμα των πρώτων υλών του, έχει την αντιστοιχία του σήμερα, καθώς οι ανεπτυγμένες χώρες βοηθούν τις πρώην αποικίες τους να αναπτύξουν βιομηχανική ενέργεια. Το πρόβλημα είναι ότι δεν έχουμε ακόμα επεξεργαστεί μια δίκαιη ανταλλαγή. Οι ισχυρές χώρες εξακολουθούν ν' απαιτούν περισσότερες πολιτικές, αν όχι και υλικές, παραχωρήσεις από τα έθνη-προμηθευτές του Τρίτου Κόσμου, απ' ό,τι θ' απαιτούσαν σε ένα πραγματικά συνεργατικό σύστημα. Όμως, από την άλλη πλευρά, ούτε τα αρχαία βακτηρίδια εξελίχθηκαν και τόσο γρήγορα σε πρώτιστα. Μόνο όταν πολλά βακτηρίδια διαφόρων ειδών συνδέθηκαν μεταξύ τους μέσα στα ίδια τοιχώματα, άρχισε να εξελίσσεται ένα συνεργατικό σύστημα, όπου συμπεριλαμβανόταν κι ένας κοινός πυρήνας για το καλό όλων.

Οι ανθρώπινες χώρες βρέθηκαν μόλις πρόσφατα άρρηκτα δεμένες μέσα στα όρια του πλανήτη μας, και μόλις τώρα αρχίζουμε να καταλαβαίνουμε τι σημαίνει αυτό. Αν η εκμετάλλευση και ο εχθρικός ανταγωνισμός συνεχιστούν σε βάρος της συνεργασίας ανάμεσα στις χώρες, το νέο σώμα της ανθρωπότητας ίσως να μην επιβιώσει για πολύ ακόμα.

Η εξέλιξη χρειάζεται χρόνο, όμως, όταν ένα φυσικό σύστημα έχει φτάσει ή έχει ωθηθεί σε ορισμένα όρια, μπορεί να αναδιοργανώνεται με απίστευτη ταχύτητα. Η ανθρωπότητα έχει φτάσει σήμερα σ' ένα τέτοιο κρίσιμο όριο. Έχει επίσης επινοήσει όλα όσα χρειάζεται για να εκτελέσει μια θεαματική της ανοδιοργάνωση σε ένα υγιές συνεργατικό σώμα. Ιδιαίτερα ενδιαφέρον είναι το γεγονός ότι τα βακτηρίδια επινόησαν συστήματα επικοινωνίας, πριν να οργανωθούν σε πυρηνούχα κύτταρα κι ότι τα πυρηνούχα κύτταρα επινόησαν συστήματα διακυτταρικής επικοινωνίας, πριν οργανωθούν σε πολυκύτταρα όντα.

Τα συστήματα επικοινωνίας, που εμείς οι άνθρωποι έχουμε σήμερα σε παγκόσμια κλίμακα, είναι προϋποθέσεις για την οργάνωση ευρύτερων συστημάτων ζωής. Τα συστήματα μεταφορών για τη μετακίνηση εφοδίων παίζουν επίσης κρίσιμο ρόλο στην ίδια την οργάνωση και τη λειτουργία τέτοιων συστημάτων κι εδώ επίσης είμαστε καλά προετοιμασμένοι ως προς τις μεταφορικές μας ικανότητες. Αν το πείραμα του μεγάλου εγκεφάλου πρόκειται να επιτύχει – αν η ανθρωπότητα πρόκειται να επιβιώσει ως ένα υγιές σώμα, ως ένα «όλον» στην ολαρχία της Γαίας – πρέπει να χρησιμοποιήσουμε τις επικοινωνίες μας, τις ανταλλαγές πληροφοριών και τις μεταφορές, ως μέρη ενός συνεργατικά οργανωμένου σώματος. Όσο συντομότερα αναγνωρίσουμε ότι αυτή είναι για μας η μόνη βατή κατεύθυνση, τόσο πιο γρήγορα θα προχωρήσουμε σ' αυτό το εγχείρημα.

12. *Ποιο είναι το έργο*

Πρωτύτερα είπαμε ότι οι άνθρωποι είναι το μόνο είδος στο θεατρικό έργο της ζωής που μπορούν να σκέφτονται και προσπαθούν να καταλάβουν ποιο είναι το έργο. Κι όμως, μόλις τώρα διαμορφώνουμε μια επιστημονική κοσμοθεωρία στην οποία ο κόσμος μας νοείται *ολιστικά* – ως ένα σύνολο αποτελούμενο από αλληλένδετα μέρη. Μόλις σήμερα αρχίζουμε να καταλαβαίνουμε πώς σχετιζόμαστε με όλους τους άλλους ηθοποιούς στην πλανητική μας ολαρχία από «όλα»· να καταλαβαίνουμε ότι είμαστε νέοι ηθοποιοί στη δημιουργία της Γαίας – νέοι ηθοποιοί, με την ευθύνη ν' ασκούμε την ελευθερία της επιλογής που μας δίνει ο μεγάλος μας εγκέφαλος, με τρόπους που θα δώσουν τη δυνατότητα να συνεχιστεί το έργο για όλους μας.

Αυτή η ιδέα ότι οι άνθρωποι αποτελούμε μέρος ενός τεράστιου κοσμικού θεατρικού έργου, με μια ελευθερία που πρέπει να μάθουμε να τη χρησιμοποιούμε υπεύθυνα, δεν είναι καινούρια αλλά αρχαία. Οι Ινδουιστές Βεδιστές και οι Κινέζοι Ταοϊστές κατανοούσαν τα πράγματα μ' αυτόν ακριβώς τον τρόπο, όπως και ο Όμηρος και ο πρώτος Έλληνας ποιητής που έγραψε θεατρικά έργα, ο Αισχύλος, που έζησε τον έκτο και πέμπτο αιώνα π.Χ. Τα έργα του Αισχύλου μιλούν όλα για το ρόλο των ανθρώπων στον κοινωνικό και φυσικό κόσμο μας – για το καθήκον του ανθρώπου να κάνει υπεύθυνες επιλογές, μέσα στις καταστάσεις και στα όρια που θέτει ο κόσμος της ανθρώπινης κοινωνίας, στο πλαίσιο του ευρύτερου φυσικού κόσμου.

Μάλιστα, ο διαβαθμισμένος κόσμος αυτού του θεατρικού συγγραφέα μπορεί εύκολα να θεωρηθεί ως μια φυσική τάξη «όλων» σε μία ολαρχία. Ο Αισχύλος κατανοούσε πως κάθε ανθρώπινη απόφαση στη συμπεριφορά επηρεάζει όχι μόνο αυτόν που την παίρνει, αλλά και την οικογένειά του, την κοινωνία και τον ευρύτερο κόσμο, πέρα από τους ανθρώπους. Έβλεπε ότι η έκταση της ελεύθερης επιλογής μας μέσα στο φυσικό κόσμο στον οποίο ανήκουμε είναι το πιο αξιοσημείωτο χαρακτηριστικό μας και τα έργα του μιλούν για τα ερωτήματα που οι άνθρωποι είναι υποχρεωμένοι να σταθμίσουν όταν κάνουν τις επιλογές τους, για την προσπάθειά τους να καταλάβουν τις συνέπειες που θα έχουν οι επιλογές σε όλα τα κοσμικά επίπεδα.

Η ικανότητά μας να σκεφτόμαστε τις επιλογές μας – να δημιουργούμε εικόνες της σχέσης μας με τον κόσμο μας και να φανταζόμαστε τις συνέπειες των εναλλακτικών επιλογών που μπορούμε να κάνουμε, σε κάθε βήμα μέσα στον κόσμο μας – αποτελεί το σημαντικότερο ρόλο του συνειδητού εγκεφάλου μας, που, όπως είπαμε, εξελίχθηκε στους ζωικούς προγόνους μας μαζί με την ελευθερία επιλογής στη συμπεριφορά. Οι τρόποι με τους οποίους βλέπουμε τον κόσμο μας και τη σχέση μας μαζί του είναι οι κοσμοθεωρίες μας, κι αυτές φυσικά σχετίζονται στενά με τα είδη των επιλογών που κάνουμε στο θεατρικό έργο της ζωής μας.

Για να καταλάβουμε τι είναι οι ανθρώπινες κοσμοθεωρίες και από πού προέρχονται, ας αρχίσουμε εξετάζοντας πώς τα άλλα είδη βλέπουν τον κόσμο τους, γιατί, είτε έχει μάτια είτε όχι, κάθε πλάσμα έχει κάποιον τρόπο για να «βλέπει» τον κόσμο του – κάποιον τρόπο να παίρνει πληροφορίες για το περιβάλλον του. Χωρίς αυτές τις πληροφορίες, δε θα μπορούσε να συναλλάσσεται μ' αυτό το περιβάλλον κι επομένως δε θα μπορούσε να λειτουργεί καθόλου.

Είπαμε ότι κάθε ον είναι ένα «όλον» μέσα στα ευρύτερα

«όλα» από τα οποία εξαρτάται. Για να ζήσει, πρέπει με κάποια έννοια να «ξέρει» τι εφόδια να πάρει από το περιβάλλον του και τι απόβλητα να επιστρέψει σ' αυτό. Πρέπει να κάνει ό,τι μπορεί για να προστατεύεται από βλάβες και να κάνει ό,τι άλλο θα βοηθήσει να συνεχίσει να ζει. Ακόμα κι ένα μικρόβιο ξέρει αν βρίσκεται σ' ένα περιβάλλον αφθονίας ή όχι, ξέρει τι είναι βλαβερό στο περιβάλλον του και τι όχι, ξέρει τι είναι χρήσιμο στο περιβάλλον του και τι όχι κ.ο.κ. Δεν έχουμε πραγματικά ιδέα αν συντονίζει όλες αυτές τις πληροφορίες για να βοηθηθεί στην επιβίωσή του, όμως αν το κάνει, αυτό το σύνολο πληροφοριών θα ήταν η απλή αλλά χρήσιμη κοσμοθεωρία του.

Το ζήτημα είναι ότι κάποιες περιβαλλοντικές πληροφορίες ή γνώσεις είναι απαραίτητες για την επιβίωση κάθε ζωντανού όντος, ακόμα κι αν οι «επιλογές» του δεν είναι ελεύθερες αλλά προγραμματισμένες μέσα του από την εξέλιξη. Μάλιστα, καθώς εξελίσσονταν τα διαφορετικά όντα, εξελίσσονταν και διαφορετικές κοσμοθεωρίες. Η «κοσμοθεωρία» ενός μικροβίου σαφώς δεν είναι η ίδια μ' εκείνη ενός χορταριού ή μιας νυφίτσας. Κάθε ζωντανό ον έχει μια κοσμοθεωρία προσαρμοσμένη στις δικές του ανάγκες και εμπειρίες. Αυτό συμβαίνει επειδή κάθε ον είναι ένα πλάσμα ικανό να συναλλάσσεται με το περιβάλλον του χάρη στη μοναδική ικανότητά του να δέχεται πληροφορίες και να δρα ανάλογα μ' αυτές.

Κανένα πλάσμα, ακόμα και μ' έναν τόσο εκλεπτυσμένο εγκέφαλο σαν τον δικό μας, δε «βλέπει» τι υπάρχει πραγματικά εκεί έξω στον κόσμο. Τα μάτια μας δε «φωτογραφίζουν» τον κόσμο. Δεν υπάρχει τίποτε που να μοιάζει έστω και στο ελάχιστο σ' ένα φωτογραφικό μηχανισμό, στο σύστημα μάτια-εγκέφαλος. Μέσα στα μάτια μας, το φως χτυπάει πράγματι τον αμφιβληστροειδή μας μ' έναν τρόπο που μας θυμίζει φωτογραφική πλάκα ή φιλμ και ο σχηματισμός του φωτός παράγει ένα ανάλογο σχηματισμό σημάτων των νεύρων που ταξιδεύουν μέχρι τον εγκέφαλο. Αυτά τα νευρικά σήματα, ωστόσο, σύντομα πλαισιώνονται από έναν πολύ μεγαλύτερο αριθμό άλλων σημάτων, που έρχονται μέσα από τον ίδιο τον εγκέφαλο και οι πληροφορίες του ίδιου του εγκέφαλου συνδυάζονται με τις νέες πληροφορίες, για να παραχθούν οι οπτικές μας εικόνες. Αυτό που «βλέπουμε» είναι στην πραγματικότητα αυτή η πολύπλοκη παραγωγή των εγκεφάλων μας.

Το ίδιο συμβαίνει όταν κοιτάζουμε μια φωτογραφία. Ο λόγος που η φωτογραφία μοιάζει μ' αυτό που είδαμε με τα μάτια μας, όταν την τραβήξαμε, είναι ότι το σύστημα μάτι-εγκέφαλος ανταποκρίνεται στη σκηνή με τον ίδιο τρόπο που ανταποκρίνεται στη φωτογραφία, η οποία είναι ένα μηχανικό αντίγραφο του φωτεινού σχηματισμού του.

Ας «δούμε» πώς βλέπει τον κόσμο ένας βάτραχος. Ένας βάτραχος τρέφεται κυρίως με έντομα που τα πιάνει καθώς πετούν, κολυμπούν ή περνούν από κοντά του. Τα μάτια, ο εγκέφαλος και το σώμα του είναι ένα αυτόματο σύστημα που εξελίχθηκε για να βλέπει και να πιάνει έντομα. Όποτε μια μικρή σκούρα κουκίδα κινείται στο κομμάτι του κόσμου όπου στοχεύουν τα μάτια του βατράχου, βγάζει γρήγορα τη μακριά κολλώδη γλώσσα του και τραβάει μέσα το μικρό σκούρο πραγματάκι. Αυτό το σύστημα λειτουργεί πολύ καλά στο φυσικό περιβάλλον του βατράχου, επειδή τα μικρά σκούρα πραγματάκια που κινούνται μ' αυτόν τον τρόπο είναι σχεδόν πάντα έντομα.

Μπορούμε να ξεγελάσουμε ένα βάτραχο και να τον κάνουμε να προσπαθήσει να φάει μικροσκοπικές σκιές που περνούν από μπροστά του, ή να τον κάνουμε πραγματικά να φάει σκάγια που τα κυλάμε από μπροστά του. Ο βάτραχος δε μαθαίνει ότι τα σκάγια δεν είναι φαγώσιμα, παρά συνεχίζει να τα τρώει, ώσπου να βαρύνει τόσο ώστε να μην μπορεί να κινηθεί. Το σύστημα του να πιάνει σκούρες κινούμενες κουκίδες είναι ενσωματωμένο στον εγκέφαλό του και δεν μπορεί ν' αλλάξει με την εμπειρία. Η «κοσμοθεωρία» του δεν μπορεί ν' αλλάξει μ' έναν τρόπο που να επιτρέπει στο βάτραχο να μάθει ποιες μαύρες κουκίδες είναι φαγώσιμες και ποιες όχι.

Ένα ανθρώπινο μωρό βάζει επίσης στο στόμα του κάθε είδους πράγματα, όμως για το μωρό, αυτός είναι ένας τρόπος για ν' ανακαλύψει τι είναι φαγώσιμο και τι όχι, τη γεύση και την αίσθηση των πραγμάτων. Η γλώσσα του, τα μάτια, τ' αφτιά του και τα άλλα αισθητήρια όργανα αποτελούν ένα σύστημα που καθορίζει και περιορίζει το είδος των πληροφοριών που μπορεί να λάβει, όμως το μωρό δεν είναι προγραμματισμένο να συνδυάζει τις πληροφορίες με πολύ καθορισμένους τρόπους. Το μωρό πρέπει να δοκιμάζει διαρκώς τον κόσμο του, να μαθαίνει γι' αυτόν με την άμεση εμπειρία του, καθώς και απ' αυτά που του διδάσκουν και του λένε. Έτσι, με τον καιρό, *δημιουργεί* μια κοσμοθεωρία. Από τη βρεφική ηλικία, ο εγκέφαλός μας δοκιμάζει κάθε νέα εμπειρία πάνω στη βάση αυτών που είχαμε προηγουμένως, ώστε να διατηρούμε σε συνοχή την κοσμοθεωρία που δημιουργούμε.

Ας δούμε ένα άλλο παράδειγμα της διαφοράς των ειδών στις κοσμοθεωρίες. Ας φανταστούμε ότι ένα παιδί παίζει με μια γάτα, όταν βλέπει μια μέλισσα να προσγειώνεται σ' ένα όμορφο λουλούδι. Κι ας φανταστούμε ότι και τα τρία – το παιδί, η γάτα και η μέλισσα – μπορούν να μιλούν μεταξύ τους.

«Τι ωραίο ροζ λουλούδι που διάλεξες», θα μπορούσε να λέει το παιδί στη μέλισσα.

«Ποιο ωραίο ροζ λουλούδι;» θα ρωτούσε η μέλισσα. «Δε βλέπεις πως διάλεξα αυτό το λουλούδι για τις σκούρες κόκκινες ρίγες του; Αυτό το είδος έχει την αγαπημένη μου γύρη.»

«Κόκκινες ρίγες;» λέει το παιδί. «Φανταζόμουνα ότι μια μέλισσα βλέπει καλύτερα! Το λουλούδι είναι όσο ροζ γίνεται να είναι».

«Συγγνώμη», λέει η μέλισσα, «όμως μου φαίνεται ότι *εσύ* δε βλέπεις και τόσο καλά! Κοίτα εδώ, γάτα, αυτό το λουλούδι είναι ριγωτό ή εγώ τρελάθηκα;»

«Κι οι δυο σας είσαστε τρελοί», λέει η γάτα, «που κάνετε τόση φασαρία για ένα λουλούδι. Εμένα όλα μου φαίνονται ίδια κι είναι μάλλον ανιαρά γκρίζα πράγματα, έτσι ακίνητα που μένουν. Τώρα, μια ακρίδα είναι άλλο ζήτημα...».

Μια τέτοια διαφωνία παρουσιάζετεαι επειδή ο καθένας απ' αυτούς τους τρεις πραγματικά βλέπει το λουλούδι διαφορετικά – το παιδί το βλέπει ροζ, η μέλισσα διακρίνει κόκκινες ρίγες κι η γάτα το βλέπει σαν ανιαρά γκρίζο. Οι μέλισσες βλέπουν περισσότερα χρώματα απ' ό,τι οι άνθρωποι, ενώ οι γάτες δε βλέπουν σχεδόν κανένα χρώμα στον κόσμο τους. Οι μέλισσες είναι απαραίτητο να γνωρίζουν τον κόσμο των λουλουδιών για να επιβιώσουν, όμως τα λουλούδια δεν αφορούν καθόλου τις γάτες.

Οι νυχτερίδες «βλέπουν» στα σκοτεινά και τα δελφίνια στα θολά νερά, εκπέμποντας ηχητικά κύματα που αντανακλώνται από το περιβάλλον τους. Τα δελφίνια και τα σκυλιά δημιουργούν ένα σημαντικό μέρος της κοσμοθεώρησής τους από ήχους που εμείς οι άνθρωποι δεν μπορούμε να τους ακούσουμε· τα περισσότερα θηλαστικά ζουν με μια κοσμοθεώρηση αποτελούμενη περισσότερο από μυρωδιές παρά από όψεις. Τα πουλιά και τα έντομα αισθάνονται τα μαγνητικά πεδία της ατμόσφαιρας.

Κάθε είδος έχει το δικό του σύστημα αισθήσεων που φέρνει στον εγκέφαλό του συγκεκριμένους ερεθισμούς, καθώς εξερευνά και κάνει πράγματα στον κόσμο του. Αυτοί οι ερεθισμοί που έρχονται απ' έξω, συνδέονται με τα υπάρχοντα εσωτερικά σχήματα για να δημιουργηθεί η αντιληπτή εικόνα ή κοσμοθωρία που οι εγκέφαλοί μας είναι ικανοί να την προβάλουν «εκεί έξω», ξεγελώντας μας έτσι ώστε να νομίζουμε ότι βλέπουμε τα πράγματα όπως είναι πραγματικά.

Το ενδιαφέρον στις προβαλλόμενες «κοσμοθεωρίες» που έχουν τα διάφορα είδη, ή που τις αισθάνονται, είναι ότι καμιά δεν έχει μια πιο αληθινή εικόνα του κόσμου απ' ότι η άλλη. Μια «κοσμοθεωρία» αποτελούμενη από πρότυπα μυρωδιάς δεν είναι λιγότερο αληθινή από εκείνη που αποτελείται από σχηματισμούς φωτός και ήχου. Κάθε είδος έχει αναπτύξει έναν τρόπο για να συγκροτεί την «κοσμοθεωρία» που το βοηθάει καλύτερα να τα βγάλει πέρα στον κόσμο. Το καθένα παίρνει ένα μέρος μόνο από το σύνολο των πληροφοριών ή των σχημάτων που υπάρχουν στον κόσμο μας – το μέρος εκείνο που του χρειάζεται περισσότερο, για να επιβιώνει με υγεία και να παίζει το ρόλο του στον ευρύτερο χορό της ζωής.

Μόνο εμείς οι άνθρωποι ξέρουμε ότι υπάρχουν όλες αυτές οι διαφορετικές «κοσμοθεωρίες». Εμείς μπορούμε να καταγράψουμε και να μετρήσουμε κύματα φωτός πέρα απ' αυτά που βλέπουμε, ηχητικά κύματα πέρα απ' αυτά που ακούμε, χημικές μυρωδιές πέρα απ' αυτές που μυρίζουμε, μαγνητισμό που δεν τον αισθανόμαστε. Μόνο εμείς μπορούμε να καταλάβουμε ότι η αντίληψή μας του κόσμου περιέχει μικρό μόνο μέρος απ' όλες τις διαθέσιμες πληροφορίες και κάνουμε ό,τι μπορούμε για να διευρύνουμε την κλίμακα των πληροφοριών μας. Βρήκαμε τον τρόπο να μάθουμε την «κοσμοθεωρία» άλλων ειδών, χρησιμοποιώντας όργανα που αντιγράφουν τον τρόπο με τον οποίο αυτά αντιλαμβάνονται ή αισθάνονται τον κόσμο τους. Με το σόναρ, «βλέπουμε» όπως βλέπουν οι νυχτερίδες και τα δελφίνια· με τα μικροσκόπια κοιτάζουμε τον κόσμο των μικροβίων κ.ο.κ.

Ασφαλώς αυτό μας κάνει ένα ειδικό πείραμα του μεγάλου εγκεφάλου – το μόνο είδος ηθοποιών που είναι ικανοί να καταλάβουν τι κάνουν όλοι οι άλλοι στο έργο. Εμείς οι άνθρωποι έχουμε μάλιστα μια παράξενη ικανότητα που δεν την έχει κανένα άλλο είδος, απ' ό,τι ξέρουμε – είμαστε σε θέση να γινόμαστε θεατές του ίδιου του έργου στο οποίο παίζουμε.

Κανένα άλλο είδος δεν είναι σε θέση να ανακαλύψει τι είναι όλα τα άλλα και τι κάνουν. Κανένα άλλο δε βλέπει τον εαυτό του ως παρατηρητή ολόκληρου του κόσμου, ακόμα και ολόκληρου του σύμπαντος. Αυτό δεν ίσχυε όταν πρωτογίναμε άνθρωποι. Μάλιστα, είναι πιθανό ότι παίζαμε ανθρώπινους ρόλους στο έργο της δημιουργίας της Γαίας πολύ πριν μπορέσουμε να ξεχωρίσουμε από τον υπόλοιπο κόσμο με το μυαλό μας και να δούμε τους εαυτούς μας και τους άλλους ως ηθοποιούς. Τι ήταν λοιπόν αυτό που άλλαξε την κοσμοθεωρία μας και της έδωσε την προοπτική του θεατή;

Στα βακτηρίδια και τα πρώτιστα υπάρχει μια αρκετά άμεση σχέση ανάμεσα στο ερέθισμα από το περιβάλλον και την ανταπόκριση στη συμπεριφορά. Τα αισθητήρια όργανά τους συνδέονται άμεσα με τα όργανα που η συμπεριφορά τους είναι να συστέλλονται, να κωπηλατούν με τις βλεφαρίδες, ή να καταβροχθίζουν ένα σωματίδιο τροφής. Στους πολυκύτταρους οργανισμούς το ερέθισμα μπορεί να παρουσιαστεί πολλά κύτταρα πιο μακριά από τα κινούμενα, συμπεριφερόμενα τμήματα· έτσι αναπτύχθηκαν συστήματα επικοινωνίας – χημικά και υδραυλικά συστήματα στα πρώτιστα, τους μύκητες και τα φυτά και όλο και πιο πολύπλοκα νευρικά συστήματα στα ζώα. Όμως όσο πιο πολύπλοκο γινόταν το νευρικό σύστημα, τόσο περισσότερο ανέπτυσσε τα δικά του πρότυπα, που μεσσλαβούσαν ανάμεσα στα εισερχόμενα ερεθίσματα και τους εξερχόμενους τρόπους συμπεριφοράς. Οι σχέσεις δηλαδή, δεν είναι πια άμεσες και οι «κοσμοθεωρίες» των πλασμάτων καθορίζονται μάλλον από τη συνολική και ατομική ιστορία του νευρικού τους συστήματος, παρά από τα νέα ερεθίσματα που πράγματι έρχονται απ' έξω.

Στα κοινωνικά είδη, κάτι άλλο μεσολαβεί ανάμεσα στις αισθήσεις και τη συμπεριφορά – ολόκληρη η ιστορία των συναλλαγών ανάμεσα στα κοινωνικά σχετιζόμενα άτομα. Υπάρχει, με μια έννοια, ένας κοινωνικός εγκέφαλος ή νους, οργανωμένος και σχηματισμένος με τον καιρό από τις κοινωνικές συναλλαγές και τη γλώσσα, ενσωματωμένος στον εγκέφαλο και τη συμπεριφορά των ατόμων, καθώς μαθαίνουν να ζουν σε μια κοινωνία.

Η γλώσσα έπαιξε έναν εξαιρετικά σημαντικό ρόλο στη διαμόρφωση των ανθρώπινων κοινωνιών και πολιτισμών. Ο ίδιος ο ανθρώπινος νους είναι σε μεγάλο βαθμό προϊόν της κοινωνικής γλωσσικής κοινότητάς μας. Η γλώσσα αποτελεί αναμφίβολα τον πυρήνα της ανθρώπινης υπόστασής μας. Και η γραπτή γλώσσα θα πρέπει να ήταν η εφεύρεση που άλλαξε τις νοητικές εικόνες μας για τους εαυτούς μας και τον κόσμο, περισσότερο από κάθε άλλη.

Είναι πολύ πιθανόν ότι η γραφή ήταν εκείνη που άλλαξε τον τρόπο με τον οποίο βλέπαμε τους εαυτούς μας σε σχέση με τον κόσμο στον οποίο ζούμε – που μας επέτρεψε να είμαστε όχι μόνο ηθοποιοί στο έργο της ζωής, αλλά και παρατηρητές.

Πριν από την ανάπτυξη της γραφής, οι άνθρωποι δεν μπορούσαν να θεωρούν τους εαυτούς τους ξέχωρους από τον κόσμο τους – παρατηρητές ή γνώστες του – με τον τρόπο που το κάνουμε σήμερα, όπου μπορούμε να «δούμε» την ιστορία του κόσμου μέσα σ' ένα βιβλίο, ή ένα άλλο σημείο του κόσμου σε μια ταινία, που είναι η τελευταία πιο πρόσφατη εκδοχή του «βιβλίου».

Πριν από τη γραφή, η γλώσσα δεν ήταν ένα «πράγμα» καθεαυτό. Η ομιλία ήταν απλώς μια ικανότητα όπως το βάδισμα. Ούτε οι άνθρωποι μπορούσαν να φανταστούν ότι η γνώση θα περνούσε μέσα από τη γλώσσα με οποιονδήποτε άλλο τρόπο, εκτός από την άμεση μάθηση από ένα άλλο ζωντανό άτομο. Η ποίηση, ο νόμος, και κάθε άλλος τομέας γνώσεων δεν μπορούσε να υπάρξει χωρίς έναν ζωντανό άνθρωπο γνώστη τους, μέχρι τη στιγμή που οι λέξεις άρχισαν να σκαλίζονται στο βράχο, να χαράζονται σε μια πήλινη πλάκα ή να γράφονται σε παπύρους. Η γραφή μάς έκανε παρατηρητές του ίδιου μας του έργου και μας έδωσε τη δυνατότητα να αποθηκεύουμε πληροφορίες και να τις μεταδίδουμε, αναλλοίωτες, στη δική μας και σε όλες τις μελλοντικές γενιές.

Μας είναι δύσκολο να φανταστούμε πώς θα ήταν το να μην ξεχωρίζουμε τους εαυτούς μας από τον κόσμο ως παρατηρητές του, να μη θεωρούμε τους εαυτούς μας ξέχωρους από τη γνώση μας, να μη σκεφτόμαστε τις γλώσσες μας ως γλώσσες και το νου μας ως νου, ή τον κόσμο μας ως κάτι *για το οποίο* έχουμε γνώσεις στο νου μας. Κι όμως, όλοι μας περάσαμε απ' αυτό το στάδιο, όταν ήμαστε μικρά παιδιά, πριν διδαχτούμε να διαβάζουμε και να σκεφτόμαστε για τον κόσμο. Μ' αυτή την έννοια, η ανθρώπινη παιδική ηλικία επαναλαμβάνει ακόμα και σήμερα κάτι από την παιδική ηλικία του είδους μας.

Πριν επινοήσουμε τη γραφή, το σενάριο της δημιουργίας της Γαίας ήταν αποθηκευμένο στα γεωλογικά δεδομένα, στο DNA, στην ανάπτυξη των εμβρύων, στα νευρικά συστήματα, ως κάποιο βαθμό στα ανθρώπινα μυαλά τα οικοδομημένα από τη γλώσσα. Με τη γραφή, αρχίσαμε να διαχωρίζουμε τη γνώση και τις ιδέες μας για το χορό από τον ίδιο το χορό – με μια έννοια, να διαχωρίζουμε το κείμενο από το παίξιμό του.

Όμως, θυμηθείτε ότι η «πραγματικότητα» σύμφωνα με την οποία εμείς οι άνθρωποι νομίζουμε πως είμαστε εμείς οι ίδιοι και η σχέση μας με τον κόσμο γύρω μας, είναι δικό μας δημιούργημα, δική μας συνειδητή εικονοποιία. Οι κοσμοθεωρίες μας είναι πλούσιες από τις εικόνες που καθιστά δυνατές η γλώσσα – από έναν διαρκώς αυξανόμενο πλούτο από γλωσσικά πορτρέτα των ανθρώπινων συναλλαγών μας, μεταξύ μας και με την υπόλοιπη φύση, συσσωρευμένα με τον καιρό στους πολιτισμούς μας μέσω των γραπτών κειμένων.

Ακόμα και οι εικαστικές μας τέχνες είναι επηρεασμένες από τον τρόπο που «μιλάει» ο νους του καλλιτέχνη γι' αυτά που βλέπει. Προσπαθήστε να φανταστείτε κάτι, χωρίς να φανταστείτε συνοδευτικές ετικέτες και ιδέες. Το λουλούδι που είδαμε προηγουμένως μέσα από τα μάτια ενός παιδιού ως απλώς ροζ και όμορφο, έχει γίνει, θα λέγαμε, τα πάντα για όλους: Για ένα αγροτόπαιδο ένας νόστιμος μεζές για να ταΐσει το γαϊδούρι του, για έναν ερωτευμένο ένα σύμβολο ομορφιάς και αγάπης, για έναν αρωματοποιό μια πηγή αρώματος, για έναν δάσκαλο της βιολογίας ένα μοντέλο αναπαραγωγής, για έναν φυσικό ένα εργοστάσιο ηλιακής ενέργειας, για έναν ηλικιωμένο μια προειδοποίηση ότι τα νιάτα μαραίνονται. Και ο καθένας μας μπορεί ν' αλλάξει αυτές τις αντιμετωπίσεις με άλλες αντιμετωπίσεις, όσες φορές θέλει.

Το νόημα που αποδίδουμε στα πράγματα προέρχεται

από το πλαίσιο μέσα στο οποίο τα βλέπουμε και αντλούμε αυτό το πλαίσιο, όχι από τις αισθητήριες εντυπώσεις που δεχόμαστε από τον κόσμο μας, αλλά από τα πρότυπα που διαρκώς εξελίσσονται μέσα στο νευρικό μας σύστημα – πρότυπα που αποκαλύπτεται ότι είναι αυτός ο πλούσια και πολύπλοκα αυτοοργανωμένος και ενμέρει συνειδητός νους, που αδιάκοπα συντίθεται και ανασυντίθεται μέσα από την ατομική και πολιτιστική εμπειρία.

Είναι η ανθρώπινη κληρονομιά μας το ότι εργαζόμαστε συνεχώς για να αποδίδουμε συνειδητό, στοχαστικό νόημα σ' όλους αυτούς τους σχηματισμούς. Ενσωματώνουμε όλες τις νέες πληροφορίες στους υπάρχοντες εγκεφαλικούς-νοητικούς σχηματισμούς, χωρίζουμε αυτούς τους σχηματισμούς σε κατηγορίες ή σύνολα νοημάτων, προσθέτουμε σ' αυτά, τα αλλάζουμε, τα αναδιατάσσουμε, τα διαστρέφουμε και τα εμπλουτίζουμε, ώσπου να μας φαίνονται λογικά ως μέρη της γενικής κοσμοθεωρίας μας.

Από τότε που γνωρίσαμε τους εαυτούς μας ως ανθρώπους, θελήσαμε και χρειάστηκε να κατανοήσουμε τον κόσμο, κι αυτό μπορούσαμε να το κάνουμε μόνον αν χρησιμοποιούσαμε τον ελεύθερο νου μας για να δημιουργήσουμε κοσμοθεωρίες γεμάτες νόημα. Κι όμως, ακριβώς επειδή ο εγκέφαλος-νους μας είναι τόσο ελεύθερος, κάθε μεμονωμένος άνθρωπος μπορεί να βλέπει και να κατανοεί τον κόσμο τόσο διαφορετικά, όσο διάφορα άλλα ενιαία είδη. Αν όλοι μας βλέπαμε και κατανοούσαμε τον κόσμο με τον ίδιο τρόπο, χωρίς να μας έχουν πει τίποτε γι' αυτόν οι άλλοι, τότε δε θα χρειαζόταν να προσπαθούμε να βρούμε το νόημά του, ή να προσπαθούμε να διδάξουμε ο ένας τον άλλον ποιο ακριβώς νόημα νομίζουμε ότι έχει. Όλοι απλώς θα *γνώριζαν* πώς είναι τα πράγματα και τι σημαίνουν. Θα ήμασταν όπως οι βάτραχοι, που όλοι τους βλέπουν τις σκούρες κουκίδες ακριβώς με τον ίδιο τρόπο και ξέρουν ακριβώς τι σημαίνουν και τι πρέπει να κάνουν γι' αυτές.

Οι ανθρώπινες κοσμοθεωρίες αναγκαστικά δημιουργούνται με την προσωπική εμπειρία από τη ζωή στον κόσμο. Ταυτόχρονα, όλοι μας είμαστε αναγκασμένοι να προσαρμόζουμε τις προσωπικές μας εμπειρίες σε μια κοσμοθεωρία που μας έχει δοθεί από άλλους. Γιατί, αν η δική μας εμπειρία δεν ταιριάζει με τον τρόπο που οι άλλοι βλέπουν τον κόσμο, θα θεωρηθούμε τρελοί. Πράγματι, οι άνθρωποι που η κοσμοθεωρία τους είναι εντελώς διαφορετική από εκείνη που ονομάζουμε «φυσιολογική», θεωρούνται συνήθως παράφρονες.

Μόνο αν συμφωνήσουμε μεταξύ μας για τη σημασία του κόσμου – ή πώς να κατανοούμε τη σημασία του – μπορούμε να έχουμε ανθρώπινες κοινωνίες ή πολιτισμούς. Το μεγαλύτερο μέρος της κοσμοθεωρίας μας προέρχεται από τον πολιτισμό μας – από την οικογένεια, τους φίλους, τα σχολεία, τα βιβλία, την τηλεόραση κ.ο.κ. – αν και όλοι μας προσθέτουμε τις ιδιαίτερες δικές μας πινελιές, μέσω των προσωπικών εμπειριών και ιδεών μας.

Η δημιουργία των κοσμοθεωριών μας είναι επομένως άλλος ένας τρόπος με τον οποίο οι εγκέφαλοί μας αποτελούν ένα πείραμα ελευθερίας. Ενώ τα περισσότερα άλλα είδη ανέπτυξαν τον ειδικό τρόπο με τον οποίο βλέπουν τον κόσμο καθώς εξελισσόταν η συμπεριφορά τους – αφομοιώνοντάς τον στα σχέδια των σωμάτων τους – εμείς είμαστε ελεύθεροι να αυτοσχεδιάζουμε τόσο την κοσμοθεωρία μας όσο και τη συμπεριφορά μας. Όταν κοιτάζουμε την ανθρώπινη ιστορία για να δούμε ποια ήταν η κοσμοθεωρία ενός λαού σε διαφορετικό χρόνο και τόπο, βλέπουμε ότι οι κοσμοθεωρίες εξελίχθηκαν μαζί με τις ορατές πλευρές του πολιτισμού κι ότι υπάρχει μια πολύ ισχυρή σχέση ανάμεσα στις κοσμοθεωρίες των ανθρώπων και στο είδος της κοινωνίας που οικοδομούν – μια άρρηκτη σχέση, δηλαδή, ανάμεσα στο πώς νομίζουν οι άνθρωποι πως *είναι* ο κόσμος τους και στα πράγματα που *κάνουν* ο ένας στον άλλον και στον κόσμο τους. Στην πράξη, η κοσμοθεωρία μας είναι το κείμενο του θεατρικού έργου της ζωής που αναθέτει στον καθένα μας ένα ρόλο σ' αυτό.

Τα πιο σημαντικά είδη κοσμοθεωριών που δημιουργήσαμε εμείς οι άνθρωποι είναι οι θρησκευτικές και οι επιστημονικές κοσμοθεωρίες. Στις θρησκευτικές, μια θεά ή ένας θεός – ή και οι δύο, ή πολλές μαζί θεότητες – δημιουργούν τον κόσμο κι ύστερα συνεχίζουν να τον κυβερνούν ή να τον φροντίζουν, με κάποιον συνειδητό και σκόπιμο τρόπο. Στις καθαρά επιστημονικές κοσμοθεωρίες, τόσο τις αρχαίες όσο και τις σύγχρονες, ο κόσμος αυτοδημιουργείται και αυτοκυβερνάται, χωρίς συνειδητή σκοπιμότητα.

Και στα δύο είδη κοσμοθεωριών, εμείς οι άνθρωποι θεωρούμε καθήκον μας να κατανοούμε πώς είναι οργανωμένος ο κόσμος, με ποιους θεόπεμπτους ή φυσικούς νόμους λειτουργεί, ή τι άλλο του δίνει νόημα ή τουλάχιστον συνοχή. Ο τρόπος γι' αυτήν την κατανόηση, ωστόσο, είναι πολύ διαφορετικός στα δύο είδη κοσμοθεωριών. Στις θρησκευτικές κοσμοθεωρίες, η τάξη διδάσκεται από ορισμένους ανθρώπους, όπως ιέρειες ή ιερείς, στους οποίους έχει αποκαλυφθεί, ή από ιερά κείμενα που έχουν καταγράψει αυτοί οι άνθρωποι. Στις επιστημονικές κοσμοθεωρίες, οι επιστήμονες μαθαίνουν την τάξη ή το σχήμα του κόσμου, που το αναζητούν στη φύση, διατυπώνουν θεωρίες και κάνουν πειράματα για να δοκιμάσουν αυτές τις θεωρίες.

Οι θεωρίες δεν είναι τίποτε περισσότερο και τίποτε λιγότερο από καλά θεμελιωμένες ιδέες, ή μοντέλα, πάνω στις διάφορες πλευρές του κόσμου και τη λειτουργία τους. Οι επιστημονικές θεωρίες είναι συστηματικές κοσμοθεωρίες που μπορούν να ελεγχθούν μέσα από τις προβλέψεις που κάνουμε πάνω στη βάση τους, αν και πρέπει να περιμένουμε ότι θ' αλλάζουν καθώς αλλάζουμε εμείς οι ίδιοι και αποκτούμε νέες γνώσεις. Μέχρι πρόσφατα, οι θρησκείες είχαν κοσμοθεωρίες που απαγόρευαν ν' αμφισβητούνται, όμως με τις νέες ιστορικές πληροφορίες, ορισμένες θρησκευτικές κοσμοθεωρίες σήμερα αλλάζουν για να έρθουν σε μεγαλύτερη αρμονία με τις επιστημονικές κοσμοθεωρίες.

Η θρησκεία και η επιστήμη μάς δίνουν έτσι την κοσμοθεωρία μας – την εικόνα μας για το φυσικό κόσμο και τη σχέση μας μ' αυτόν – όμως η κοσμοθεωρία μας περιλαμβάνει επίσης τις δικές μας ιδέες για τις σχέσεις μεταξύ μας, πώς είναι ή πώς θα έπρεπε να είναι, έτσι περιλαμβάνει και πολιτικές και άλλες πολιτιστικές εικόνες.

Μέχρι τον αιώνα μας, οι άνθρωποι δεν μπορούσαν να διανοηθούν ότι είχαν κάποια σχέση με τη δημιουργία της κοσμοθεωρίας τους. Σε ολόκληρη την ιστορία, οι άνθρωποι νόμιζαν ότι έβλεπαν τον κοσμο όπως ακριβώς ήταν – με άλλα λόγια, έβλεπαν την κοσμοθεώρία *τους* ως την *αληθινή* κοσμοθεωρία και όλες τις άλλες ως ψεύτικες. Οι διαφωνίες ανάμεσα σε ανθρώπους που πίστευαν σε μια συγκεκριμένη θρησκευτική ή πολιτική κοσμοθεωρία και σε ανθρώπους που δεν πίστευαν σ' αυτήν – που είχαν μια διαφορετική κοσμοθεωρία, η οποία συνεπαγόταν ένα διαφορετικό είδος συμπεριφοράς και κοινωνικών δομών – αποτέλεσαν σημαντική αιτία πολλών πολέμων – π.χ. οι χριστιανικές Σταυροφορίες εναντίον των Μωαμεθανών το Μεσαίωνα, οι δημοκρατικές επαναστάσεις εναντίον των βασιλιάδων τους περασμένους αιώνες και οι πιο πρόσφατες κομμουνιστικές επαναστάσεις.

Οι άνθρωποι είναι πολύ απρόθυμοι ν' αλλάξουν την κοσμοθεωρία τους, επειδή η κοσμοθεωρία τους δίνει συνοχή στα πράγματα – όπως είπαμε, δίνει νόημα στον κόσμο. Το ν' αλλάξεις κοσμοθεωρία σημαίνει να χάσεις αυτό το νόημα, κι έτσι μια κοσμοθεωρία συνήθως αλλάζει μόνο με τη βία – όταν άνθρωποι με μια κοσμοθεωρία κατακτούν αυτούς που έχουν μιαν άλλη, όπως στις αρχαίες κατακτήσεις των κοινωνιών που λάτρευαν τη θεά από φυλές που λάτρευαν το θεό – ή με την πειθώ, όπως όταν ιεραπόστολοι ή επιστήμονες πείθουν τους ανθρώπους να υιοθετήσουν μια νέα κοσμοθεωρία στη θέση της παλιάς τους.

Ίσως η πιο σημαντική ανακάλυψη της σύγχρονης επιστήμης είναι ότι *δεν μπορεί να υπάρξει μία και μόνη αλη-*

θινή και πλήρης κοσμοθεωρία. Όπως όλα τα είδη, έχουμε επί μέρους και μόνο πληροφορίες για τον κόσμο και οι πληροφορίες μας αλλάζουν καθώς αυξάνονται οι γνώσεις μας, καθώς οι εφευρέσεις μας γίνονται πιο εκλεπτυσμένες και καθώς εμείς και άλλα είδη αλλάζουμε τον κόσμο. Αλλάζουμε τον κόσμο ακόμα κι όταν τον παρατηρούμε, γιατί δεν είμαστε ποτέ μόνο παρατηρητές – εξακολουθούμε να είμαστε και ηθοποιοί.

Αυτό που κάνουν οι επιστήμονες είναι να δοκιμάζουν – να ελέγχουν με πειράματα – διάφορα τμήματα μιας επιστημονικής κοσμοθεωρίας, για να δούνε πού λειτουργεί και πού χρειάζεται μετατροπές. Η αρχαιολογία και η ιστορία έχουν γίνει σήμερα επιστημονική έρευνα, που, μαζί με τη βιολογία και τη φυσική, αναζητούν πειραματικούς τρόπους για να δοκιμάζουν τη θεωρία. Είναι πολύ λογικό να βελτιώνουμε διαρκώς την κοσμοθεωρία μας, καθώς αποκτούμε νέες γνώσεις, παρ' όλο που δε θα είναι ποτέ απόλυτα «σωστή».

Δεν υπάρχει επιστημονική δοκιμή για την αλήθεια της κοσμοθεωρίας μας, όμως υπάρχουν επιστημονικές και πρακτικές ενδείξεις που υποδηλώνουν πόσο καλά προχωρούμε στον κόσμο, όταν χρησιμοποιούμε μια συγκεκριμένη κοσμοθεωρία ως χάρτη, για να κατευθύνει την πείρα μας και τη συμπεριφορά μας. Μπορούμε να δοκιμάσουμε την κοσμοθεωρία μας, για να δούμε αν μας οδηγεί σε μια τόσο υγιή ύπαρξη για μας τους ίδιους και το ευρύτερο σύστημα ζωής του οποίου αποτελούμε μέρος, όσο και τις «κοσμοθεωρίες» που είναι προγραμματισμένες στα άλλα είδη. Θα πούμε περισσότερα γι' αυτό σε κατοπινά κεφάλαια. Προς τα παρόν, ας σημειώσουμε ότι για πρώτη φορά στην ιστορία μας αναπτύσσουμε συνειδητά την κοσμοθεωρία μας, ως άτομα, με το να τη σκεφτόμαστε, να την αμφισβητούμε και να τη δοκιμάζουμε, κι όχι απλώς αφήνοντας να μας την υπαγορεύουν τα γεγονότα της ιστορίας και μερικά ισχυρά άτομα.

Μέρος της αναπτυσσόμενης επιστημονικής κοσμοθεωρίας μας, όπως είδαμε, αναγνωρίζει την εγκυρότητα και τη σημασία των «κοσμοθεωριών» των άλλων ειδών, και διευρύνουμε τη δική μας ενσωματώνοντας τις δικές τους. Είναι ιδιαίτερα σημαντικό να αναγνωρίσουμε την εγκυρότητα και τη σημασία διαφορετικών *ανθρώπινων* κοσμοθεωριών, διευρύνοντας επίσης τη δική μας. Κάθε ανθρώπινος πολιτισμός, που έχει τη δική του γλώσσα και τα δικά του έθιμα, έχει τρόπους θεώρησης του κόσμου που είναι μοναδικοί, έστω κι αν κάθε μεμονωμένος άνθρωπος μπορεί να μάθει οποιαδήποτε ανθρώπινη γλώσσα και πολιτισμό. Μπορούμε έτσι να επικοινωνούμε μέσα από τις γλώσσες και να ανταλλάσσουμε πολιτιστικές εμπειρίες, με τρόπους που μας εμπλουτίζουν όλους.

Η κυρίαρχη σημερινή επιστημονική κοσμοθεωρία αναπτύχθηκε στις ευρωπαϊκές γλώσσες που έχουν κοινές ρίζες και στενές σχέσεις – γλώσσες που συμβαίνει να είναι δομημένες μ' έναν τρόπο ο οποίος μας αναγκάζει, όταν μιλάμε ή γράφουμε για τον κόσμο μας, να σκεφτόμαστε και να μιλάμε γι' αυτόν με ονόματα για τα πράγματα και ρήματα για τις πράξεις. Αυτή η γλωσσική δομή μάς δίνει μια κοσμοθεωρία, από τη στιγμή που αρχίζουμε να μιλάμε ως παιδιά, με την οποία στην πραγματικότητα *βλέπουμε* τον κόσμο ως αποτελούμενο από ξεχωριστά πράγματα, που μένουν ακίνητα (ονόματα), ή κινούνται σε σχέση το ένα με το άλλο (ρήματα). Ο τρόπος σκέψης, η λογική και τα μαθηματικά των επιστημόνων βασίζονται όλα σ' αυτόν τον τρόπο διαίρεσης του κόσμου.

Μπορεί να μας προκαλέσει μεγάλη έκπληξη ότι όλοι οι άνθρωποι δε βλέπουν τον κόσμο μ' αυτόν τον τρόπο. Μερικές ανθρώπινες γλώσσες δεν κάνουν το δικό μας διαχωρισμό ανάμεσα στα ονόματα και στα ρήματα – οι άνθρωποι, μέσα από ορισμένες γλώσσες, βλέπουν ολόκληρο τον κόσμο ως ένα σχηματισμό αλληλένδετων διαδικασιών στο χρόνο κι όχι ως ένα σχηματισμό ξεχωριστών πραγμάτων στο χώρο. Όσοι μιλούν Χόπι ή Νούτκα π.χ. δεν μπορούν να φανταστούν τα πράγματα χωρίς την κίνησή τους, την αλλαγή τους, την ωρίμανσή τους, ή τις άλλες πλευρές της άφιξης και της εξόδου από τη ζωή. Αντί να λένε π.χ. «το φως φέγγει» ή το νερό πέφτει», έχουν μονολεκτικές εκφράσεις που δε διαχωρίζουν το φως από το φέγγος του ή το νερό από την πτώση του. Σ' αυτές τις γλώσσες διαδικασιών, οι άνθρωποι δε σκέφτονται το χρόνο ως αποτελούμενο από μια σειρά «πράγματα», που ονομάζονται δευτερόλεπτα, λεπτά και ώρες. Θεωρούν το χρόνο ως την αλλαγή στα πράγματα, που είναι ο τρόπος με τον οποίο κατανοούν σήμερα το χρόνο οι φυσικοί.

Αυτά είναι λίγα μόνο παραδείγματα για τον τρόπο με τον οποίο η γλώσσα μπορεί να καθορίζει πώς βλέπουμε τον κόσμο μας, όμως είναι αρκετά για να μας κάνουν να σκεφτούμε πώς θα ήταν ίσως η επιστημονική κοσμοθεωρία αν είχε αναπτυχθεί σε ένα πολύ διαφορετικό πλαίσιο γλωσσών. Ο Αϊνστάιν κάποτε συμφώνησε ότι ίσως είναι ευκολότερο να περιγράψει κανείς τις ανακαλύψει της σύγχρονης φυσικής στη γλώσσα Χόπι, παρά στα Αγγλικά, γιατί τότε δε θα αντιμετωπίζαμε τις αντιφάσεις ενός κόσμου αποτελούμενου ταυτόχρονα από σωματίδια - πράγματα και κύματα - δράσεις, από ύλη - πράγματα και ενέργεια - δράσεις, μια και δε θα είχε γίνει εξαρχής κανένας διαχωρισμός ανάμεσα σε πράγματα και δράσεις.

Οι πολιτισμοί με γλώσσες διαδικασιών τείνουν προς οργανικές μάλλον, παρά προς μηχανικές κοσμοθεωρίες. Ίσως αυτοί οι πολιτισμοί να μην ανέπτυξαν μηχανικές τεχνολογίες, επειδή οι μηχανές αναγκαστικά επινοούνται και κατασκευάζονται ως αλληλεπιδράσεις ξεχωριστών και, στο βαθμό που αυτό είναι δυνατό, αναλλοίωτων τμημάτων. Έτσι η επιστήμη αναπτύχθηκε πληρέστερα σε πολιτισμούς ευρωπαϊκών γλωσσών, μαζί με τις μηχανές και σχετίστηκε στενά μ' αυτές, όπως θα δούμε σε λίγο με περισσότερες λεπτομέρειες.

Η ανθρωπολογία και η γλωσσολογία, οι επιστήμες των ανθρώπινων πολιτισμών και γλωσσών, είναι σχετικά νέα τμήματα της επιστήμης ως συνόλου, όμως μας δίδαξαν ότι η ανθρώπινη εμπειρία είναι πολύ ποικίλη και πλούσια. Μας έκαναν να συνειδητοποιήσουμε ότι η επιστημονική κοσμοθεωρία, που αναπτύχθηκε κυρίως στις εκβιομηχανιζόμενες Δυτικές χώρες, βασίζεται και αντιπροσωπεύει ένα περιορισμένο μόνο μέρος της ανθρώπινης εμπειρίας. Πολλοί επιστήμονες, κυρίως φυσικοί και γιατροί, άρχισαν να χρησιμοποιούν ιδέες από ανατολικές κοσμοθεωρίες για να εμπλουτίσουν τη δυτική επιστήμη τους, ενώ η δυτική επιστήμη έχει γίνει σημαντικό μέρος της ζωής στην Ανατολή, ιδιαίτερα στην Ιαπωνία και στην Κίνα. Δυστυχώς, ακριβώς όπως εμείς οι κυρίαρχοι άνθρωποι εξοντώσαμε άλλα υγιή είδη, οι κυρίαρχοι τεχνολογικοί πολιτισμοί μας εξαφάνισαν άλλους, μη τεχνολογικούς, ανθρώπινους πολιτισμούς, Κάθε πολιτισμός και γλώσσα που χάνεται μειώνει σοβαρά την ποικιλία και τον πλούτο της ανθρώπινης εμπειρίας. Αυτή η ποικιλία και ο πλούτος είναι τόσο σημαντικά για την πολιτιστική μας υγεία, όσο η γενετική ποικιλία για την υγεία κάθε είδους και η ποικιλία των ειδών για την υγεία κάθε φυσικού οικοσυστήματος. Η μανία των ανθρώπων να μειώνουν την ποικιλία για να δημιουργούν μονοκαλλιέργειες, δεν εκφράζεται μόνο στη γεωργία και την κτηνοτροφία, αλλά και στους πολιτισμούς μας – και είναι εξίσου καταστροφική σε όλες τις περιπτώσεις.

Κρατώντας στο νου μας αυτή την προοπτική της διαρκώς εξελισσόμενης επιστημονικής και πολιτιστικής κοσμοθεωρίας μας – τη συνεχιζόμενη προσπάθειά μας να καταλάβουμε ποιο είναι το θεατρικό έργο της ζωής – ας κοιτάξουμε τώρα τις ιστορικές της ρίζες, την εξέλιξή της μέσα στις πολιτιστικές παραδόσεις του είδους μας. Ας δούμε, με άλλα λόγια, τα κείμενα που έγραψαν οι άνθρωποι για τους εαυτούς τους, καθώς έπαιζαν τα ιστορικά βήματα που μας οδήγησαν στη σημερινή μας αντίληψη για το έργο.

13. Κοσμοθεωρίες από την Πλειστόκαινο ως τον Πλάτωνα

Οι αρχαιότερες κοσμοθεωρίες που γνωρίζουμε ανάγονται στην Πλειστόκαινο εποχή των παγετώνων – στους ανθρώπους που τους ονομάζουμε Παλαιολιθικούς – και φαίνεται, όπως είπαμε, ότι αυτοί οι άνθρωποι έβλεπαν συνήθως τη φύση ως μια μεγάλη μητέρα, μια θεά, που τους έδινε τη ζωή και όλα όσα χρειάζονταν για να συντηρηθούν. Η Θεώρηση της φύσης ως μεγάλης Μητέρας Θεάς ήταν λογική για την ανθρώπινη εμπειρία, καθώς εξηγούσε τα δώρα της ζωής, την τροφή και τη γέννηση των πλασμάτων, τις λαμπερές ηλιόλουστες μέρες, όταν η θεά ήταν καλοδιάθετη, και τις άγριες θύελλες και τις ξηρασίες, όταν ήταν στις κακές της. Η φύση έμοιαζε ν' αγαπά και να οργίζεται με τα ανθρώπινα παιδιά της και να τα ωθεί να γιορτάζουν τη ζωοποιό της δύναμη και τη φροντίδα της, να την αγαπούν, να τη σέβονται και να τη φοβούνται.

Μπορούμε να υποθέσουμε με βεβαιότητα ότι οι Παλαιολιθικοί λαοί θεωρούσαν ότι όλη η φύση ήταν τόσο ζωντανή όσο οι ίδιοι κι ότι αισθάνονταν μέρος της, παιδιά αυτού του μεγάλου όντος. Ακόμα και σήμερα, οι λαοί που ζουν σε φυσικές συνθήκες, χωρίς να τις αλλάζουν σημαντικά, τείνουν να μη διαιρούν τη φύση σε ζωντανά και μη ζωντανά τμήματα. Η μόνη τους αντίληψη του «μη ζωντανού» είναι ότι κάτι που άλλοτε ήταν ζωντανό, είναι νεκρό.

Οι Λαοί της Λίθινης και της Χάλκινης Εποχής αποκαλούσαν τη Μητέρα Θεά με πολλά ονόματα σε πολλούς τόπους – μόνο τα τελευταία της ονόματα είναι γνωστά, γιατί επιβίωσαν σε γραπτό λόγο. Μερικά απ' αυτά είναι Ναμμού, Ιτού, Ινάννα, Ιστάρ, Ιαχού, Αστάρτη, Κάλι, Ίσις και Ματρόνα. Το Ιαχού, που σημαίνει «ιερό περιστέρι», ήταν η σουμεριακή ονομασία της θεάς και αργότερα μετατράπηκε στο αρσενικό Ιεχωβάς. Στην αρχαία Ελλάδα, την ονόμαζαν Γαία, καθώς και Ευρυνόμη, Δήμητρα και Πανδώρα, που σημαίνει «εκείνη που φέρνει όλα τα δώρα».

Η Μητέρα Θεά αυτών των αρχαίων Θρησκειών ασφαλώς δεν ήταν νοητή ως εξωτερική φύση· δεν ήταν η εξωτερική δημιουργός της φύσης, αλλά η ίδια η δημιουργική δύναμη της φύσης. Η φύση ήταν αισθητή ως ο δημιουργικός - καταστροφικός χορός της ζωής και του θανάτου. Διάφοροι παράγοντες ή δυνάμεις της φύσης – ο ήλιος και το φεγγάρι, οι άνεμοι κι οι θάλασσες, τα ζώα που ήταν σημαντικά για τους ανθρώπους – ανακηρύσσονταν σε μέλη της «αγίας οικογένειας» της θεάς, ή πιστευόταν ότι έπαιζαν άλλους βοηθητικούς ρόλους.

Η εικόνα της φύσης ως γενναιόδωρης μητέρας και η λατρεία της Μεγάλης Θεάς πολύ πιθανώς επηρέασαν την εξέλιξη των κοινωνιών της Λίθινης Εποχής σε γεωργικά «νοικοκυριά», των οποίων τα μέλη φρόντιζαν τους εαυτούς τους και ο ένας τον άλλον, καλλιεργώντας τη γη και τρέφοντας εξημερωμένα ζώα. Οι αρχαιολόγοι Τζέιμς Μέλααρτ και Μαρίγια Τζιμπούτας, καθώς και οι μελετητές της αρχαιολογίας Μέρλιν Στον και Ριάν Άισλερ, μας έδωσαν μια εντελώς νέα εικόνα των πρώτων πολιτισμών, με παράδειγμα το καλοδιατηρούμενο νεολιθικό χωριό Τσατάλ Χουγιούκ, στην Τουρκία.

Το πιο εντυπωσιακό σ' αυτές τις καλά προγραμματισμένες και διαχειριζόμενες κοινωνίες, με τα μεγάλα χωριά τους, τη γεωργική τους τεχνολογία, τις τοιχογραφίες τους, τα διακοσμημένα αγγεία, τη γλυπτική και τις άλλες τέχνες τους, είναι ότι, αντίθετα με τους μεταγενέστερους πολιτισμούς, δεν παρουσιάζουν ενδείξεις οχύρωσης, πολέμων, κατακτήσεων, δουλείας ή κάποιας σημαντική κοινωνικής ανισότητας, αν κρίνει κανείς από τα μεγέθη των σπιτιών, τα επικήδεια έθιμα κ.ο.κ. Αυτό θεωρείται πως σημαίνει ότι άνδρες και γυναίκες εργάζονταν συντροφικά και στο Τσατάλ Χουγιούκ υπάρχουν ενδείξεις ότι όσοι είχαν ανάγκη, εφοδιάζονταν από τα δημόσια αποθέματα τροφίμων ή από τους κήπους του ναού της θεάς.

Αυτές οι αρχαίες κοινωνίες φαίνεται πως λειτουργούσαν με βάση το είδος εκείνο της ειρηνικής δημοκρατίας, που οι σύγχρονες κοινωνίες μας απέχουν πολύ από το να το επιτύχουν. Τα κατάλοιπα των πολιτισμών ολόκληρης της Μέσης Ανατολής, της Βόρειας Αφρικής και της Ευρώπης, στους οποίους συμπεριλαμβάνεται η προ-μινωϊκή και μινωϊκή Κρήτη, υποδηλώνουν εξελιγμένες δημοκρατικές, ειρηνικές, κοινωνίες ισότητας, όπου, όπως το διατυπώνει η ιστορικός Ριάν ΄Αισλερ, κυριαρχούσε «η σύνδεση, όχι η ιεραρχία.»

Η έκταση στην οποία αυτές οι κοινωνίες σχεδιάστηκαν και διευθύνονταν από γυναίκες θα συζητείται πιθανώς για κάμποσο καιρό από τους αρχαιολόγους, όμως υπάρχουν ενδείξεις ότι οι ρόλοι των γυναικών ήταν τουλάχιστον εξίσου σημαντικοί όσο των ανδρών. Ο Μέλααρτ βρήκε στο Τσατάλ Χουγιούκ την «αγία οικογένεια» να αποτελείται, με σειρά προτεραιότητας, από τη μητέρα, την κόρη, το γιο και τον πατέρα και μια παρόμοια τάξη υποδηλώνεται στα νοικοκυριά από τις θέσεις για ύπνο, όπου η θέση της γυναίκας είναι πιο σταθερή και πιο εμφανής απ' ό,τι του άνδρα. Δεν υπάρχει βάσιμος λόγος για να αμφιβάλλει κανείς ότι οι γυναίκες, ως ανθρώπινοι αντιπρόσωποι της θεάς, είχαν το κοινωνικό κύρος που οι άνδρες κέρδισαν αργότερα, ως ανθρώπινοι αντιπρόσωποι του θεού, όμως αυτές οι αρχαίες κοινωνίες δεν παρουσιάζουν καμιά ένδειξη ότι οι άνδρες καταπιέζονταν από τις γυναίκες· αντίθετα οι ενδείξεις είναι ότι επικρατούσε συντροφικότητα και ισότητα.

Αν οι γυναίκες είχαν την εξουσία να ορίζουν τους κοινωνικούς κανόνες, μπορούμε να υποθέσουμε ότι αυτοί οι κανόνες βασίζονταν στη συντροφικότητα, για τον απλό λόγο ότι οι γυναίκες γεννούν και ανατρέφουν και τα θηλυκά και τα αρσενικά μωρά, χωρίς να θεωρούν τα μεν καλύτερα από τα δε, αν οι μητέρες έχουν τη δυνατότητα να ενεργούν σύμφωνα με τα φυσικά τους συναισθήματα. Οι ιστορίες της δημιουργίας των αρχαίων κοινωνιών συχνά λένε ότι άνδρας και γυναίκα δημιουργήθηκαν μαζί, όπως συμβαίνει και με την αρχική εβραιο-χριστιανική Γένεση, πριν ξαναγραφτεί για να παρουσιάσει την Εύα δημιουργημένη από το πλευρό του Αδάμ.

Αντίθετα, οι κυνηγοί ή νομάδες λάτρεις του Πατέρα Θεού, που εισέβαλαν και κατέκτησαν αυτές τις κοινωνίες, δεν ήταν προφανώς ούτε ειρηνικοί ούτε οπαδοί της ισότητας, παρά είχαν επικεφαλής άνδρες πεπειραμένους στη χρήση των όπλων. Ίσως να είχαν οδηγηθεί στο βίαιο ανταγωνισμό από το σκληρό περιβάλλον τους και να είχαν καταλήξει να λατρεύουν τους ουράνιους θεούς της αστραπής και της βροντής, επειδή έμεναν τόσο πολύ στο ύπαιθρο, σχετικά απροστάτευτοι, εκτεθειμένοι σε επιθέσεις άλλων παρόμοιων φυλών.

Όταν αυτοί οι κατακτητές έμεναν να κυβερνήσουν μια θεσμοποιημένη κοινωνία, όπου έβρισκαν θεούς της ζωής, άλλαζαν όχι μόνο την κοινωνική δομή και τη διακυβέρνηση, αλλά και την κοσμοθεωρία της κοινωνίας. Συχνά μετέτρεπαν τη Μητέρα Θεά στη γυναίκα ή την κόρη του κυριότερου θεού τους και συνένωναν μικρότερης σημασίας θεούς και θεές και από τις δύο θρησκείες σ' ένα ενιαίο *πάνθεον*.

Μερικές φορές εξουδετέρωναν εντελώς τη θεά, επινοώντας ιστορίες όπου ο θεός ήταν μεγάλος και η θεά απλώς μια ανυπάκουη θνητή γυναίκα που δημιουργούσε συνεχώς προβλήματα. Έτσι υποβιβάστηκε η Πανδώρα. Το όνομά της εξακολουθεί να σημαίνει «εκείνη που δίνει όλα τα δώρα», όμως η ιστορία που ακούμε γι' αυτήν είναι ότι προκαλεί μπελάδες στον κόσμο επειδή δεν υπακούει στον Πατέρα Θεό. Παρόμοια, οι Εβραίοι, που η δύσκολη νομαδική ζωή τους στην έρημο τους είχε οδηγήσει να πιστεύουν σ' έναν αυστηρό Πατέρα Θεό, μετέτρεψαν τη Μητέρα Θεά, μαζί με τα σύμβολά της – το φίδι της σοφίας και το δέντρο της γνώσης – στην Εύα, άλλη μια θνητή γυναίκα που προκάλεσε μπελάδες στον κόσμο, επειδή αμφισβήτησε την ανδρική εξουσία και έδειξε ανυπακοή στο θεό.

Αργότερα, όταν ο Χριστιανισμός αντικατέστησε τις «ειδωλολατρικές» θρησκείες του Θεού, οι παλιές αρσενικές θεότητες εκθρονίστηκαν επίσης περιφρονητικά. Ο κελτικός θεός ήλιος π.χ., ο Λουγκ έγινε ο Εωσφόρος, άγγελος του φωτός, που το Μεσαίωνα αποβλήθηκε από τον παράδεισο για να γίνει Σατανάς, σύμβολο του κακού.

Σε γενικές γραμμές, η ιστορία μας λέει ότι, όταν ορισμένοι άνδρες απέκτησαν τη δύναμη που συσσωρεύεται σ' αυτούς που έχουν όπλα και πλούτο, σχημάτισαν μια κοσμοθεωρία βασισμένη στην πεποίθηση της δικής τους ανωτερότητας. Πρόβαλαν την εικόνα του εαυτού τους σ' έναν αυταρχικό και βίαιο αρσενικό θεό, δικαιολογώντας έτσι την εξουσία πάνω στις γυναίκες, που κατέληξαν να θεωρούνται ιδιοκτησία των ανδρών, μια ιδιοκτησία που έπρεπε να εξασφαλίζεται και μπορούσε ν' ανταλλάσσεται. Πουθενά δεν καταγράφεται αυτό πιο γραφικά απ' ότι στην εβραιο-χριστιανική Βίβλο κι ακόμα και ο Χρυσούς Αιών αμαυρώνεται από μια παρόμοια μεταχείριση των γυναικών.

Ήταν επακόλουθο οι κυρίαρχοι άνδρες να επεκτείνουν την ιδέα της ανωτερότητας και την πρακτική της βίας και στις μεταξύ τους σχέσεις – έκαναν πολέμους, εκθρόνιζαν τόσο τους θεούς όσο και τις θεές των κατακτημένων λαών, έκαναν ήρωές τους τους πολεμιστές, έπαιρναν σκλάβους, οικοδομούσαν ταξικά δομημένες κοινωνίες.

Κι έτσι, ταυτόχρονα – μερικές χιλιάδες χρόνια πριν από τη χριστιανική εποχή – η ανθρωπότητα φαίνεται ότι υπέστη τις δύο μεγαλύτερες αλλαγές στην ιστορία, από τότε που πρωτοπαρουσιάστηκε η γεωργία. Η μία ήταν η μετατόπιση από την κοσμοθεωρία και τον πολιτισμό της συντροφικότητας σ' εκείνο της κυριαρχίας – από τη λατρεία του *ζωοδοτικού* στη λατρεία *ζωοστερητικού,* όπως το διατυπώνει η Άισλερ. Η άλλη αλλαγή ήταν η μετατόπιση από μια κοσμοθεωρία, όπου οι άνθρωποι και οι θεότητές τους αποτελούσαν μέρος του αυτοσχέδιου χορού της φύσης – που αδιάκοπα αυτοδημιουργείται από μέσα – σε μια κοσμοθεωρία, όπου οι άνδρες και οι θεοί τους στέκονταν έξω και πάνω από τη φύση και όπου οι άνδρες διεκδικούσαν το δοσμένο από το θεό δικαίωμα να εκμεταλλεύονται τις γυναίκες και όλον τον υπόλοιπο φυσικό κόσμο, που τους είχε δοθεί από το θεό.

Όλα αυτά φυσικά, είναι μια σαρωτική απλούστευση της ιστορίας, επειδή μας ενδιαφέρει να δούμε τους ευρύτερους σχηματισμούς. Ο ρόλος των γυναικών ως «συνδετικής ουσίας», που συγκρατεί την κοινωνία, δεν μπορεί ν' αμφισβητηθεί ούτε σήμερα, όμως η συντροφική θέση, η ίση εκτίμηση της δουλειάς τους και των τεχνών τους , δεν ξαναποκτήθηκε μέχρι τούτη τη μέρα.

Ένας από τους τελευταίους πολιτισμούς της θεάς που επιβίωσαν ήταν εκείνος της Κρήτης, γνωστός στους αρχαίους Αιγυπτίους ως Κεφτιού, σε μας ως μινωϊκός. Ειρηνικός γεωργικός λαός, οι Μινωΐτες μας άφησαν υπέροχη τέχνη, γεμάτη θαυμασμό και εξύμνηση της φύσης. Η λατρεία της θεάς της φύσης ήταν εμφανής και σε άλλα σημεία της Ελλάδας και διήρκεσε με κάποια μορφή μέχρι τους κλασικούς χρόνους – ακόμα κι ο Πλάτων μυήθηκε στα Ελευσίνεια Μυστήρια της Δήμητρας. Όμως η συνέχεια του ελληνικού μύθου, όπως επεσήμανε ο Ρόμπερτ Γκρέιβς, υποδηλώνει τη βαθμιαία κατάργηση της ισότητας και της λατρείας της θεάς, προς όφελος της πατριαρχικής εξουσίας και της λατρείας του θεού.

Μόνο οι αρχαιότεροι γνωστοί Έλληνες φιλόσοφοι ήταν βαθιά επηρεασμένοι από τις αρχαίες ιδέες της αυτοδημιουργίας της φύσης, όπως και οι αρχαίοι φιλόσοφοι σε άλλες χώρες. Μέχρι τον έκτο αιώνα π.Χ., το μεγαλύτερο μέρος του πολιτισμένου κόσμου είχε οργανωθεί σε μεγάλα βασίλεια ή αυτοκρατορίες, με γενικά πατριαρχικές θρησκευτικές κοσμοθεωρίες και αυστηρούς νόμους για την τήρηση της τάξης. Κι όμως, στοχαστές όπως ο Λάο-Τσε και ο Κομφούκιος στην Κίνα, οι Βεδιστές Ινδουϊστές και ο Βούδας στην Ινδία, ο Ζωροάστρης στην Περσία και οι Θαλής, Αναξίμανδρος και Ηράκλειτος στη Μίλητο της Ελλάδας (σήμερα στην Τουρκία), όλοι κατέληγαν στην ίδια περίπου ιδέα για τον τρόπο με τον οποίο λειτουργεί η φύση. Με την παρατήρηση και το στοχασμό πάνω στη φύση, την έβλεπαν όλοι ζωντανή και διαρκώς μεταβαλλόμενη από μέσα, είτε αυτό συμβολιζόταν είτε όχι από ένα πάνθεον με θεούς και θεές. Έβλεπαν ότι η φύση προσπαθούσε να δημιουργήσει τη δική της ισορροπία και τάξη, μέσα από έναν ατέλειωτο χορό αντιτιθέμενων δυνάμεων ή αρχών, όπως είναι το αρσενικό και το θηλυκό, το φως και το σκοτάδι, το ζεστό και το κρύο, το μέσα και το έξω, η θύελλα κι η γαλήνη, η δημιουργία και η καταστροφή. Σ' αυτό το χορό, τα αντίθετα συγκρούονταν ή απλώς διατάρασσαν την ισορροπία, έτσι ώστε τα πράγματα γίνονταν π.χ. πολύ κρύα ή πολύ θυελλώδη ή άτακτα με διαφορετικό τρόπο. Κι όμως, με κάποιο τρόπο, νέες μορφές και σχηματισμοί αυτοδημιουργούνταν για να επιφέρουν νέα ισορροπία και αρμονία.

Παρ' όλο που δεν μπορούσαν να μιλήσουν μεταξύ τους, αυτοί οι μεγάλοι στοχαστές, σ' ολόκληρο τον πολιτισμένο κόσμο του έκτου αιώνα π.Χ., συμφωνούσαν ότι η διαρκής κίνηση της φύσης ήταν από την αταξία προς την ισορροπημένη τάξη. Αυτή η ισορροπία, ή αρμονία, πίστευαν, αναδημιουργείται διαρκώς από την ανισορροπία ή τη διχοστασία, ακριβώς όπως γίνεται με τις ανθρώπινες υποθέσεις. Αυτό δεν τους φαινόταν παράξενο, γιατί όλοι έβλεπαν τους ανθρώπους ως μέρος της φύσης.

Στην Ελλάδα, αυτοί οι στοχαστές σχημάτισαν τις πρώτες επιστημονικές κοσμοθεωρίες, προσπαθώντας να κατανοήσουν και να εξηγήσουν τον κόσμο αποκλειστικά πάνω στη βάση όσων έβλεπαν στη φύση. Οι ποιητές στο μεταξύ, εξακολουθούσαν να διαδίδουν τη θρησκευτική κοσμοθεωρία της δημιουργίας της Γαίας και των αρσενικών και θηλυκών θεών που κυβερνούσαν τον κόσμο, όπως έκανε ο Όμηρος στην *Ιλιάδα* και την *Οδύσσεια*, που είχαν ήδη τότε καταγραφεί.

Οι νέοι επιστήμονες στοχαστές ονομάστηκαν *φυσικοί* ή *φιλόσοφοι*. Η σοφία που αγαπούσαν και αναζητούσαν, ήταν μια κατανόηση του τρόπου με τον οποίο λειτουργεί η φύση, γιατί πίστευαν ότι, αν κατανοούσαν τη φυσική τάξη, θα κατέληγαν να κατανοήσουν πώς μπορεί να μπει πιο σοφά σε τάξη και η ανθρώπινη ζωή, τόσο η προσωπική όσο και η κοινωνική.

Στο μύθο της Γαίας, η θεά βγαίνει μέσα από το χάος για να μεταμορφώσει με το χορό της το σώμα της στη γη. Αρχικά, *χάος* σήμαινε «μηδέν»· αργότερα κατέληξε να σημαίνει κάτι που δεν έχει σχήμα, που είναι απόλυτα άτακτο. Το αντίθετο του χάους ήταν η τάξη, που ονομαζόταν *κόσμος*. Ο κόσμος, με άλλα λόγια, είναι το σχήμα των πραγμάτων.

Οι Μιλήσιοι φιλόσοφοι συμφωνούσαν ότι ο φυσικός κόσμος είναι τακτικός – ότι έχει ένα σχήμα που μπορεί ν' ανακαλυφθεί, να περιγραφεί και να κατανοηθεί από τους ανθρώπους. Ως επιστήμονες, παρατηρούσαν προσεχτικά το φυσικό κόσμο. Στο σχηματισμό των άστρων και των πλανητών, στον κύκλο των εποχών, στα όμορφα σχήματα των φυτών και των ζώων, έβλεπαν τακτικούς ρυθμούς, ισορροπία και αρμονία. Αυτή η τάξη διαταρασσόταν από την αταξία, το χάος. Όμως, όπου παρουσιαζόταν αταξία, σύντομα είχε αποκατασταθεί η τάξη. Τα πουλιά και τα σκουλήκια έτρωγαν τα νεκρά ζώα· τα ξερά φύλλα εξαφανίζονταν μέσα στο πλούσιο νέο έδαφος· η βροχή έκανε τα μαραμένα φυτά να ξαναγίνονται υγιή και ν' ανθίζουν· νέα δάση αναπτύσσονταν από τα καμένα. Η φύση έφτιαχνε διαρκώς τακτικά σχήματα από τη χαοτική αταξία. Κι αυτό που ήταν τόσο ενδιαφέρον ήταν ότι όλα στη φύση έπαιζαν το ρόλο τους, χωρίς να τους λέει κανείς τι να κάνουν. Αυτή η παρατήρηση, πριν περάσει πολύς καιρός, κατέληξε να παίζει έναν πολύ σημαντικό ρόλο στην ελληνική πολιτική.

Τα φυτά αναπτύσσονταν από τους σπόρους, έπαιρναν μορφή, ύστερα σάπιζαν και πάλι μέσα στο έδαφος, χάνοντας τη μορφή τους. Τα γέρικα ζώα πεθαιναν, καθώς τα νέα γεννιούνταν σε μια ατελείωτη αλυσίδα ζωής. Το ένα πλάσμα έτρωγε το άλλο για να ζήσει το ίδιο. Η φύση ήταν ένας μεγάλος αλληλένδετος σχηματισμός στον οποίο, όπως έλεγε ο φιλόσοφος Αναξίμανδρος, «όλα όσα παίρνουν μορφή, δημιουργούν ένα χρέος που πρέπει να εξοφληθεί με την επαναδιάλυση, έτσι ώστε να μπορούν να σχηματιστούν άλλα πράγματα»*. Αυτό το έβλεπε ως ένα είδος δικαιοσύνης – κάθε πράγμα ή πλάσμα στη φύση δανείζεται από τα εφόδια της φύσης κι ύστερα τα ξαναπληρώνει. Οι ποταμοί ξεραίνονται, ενώ νέοι ποταμοί σχηματίζονται κάπου αλλού. Τα σύννεφα σχηματίζονται, διαλύονται σε βροχή κι αφήνουν καθαρούς ουρανούς που, αργότερα, σχηματίζουν νέα σύννεφα. Οι πυρκαγιές και οι θύελλες προξενούν χάος, κι όμως από το χάος της καταστροφής, ξεπηδά πάντα νέα ζωή και νέα τάξη. Καθετί που παίρνει μορφή, δίνει αργότερα τη θέση του σε άλλες, νεότερες μορφές.

Ο δάσκαλος του Αναξίμανδρου, ο Θαλής, πίστευε ότι όλα τα πράγματα στη φύση είχαν σχηματιστεί από το νερό και είχαν το νερό ως ουσία τους. Ο ίδιος ο Αναξίμανδρος, που είχε δει τα απολιθώματα ζωντανών όντων στη στεριά, στοχαζόταν πάνω στις μεγάλες αλλαγές που θα είχαν συμβεί με τον καιρό στη γεωλογία και στις μορφές της ζωής. Κατέληξε να πιστεύει ότι τα ζωντανά όντα πρωτοσχηματίστηκαν στις θάλασσες κι αργότερα βγήκαν στη στεριά κι απέβαλαν τα κελύφη τους. Οι άνθρωποι,

---

Σ.τ.Μ.: Το απόσπασμα του Αναξίμανδρου κατά την εκδ. DIELS Προσ. Ι 2,9 είναι: «εξ ων δε η γένεσις έστι τοις ούσα, και την φθοράν εις ταύτα γίγνεσθαι κατά το χρεών· διδόναι γαρ αυτά δίκην και τίσιν αλλήλοις της αδικίας κατά την του χρόνου τάξιν.»

συλλογιζόταν, πρέπει να γεννήθηκαν από προηγούμενα ζώα, μια και τα μωρά των ανθρώπων δεν μπορούσαν να φροντίζουν μόνα τους τους εαυτούς τους. Απ' ό,τι ξέρουμε, ήταν ο πρώτος επιστήμονας που διέκρινε ένα σχηματισμό εξέλιξης παρατηρώντας πραγματικά τη φύση.

Ο τρόπος με τον οποίο κατανοούσαν τη φύση ο Αναξίμανδρος, ο δάσκαλός του ο Θαλής κι ο μαθητής του ο Ηράκλειτος – που και οι τρεις ήταν Έλληνες Μιλήσιοι – έμοιαζε πολύ με τον τρόπο με τον οποίο οι επιστήμονες αρχίζουν να την κατανοούν ξανά σήμερα – ως ένα μεγάλο χορό της ζωής, όπου όλα τα φυσικά πράγματα συνδέονται και αυτοσχεδιάζουν διαρκώς τα βήματά τους, καθώς κινούνται προς την ισορροπία και την αρμονία.

Αυτές οι φιλοσοφικές ιδέες μας θυμίζουν την εποχή κατά την οποία οι άνθρωποι ζούσαν πραγματικά σε δημοκρατική ισορροπία και αρμονία, μέσα στο ευρύτερο πλαίσιο της φύσης. Κάποιες αναμνήσεις αυτής της εποχής θα πρέπει να παρέμειναν, γιατί ο ποιητής Ησίοδος, περίπου την ίδια εποχή με τον Όμηρο, έγραφε (όπως παρατίθεται από την Άισλερ στο *Το κύπελλο και η λεπίδα*) για έναν παλαιότερο πολιτισμό της θεάς που τον ονόμαζε Χρυσό Γένος: «Όλα τα καλά πράγματα ήταν δικά τους. Η γόνιμη γη έβγαζε τους καρπούς της αυθόρμητα σε απεριόριστη αφθονία. Σε ειρηνική ευημερία κρατούσαν τη γη τους γεμάτη αφθονία, πλούσια σε κοπάδια κι αγαπητή στους αθάνατους». Αυτό το γένος, συνεχίζει ο Ησίοδος, κατακτήθηκε αργότερα από ένα λιγότερο καλό ασημένιο γένος και τέλος από ένα «χάλκινο γένος, φοβερό και ισχυρό, βγαλμένο από τη στάχτη» που έφερνε τον πόλεμο. «Κύρια φροντίδα τους ήταν τα αξιοθρήνητα αμαρτωλά έργα του Άρη».

Είναι ενδιαφέρον να σημειωθεί ότι στον αρχικό μύθο της δημιουργίας της Γαίας, οι ολύμπιοι θεοί γεννιούνται από τους γίγαντες Τιτάνες, που ήταν τα πρώτα παιδιά της Γαίας και του Ουρανού, τον οποίο είχε δημιουργήσει εκείνη. Μήπως οι Τιτάνες ήταν μια συμβολική ανάμνηση των ισχυρών πατριαρχικών φυλών – των Αχαιών που κατάργησαν την εξουσία της θεάς στους Δελφούς κι έβαλαν στη θέση της τον Απόλλωνα, των Αιολών και των Ιώνων που κατέκλυσαν την Ελλάδα σε μεταγενέστερα κύματα;

Τον έκτο αιώνα π.Χ., ο κυβερνήτης της Αθήνας, ο Σόλων, μετέφερε στην πράξη τις φιλοσοφικές ιδέες για τη φυσική ισορροπία και ίσως και κάποιες μυθολογικές-ιστορικές αναμνήσεις μιας μεγαλύτερης ισότητας. Προσπαθώντας να δημιουργήσει ένα είδος δημοκρατίας, διαίρεσε τη γη πιο ίσα ανάμεσα στους ανθρώπους κι εξέδωσε νόμους, για να εξασφαλίσει μεγαλύτερη δικαιοσύνη και να δώσει στους πολίτες μεγαλύτερη συμμετοχή στις αποφάσεις της κοινωνίας τους.

Ο δραματουργός Αισχύλος, που τον αναφέραμε πρωτύτερα, χρησιμοποίησε επίσης αυτές τις ιδέες στα έργα του, ανέθεσε στους ήρωες και στις ηρωίδες του το καθήκον να εξισορροπούν τη ζυγαριά της δικαιοσύνης, οργανώνοντας τις προσωπικές ζωές τους μέσα στο ευρύτερο πλαίσιο της οικογένειας, της κοινωνίας κι ολόκληρης της φύσης. Όμως στον Αισχύλο βλέπουμε επίσης πώς αυτή η διαδικασία της δικαιοσύνης υπονομεύτηκε, με τη μετακίνηση από έναν πολιτισμό της θεάς σ' έναν πολιτισμό του θεού, μέσω της υποτίμησης των γυναικών. Στην αρχή της περίφημης τριλογίας του Αισχύλου για τον μυκηναϊκό οίκο των Ατρειδών, η δολοφονία από τη βασίλισσα Κλυταιμνήστρα του συζύγου της Αγαμέμνονα δικαιολογείται προσωπικά, επειδή εκείνος προηγουμένως είχε θυσιάσει την κόρη τους, την Ιφιγένεια, και δικαιολογείται κοινωνικά, επειδή η θέση της βασίλισσας είναι επικεφαλής του γένους της και είναι υπεύθυνη για να εκδικείται την αιματοχυσία. Στο τέλος της τριλογίας, ο γιος της Ορέστης δικάζεται από το νέο δικαστήριο της Αθήνας, επειδή δολοφόνησε από εκδίκηση τη μητέρα του και αθωώνεται επειδή δεν έχει χύσει συγγενικό αίμα. Η Αθηνά, όχι πια η αρχαία θεά της φύσης, αλλά το φιλοπόλεμο τέκνο του Δία που γεννήθηκε από τ' αφτί του, προεδρεύει στη δίκη και ρίχνει την αποφασιστική ψήφο. Όμως, εξηγεί ο Απόλλων: «Η μητέρα δεν είναι συγγενής αυτού που ονομάζεται παιδί της», αλλά «μόνο τροφός του νέου φυτεμένου σπόρου που μεγαλώνει».

Αυτή ήταν η αρχή του Χρυσού Αιώνα στην Ελλάδα, που όλος ο κόσμος τον θυμάται για τους ωραίους αρμονικούς ναούς του και τα θέατρά του, για τα αγάλματα και τους Ολυμπιακούς Αγώνες, καθώς και για το πείραμά του για μια ανδρική πολιτική δημοκρατία.

Είναι σημαντικό να κατανοήσουμε ότι, όταν σχηματίστηκε αυτή η περιορισμένη δημοκρατία, οι Έλληνες δεν είχαν καμιά αντίληψη τελειότητας στην κοσμοθεωρία τους. Οι παραδοσιακοί θεοί και θεές τους αντιμετωπίζονταν, όπως οι ίδιοι οι άνθρωποι, ως μέρος της φύσης – ατελείς, δύστροποι και σκανδαλιάρηδες θεοί, που συχνά προκαλούσαν σκόπιμα την αταξία, από την οποία αργότερα δημιουργούσαν τάξη κάτω από τον ανώτερο νόμο της δικαιοσύνης. Ούτε οι Μιλήσιοι φιλόσοφοι – οι πρώτοι επιστήμονες – θεωρούσαν τη φύση τέλεια. Ήξεραν καλά ότι η φύση δεν είναι ποτέ τέλεια εξισορροπημένη ή αρμονική, αλλά ότι πάντα *τείνει προς* την ισορροπία και την αρμονία. Ό,τι κι αν κερδιζόταν, σύντομα το ακολουθούσε μια νέα ανισορροπία που οδηγούσε το χορό πάρα πέρα σε αναζήτηση της αρμονίας.

Αν η φύση έφτανε στην τελειότητα, η εξέλιξή της θα έπαιρνε τέλος. Αν τα πράγματα ξαναγύριζαν στο πλήρες χάος και η δημιουργία επίσης θα σταματούσε. Η ισορροπία της φύσης είναι πάντα κάπου ανάμεσα στα δύο – φεύγει από το χάος και τείνει προς την αρμονική ισορροπία. Ασφαλώς, σ' αυτή την ελληνική κοσμοθεωρία δεν υπήρχε κανένας λόγος να αναμένεται ότι οι άνθρωποι ή η κοινωνία τους θα ήταν τέλεια. Από την άλλη πλευρά, υπήρχε ελπίδα ότι ούτε οι άνθρωποι ούτε η κοινωνία, που προσπαθούσαν να εξισορροπήσουν, θα έπεφταν στην ολοκληρωτική αταξία.

Το πείραμα των Ελλήνων, που προσπάθησαν να δημιουργήσουν τάξη από το χάος αυτοκυβερνώμενοι δημοκρατικά, αντί ν' αφήνουν κάποιους κυβερνήτες να τους λένε τι να κάνουν, δεν ήταν εύκολο. Θα μπορούσαν οι άνδρες να συμφωνήσουν πώς να εξισορροπήσουν την κοινωνία τους και να ζήσουν αρμονικά; Ισορροπία στην κοινωνία θα σήμαινε να επιτρέπεται σε όλους τους πολίτες να παίρνουν εξίσου μέρος και να έχουν την ευθύνη για την πορεία των πραγμάτων. Αρμονία θα σήμαινε αγάπη για την καλή ζωή, όχι μόνο για τον καθένα ξεχωριστά, αλλά και για όλους τους άλλους. Οι άνδρες θα έπρεπε να κάνουν επιλογές που να είναι καλές για τους εαυτούς τους και, ταυτόχρονα, καλές για ολόκληρη την κοινωνία.

Ενώ οι Αθηναίοι αγωνίζονταν για μια δημοκρατία για ατελείς άνδρες σ' έναν ατελή κόσμο, οι ελεατικοί φιλόσοφοι, στην αντίθετη πλευρά της Ελλάδας από τη Μίλητο, σχημάτιζαν ένα νέο είδος κοσμοθεωρίας. Είχαν γοητευτεί από τον ίδιο τον ανθρώπινο νου και από ένα είδος τέλειας τάξης που είχαν δημιουργήσει, μια τέλεια τάξη που την είχαν βρει, όχι στη φύση, αλλά στην δημιουργημένη από τον άνθρωπο γλώσσα των μαθηματικών.

Οι Έλληνες είχαν χρησιμοποιήσει τα μαθηματικά για να μετρούν το μέγεθος και την απόσταση των πραγμάτων, για να φτιάχνουν χάρτες του ουρανού και της γης, για να καταρτίζουν ημερολόγια και να προβλέπουν γεγονότα σαν τις εκλείψεις, όπως είχαν κάνει κι άλλοι αρχαίοι λαοί π.χ. οι Αιγύπτιοι και οι Βαβυλώνιοι. Αυτές ήταν οι πρακτικές χρήσεις των μαθηματικών. Όμως τα μαθηματικά ήταν καθαυτά μια υπέροχη επινόηση, χάρη στην τέλεια τάξη τους.

Η αριθμητική και η γεωμετρία ήταν γλώσσες από αριθμούς και σχήματα, οικοδομημένα σε κανόνες ισορροπίας και αρμονίας, – όχι όμως το είδος της φυσικής αρμονίας, που διαταράσσεται και επανεξισορροπείται δημιουργώντας νέα σχήματα. Οι μαθηματικοί κανόνες *διατηρούσαν* τα πράγματα σε τέλεια εξισορροπημένη τάξη και τα μαθηματικά σχήματα – κύκλοι, τετράγωνα, πυραμίδες κι άλλα γεωμετρικά σχήματα – ήταν τα τελειότερα πράγματα που είχαν δημιουργήσει ποτέ οι άνθρωποι. Επιπλέον, η τελειότητά τους δεν άλλαζε ποτέ, δε μετατρεπόταν ποτέ σε αταξία.

Σήμερα γνωρίζουμε ότι δεν υπάρχουν τέτοια τέλεια σχήματα στη φύση, όμως μερικοί αρχαίοι φιλόσοφοι, όπως ο Πυθαγόρας και οι ελεάτες φιλόσοφοι που ζούσαν στη σημερινή νότια Ιταλία και τη Σικελία, πίστευαν ότι πρέπει να υπάρχουν. Αποφάνθηκαν ότι οι Μιλήσιοι έκαναν λάθος όταν υποστήριζαν ότι ένας φυσικός κόσμος αναπτυσσόταν μέσα από τη διαρκώς μεταβαλλόμενη, *δυναμική* ισορροπία ανάμεσα στο χάος και την τάξη. Οι ελεατικοί ανέπτυξαν μια πολύ διαφορετική κοσμοθεωρία, ενός κόσμου δημιουργημένου με τη μαθηματική τελειότητα μιας αμετάβλητης ισορροπίας και αρμονίας. Αποφάνθηκαν ότι η φύση φαινόταν ατελής μόνο επειδή οι άνθρωποι ήταν κατά κάποιον τρόπο τυφλοί ως προς την τελειότητά της.

Σ' αυτή την κοσμοθεωρία, τα άστρα και οι πλανήτες ήταν στερεωμένοι σε τέλειες αόρατες σφαίρες, που γύριζαν γύρω από τη γη, η οποία βρισκόταν στο κέντρο τους – αν δεν ήταν φωτιές που έλαμπαν μέσα από τρύπες σε τέτοιες σφαίρες. Η ανακάλυψη του Πυθαγόρα ότι η μουσική αρμονία υπακούει σε μαθηματικούς νόμους, γέννησε την ιδέα ότι οι ουράνιες σφαίρες δημιουργούσαν μουσική κατά την περιστροφή τους.

Σ' αυτή την κοσμοθεωρία δεν υπήρχε εξελικτική αλλαγή – μόνο μια τέλεια περιστροφή, μια τέλεια επανάληψη των ίδιων κύκλων στους ουρανούς και των ίδιων κύκλων της γέννησης και του θανάτου στα πλάσματα της γης. Όλα ήταν πάντα ακριβώς όπως ήταν, από την αρχή του κόσμου. Στη θέση των αμέτρητων αντιθέτων, που διατάρασσαν την ισορροπία τους και την αποκαθιστούσαν και πάλι στην κοσμοθεωρία της Μιλήτου, ο Εμπεδοκλής πρότεινε τέσσερα αμετάβλητα στοιχεία, που αναμιγνύονταν σε διαφορετικές αναλογίες για να διαμορφώνονται τα πράγματα.

Ο Παρμενίδης κατέληξε μάλιστα στην ιδέα ότι τίποτε στον κόσμο δεν κινιόταν – ότι όλη η φαινομενική κίνηση του κόσμου ήταν μια ψευδαίσθηση, ένα παράξενο τέχνασμα της ανθρώπινης αντίληψης. Κι ο Ζήνων, που τα μαθηματικά του αινίγματα εξακολουθούν ακόμα και σήμερα να γοητεύουν τους μαθηματικούς, «απέδειξε» ότι ο κόσμος δεν είχε ούτε κίνηση ούτε μέρη.

Ο Παρμενίδης κι ο Ζήνων σχημάτισαν αυτές τις ιδέες χρησιμοποιώντας το νου τους, για να σκεφτούν πώς *πρέπει* να είναι τα πράγματα πίσω από τα φαινόμενα. Δεν μπορεί να υπάρχει τίποτε που να μην υπάρχει, σκεφτόταν ο Παρμενίδης, επομένως ολόκληρος ο κόσμος πρέπει να είναι γεμάτος με πράγματα που *υπάρχουν*. Κι αν είναι εντελώς γεμάτος από υπαρκτά πράγματα, δεν μπορεί να υπάρχει χώρος για να κινούνται αυτά. Ο μαθητής του, ο Ζήνων, ήταν ακόμα καλύτερος στη λογική κατάδειξη ότι τίποτε δεν είναι όπως φαίνεται να είναι. Χρησιμοποιώντας την καθαρή σκέψη για να καθορίσουν το νόημα του κόσμου, αυτοί οι φιλόσοφοι εγκατέλειψαν την επιστημονική παρατήρηση της φύσης.

Άλλοι φιλόσοφοι, ακόμα κι αν δεν συμφωνούσαν ότι δεν υπάρχει καμιά απολύτως κίνηση, κατέληξαν να πιστεύουν ότι ο ανθρώπινος νους μπορούσε να κατανοήσει τη φύση καλύτερα με το στοχασμό, παρά με την παρατήρηση μέσω των αισθήσεων. Ο Δημόκριτος π.χ., είχε την ιδέα ότι όλα στη φύση αποτελούνται από αόρατα μικροσκοπικά σκληρά κομματάκια, που τα ονόμασε *άτομα*, και ότι η κίνηση των ατόμων τα συνδύαζε στα πράγματα που βλέπουμε. Αυτά τα άτομα ήταν αιώνια και τέλεια και, καθώς δεν άλλαζαν ποτέ, ήταν αδύνατο να καταστραφούν.

Όλο και πιο πολύ οι φιλόσοφοι πίστευαν ότι οι αισθήσεις, όπως η όραση, η ακοή και η αφή, μέσω των οποίων αποκτούμε την καθημερινή μας εμπειρία του κόσμου, ήταν λιγότερο αξιόπιστες απ' ό,τι ο στοχαζόμενος νους. Ο στοχαζόμενος νους, που είχε επινοήσει την αριθμητική και τη γεωμετρία – κανόνες για την ταξινόμηση αριθμών αι σχημάτων – τώρα επινοούσε τη λογική – κανόνες για την ταξινόμηση της ανθρώπινης σκέψης – για να γίνει αυτή η σκέψη όσο το δυνατόν πιο όμοια με την τελειότητα των μαθηματικών. Οι σκέψεις και οι ιδέες που είχαν ταξινομηθεί με τη λογική μπορούσαν να καταγραφούν, να συγκριθούν με άλλες φιλοσοφίες, να εξευγενιστούν και να τελειοποιηθούν. Μια τέτοια φιλοσοφία μπορούσε να υπάρξει, όπως η αριθμητική και η γεωμετρία, ως ένα πράγμα που το μάθαινε κανείς καθαυτό και μπορούσε να μεταβιβαστεί στις επόμενες γενιές.

Απ' όλους τους Έλληνες φιλόσοφους, εκείνος που γοητεύτηκε περισσότερο από τον τρόπο με τον οποίο ο ανθρώπινος νους διαμόρφωνε τις ιδέες του ήταν ο Αθηναίος Σωκράτης, που αναγνώριζε ως δάσκαλο του την ιέρεια Διοτίμα, όπως ο Πυθαγόρας αναγνώριζε την Θεμιστόκλεια. Ο Σωκράτης ενδιαφερόταν πολύ λιγότερο για το τι ήταν ο φυσικός κόσμος και πώς λειτουργούσε, απ' το τι ήταν ο ανθρώπινος νους και πώς μπορούσε να λειτουργήσει καλύτερα απ' ότι λειτουργούσε στους περισσότερους ανθρώπους. Αν, όχι μόνο οι φιλόσοφοι, αλλά και οι κοινοί άνθρωποι μπορούσαν να αποσαφηνίσουν τι εννοούσαν, όταν μιλούσαν π.χ. για την καλή ζωή και την καλή διακυβέρνηση, θα έβρισκαν τον τρόπο να βελτιώσουν τη ζωή τους και τη διακυβέρνησή τους.

Η δημοκρατική κυβέρνηση της Αθήνας είχε φτάσει στο σημείο όπου ο ικανότερος ρήτορας έπειθε τους υπόλοιπους, είτε ήξερε τι έλεγε είτε όχι. Μερικοί ενδιαφέρονταν μόνο για τον εαυτό τους και αναζητούσαν τρόπους για να κερδίσουν την εξουσία. Αν μιλούσαν δυνατά και καλά, οι άλλοι, που ήταν πολύ τεμπέληδες για να σκεφτούν μόνοι τους, ψήφιζαν τις προτάσεις τους. Πολλοί πολίτες απέφευγαν ν' ακούν τις στομφώδεις αγορεύσεις και να τις ψηφίζουν. Οι λογομαχίες συνεχίζονταν και οι άνδρες παραπονιόνταν για τα καθήκοντά τους ως πολιτών· άλλοι επωφελούνταν από τη σύγχυση και προσπαθούσαν να επαναφέρουν δικτάτορες. Ο Αριστοφάνης έγραψε μερικά πολύ αστεία έργα για την επίλυση των κοινωνικών προβλημάτων, έστω κι αν οι Αθηναίοι ήταν ψεύτες, απατεώνες, τεμπέληδες, αλλά παρ' όλα αυτά έξυπνοι. Επίσης, σε αρκετά από τα έργα του, πρόβαλε την ιδέα ότι οι γυναίκες ίσως να έλυναν τα κοινωνικά προβλήματα της διακυβέρνησης και του πολέμου, καλύτερα απ' τους άνδρες.

Ο Σωκράτης στο μεταξύ έφερνε σε δύσκολη θέση τους συμπολίτες του, καθώς τους πίεζε με ερωτήσεις, για να τους βοηθήσει να σκεφτούν πιο καθαρά και οι οπαδοί του τον αγαπούσαν και τον θαύμαζαν πολύ γι' αυτό. Όμως η κριτική του για τη σύγχυση στην οποία είχε περιπέσει η δημοκρατική διακυβέρνηση οδήγησε τελικά στην καταδίκη και την εκτέλεσή του.

Ο Σωκράτης πίστευε ότι οι άνθρωποι συγκροτούσαν τυχαία τις ιδέες τους, απ' οτιδήποτε περνούσε από το μυαλό τους – σαν οικοδόμοι που προσπαθούν να χτίσουν ένα κτίριο χωρίς σχέδιο και χρησιμοποιούν ό,τι υλικά έτυχε να βρουν γύρω τους. Έτσι προσπάθησε να τους διδάξει να αποφασίσουν τι ακριβώς ήθελαν να σκεφτούν, πώς να εντοπίζουν και να απορρίπτουν άχρηστες ιδέες, πώς να αποσαφηνίζουν τις μπερδεμένες, πώς να ενσωματώνουν τις σαφείς και χρήσιμες ιδέες στην κατανόηση των πραγμάτων που επιδίωκαν – με άλλα λόγια πώς να σκέφτονται με τακτικό τρόπο, πώς να στοχάζονται *λογικά*.

Ο μαθητής του, ο Πλάτων, ήταν επηρεασμένος από την ελεατική φιλοσοφία και γοητευόταν από τις σαφείς ιδέες και τους ωραίους ορισμούς, στους οποίους ήταν ικανός να καταλήγει ο Σωκράτης με τη σκέψη του. Ο Πλάτων πίστευε ότι τέτοιες τέλειες ιδέες έπρεπε να υπάρχουν πραγματικά, κάπου πέρα από τον αναστατωμένο κόσμο που βλέπουμε συνήθως. Όχι μόνο ο υλικός κόσμος ήταν πέρα από τις αισθήσεις τέλειος, με ιδανικές μορφές καθισμάτων και δέντρων και όλων των άλλων πραγμάτων του αισθητού κόσμου μας, αλλά τέλειος ήταν επίσης και ο κόσμος των ιδεών, όπως της δικαιοσύνης, της αγάπης, της αλήθειας και της ομορφιάς. Οι αισθήσεις μας μας εξαπατούν, έλεγε ο Πλάτων, γιατί μας δείχνουν μόνο τους αχνούς ίσκιους ενός τέλειου κόσμου πέρα απ' αυτές – ενός κόσμου που μπορούμε να τον φτάσουμε μόνο με το νου μας.

Ο ιδανικός κόσμος του Πλάτωνα ταίριαζε με τις ιδέες άλλων φιλοσόφων, ότι ο κόσμος ήταν μια κατασκευή από τέλειες σφαίρες, ένας κόσμος αποτελούμενος από τέλεια άτομα. Όλες οι παλαιότερες κοσμοθεωρίες φαίνονταν παιδιάστικες σε σύγκριση μ' αυτήν την κομψή νέα κοσμοθεωρία που είχε «ανακαλύψει» ο σκεπτόμενος νους. Ποια σχέση μπορούσε να έχει ένας τέλειος κόσμος με μια απρόβλεπτη, ιδιότροπη θεά, ή με άτακτους θεούς και θεές, που έλεγαν ψέματα κι εξαπατούσαν ο ένας τον άλλον, για να βγουν από τις δυσκολίες που οι ίδιοι δημιουργούσαν; Οι ποιητές άρχισαν να κοροϊδεύουν την παλιά θρησκεία, ενώ οι φιλόσοφοι άρχισαν να σκέφτονται μια νέα.

Ένας τέλειος κόσμος έπρεπε να είναι το έργο ενός τέλειου δημιουργού, συλλογιζόταν ο Πλάτων, ενός θεού που υπήρχε πέρα απ 'αυτόν τον κόσμο των ίσκιων, ενός θεού που είχε δημιουργήσει έναν τέλειο και αμετάβλητο κόσμο, *ενός θεού που έκανε διαρκώς γεωμετρία!*.

Η παλιά φιλοσοφία για τη φύση, ότι είναι ζωντανή και δημιουργική στην ατέλειά της, αντικαταστάθηκε από την πεποίθηση για μια τέλεια και μάλλον μηχανική δημιουργία ενός μοναδικού, αν και άγνωστου ακόμα, θεού. Ίσως αυτή η νέα κοσμοθεωρία να παρηγορούσε τους Αθηναίους, σε μια εποχή που είχαν τόσα προβλήματα για να επεξεργαστούν τη δημοκρατική τάξη. Τουλάχιστον, μπορούσαν να πιστεύουν σ' ένα τέλειο κόσμο, πέρα από τις δυσκολίες στις οποίες βρίσκονταν οι ίδιοι.

14. Κοσμοθεωρίες από τον Πλάτωνα μέχρι σήμερα

Κάποτε, μια νέα θρησκεία ήρθε στην Ελλάδα από την Ανατολή, μια θρησκεία που ταίριαζε πολύ καλά με την κοσμοθεωρία του Πλάτωνα. Όχι μόνο εξηγούσε τη δημιουργία του κόσμου από έναν τέλειο Θεό· εξηγούσε επίσης την άτακτη συμπεριφορά των ανθρώπων ως ανυπακοή προς τον πατέρα τους, το Θεό. Αυτό έδινε στους ανθρώπους μια νέα ελπίδα – ότι θα μπορούσαν να γίνουν οι ίδιοι και η κοινωνία τους πιο τέλειοι, φτάνει να υπάκουαν στο νόμο του Θεού.

Σύμφωνα μ' αυτή την εβραιο-χριστιανική κοσμοθεωρία, που την έφερε στην Ελλάδα ο απόστολος του Ιησού, Παύλος, ο Θεός είχε δημιουργήσει τον κόσμο μόνο μερικές χιλιάδες χρόνια πριν, με τα διάφορα είδη φυτών και ζώων του, ακριβώς όπως ήταν τώρα και ακριβώς στο κέντρο του σύμπαντος. Αυτή η άποψη ταίριαζε πολύ με τη στατική θεώρηση της φύσης του μεγάλου μαθητή του Πλάτωνα, του Αριστοτέλη, γιατί κανείς ποτέ δεν πήρε στα σοβαρά τον Αναξίμανδρο στο ζήτημα της εξέλιξης.

Το σενάριο είναι γνωστό: Ο Θεός δημιούργησε τον κόσμο ως έναν παράδεισο για τους ανθρώπους και τοποθέτησε μέσα σ' αυτήν την τελειότητα τους δύο πρώτους ανθρώπους. Εξορίστηκαν όταν η Εύα παράκουσε το νόμο του Θεού βάζοντας τον Αδάμ σε πειρασμό να φάει τον καρπό από το δέντρο της γνώσης κι έτσι έφερε την αταξία και τη διχόνοια στον κόσμο για πάντα. Παρ' όλα αυτά, ο παράδεισος μπορούσε να ξανακερδιθεί μετά θάνατον, σ' έναν ουράνιο κόσμο, αν οι άνθρωποι ξαναγίνονταν τέλειοι στα μάτια του Θεού. Κι αυτή η τελειότητα μπορούσε να επιτευχθεί, αν ζητούσαν συγγνώμη και υπάκουαν στο νόμο του Θεού.

Με την επεκτατική τάση των αυτοκρατοριών, η Ρώμη κατέκτησε την Ελλάδα. Παρ' όλο που ο Ιησούς είχε κηρύξει την ισότητα για όλους, ακόμα και για τις γυναίκες, επειδή ήταν αντίθετος σε κάθε είδους εξουσία, τα ιερά κείμενα ξαναγράφτηκαν όπως άρεσε στο ιερατείο της νέας θρησκείας, αφού οι πρώτοι Χριστιανοί είχαν βασανιστεί και σκοτωθεί. Την εποχή που χωρίστηκαν η Ρωμαϊκή από τη Βυζαντινή Αυτοκρατορία, η εκκλησία αναθεώρησε τη χριστιανική κοσμοθεωρία, την προσάρμοσε σε μια εξουσιαστική κοινωνία και η θεωρία αυτή υιοθετήθηκε επίσημα και από τις δυο αυτοκρατορίες, με κάποιες μικρές διαφορές.

Η πλούσια κληρονομιά των αρχαίων επιστημονικών ανακαλύψεων – ότι η γη περιστρέφεται γύρω από τον ήλιο, ότι η φύση είναι ζωντανή κι εξελισσόμενη, ότι οι άνθρωποι κατάγονται από απλούστερα όντα, ότι πολλές από τις αρρώστιες τους μπορούν να θεραπεύονται με φάρμακα και χειρουργική – εξαφανίστηκαν, ξεχάστηκαν ή απορρίφθηκαν, καθώς επικρατούσε η νέα κοσμοθεωρία. Την αρχαία εποχή, όταν η βιβλιοθήκη της Αλεξάνδρειας λεηλατήθηκε και κάηκε επανειλημμένα από Ρωμαίους, Χριστιανούς και Μωαμεθανούς, χάθηκαν σχεδόν ένα εκατομμύριο βιβλία σε παπύρους, γεμάτα από ανθρώπινη γνώση και πολιτισμό.

Στην Ευρώπη, για χίλια και περισσότερα χρόνια, τέθηκαν εκτός νόμου όλες οι ιδέες – επιστημονικές και άλλες – που δεν αντικατόπτριζαν τη χριστιανική κοσμοθεωρία. Έγιναν σταυροφορίες εναντίον των Μωαμεθανών και γυναίκες κάηκαν ως μάγισσες σ' όλη την Ευρώπη, επειδή πίστευαν στις παλιότερες φυσικές θρησκείες και θεράπευαν με φυσικά φάρμακα. Οι χριστιανοί ιερείς, που εξηγούσαν το νόμο του Θεού στους ανθρώπους και τον επέβαλαν, ήταν οι κυρίαρχοι σ' όλη την Ευρώπη. Ακόμα κι οι βασιλιάδες υποκλίνονταν μπροστά στον ανώτατο ιερέα, τον Πάπα της Αγίας Ρωμαϊκής Αυτοκρατορίας.

Πολλές από τις ιδέες του Πλάτωνα για την εκπαίδευση και την πολιτική σε μια τέλεια κοινωνία μεταφέρθηκαν στην πράξη κατά τη χριστιανική εποχή. Ο Πλάτων είχε γράψει π.χ. ότι μια τέλεια κοινωνία έπρεπε να κυβερνάται από τους πιο μορφωμένους ανθρώπους της, πολίτες απ' όλους τους κλάδους της ζωής που να ζουν απλά, χωρίς προσωπική ιδιοκτησία. Παρ' όλο που ο Πλάτων δεν υποστήριζε ότι οι γυναίκες έπρεπε ν' αποκλείονται από την παιδεία και τη διακυβέρνηση, οι χριστιανοί καλόγεροι και παπάδες, που είχαν τόσο μεγάλη επιρροή στην Ευρώπη, ανταποκρίνονταν κατά τα άλλα στις απαιτήσεις του Πλάτωνα. Ωστόσο, οι ανώτεροι κληρικοί ζούσαν μέσα στην αφθονία και στις ανέσεις και ντύνονταν πλούσια. Η ιδέα του παραδείσου και της κόλασης, ως τόπων όπου οι άνθρωποι θα πήγαιναν μετά θάνατον για ν' ανταμειφθούν ή να τιμωρηθούν για την επίγεια συμπεριφορά τους, προέρχεται επίσης από τα γραπτά του Πλάτωνα. Και τα έργα του Αριστοτέλη δίδαξαν στη χριστιανική Ευρώπη την τυπική λογική και την επιδίωξη της αρετής – που αρχικά σήμαινε την ηθική τελειότητα κι αργότερα κατέληξε να σημαίνει απλώς την υπακοή.

Πάνω από χίλια χρόνια, οι χριστιανοί Ευρωπαίοι εκπαίδευαν μόνο τ' αγόρια και τους άνδρες – τους δίδασκαν τις επινοημένες μηχανικές γλώσσες των μαθηματικών και της λογικής – στη νεκρή γλώσσα των λατινικών. Μια νεκρή γλώσσα είναι μια γλώσσα που δε χρησιμοποιείται πια, που δεν τη μαθαίνουν τα παιδιά στην αγκαλιά της μητέρας τους. Αυτό το σημείο είναι σημαντικό να το θυμόμαστε όταν, στο επόμενο κεφάλαιο, θα εξετάσουμε πώς οι διαφορές ανάμεσα στις φυσικές «ζωντανές» γλώσσες και στις τεχνητές νεκρές γλώσσες επηρεάζουν την κοσμοθεωρία μας.

Προς το παρόν, ας σημειώσουμε ότι οι μηχανικές γλώσσες των μαθηματικών και της λογικής έπαιξαν έναν κεντρικό ρόλο στην «αναγέννηση» της επιστήμης στην Ευρώπη. Αυτή η αναγέννηση αποτελούσε φυσικά μέρος της ευρύτερης Αναγέννησης της ανθρώπινης περιέργειας και του πολιτισμού, που άρχισε πριν από πεντακόσια περίπου χρόνια. Μέσω του εμπορίου με την Ανατολή, ορισμένοι Ευρωπαίοι, όπως η οικογένεια των Μεδίκων στην Ιταλία, έγιναν πολύ εύποροι και πολύ κοσμικοί. Για να έχουν γύρω τους όμορφα κι ενδιαφέροντα πράγματα, προσλάμβαναν αρχιτέκτονες, καλλιτέχνες κι επιστήμονες, για να δημιουργούν υπέροχα νέα έργα και ν' αναζητούν νέες γνώσεις.

Έμποροι και πρόσφυγες έφερναν αντίγραφα των διασωζώμενων αρχαίων επιστημονικών κειμένων από την Κωνσταντινούπολη, τις Αραβικές Χώρες, από τη Μαυριτανική Ισπανία, απ' όλα τα μέρη, όπου αυτά είχαν διασωθεί, μελετηθεί και αναπτυχθεί παραπέρα, όπως έγινε ιδιαίτερα από τους Μουσουλμάνους με τα μαθηματικά, την αστρονομία, την αλχημεία και την ιατρική. Αυτά τα χειρόγραφα ξαναξύπνησαν το ενδιαφέρον για τα ζητήματα της κίνησης των πλανητών μέσα στους ουρανούς και για τη θέση και τη φύση της γης, με όλα τα ζωντανά φυτά και ζώα της.

Ο Τζιορντάνο Μπρούνο, ο πρώτος φιλόσοφος-επιστήμονας που αναβίωσε την αρχαία ιδέα ότι η γη κινείται γύρω από την ήλιο, κάηκε στην πυρά το 1600 από τους χριστιανούς παπάδες της Ιερής Εξέτασης. Όμως, μόνο δέκα χρόνια αργότερα, ο Γαλιλαίος Γαλιλέι έφτιαξε το πρώτο τηλεσκόπιο και με τη βοήθειά του κατέδειξε ότι η γη πραγματικά περιστρέφεται γύρω από τον ήλιο κι επομένως δεν μπορεί να είναι το κέντρο του κόσμου. Ούτε ο Μπρούνο ούτε ο Γαλιλαίος είχαν την πρόθεση να καταδικάσουν τη θρησκευτική κοσμοθεωρία, αλλά αντίθετα να τη βελτιώσουν. Ωστόσο κι ο Γαλιλαίος τιμωρήθηκε επίσης από την εκκλησία. Κατάφερε να γλιτώσει από την πυρά, όμως φυλακίστηκε και του απαγορεύτηκε να διδάσκει.

Είναι σημαντικό να θυμόμαστε ότι όλοι οι πατέρες της

σύγχρονης επιστήμης ήταν θρησκευόμενοι άνθρωποι, που προσπαθούσαν να καταδείξουν τη δόξα του Θεού, προσφέροντας στους ανθρώπους μια καλύτερη κατανόηση των θαυμαστών δημιουργιών του. Φαντάζονταν το Θεό ακριβώς όπως ο Πλάτωνας – ως ένα γεωμέτρη. Τα μαθηματικά, είπε ο Γαλιλαίος, είναι η γλώσσα στην οποία είναι γραμμένη όλη η φύση. Κι έτσι, το πιο σημαντικό καθήκον της αναγεννημένης επιστήμης ήταν ν' ανακαλύψει τους μαθηματικούς νόμους με τους οποίους ο Θεός είχε δημιουργήσει τον κόσμο.

Σε όλο το Μεσαίωνα, την Αναγέννηση, ακόμα κι αργότερα, την εποχή του Διαφωτισμού, όπως τεκμηριώνει η Κάρολιν Μέρτσαντ στο *Ο θάνατος της φύσης*, διατηρήθηκε μια πεποίθηση ότι η φύση είναι ζωντανή, προσωπική και μυστηριώδης, ιδιαίτερα μέσα και γύρω από την παράδοση της αλχημείας. Όμως η σύγχρονη επιστήμη στην εξέλιξή της, ξερρίζωσε αυτές τις ιδέες και τις αντικατέστησε με την πεποίθηση ότι η φύση είναι ένας απρόσωπος μηχανισμός που πρέπει να κυριαρχηθεί από τους ανθρώπους μέσω της ορθολογικής κατανόησής του και της μαθηματικής περιγραφής του.

Οι αρχαίοι Έλληνες, ιδιαίτερα ο Αρχιμήδης, είχαν αρχίσει να δημιουργούν μηχανικά μοντέλα πάνω στον τρόπο λειτουργίας των πραγμάτων στη φύση. Μάλιστα οι λέξεις «μηχανισμός» και «μηχανή» προέρχονται από τις αρχαίες ελληνικές λέξεις που χαρακτήριζαν αυτά τα μοντέλα. Παρ' όλο που ο Αρχιμήδης έφτιαξε πραγματικές – πολύ πανούργες και επιτυχείς – μηχανές για τη διεξαγωγή πολέμων, ντρεπόταν τόσο γι' αυτές τις χονδροειδείς απομιμήσεις της φύσης, ώστε δεν έγραψε ποτέ γι' αυτές ο ίδιος. Επειδή οι μεταγενέστεροι Έλληνες φιλόσοφοι είχαν αυτήν την ιδέα, ότι οι αληθινές μηχανές ήταν φτωχές απομιμήσεις των έργων του γεωμέτρη Θεού, η αρχαία Ελλάδα δεν ανέπτυξε πολύ την τεχνολογία.

Η Αναγέννηση, ωστόσο, δεν αναβίωσε μόνο την τέχνη

και την επιστήμη αλλά και τη μηχανική. Οι ίδιοι οι επιστήμονες άρχισαν να κατασκευάζουν μηχανικά μοντέλα για να μπορέσουν να επεξεργαστούν τους γεωμετρικούς σχηματισμούς των ουρανών που περιστρέφονται γύρω από τη γη, αργότερα της γης και των άλλων πλανητών που περιστρέφονται γύρω από τον ήλιο, ενώ οι σελήνες περιστρέφονται γύρω από τους πλανήτες, όλα με φόντο τα περιστρεφόμενα άστρα. Κάθε ουράνιο σώμα που γνώριζαν ήταν δεμένο, σ' αυτά τα μοντέλα, στο δικό του μετάλλινο δακτύλιο στη μεγάλη σφαίρα του σύμπαντος. Μερικά από τα πιο πολύπλοκα μοντέλα, με το μεγαλύτερο αριθμό δακτυλίων, έμοιαζαν λίγο σαν τεράστιες γλυπτές μπάλες από μεταλλικό νήμα. Όλοι αυτοί οι δακτύλιοι που περιστρέφονταν ο ένας μέσα στον άλλο υποδήλωναν ότι το σύμπαν ήταν κάτι σαν τους άλλους αναγεννησιανούς μηχανισμούς – κάτι σαν τα ρολόγια στα καμπαναριά των εκκλησιών, με διάφορα γρανάζια που γύριζαν άλλα γρανάζια στους μηχανισμούς τους.

Ο Ρενέ Ντεκάρτ, ένας άλλος πατέρας της σύγχρονης επιστήμης, επινόησε νέα μαθηματικά, μαζί με ένα ολόκληρο νέο πλαίσιο για τη θρησκευτική-επιστημονική κοσμοθεωρία. Κατά την άποψή του, ο Θεός δεν ήταν μόνο ένας μαθηματικός, αλλά κι ένας Μεγάλος Μηχανικός. Χρησιμοποιώντας τους μαθηματικούς νόμους, ο Θεός όχι μόνο είχε δημιουργήσει έναν κοσμικό μηχανισμό σαν ρολόι, αλλά είχε τοποθετήσει σ' αυτόν και άπειρες μικρότερες μηχανικές εφευρέσεις, τα φυτά, τα ζώα και τους ανθρώπους. Ο Ντεκάρτ επέμενε ότι δεν υπήρχε πραγματική διαφορά ανάμεσα στις κατασκευασμένες από τον άνθρωπο μηχανές, τα ρολόγια, τους αλευρόμυλους, ή τα αδαμαντοποίκιλτα χρυσά κουρδιστά πουλιά που κελαηδούσαν, και στους ζωντανούς μηχανισμούς που είχε δημιουργήσει ο Θεός. Αυτό σύντομα έγινε η κυριάρχη κοσμοθεωρία ολόκληρης της επιστήμης.

Επειδή οι άνδρες είναι οι ευνοούμενοι μηχανισμοί του Θεού, εξηγούσε ο Ντεκάρτ, τους έχει εφοδιάσει μ' έναν εφευρετικό νου, που λειτουργεί ακριβώς όπως ο δικός του. Οι γυναίκες, όπως και τα ζώα, δεν έχουν έναν τέτοιο νου κι επομένως πρέπει να εξουσιάζονται από τους άνδρες, μαζί με την υπόλοιπη μηχανική φύση. Αφού λοιπόν ο νους των ανδρών ήταν φτιαγμένος για να λειτουργεί όπως ο νους του Θεού, δεν ήταν παράξενο ότι και οι άνδρες ήταν εφευρετικοί μηχανικοί και τοποθετούσαν τα δικά τους μηχανικά ρομπότ στα δικά τους μηχανικά ρολόγια, ψηλά πάνω στα καμπαναριά των εκκλησιών, προς τιμήν του Μεγάλου Μηχανικού.

Κανένας από τους επιστήμονες που δέχονταν αυτή την κοσμοθεωρία δε φαίνεται ν' αναρωτήθηκε ποτέ μήπως ο άνθρωπος είχε μεταφέρει το νου του, τα ταλέντα του και τα επιτεύγματά του στην εικόνα του για το Θεό, αντί για το αντίθετο. Ήταν πεισμένοι ότι, εκτός από το δικό τους αρσενικό νου, όλα στη φύση ήταν η μηχανική δημιουργία του Θεού, καμωμένη για να γίνεται κατανοητή στους άνδρες. Ασφαλώς αυτή ήταν μια από τις πιο παράξενες κοσμοθεωρίες που είχαν ποτέ οι άνθρωποι κι όμως συνδύαζε τη θρησκευτική με την επιστημονική κοσμοθεωρία σε μία κι έδινε στους επιστήμονες νέες προοπτικές για να κατανοήσουν και να εξουσιάσουν όλη τη φύση, όπως ήταν πεισμένοι ότι ήθελε ο Θεός.

Φανταστείτε τη συγκίνηση που αισθάνονταν· αν τα πάντα σε ολόκληρο τον κόσμο, ακόμα και σε ολόκληρο το σύμπαν, ήταν μηχανικά, τότε οι άνδρες, που καταλάβαιναν τη μηχανική, μπορούσαν να καταλάβουν πώς λειτουργούσε ολόκληρη η φύση, φτάνει να αποσυναρμολογούσαν τα τμήματά της για να δουν πώς δουλεύουν. Και αργά ή γρήγορα θα κατάφερναν σίγουρα να κατασκευάσουν τα δικά τους μηχανικά πουλιά, τόσο καλά όσο και τα πουλιά του Θεού.

Ένας άλλος πατέρας της επιστήμης, ο Φράνσις Μπέικον, που θεωρείται ότι ανακάλυψε την επιστημονική μέθοδο, έγραψε πολλά για την επερχόμενη Χρυσή Εποχή της Επιστήμης, όταν ο άνδρας θα κατανοούσε και θα εξουσίαζε όλη τη φύση και θα δημιουργούσε τις δικές του μηχανικά τέλειες κοινωνίες που θα ήταν απελευθερωμένες απ' όλα τα ανθρώπινα προβλήματα. Αυτή δεν ήταν η πρόθεση του Θεού για τα ευνοούμενα πλάσματά του; Ο Μπέικον, που ήταν δικηγόρος και που είχε παρακολουθήσει πολλές δίκες μαγισσών, έβλεπε τη φύση ως γυναίκα. Η επιστήμη, έλεγε, θα ανθίσει όταν οι άνδρες ωριμάσουν και πάψουν να περιμένουν ότι η φύση θα τους αποκαλυφθεί επειδή της το ζητούν, αλλά αντίθετα όταν αρχίσουν να κυνηγούν τη φύση και να τη βασανίζουν για να της αποσπάσουν τα μυστικά της.

Είναι ενδιαφέρον να αντιπαρατάξει κανείς το όραμα του Μπέικον για μια μελλοντική Χρυσή Εποχή με το θρήνο του αρχαίου Ησιόδου για τους καιρούς ενός περασμένου Χρυσού Γένους – για να συλλογιστούμε τι φαίνεται ουτοπικό στο πλαίσιο των διάφορων κοσμοθεωριών. Για τον Ησίοδο, η ειρήνη και η ομόνοια πήγαζαν από την ίδια τη φύση, ενώ για τον Μπέικον, όλα τα καλά πράγματα έπρεπε ν' αποσπαστούν από τη φύση με κάθε τίμημα, μέσα από την κυριάρχησή της.

Η μηχανική κοσμοθεωρία ταίριαζε πολύ καλά στους επόμενους αιώνες, γιατί τίποτε δεν είχε τόση σημασία για τους Ευρωπαίους και τους απογόνους τους τους Αμερικάνους, όσο οι μηχανές, που άλλαζαν ολόκληρο τον ανθρώπινο τρόπο ζωής, όπως είδαμε παραπάνω. Οι επιστήμονες, ζώντας σε μια κοινωνία που γινόταν όλο και πιο μηχανοποιημένη, έβλεπαν όλο και περισσότερη μηχανική, όπου κι αν κοίταζαν στη φύση. Οι γεωλόγοι περιέγραφαν τους γεωλογικούς μηχανισμούς – πώς είναι συντεθειμένη η γη, πώς οι καιρικοί κύκλοι ροκανίζουν τα πετρώματα κ.ο.κ. Οι βιολόγοι μιλούσαν για τους μηχανισμούς των ζωντανών όντων – πώς είναι συναρμολογημένα τα μέρη των φυτών, των ζώων και των ανθρώπων και πώς λειτουργούν. Με τον καιρό, οι γιατροί μιλούσαν για καρδιακές και πνευμονικές αντλίες, για οστεϊκούς και μυϊκούς μηχανισμούς, ενώ οι ψυχολόγοι άρχισαν να μιλούν για το μηχανισμό του εγκεφάλου και οι κοινωνιολόγοι εργάζονταν πάνω στους μηχανισμούς της κοινωνίας.

Οι επιστημονικές ανακαλύψεις των φυσικών μηχανισμών βασίζονταν σε νέους μηχανισμούς, κατασκευασμένους από τον άνθρωπο, όπως τηλεσκόπια, πυξίδες, θερμόμετρα, βαρόμετρα, ζυγαριές, ρολόγια κι αργότερα πιο εκλεπτυσμένες εφευρέσεις, που όλα έδιναν τη δυνατότητα στους επιστήμονες να ανακαλύπτουν και να μετρούν όλο και πιο πολλά τμήματα του φυσικού κόσμου. Η επιστήμη βασιζόταν επίσης στην επινόηση των νέων μαθηματικών, που απεικόνιζαν τις σχέσεις ανάμεσα σ' αυτά τα μετρημένα τμήματα του κόσμου, γιατί οι επιστήμονες με μια μηχανική κοσμοθεωρία μόνο τα μετρήσιμα τμήματα του κόσμου μπορούσαν να μελετήσουν.

Ας δούμε, μια στιγμή, το ρόλο αυτό που παίζουν τα μαθηματικά στην επιστήμη. Τα μαθηματικά καθαυτά δεν είναι επιστήμη· είναι η τέχνη να κατασκευάζεις πολύπλοκα και όμορφα εξισορροπημένα πρότυπα, από πολύ απλά βασικά σύμβολα, καθώς και τους κανόνες για το συνδυασμό τους. Οι μαθηματικοί βρίσκουν διαρκώς νέους σχηματισμούς, ξεκινώντας από τα βασικά σύμβολα και τους κανόνες που έχουν υιοθετήσει, ή μπορούν ν' αλλάζουν αυτά τα σύμβολα και τους κανόνες για ν' αναπτύξουν μια ολόκληρη διαφορετική σειρά σχηματισμών.

Στα καθαρά μαθηματικά, τα σύμβολα δεν έχουν νόημα σε σχέση με τον αληθινό κόσμο – κανένας δε βρήκε ποτέ στη φύση ένα 2, ένα + ή ένα >. Όμως οι επιστήμονες ανακάλυψαν ότι όταν αποδίδουν στα σύμβολα ένα νόημα σε σχέση με τον αληθινό κόσμο, κάποιοι μαθηματικοί σχηματισμοί αποκαλύπτονται πολύ χρήσιμοι ως μοντέλα των μετρήσιμων τμημάτων της φύσης που μελετούν. Τα μαθηματικά μοντέλα μοιάζουν στην πραγματικότητα πολύ με τα μηχανικά μοντέλα, μόνο που είναι πολύ πιο εύκολο να φτιάξει κανείς μοντέλα από σύμβολα παρά από σιδερικά.

Ας λάβουμε υπόψη μας ότι, όποτε θέλουμε να περιγράψουμε κάτι άγνωστο προηγουμένως σε μας – όταν θέλουμε να το καταλάβουμε, δηλαδή – πρέπει να βρούμε κάτι γνωστό μας με το οποίο να μπορούμε να το συγκρίνουμε. Ο εγκέφαλος μπορεί να χρησιμοποιήσει νέες εισερχόμενες πληροφορίες μόνο στο πλαίσιο των σχημάτων που ήδη διαθέτει. Κάθε μέρα λέμε πράγματα όπως: «Αυτό το ύφασμα είναι απαλό σαν δέρμα μωρού και γαλάζιο σαν τη θάλασσα», ή «Αυτός ο άνθρωπος με παρακολουθεί σαν γεράκι», ή «Το αφεντικό θέλει να πηγαίνουν όλα ρολόι». Όμως πόσες φορές συλλογιζόμαστε το γεγονός ότι όλες οι νέες αντιλήψεις, ακόμα κι η επιστημονική αντίληψη, προσλαμβάνονται μ' αυτόν ακριβώς τον τρόπο; Τα σχήματα ή οι μορφές των μηχανών και των μαθηματικών είναι ανθρώπινες εφευρέσεις, κι έτσι είναι πολύ οικείες στους εφευρέτες τους. Έτσι, όταν οι επιστήμονες τις χρησιμοποιούν ως μοντέλα, λέγοντας π.χ. ότι «η καρδιά αντλεί το αίμα» και τα «φυτά αντλούν το νερό», ή ότι «$E = mc^2$» – μας λένε πώς να κατανοήσουμε κάτι για τις καρδιές, τα φυτά και την ενέργεια.

Η ιδέα ότι η πραγματικότητα αποτελείται μόνο από μετρήσιμα πράγματα, η περιγραφή των οποίων είναι η μόνη δυνατή γνώση της πραγματικότητας, ονομάζεται *θετικισμός*. Τα καθήκοντα της θετικιστικής επιστήμης θεωρούνται διπλά – να ανακαλύπτει τα τμήματα των φυσικών μηχανισμών και να βλέπει πώς οι μηχανισμοί λειτουργούν μέσω της κίνησης αυτών των τμημάτων. Με άλλα λόγια, οι επιστήμονες αποσυναρμολογούσαν τα πράγματα για να δουν πώς ήταν φτιαγμένα, καθώς και τι τα έκανε να λειτουργούν. Αυτή η μέθοδος του να ανάγονται τα πράγματα στα μέρη τους έγινε γνωστή ως η *αναγωγική μέθοδος* της επιστήμης.

Ανάγοντας έτσι τα πράγματα στα μέρη τους, οι επιστήμονες μας έδειξαν ένα γοητευτικό εσωτερικό κόσμο. Τα ζωντανά σώματα π.χ. αποτελούνται από οστά, δέρμα, αιμοφόρα αγγεία, νεύρα και άλλα όργανα· κάθε όργανο αποτελείται από ιστούς, κάθε ιστός από κύτταρα, κάθε κύτταρο από χημικά συστατικά. Στην πραγματικότητα, τα πάντα αποκαλύφθηκε ότι αποτελούνται από χημικά συστατικά, που με τη σειρά τους αποτελούνται από μόρια.

Τα μόρια που είναι σταθεροποιημένα σε σφιχτούς σχηματισμούς, έτσι ώστε να μην μπορούν να κινούνται, σχηματίζουν τα στερεά πράγματα, όπως την πέτρα ή το ξύλο. Όταν γλιστρούν και κυκλοφορούν το ένα γύρω από το άλλο, σχηματίζουν τα υγρά. Όταν αιωρούνται χαλαρά, σχηματίζουν τα αέρια. Και τα μόρια, όπως αποκαλύφθηκε, αποτελούνται από άτομα. Επιτέλους οι επιστήμονες είχαν τα όργανα και τα μαθηματικά για να δείξουν ότι όλοι οι φυσικοί μηχανισμοί αποτελούνταν στην πραγματικότητα απ' αυτά τα πιο μικροσκοπικά και πιο αναλλοίωτα συστατικά στοιχεία που ονομάζονται άτομα – ακριβώς όπως είχαν αποφανθεί οι αρχαίοι Έλληνες, πριν από περισσότερα από δύο χιλιάδες χρόνια!

Μόνο που τα πράγματα αποδείχθηκε πως δεν ήταν τόσο απλά. Τα άτομα ανακαλύφθηκε ότι κι αυτά αποτελούνται από τμήματα και τα τμήματά τους δεν είναι καθόλου σταθερά και στερεά μηχανικά τμήματα. Οι ατομικοί φυσικοί, ακριβώς τη στιγμή που έφταναν στο ίδιο το θεμέλιο της μηχανικής φύσης, ανακάλυψαν ότι η φύση δεν είναι τελικά και τόσο μηχανική. Όμως πριν συνεχίσουμε την ιστορία, ας γυρίσουμε πίσω για να δούμε την άλλη πλευρά της δραστηριότητας των επιστημόνων – την εξέταση του τι σήμαινε η κίνηση των τμημάτων στους φυσικούς μηχανισμούς.

Από τις μετρήσεις και τα μοντέλα τους, οι επιστήμονες επεξεργάστηκαν μαθηματικούς νόμους κίνησης μεταξύ των τμημάτων των φυσικών μηχανισμών. Κι όσο περισσότερο μελετούσαν την κίνηση στο σύμπαν, τόσο περισσότερο το σύμπαν τούς φαινόταν πως μετακινείται κι αλλάζει. Όχι μόνο η γη δε στεκόταν πια ακίνητη στο κέντρο των ουράνιων σφαιρών, αλλά περιστρεφόταν και γύρω από το δικό της ταλαντευόμενο άξονα και στριφογύριζε γύρω από τον ήλιο της, που με τη σειρά του περιπλανιόταν μέσα στο σύμπαν ως μέρος ενός γαλαξία.

Οι γεωλόγοι, που έσκαβαν τα πετρώματα και μελετούσαν τα τοπία, ανακάλυψαν ότι η ίδια η γη έχει αλλάξει πολύ με τον καιρό. Οι βιολόγοι στο μεταξύ άρχισαν να εξετάζουν με περιέργεια τα απολιθώματα που ανακάλυπταν οι γεωλόγοι. Η γη ήταν σαν να περιείχε το δικό της αρχείο από ζώα και φυτά, που είχαν ζήσει πριν από πολύν καιρό κι αυτό το αρχείο υποδήλωνε ότι κι αυτά είχαν αλλάξει πάρα πολύ.

Πώς μπορούσε η γη να έχει ηλικία μόνο μερικών χιλιάδων χρόνων, όπως μετριόταν από τις γενιές των ανθρώπων που καταγράφονταν στη Βίβλο, από τη δημιουργία του Αδάμ μέχρι τους ιστορικά γνωστούς βασιλιάδες; Τα γεωλογικά ευρήματα αποδείκνυαν ότι ήταν πολύ αρχαιότερη, με διάφορα είδη φυτών και ζώων στις διάφορες εποχές της ιστορίας της. Ο Θεός είχε δημιουργήσει αυτά τα διαφορετικά είδη φυτών και ζώων σε διάφορες εποχές, αντί να τα δημιουργήσει όλα ταυτόχρονα; Προχωρούσε κάνοντάς τα όλο και πιο πολύπλοκα, σε κάθε κύμα δημιουργίας; Ή μήπως είχαν με κάποιο τρόπο αλλάξει από μόνα τους;

Από τη στιγμή που η ιδέα της εξέλιξης, θαμμένη από την εποχή του Αναξίμανδρου, ξαναβγήκε στην επιφάνεια, σύντομα άρχισε να φαίνεται πολύ λογική και ολόκληρη η επιστημονική-θρησκευτική κοσμοθεωρία αναποδογυρίστηκε για να προσαρμοστεί σ' αυτήν. Η δημιουργία αντιμετωπιζόταν μέχρι τότε σαν μια σκάλα με το Θεό στην κορυφή. Στο επόμενο σκαλοπάτι ήταν οι άγγελοι, ύστερα οι άνθρωποι, ύστερα τα μεγάλα ζώα, ύστερα τα μικρότερα και κάτω κάτω τα ταπεινά σκουλήκια κι ακόμα μικρότερα πράγματα – όλα τα πλάσματα της γης που είχαν δημιουργηθεί ταυτόχρονα από το Θεό. Κατά τη νέα θεωρία της εξέλιξης, η σκάλα άρχιζε από κάτω με τα πιο αρχαία, μικροσκοπικά όντα που άλλαζαν με τον καιρό, σχημάτιζαν νέα σκαλοπάτια με όλο και πιο μεγάλα πλάσματα, ανέβαιναν τη σκάλα μέχρι το σκαλοπάτι των ανθρώπων – γιατί οι επιστήμονες είχαν αρχίσει ν' αμφιβάλλουν για την ύπαρξη των αγγέλων και του Θεού.

Θυμόμαστε ότι στη θεωρία του Δαρβίνου, η φυσική επιλογή λειτουργούσε μέσω του ανταγωνισμού για τα περιορισμένα εφόδια, έτσι ώστε επιβίωναν μόνο τα ικανότερα όντα. Καθώς οι βιομήχανοι της Αγγλίας του Δαρβίνου βρίσκονταν ακριβώς σ' έναν τέτοιον ανταγωνισμό μεταξύ τους για να επιβιώσουν, υιοθέτησαν τη νέα θεωρία της εξέλιξης ως μέρος της κοσμοθεωρίας τους. Οι πλούσιοι βιομήχανοι δεν ήταν και τόσο ευτυχείς με το να ξέρουν ότι ήταν εξάδελφοι των πιθήκων, όμως αυτό αντισταθμιζόταν από την ιδέα ότι ήταν τα ικανότερα πλάσματα σ' ολη τη φύση. Δε χρειαζόταν να χάνουν τον ύπνο τους για τη φτώχεια και τον κόπο που επέβαλαν στους εργάτες τους στα εργοστάσια και στις αποικίες, γιατί τα δικά τους πλούτη και οι ανέσεις ήταν απλώς αποδείξεις της φυσικής ικανότητάς τους. Μάλιστα χρησιμοποίησαν τη θεωρία του Δαρβίνου ως απόδειξη ότι ο τρόπος ζωής τους – ο βιομηχανικός ανταγωνισμός – ήταν ο πιο φυσικός και ο πιο ασφαλής δρόμος για την ανθρώπινη πρόοδο. Ο «μηχανισμός» της ανταγωνιστικής καπιταλιστικής κοινωνίας ήταν ασφαλώς ο καλύτερος δυνατός κοινωνικός μηχανισμός για την παραγωγή των ικανότερων ανθρώπων μέσα από τη φυσική επιλογή.

Όχι πολύν καιρό, αφότου έγινε γνωστή η θεωρία της εξέλιξης, η Ρωσική Επανάσταση παρήγαγε ένα νέο κοινωνικό μηχανισμό, γνωστό ως κομμουνισμό, που αποσκοπούσε να βασίζεται στη συνεργασία μάλλον, παρά στον ανταγωνισμό. Ρώσοι επιστήμονες ξανάγραψαν προς αυτήν την κατεύθυνση τη θεωρία της εξέλιξης, για να δείξουν ότι η συνεργασία στη φύση παρήγαγε πιο ικανά φυσικά όντα απ' ότι ο ανταγωνισμός.

Η επιστήμη, όπως φαίνεται, απομακρυνόταν από τη θρησκεία και προσέγγιζε την πολιτική των ανδρών που είχαν αποσπάσει την κοινωνική και πολιτική εξουσία από την εκκλησία. Τόσο στον καπιταλιστικό όσο και στον κομμουνιστικό κόσμο, οι επιστήμονες απέκτησαν το γόητρο ενός κοσμικού κλήρου, υποστηρίζονταν από τις κυβερνήσεις και ανταμείβονταν για να διαμορφώνουν κοσμοθεωρίες που να ταιριάζουν με την πολιτική της κοινωνίας τους. Όμως όσο κι αν διαφωνούσαν για τα φυσικά πλεονεκτήματα του ανταγωνισμού, από τη μια πλευρά, και τα φυσικά πλεονεκτήματα της συνεργασίας, από την άλλη, η ίδια η εκβιομηχάνιση υπαγόρευε έναν τρόπο ζωής για αφεντικά κι εργάτες και στις δυο πλευρές. Η εκβιομηχάνιση δηλαδή, διαμόρφωσε τις ανθρώπινες συνήθειες σύμφωνα με τις ανάγκες της, μετατρέποντας την ίδια την κοινωνία σ' ένα είδος μηχανισμού.

Στις πόλεις δημιουργήθηκαν μεταφορικά συστήματα για να πηγαινοέρχονται οι εργάτες στα εργοστάσια και καταρτίστηκαν εκπαιδευτικά συστήματα για την παραγωγή εργατών. Τα σχολεία δίδασκαν τα παιδιά να είναι στην ώρα τους και να κάθονται ήσυχα πολλές ώρες χωρίς να μιλούν με τους διπλανούς τους, να κάνουν αυτό που τους έλεγαν να κάνουν, ακόμα κι αν ήταν ανιαρό, όπως θα έκαναν στα εργοστάσια όταν θα μεγάλωναν. Ήταν σαν να ήταν τα παιδιά οι πρώτες ύλες, που τις έβαζαν στη μηχανή του σχολείου κι έβγαιναν εργάτες. Τα ρολόγια και τα ωράρια των βιομηχανικών εργατών αντικατέστησαν τον ήλιο και τον καιρό, που έλεγαν άλλοτε στους ανθρώπους πότε να κάνουν τι. Τα κυβερνητικά συστήματα έγιναν πιο πολύπλοκα, πιο συγκεντρωτικά, πιο οργανωμένα για να διευθύνουν την κοινωνία με τρόπους που να διευκολύνουν την ομαλή λειτουργία της βιομηχανίας και του εμπορίου βιομηχανικών προϊόντων.

Έτσι, οι οικογένειες, τα σχολεία, τα νοσοκομεία, οι κυβερνήσεις κι άλλοι κοινωνικοί θεσμοί, λειτουργούσαν τόσο αποτελεσματικά όσο οι μηχανές των εργοστασίων. Ολόκληρος ο τρόπος ζωής έγινε τόσο μηχανικός όσο η επιστημονική κοσμοθεωρία και δημιουργήθηκαν νέοι κλάδοι επιστήμης – η οικονομική επιστήμη, η πολιτική επιστήμη και η κοινωνιολογία – για να σχεδιάζουν και να κατασκευάζουν τους μηχανισμούς της κοινωνίας, να τους διατηρούν καλολαδωμένους και καλοσυντηρημένους.

Η ιδέα της τελειοποίησης της ανθρωπότητας, που πρωτοδιατυπώθηκε στην κοσμοθεωρία του Πλάτωνα, διατηρήθηκε σ' όλο το χριστιανικό Μεσαίωνα και την Αναγέννηση και αυτή η ιδέα φλόγιζε τη φαντασία των πατέρων της σύγχρονης επιστήμης και βιομηχανίας. Τώρα υποβαλλόταν στη μεγαλύτερη δοκιμασία της. Η σύγχρονη βιομηχανική εποχή θα έφερνε επιτέλους τη λύση για όλα τα προβλήματα· θα δημιουργούσε τέλεια τάξη στη ζωή των ατόμων και ολόκληρης της κοινωνίας.

Οι μεταγενέστεροι Έλληνες φιλόσοφοι και οι χριστιανοί είχαν αναζητήσει την τελειότητα στην άσκηση της *ηθικής* – της ανθρώπινης επιδίωξης όλων όσα είναι σωστά και καλά για τον έναν και για όλους. Όμως οι σύγχρονοι επιστήμονες δεν ενδιαφέρονταν για τις αόριστες, κατά τη γνώμη τους, και προφανώς θρησκευτικές ιδέες του τι είναι σωστό ή λάθος, καλό ή κακό, οι οποίες θα μπορούσαν να αμφισβητούνται αιώνια. Έβλεπαν τη δουλειά τους απλώς ως το θετικιστικό καθήκον να περιγράφουν τους φυσικούς μηχανισμούς και να περνούν τις γνώσεις τους στους μηχανικούς, οι οποίοι θα έθεταν υπό τον έλεγχό τους τόσο τη φύση όσο και την ανθρώπινη κοινωνία, με μια τέλεια σχεδιασμένη και κατευθυνόμενη τεχνολογία.

Όμως ούτε τα προσωπικά, ούτε τα κοινωνικά, ούτε τα οικονομικά, ούτε τα πολιτικά προβλήματα τέθηκαν κάτω από έναν τέτοιον έλεγχο. Η επιστήμη και η μηχανική έκαναν μεγάλες προόδους στη βιομηχανική παραγωγή, στις μεταφορές και τις επικοινωνίες, στην ιατρική τεχνολογία, στους εξοπλισμούς και τέλος ακόμα και στην εξερεύνηση του διαστήματος, όμως τα βιομηχανικά έθνη ενεπλάκησαν στους μεγαλύτερους πολέμους που έγιναν ποτέ. Ο πλούτος τους επιπλέον είχε κερδιθεί εις βάρος τεράστιων αριθμών ανθρώπων του Τρίτου Κόσμου, που παρέμεναν φτωχοί, πεινασμένοι, άρρωστοι, αμόρφωτοι και χωρίς τις δυνατότητες για κάτι καλύτερο. Η υπεσχημένη Χρυσή Εποχή της ανθρωπότητας φαινόταν πιο μακριά παρά ποτέ.

Στο μεταξύ, οι επιστήμονες επέκτειναν τις ιδέες για τους μηχανισμούς της εξελικτικής αλλαγής στον κόσμο ως σύνολο. Οι αστρονόμοι ανακάλυψαν την προέλευση του σύμπαντος από τη Μεγάλη Έκρηξη – την αρχική έκρηξη που δημιούργησε όλον τον κόσμο που γνωρίζουμε καθώς επεκτεινόταν η θερμότατη ενέργειά της. Αναπτύχθηκαν τα άστρα και οι γαλαξίες, όμως μετακινούνταν όλο και πιο μακριά το ένα από το άλλο, έτσι ώστε το σύμπαν ως σύνολο προφανώς επεκτεινόταν και ψυχόταν. Η μεγάλη κοσμική μηχανή, έλεγαν οι αστρονόμοι, επιβραδύνεται – λειτουργεί όλο και πιο αργά και κινείται όλο και πιο κοντά προς το «θάνατο της θερμότητάς» της, οπότε κάθε τάξη θα χαθεί στο τελικό ψύχος του χαοτικού μηδενός.

Όσο μακριά στο μέλλον κι αν είναι αυτό το τέλος, ήταν μια καταθλιπτική προοπτική κι οι επιστήμονες δεν πρόσφεραν καμιά σωτηρία, καμιά παρηγοριά με αξίες ηθικής, που θα έδιναν νόημα στη ζωή. Οι άνθρωποι άρχισαν να βλέπουν ότι ήταν ανίσχυροι και παγιδευμένοι σ' έναν κοσμικό μηχανισμό που θα έπαυε να λειτουργεί, ό,τι κι αν έκαναν εκείνοι. Η ζωή απλώς δεν είχε νόημα σ' αυτήν την ψυχρά επιστημονική κοσμοθεωρία, όμως ποιος μπορούσε ν' αντιταχθεί στην επιστημονική γνώση; Ορισμένες σύγχρονες φιλοσοφίες, όπως ο υπαρξισμός, και ορισμένες σχολές σύγχρονης τέχνης αντικατόπτριζαν την άποψη των επιστημόνων για ένα μηχανικό σύμπαν, όπου οι άνθρωποι είναι αιχμαλωτισμένοι χωρίς νόημα ή ελπίδα.

Πολλοί επιστήμονες σήμερα εξακολουθούν να πιστεύουν σταθερά σε μια τέτοια μηχανική κοσμοθεωρία, όμως πολλοί άλλοι βλέπουν πια τη φύση ως κάτι πολύ περισσότερο από ένα μηχανισμό. Ίσως η εκρηκτική ενέργεια από τη Μεγάλη Έκρηξη στην αρχή του σύμπαντος να εξαντληθεί, όπως μια τεράστια χρησιμοποιημένη μπαταρία, αφού περάσουν δισεκατομμύρια χρόνια – όμως όσο κρατάει, φωτίζει το σύμπαν και του δίνει τη δύναμη να δημιουργεί ζωή απ' αυτή την ενέργεια. Εκείνοι που πιστεύουν ότι η ζωή είναι αυτοδημιουργούμενη σ' ένα δυναμικά ζωντανό σύμπαν, αντί σ' ένα μηχανικό, πιστεύουν επίσης ότι η ζωή μπορεί να δημιουργεί τα δικά της νοήματα και τους σκοπούς.

Στο Κεφάλαιο 5 μιλήσαμε για τις διαφορές ανάμεσα στους μηχανισμούς και τους οργανισμούς, σε σύνδεση με τον αυτοποιητικό ορισμό της ζωής. ΄Ομως για να καταλάβουμε πραγματικά τη σημερινή επιστημονική διαμάχη για το αν η φύση είναι ή δεν είναι μηχανική, πρέπει να γυρίσουμε και πάλι πίσω για να δούμε τι ακριβώς εννοούμε με την αντίληψη και τη φυσική πραγματικότητα ενός μηχανισμού και ποιο ρόλο έχει παίξει στην ανθρώπινη ιστορία.

15. Κάτι λιγότερο από τέλεια, κάτι περισσότερο από μηχανή

Ενώ η μηχανική κοσμοθεωρία και η έκρηξη τεχνολογικής προόδου στην οποία οδήγησε αποτελούν ιστορικά δυτικές εξελίξεις, οι συνέπειές τους στην επιστήμη, την τεχνολογία, την οικονομία και την πολιτική διαμόρφωσαν την πορεία ολόκληρης της ανθρωπότητας. Η εφεύρεση και χρήση των μηχανών έγινε η κατευθυντήρια δύναμη της εξέλιξης ολόκληρου του είδους μας – είμαστε, καλώς ή κακώς, τεχνολογικά όντα.

Η λέξη «τεχνολογία» προέρχεται από την *τέχνη*, όμως «τεχνολογία» κατέληξε να σημαίνει η τέχνη της κατασκευής μηχανών. Οι μηχανές μάς έδωσαν δυνάμεις πολύ πιο εκτεταμένες απ' αυτές του σώματός μας και πιθανώς αρχίσαμε να τις εφευρίσκουμε για ν' αντισταθμίσουμε σωματικά μέλη που μας έλειπαν, όπως μακριά δόντια, αρπακτικά νύχια και τρίχωμα.

Οι πρώτες μας μηχανές – προορισμένες για να επεκτείνουν τη δύναμη των χεριών και των μπράτσων μας – ήταν μοχλοί για να μετακινούμε βράχους, θηλιές για να πετάμε πέτρες, τόξα για να ρίχνουμε βέλη. Για τη διατροφή μας, και την ένδυσή μας σκαλίσαμε επίπεδες και κούφιες πέτρες για να αλέθουμε και να κοπανάμε την τροφή, ρόκες και απλούς εργαλειούς για να φτιάχνουμε ύφασμα. Όλες αυτές είναι μηχανές και διαφέρουν από τα απλά εργαλεία στο ότι έχουν τμήματα που κινούνται το ένα σε σχέση με το άλλο. Καθώς αναπτύσσονταν οι πολιτισμοί μας, επινοήσαμε περιστρεφόμενους μηχανισμούς και τροχούς, βίδες και παξιμάδια, τροχαλίες και άλλα έξυπνα εξαρτήματα, για να βελτιώσουμε τις μηχανές μας. Φτιάξαμε μύλους και άμαξες, μεγάλες πολεμικές μηχανές για να ρίχνουμε βλήματα στους εχθρούς και να σκαρφαλώνουμε στα τείχη τους. Όμως, η πραγματική έκρηξη της ανθρώπινης τεχνολογίας ήρθε πολύ αργότερα, με εφευρέσεις όπως η τυπογραφική πρέσα και η κλωστική μηχανή που έφτιαχναν χρήσιμα πράγματα σε μεγάλες ποσότητες και σε λιγότερο χρόνο απ' ό,τι ποτέ πριν· με εφευρέσεις σαν τα ατμόπλοια και τις ατμομηχανές, που μετακινούσαν τους ανθρώπους σε μεγαλύτερους αριθμούς και με μεγαλύτερη ταχύτητα παρά ποτέ· με εφευρέσεις όπως το ραδιόφωνο και το τηλέφωνο, που επέτρεπαν σε ακόμα περισσότερους ανθρώπους να επικοινωνούν από πιο μακριά και πιο γρήγορα παρά ποτέ άλλοτε.

Οι μηχανές αποτελούνται από τμήματα που κινούνται για να κάνουν κάτι που οι άνθρωποι θέλουν να κάνουν. Στις πρώτες μηχανές, τα τμήματα τα κινούσαν οι ίδιοι οι άνθρωποι ή τα εξημερωμένα ζώα· έτσι είναι εύκολο να τις θεωρήσει κανείς σαν επεκτάσεις του ανθρώπου. Όμως, όταν η δύναμη του νερού, η δύναμη του ατμού, τα ορυκτά καύσιμα, ο ηλεκτρισμός και τέλος η ατομική ενέργεια χρησιμοποιήθηκαν για να κινούνται οι μηχανές, αυτές έμοιαζαν σαν να είχαν αποκτήσει μια δική τους ζωή και τείνουμε να ξεχνάμε ότι οι μηχανές είναι και σήμερα, όπως ήταν πάντα, ένα ανθρώπινο δημιούργημα που επινοήθηκε από τους ανθρώπους για να επεκτείνει τις ανθρώπινες δυνάμεις.

Οι μηχανισμοί αποκτούν ζωή και λειτουργία μόνο μέσω του σχεδιασμού, της κατασκευής και της χρήσης τους από τους ανθρώπους. Επεκτείνουν τη δύναμή μας να οικοδομούμε, να φτιάχνουμε πράγματα, να πηγαίνουμε σε διάφορα μέρη, να κάνουμε πολέμους, να μετρούμε το χρόνο και το χώρο, να αντιλαμβανόμαστε πολλά περισσότερα από τον κόσμο μας και ολόκληρο το σύμπαν μας, στις πιο μικροσκοπικές και τις πιο τεράστιες διαστάσεις του, απ' ό,τι θα μπορούσαμε με μόνες τις αισθήσεις μας. Οι μηχανές επεκτείνουν τη δύναμή μας να διασκεδάζουμε, να διδάσκουμε και να μιλάμε ο ένας στον άλλο, να παρουσιαζόμαστε ο ένας στον άλλο σ' ολόκληρο τον πλανήτη. Επεκτείνουν ακόμα και τη δύναμή μας να θυμόμαστε, να σκεφτόμαστε, να προβλέπουμε και να προγραμματίζουμε το μέλλον μας.

Μ' όλους αυτούς τους τρόπους και με πολλούς άλλους ακόμα, οι μηχανές επεκτείνουν τις δυνάμεις των σχεδιαστών και των χρηστών τους. Καμιά μηχανή δε θα υπήρχε ποτέ χωρίς ένα σχεδιαστή κι έναν κατασκευαστή, ούτε καν οι αυτόματες μηχανές που φαίνονται οι πιο ανεξάρτητες από μας. Οι συγγραφείς επιστημονικής φαντασίας μπορεί να φαντάζονται κόσμους που διευθύνονται από αυτοσχεδιασμένες και αυτοαναπαραγόμενες μηχανές, όμως δεν πρόκειται να υπάρξουν ποτέ μηχανές χωρίς ανθρώπινους δημιουργούς και χρήστες κάπου στο βάθος.

Η ιδέα ότι τα ρομπότ που λειτουργούν με κομπιούτερ θα μπορούσαν να ζωντανέψουν από μόνα τους αποτελεί μέρος της παρεξήγησης των μηχανισμών, ακόμα και από επιστήμονες. Αυτοί που πιστεύουν ότι η ζωή αναπτύχθηκε από σύμπτωση σ' ένα μηχανικό σύμπαν, σ' ένα μη ζωντανό πλανήτη, μπορούν επίσης να πιστεύουν σε συμπτώσεις που θα κάνουν τα ρομπότ να ζωντανέψουν. Όμως οι θεμελιακές διακρίσεις ανάμεσα σε ζωντανούς οργανισμούς και μηχανές μας δείχνουν γιατί δε θα γίνει ποτέ αυτό.

Ας εξετάσουμε και πάλι αυτές τις διακρίσεις. Οι ζωντανοί οργανισμοί ή τα συστήματα εξακολουθούν να λειτουργούν μόνο αν αλλάζουν αδιάκοπα, ενώ οι μηχανισμοί παραμένουν λειτουργικοί μόνο αν δε μεταβληθούν. (Σημειώστε ότι οι αλλαγές στα φυσικά συστήματα μπορούν να προχωρούν μόνο προς μία κατεύθυνση, εφόσον δεν μπορεί να αναστραφεί η γήρανσή τους, ενώ οι μηχανές μπορούν, τουλάχιστον θεωρητικά, να λειτουργούν είτε προς τα εμπρος είτε προς τα πίσω). Οι ζωντανοί οργανισμοί είναι αυτοποιητικοί και αυτόνομοι – δηλαδή, αυτοπαραγόμενοι και αυτοδιευθυνόμενοι – ενώ οι μηχανισμοί είναι, για να χρησιμοποιήσουμε την κατάλληλη λέξη, *ετεροποιητικοί* και ετερόνομοι – παράγονται και διευθύνονται από άλλους. Οι «άλλοι» είναι οι άνθρωποι, ή ρομπότ προγραμματισμένα από ανθρώπους, που φτιάχνουν άλλα ρομπότ. Ένα ρομπότ που να αυτοκατασκευάζεται σύμφωνα με δικούς του κανόνες είναι λογικά αδιανόητο.

Αν θεωρήσουμε τις μηχανές επεκτάσεις του εαυτού μας κι ύστερα ξαναθυμηθούμε τη μηχανική κοσμοθεωρία του Ντεκάρτ, μπορούμε να δούμε ότι τουλάχιστον ήταν λογική, γιατί ο Ντεκάρτ θεωρούσε τους φυσικούς μηχανισμούς δημιουργήματα του Θεού – μηχανικές επεκτάσεις της δύναμης του Θεού. Αργότερα όμως, όταν οι επιστήμονες αποφάσισαν να εξηγήσουν τη φύση ως έναν αυτοεξελισσόμενο μηχανισμό, χωρίς κανένα δημιουργό, προέκυψε μία αντίφαση. Οι επιστήμονες σύγκριναν τους «φυσικούς μηχανισμούς» – που πίστευαν ότι υπήρχαν χωρίς σκοπό ή σχέδιο – με τους κατασκευασμένους από τον άνθρωπο μηχανισμούς, που υπάρχουν για κάποιο σκοπό και σύμφωνα με κάποιο σχέδιο και δεν μπορούν να υπάρξουν χωρίς δημιουργούς που θα τους σχεδιάσουν για τους σκοπούς τους.

Ας πάρουμε π.χ. τον ανθρώπινο εγκέφαλο. Όταν οι επιστήμονες έβγαλαν το Θεό από την κοσμοθεωρία τους, αναγκάστηκαν επίσης να απορρίψουν την ιδέα ότι ο ανθρώπινος νους ήταν ένα αντίγραφο του θεϊκού. Έτσι ο νους έμενε ως ένας μηχανισμός καθεαυτός, ή ως έργο του μηχανισμού του εγκεφάλου. Όμως τι είδους μηχανισμός μπορούσε να είναι ο εγκέφαλος-νους; Μερικοί επιστήμονες τον έβλεπαν σαν ένα υδραυλικό σύστημα με σωλήνες και βαλβίδες, από το οποίο οι σκέψεις, τα συναισθήματα και τα ένστικτα κυλούσαν σαν νερό, ή σταματούσαν κάπου και προξενούσαν πιέσεις που δημιουργούσαν προβλήματα. Όταν εφευρέθηκαν τα τηλέφωνα, ο εγκέφαλος έμοιαζε περισσότερο σαν μια τηλεφωνική ανταλλαγή μηνυμάτων μέσα από τα νεύρα-καλώδια. Μόλις εφευρέθηκαν οι κομπιούτερ, ο εγκέφαλος άρχισε να μοιάζει με κομπιούτερ. Πιο πρόσφατα, μερικοί επέλεξαν να τον βλέπουν σαν μια ολογραφική μηχανή λήψης και προβολής, που είναι μια από τις πιο πρόσφατες εφευρέσεις τους.

Βέβαια, κατά κάποιον τρόπο, όλες αυτές οι ιδέες ήταν και είναι χρήσιμες, γιατί καθένας απ' αυτούς τους κατασκευασμένους από τον άνθρωπο μηχανισμούς – το υδραυλικό σύστημα, η τηλεφωνική επικοινωνία, ο κομπιούτερ και η ολογραφική μηχανή λήψης και προβολής – θα μπορούσαν να θεωρηθούν ως ένα μοντέλο κάποιας πλευράς του εγκεφάλου, μ' έναν τρόπο που θα μας βοηθούσε να καταλάβουμε κάτι γι' αυτόν. Δεν είναι κακό να χρησιμοποιούμε τους μηχανισμούς μας για μοντέλα της φύσης, φτάνει να θυμόμαστε ότι είναι απλώς μοντέλα και ότι μπορούν ν' αναπαραστήσουν ορισμένες μόνο μετρήσιμες πλευρές των πραγμάτων που βρίσκονται στη φύση. Η αντίφαση παρουσιάζεται όταν οι επιστήμονες συγχέουν το μοντέλο με την πραγματικότητα που μελετούν – όταν πιστεύουν π.χ. ότι οι εγκέφαλοι *είναι* πολύπλοκοι κομπιούτερ, απλώς κάπως πιο εκλεπτυσμένοι απ' τους κομπιούτερ που κατασκευάζονται σήμερα από τον άνθρωπο, αντί να καταλαβαίνουν ότι οι κομπιούτερ είναι απλώς χρήσιμα μοντέλα ορισμένων περιορισμένων πραγμάτων που μπορούν *να κάνουν* οι εγκέφαλοι. Οι κομπιούτερ κάνουν αυτά τα πράγματα με εντελώς διαφορετικούς τρόπους απ' ότι οι εγκέφαλοι, κι όμως το μοντέλο της λειτουργίας μπορεί να ισχύει ως τέτοιο.

Η σύγχυση των μοντέλων με την πραγματικότητα οφείλεται στην αδυναμία να καταλάβουμε ότι οι επιστήμονες δημιουργούν *αφαιρέσεις*, με τον ίδιο περίπου τρόπο που κάνουν οι καλλιτέχνες. Αν κατανοούσαν τα φυσικά μοντέλα τους ως αφαιρέσεις, δε θα μπέρδευαν πια αυτά τα μοντέλα με την πραγματικότητα, όχι περισσότερο απ' όσο οι καλλιτέχνες μπερδεύουν τους πίνακες ή τ' αγάλματά τους με τα αληθινά αντικείμενα που απεικονίζουν.

Όμως τι είναι αφαίρεση; Ένας καλλιτέχνης αφαιρεί ορισμένες εντυπώσεις από κάτι και τις μετατρέπει σε πίνακα, ενώ ένας επιστήμονας αφαιρεί ορισμένες μετρήσεις από κάτι και τις μετατρέπει σε επιστημονικό μοντέλο. Και στις δύο περιπτώσεις, ο πίνακας και το μοντέλο είναι αφαιρέσεις που αντιπροσωπεύουν το συνολικό πράγμα.

Ένα μηχανικό πουλί μπορεί να θεωρηθεί αφαίρεση ενός ζωντανού πουλιού σε μια κατασκευή από μεταλλικά τμήματα, ακριβώς όπως η *Γκουέρνικα* του Πικάσο είναι μια αφαίρεση του ανθρώπινου πολέμου σε μια σύνθεση από πινελιές. Παρόμοια, ένα επιστημονικό μοντέλο κομπιούτερ μιας βιολογικής ή οικονομικής κατάστασης είναι μια αφαίρεση ορισμένων μετρήσιμων στοιχείων από την αληθινή βιολογική ή οικονομική κατάσταση.

Τώρα, ας εξετάσουμε και πάλι τη μηχανική κοσμοθεωρία του Ντεκάρτ ως ένα αφηρημένο μοντέλο του κόσμου. Ο Ντεκάρτ αφαίρεσε ακριβώς εκείνα τα μετρήσιμα χαρακτηριστικά της φύσης που οι άνθρωποι ήταν ικανοί να αντιγράφουν σε μηχανισμούς, όπως τα κουρδιστά πουλιά, ή οι κούκλες στα καμπαναριά των εκκλησιών – ας τα ονομάσουμε μηχανικές πλευρές – και τα θεώρησε αντιπροσωπευτικά ολόκληρης της φύσης. Τη δημιουργική ουσία της ζωής, από την άλλη πλευρά, την αφαίρεσε από τη φύση και την απέδωσε στο Θεό. Αντί δηλαδή να βλέπει τη φύση ως αυτοποιητική, την έβλεπε ως ετεροποιητικό δημιούργημα του Θεού.

Τώρα βλέπουμε ότι ο πραγματικός κίνδυνος της σύγχυσης των επιστημονικών μοντέλων με την πραγματικότητα είναι ότι οι πλευρές της φύσης που δεν μπορούμε να τις μετρήσουμε, κι επομένως δεν μπορούμε να τις αφαιρέσουμε, μπορεί να είναι οι σημαντικότερες πλευρές που υπάρχουν. Η κοσμοθεωρία ή το μοντέλο του κόσμου του Ντεκάρτ ήταν τουλάχιστον λογικό, καθώς κατανοούσε ότι η μηχανική φύση δεν μπορούσε να υπάρχει χωρίς ένα δημιουργό. Όμως οι μεταγενέστεροι επιστήμονες που εγκατέλειψαν το Θεό στις εξηγήσεις τους της φύσης, δεν κατάφεραν να δουν ότι εγκατέλειπαν την ίδια την ουσία της ζωής από το μοντέλο τους του κόσμου. Όσο κι αν προσπάθησαν να εξηγήσουν τη ζωή με μηχανικούς όρους, οι εξηγήσεις τους δεν ήταν ποτέ ικανοποιητικές.

Οι επιστήμονες που δεν αντιμετωπίζουν τα μοντέλα τους ως πραγματικότητα – που ομολογούν πρόθυμα ότι δεν είναι παρά μοντέλα – μπορεί παρ' όλα αυτά να θεωρούν τη φύση ως απόλυτα μηχανική, ισχυριζόμενοι ότι είναι πολύ πιο πολύπλοκη από τους σημερινούς μηχανισμούς, αλλά στην ουσία της όμοια. Όμως όλο και πιο πολλοί επιστήμονες δεν είναι πια ικανοποιημένοι με τη μηχανική κοσμοθεωρία, γιατί αναγνωρίζουν ότι κανένα από τα μηχανικά μοντέλα μας δεν μπορεί να εξηγήσει την αυτοδημιουργική πλευρά της φύσης. Αρχίζουν να συνειδητοποιούν ότι η φύση πρέπει να είναι κάτι πολύ περισσότερο από ένα μηχανισμό, ότι έχει μια δημιουργική πλευρά που δεν μπορεί να την έχει καμιά μηχανή.

Η μηχανική κοσμοθεωρία πρωτοδιατυπώθηκε από εκείνους τους αρχαίους Έλληνες που αποφάνθηκαν ότι η γεωμετρία δεν ήταν μια ανθρώπινη επινόηση, αλλά η ανακάλυψη των αληθινών σχεδίων της φύσης από τον ανθρώπινο νου. Όμως, όσο κι αν εκείνοι και οι μεταγενέστεροι επιστήμονες πίστευαν σε μια φυσική γεωμετρία, κανένας δεν κατόρθωσε ποτέ να συμπιέσει τη φύση σ' ένα καθαρό γεωμετρικό ή μηχανικό σχήμα. Αποδείχθηκε π.χ. αδύνατο να ενταχθούν οι κύκλοι του ήλιου, της σελήνης, της γης ή των άλλων πλανητών στους τέλειους γεωμετρικούς κύκλους που οι αρχαίοι Έλληνες ισχυρίζονταν ότι ήταν οι αληθινές κινήσεις τους. Κάθε ημερολόγιο που επινοήθηκε από τους ανθρώπους πάσχει από τις ανωμαλίες της φύσης.

Η γεωμετρία δε θα λειτουργούσε ποτέ αν οι κανόνες της ήταν τόσο ελαστικοί όσο οι κανόνες της φύσης. Από την άλλη πλευρά, η φύση δε θα λειτουργούσε ποτέ αν οι κανόνες της ήταν τόσο *ανελαστικοί* όσο εκείνοι της γεωμετρίας! Μπορούμε να πούμε ότι η φύση είναι περισσότερο ένας καλλιτέχνης παρά ένας μηχανικός. Η φύση χρησιμοποιεί τα ίδια υλικά και τα ίδια σχέδια ξανά και ξανά, όμως δημιουργεί αδιάκοπα νέα πράγματα απ' αυτά και ποτέ δεν αντιγράφει τίποτε μηχανικά.

Όταν εμείς οι άνθρωποι εκφραζόμαστε μέσα από την τεχνολογία μας, συνήθως αντιγράφουμε κάποιο τμήμα της φύσης που μπορούμε να το αφαιρέσουμε και να το μεταφράσουμε, από την εξελικτική καλλιτεχνία της φύσης, στη δική μας στατική μηχανική. Όμως πρέπει να θυμόμαστε ότι η ανθρώπινη ικανότητά μας να αντιγράφουμε ορισμένες πλευρές της φύσης με μηχανική μορφή δεν αποδεικνύει με κανένα τρόπο ότι η ίδια η φύση είναι μηχανική.

Ας πάρουμε ως παράδειγμα τους θερμοστάτες. Ο θερμοστάτης, που τον εγκαθιστούμε σ' ένα σπίτι για να το διατηρούμε στην ίδια θερμοκρασία, είναι μια μηχανική εφεύρεση προορισμένη να απομιμείται αυτό που κάνει κάθε θερμόαιμο ον – κι αυτό που κάνει ολόκληρος ο ζωντανός πλανήτης μας. Όμως ο «θερμοστάτης» στο σώμα μας και στη γη είναι πολύ πιο περίπλοκος. Ένας τέτοιος θερμοστάτης δεν μπορεί ν' αφαιρεθεί από το ζωντανό σώμα, να διαλυθεί στα τμήματά του και να ξανασυναρμολογηθεί. Υπάρχει στη θέση του ως χαρακτηριστικό ολόκληρου του σώματος και το μόνο που μπορούμε να κάνουμε είναι να ερευνήσουμε ολόκληρο το σώμα, αναζητώντας πλευρές του θερμοστάτη, όπως την αγγειοδιαστολή και την εφίδρωση.

Αντιγράψαμε την ύφανση των ιστών από την αράχνη, την οικοδόμηση πολύ ψηλών κτιρίων από τους τερμίτες, την άντληση νερού παρά την έλξη της βαρύτητας από τα δέντρα, την κατασκευή σηράγγων και την πτήση στον ουρανό από πλάσματα που κάνουν αυτά τα πράγματα. Αντιγράψαμε την ικανότητα να βλέπουμε στο σκοτάδι και ν' ανακαλύπτουμε πράγματα με το σόναρ, να παράγουμε χημικές ουσίες, ηλιακή ενέργεια και σήμερα σχεδόν αμέτρητα άλλα φυσικά θαύματα, μαζί και την ικανότητα των εγκεφάλων μας να λύνουν προβλήματα. Όμως, παρ' όλο που μπορούμε να φτιάχνουμε μηχανισμούς για να αντιγράφουμε πράγματα που κάνουν τα άλλα πλάσματα, δεν μπορούμε ούτε να πλησιάσουμε στην κατασκευή ενός λειτουργικού μηχανικού αντιγράφου, έστω και του απλούστερου μονοκύτταρου όντος στο σύνολό του.

Αυτό σημαίνει ότι η επιστήμη πρέπει να εγκαταλείψει τα μηχανικά μοντέλα για να κατανοήσει τη φύση; Κάθε άλλο. Είπαμε προηγουμένως ότι ο μόνος τρόπος με τον οποίο μπορούμε να κατανοήσουμε *οτιδήποτε* είναι συγκρίνοντας πράγματα που δεν τα κατανοούμε ακόμα με πράγματα ήδη γνωστά – πράγματα οικεία σε μας. Και τι μπορεί να μας είναι πιο οικείο απ' ό,τι τα πράγματα που σχεδιάσαμε και δημιουργήσαμε εμείς οι ίδιοι; Αν δεν είχαμε επινοήσει τη μηχανική κοσμοθεωρία μαζί με τις άλλες μηχανικές επινοήσεις μας, ίσως να μην είχαμε προοδεύσει τόσο στην κατανόηση του κόσμου μας. ΄Ομως πρέπει να κρατούμε το νου μας ανοιχτό και ν' αναγνωρίζουμε ότι η φύση είναι κάτι πολύ περισσότερο από ένας μηχανικός, ότι θα εμποδίσουμε την περαιτέρω επιστημονική μας πρόοδο, αν πιστέψουμε πως τα σημερινά μας μοντέλα της φύσης αποτελούν την ίδια τη φύση.

Ο Ντεκάρτ κι ο μεγάλος φυσικός Νεύτων οικοδόμησαν την κοσμοθεωρία τους σ' ένα πλαίσιο χώρου και χρόνου. Ο χώρος και ο χρόνος πιστευόταν ότι υπήρχαν πριν γεννηθεί το σύμπαν, σαν ένα είδος θεατρικής σκηνής, όπου τα άτομα και τα μεγαλύτερα σώματα που αποτελούνται απ' αυτά είχαν δημιουργηθεί και κινούνταν σύμφωνα με το νόμο. Κάθε άτομο είχε μια πολύ καθορισμένη θέση στο χώρο σε κάθε δεδομένο χρόνο και, καθώς περνούσε ο χρόνος, μετατοπιζόταν σε νέες θέσεις, σύμφωνα με σταθερούς νόμους κίνησης. ΄Οπως το διατύπωσε ο Γάλλος αστρονόμος-μαθηματικός Πιερ Σιμόν Ντε Λαπλάς, ένας νους που θα γνώριζε τις θέσεις όλων των ατόμων του σύμπαντος σε κάθε δεδομένο χρόνο θα μπορούσε να προβλέψει ολόκληρο το μέλλον του σύμπαντος.

Το δέκατο ένατο αιώνα αυτό το απλουστευτικό μοντέλο κλονίστηκε από την ανακάλυψη του ηλεκτρομαγνητισμού και από τη νέα επιστήμη της θερμότητας – τη θερμοδυναμική – που κατέληξε να ονομάζεται επιστήμη της πολυπλοκότητας. Όμως το μεγαλύτερο ίσως χτύπημα το δέχθηκε η άποψη περί μηχανισμού, όταν οι φυσικοί κατόρθωσαν τελικά να μελετήσουν το ίδιο το άτομο.

Όλα τα άτομα, όπως θυμόμαστε, υποτίθεται ότι ήταν ακριβώς ίδια, έστω κι αν σχημάτιζαν όλα τα διαφορετικά πράγματα που υπάρχουν στη φύση με τη διάταξή τους σε διαφορετικούς σχηματισμούς. Πολύ μικρά για να είναι ορατά, πιστευόταν ότι ήταν τόσο σκληρά ώστε ήταν αδύνατο να διασπαστούν ή να καταστραφούν – θεωρούνταν δηλαδή όχι μόνο αόρατα αλλά και αδιαίρετα.

Ακόμα κι αν ο μη υλικός ηλεκτρομαγνητισμός χρειαζόταν να προστεθεί στη μηχανική φύση, ακόμα κι αν η θερμότητα έκανε τα πράγματα να συμπεριφέρονται φαινομενικά αλλοπρόσαλλα – η δυνατότητα να μελετηθεί το ίδιο το άτομο θα επιβεβαίωνε ασφαλώς τη μηχανική κοσμοθεωρία. Τα άτομα, τα μικρότερα τμήματα του φυσικού μηχανισμού, δεν μπορούσαν παρά να κινούνται σύμφωνα με τους νόμους στο χώρο και το χρόνο. Οι επιστήμονες ήταν επιτέλους έτοιμοι να ανακαλύψουν πώς ήταν φτιαγμένα τα πράγματα αρχίζοντας από κάτω προς τα πάνω.

Ήταν έτσι; Αναφέραμε ήδη την πρώτη συγκλονιστική έκπληξη που τους περίμενε – την ανακάλυψη ότι τα άτομα δεν ήταν καθόλου ίδια και δεν ήταν καθόλου μικροσκοπικά σκληρά κομμάτια. Κάθε άτομο έμοιαζε μάλλον μ' ένα μικροσκοπικό ηλιακό σύστημα, έστω κι αν το σχήμα του μπορούσε να ανακαλυφθεί μόνο από τον τρόπο με τον οποίο δρούσε μαζί με άλλα άτομα στο σχηματισμό χημικών ουσιών. Οι επιστήμονες πολλές φορές είναι αναγκασμένοι να εργάζονται μ' αυτόν τον τρόπο για να ανακαλύψουν το σχήμα πραγμάτων που δεν μπορούν να τα δουν με τα ίδια τους τα μάτια. Σκεφτείτε το ηλιακό μας σύστημα – αντί να είναι πολύ μικρό για να το δούμε, όπως τα άτομα, είναι πολύ μεγάλο για να το δούμε όλο μαζί. Υπολογίσαμε το σχήμα του από τον τρόπο που τα τμήματα που *μπορούμε* να δούμε δρουν σε σχέση το ένα με το άλλο.

Όπως, λοιπόν, ο ήλιος βρίσκεται στο κέντρο του ηλιακού μας συστήματος, κάτι βρισκόταν στο κέντρο του ατόμου, ενώ μικρότερα πράγματα περιστρέφονταν γύρω του σαν πλανήτες. Οι φυσικοί ονόμασαν το κέντρο του ατόμου «πυρήνα» και τα πράγματα που στριφογυρίζουν γύρω του «ηλεκτρόνια». Όπως φαινόταν, τα διαφορετικά είδη ατόμων είχαν διαφορετικούς αριθμούς απ' αυτά τα ηλεκτρόνια σε τροχιά, σε διάφορες αποστάσεις από τον πυρήνα.

Η επόμενη έκπληξη ήταν ότι ο πυρήνας του ατόμου απαρτιζόταν κι αυτός από τμήματα, πιο μικροσκοπικά κομμάτια, που συγκρατούνταν μαζί από δυνάμεις τόσο απίστευτα ισχυρές, ώστε, αν ο πυρήνας χωριζόταν στα ξεχωριστά τμήματά του, γινόταν μια έκρηξη. Όλοι γνωρίζουμε πού οδήγησε αυτή η ανακάλυψη.

Κάθε άτομο, άσχετα πόσο σφιχτά είναι κλειδωμένο στη θέση του – όπως π.χ. σ' ένα κρύσταλλο – αποκαλύφθηκε ότι είναι μια μικροσκοπική μάζα από περιστρεφόμενα τμήματα. Όλα τα τμήματα, γύρω από τον πυρήνα και μέσα του, ονομάζονται σωματίδια. Όμως σύντομα αποδείχθηκε ότι κι αυτά τα σωματίδια δεν είναι συμπαγή.

Σήμερα γνωρίζουμε ότι βαθιά στην ίδια την καρδιά της ύλης δεν υπάρχει απολύτως τίποτε το συμπαγές. Τα σωματίδια είναι σαν μικροσκοπικοί στροβιλιζόμενοι άνεμοι σε μια θύελλα ενέργειας, ή σαν κύματα που χορεύουν σε μια θάλασσα ενέργειας. Όταν οι φυσικοί προσπαθούν να τα ακινητοποιήσουν, αυτά το βάζουν στα πόδια αφήνοντας πίσω τους όμορφα καμπυλωτά ίχνη. Εξαφανίζονται, διαιρούνται, ενώνονται μεταξύ τους και ξαναεμφανίζονται από το τίποτε – δηλαδή κάνουν τα πάντα εκτός από το να σταθούν ακίνητα για να τα μελετήσουμε. Το μόνο που μπορούν, ή που προσπαθούν, να περιγράψουν οι φυσικοί είναι το σχέδιο του ενεργητικού στροβιλιζόμενου χορού τους – ενός χορού, που στην πραγματικότητα αποτελείται από καθαρή ενέργεια.

Αυτές οι ανακαλύψεις προκάλεσαν πραγματική σύγχυση στους φυσικούς, γιατί συνέτριψαν την άποψή τους για μια καθαρά οργανωμένη μηχανική πραγματικότητα. Τα σωματίδια δεν ήταν ούτε συμπαγή ούτε σταθερά· υπήρχαν κι έπαυαν να υπάρχουν με τρομακτική ταχύτητα και μυστήριο. Ο Αϊνστάιν έδειξε επιπλέον ότι ο χρόνος και ο χώρος δεν υπάρχουν καθαυτοί, ως μια σκηνή για τους φυσικούς μηχανισμούς, αλλά αποτελούν δύο πλευρές της ίδιας έννοιας και είναι στην πραγματικότητα σχέσεις που δημιουργούνται διαρκώς καθώς δημιουργείται το σύμπαν. Ο χώρος δεν υπακούει καν στους νόμους της γεωμετρίας του Ευκλείδη, όπως πιστευόταν, ούτε ο χρόνος κυλά μ' ένα μεγάλο και τέλειο ρυθμό ρολογιού. Αντίθετα, φαίνεται ότι ο κοσμικός χωροχρόνος καμπυλώνεται όπως οι χοροί των μικροσκοπικότερων σωματιδίων του κι ότι ένας άνθρωπος μπορεί να ταξιδέψει μέσα απ' αυτόν το χωροχρόνο χωρίς να γεράσει, ενώ ο δίδυμος αδελφός του μένει στο σπίτι του και μετατρέπεται σε γέροντα.

Τα ίδια τα θεμέλια του κόσμου έμοιαζαν να διαλύονται. Κι όμως, δε διαλύονταν στο τίποτε, γιατί ο κινούμενος σχηματισμός του ενεργειακού χορού είναι πάντα εδώ και δίνει στην ύλη τη μορφή της. Είναι απλώς αδύνατο να διαχωρίσει κανείς τους χορευτές από το χορό τους – να μελετήσει κανείς ένα σωματίδιο ως αντικείμενο καθαυτό. Τόσο αδύνατο, όσο το να προσπαθήσουμε να βγάλουμε τους ανέμους από την ατμόσφαιρα και τα κύματα από τη θάλασσα, για να μελετήσουμε και να κατανοήσουμε μια θύελλα. Αν το προσπαθήσουμε, ανακαλύπτουμε ότι δεν έχουμε απολύτως τίποτε στα χέρια μας – παρ' όλο που ξέρουμε ότι η θύελλα αποτελείται από κύματα και ανέμους.

Το σύμπαν δεν μπορεί τελικά να χωριστεί σε τμήματα όπως μια μηχανή. Οι φυσικοί είναι αναγκασμένοι να γίνονται όλο και πιο επινοητικοί για να μάθουν για το παράξενο νέο σύμπαν τους. Μελετούν π.χ. τα σωματίδια σε κυκλοτρόνια – τις μεγαλύτερες μηχανές που κατασκευάστηκαν ποτέ, προορισμένες να επιτρέπουν στους επιστήμονες να μελετούν τα μικροσκοπικότερα «πράγματα». Όμως για να δουν έστω και τα ίχνη από το χορό των σωματιδίων, πρέπει να τον παρενοχλήσουν και να προσπαθήσουν να υπολογίσουν πώς είναι ο πραγματικός χορός από τα ίχνη αυτής της παρενόχλησης. Αποκαλύπτεται ότι αυτό που έχει σημασία είναι ο σχηματισμός των βημάτων στο χορό, γιατί ορισμένοι σχηματισμοί ενέργειας *είναι* αυτό που ονομάζουμε «ύλη». Οι χορευτές που δε χορεύουν δεν είναι χορός – και ο χορός είναι το μόνο που υπάρχει!

Παρ' όλο που δεν μπορούμε να δούμε το φυσικό χορό των σωματιδίων χωρίς να τον παρενοχλούμε, μπορούμε να είμαστε βέβαιοι ότι υπάρχει – σχηματίζει και συνδέει τα άστρα και τις αντανακλάσεις τους στη θάλασσα, τη γη και όλα της τα πλάσματα, σε μας και σ' όλα τα πράγματα που κατασκευάζουμε και χρησιμοποιούμε. Το καθετί αποτελείται από αμέτρητες αόρατες κινήσεις χορευτών, σ' έναν ενιαίο χορό που διαμορφώνεται συνεχώς σε νέους σχηματισμούς – ένα χορό πολύ μικρό για να τον δούμε κι όμως τόσο μεγάλο ώστε να *είναι* ολόκληρο το σύμπαν.

Αυτές οι ανακαλύψεις, μαζί με μεγαλύτερους σχηματισμούς που θυμίζουν χορό, τους οποίους ανακάλυψαν οι φυσικοί – σχηματισμούς μηχανικής κυμάτων στα αέρια, τα υγρά και τα στερεά· θερμοδυναμικής στη θερμασμένη ύλη· ηλεκτρομαγνητισμού – απαιτούσαν νέους τρόπους για την αναπαράσταση της φύσης, νέα είδη μαθηματικών που να είναι λιγότερο μηχανικά, πιο ελαστικά, να μοιάζουν περισσότερο με τη ζωντανή φύση.

Όλα τα μαθηματικά μέχρι σήμερα βασίζονται σ' ένα θεμέλιο μηχανικής, που επινοήθηκε ταυτόχρονα από τον Αριστοτέλη για τη λογική και από τον Ευκλείδη για τη γεωμετρία. Όμως, μέχρι πρόσφατα, η σύνδεση ανάμεσα στη λογική και τα μαθηματικά δεν ήταν αυτονόητη, ούτε καν για τους μαθηματικούς. Σήμερα που είναι, οι μαθηματικοί αναγνωρίζουν τη λογική – κανόνες τακτικής κατάταξης και συνδυασμού στοιχείων – ως το πραγματικό θεμέλιο των μαθηματικών. Κι αυτό σημαίνει ότι τα μαθηματικά μπορούν ν' αλλάξουν όσο κι οι κοσμοθεωρίες, επειδή μπορούν ν' αλλάξουν οι λογικοί νόμοι τους.

Μέχρι σήμερα, οι μαθηματικοί μόλις που έχουν αρχίσει να μελετούν τη λογική μηχανική του Αριστοτέλη και ήδη νέα και περισσότερο δυναμικά συστήματα μαθηματικών αναπτύχθηκαν και αναπτύσσονται πάνω σ' αυτές τις αλλαγμένες βάσεις. Με τον καιρό, νέα είδη λογικής, νέοι τρόποι διάταξης της ανθρώπινης σκέψης για ένα δυναμικά ζωντανό σχήμα – μπορεί να οδηγήσουν σ' ένα εντελώς νέο είδος μαθηματικών, που θα είναι χρήσιμα για να γίνουν μοντέλα του σύμπαντος. Η επιστήμη και τα μαθηματικά συνεργάζονται σήμερα πάνω στην υπάρχουσα συνεξέλιξή τους.

Από τις πιο σημαντικές νέες μελέτες στην επιστήμη είναι αυτές που αποσκοπούν στην κατανόηση της αυτοργάνωσης των φυσικών συστημάτων. Πολλές απ' αυτές εμπνέονται από το έργο του βραβευμένου με Νομπέλ χημικού-φυσικού Ίλια Πριγκόγκιν, που αναβίωσε την αρχαία αντίληψη ότι η φύση δημιούργησε την τάξη από το χάος κι έδειξε πως τα αυτοσυντηρούμενα συστήματα, ακόμα και στο χημικό επίπεδο, μπορούν να αναδημιουργούν νέα τάξη όταν φτάσουν σε χαοτικές καταστάσεις. Το έργο του Πριγκόγκιν επεκτείνει τη φυσική της ισόρροπης θερμοδυναμικής, που επινοήθηκε για να περιγράφει μη ζωντανά συστήματα, σε μια μη ισόρροπη θερμοδυναμική, που τη χρησιμοποίησε για ν' αναπαραστήσει ζωντανά συστήματα. Όμως, αν είναι αλήθεια ότι τα ζωντανά συστήματα είναι θεμελιακά διαφορετικά από τις μηχανικές αντιλήψεις της φυσικής, τότε πρέπει ν' αμφισβητήσουμε αν η μη ισόρροπη θερμοδυναμική μπορεί να περιγράψει ικανοποιητικά την αυτοποιητική διαδικασία που τη θεωρούμε ουσία της ζωής σε τούτο το βιβλίο.

Αυτές οι νέες θεωρίες και τα ερωτήματα αποτελούν μέρος της γοργά εξελισσόμενης επιστημονικής κοσμοθεωρίας μας. Όσο κι αν από τη μια πλευρά είναι νέα, η οργανική κοσμοθεωρία εναρμονίζεται από την άλλη πλευρά περισσότερο με τις κοσμοθεωρίες των αρχαιότατων Ελλήνων φιλοσόφων, πριν καταπνιγεί η ιδέα της φυσικής αυτοδημιουργίας και η τέλεια τάξη του Θεού γίνει τέτοια μονομανία, ώστε ν' αλλάξει ολόκληρη η Δυτική κοσμοθεωρία για να προσαρμοστεί σ' αυτήν.

Οι σημερινοί επιστήμονες ανακαλύπτουν πράγματα τα οποία οι άνθρωποι που ζούσαν πολύ κοντά στη φύση τα κατανοούσαν στην ουσία τους, αν και όχι στις επιστημονικές τους λεπτομέρειες – όπως τα αισθάνονται και τα εκφράζουν οι άνθρωποι που εξακολουθούν να ζουν κοντά στη φύση, με σύμβολα χορού και μύθου. Το σημαντικότερο είναι ότι οι επιστήμονες αρχίζουν να κατανοούν το σύμπαν ως ζωντανό και διαρκώς μεταβαλλόμενο, ως ένα δημιουργικό χορό της ζωής.

Ο αρχαίος ελληνικός μύθος έλεγε για το χορό της Γαίας· ο ινδικός μύθος έλεγε για τον Σίβα και τη γυναίκα του, τη Σάκτι, που με τον αιώνιο χορό τους δημιουργούν το σύμπαν και τον κόσμο μας. Απ' όλους τους μύθους της δημιουργίας κανένας δεν λέει για έναν κόσμο που συναρμολογήθηκε μηχανικά, καθώς μικροσκοπικά τμήματα συνενώνονται για να σχηματίσουν τα μεγαλύτερα τμήματα, τα οποία στη συνέχεια συνενώνονται ως ένας ολόκληρος κόσμος – κανένας, εκτός από εκείνον της μηχανικής επιστήμης. Οι περισσότεροι μύθοι της δημιουργίας αρχίζουν αντίθετα μ' ένα σύνολο – ένα απλό κύμα ή ένα στροβιλισμό ή ένα ενιαίο ον που διαιρείται ή γεννά τα διάφορα πράγματα που βλέπουμε ως μέρη του κόσμου. Αυτά τα μέρη μπορεί αργότερα να ενωθούν και πάλι σε νέα σύνολα μέσα στη μεγάλη ολαρχία του χορού.

Είδαμε ότι τα ζωντανά συστήματα είναι από πολλές πλευρές η αντίθεση της μηχανής· είδαμε ότι οι εικόνες του χορού ταιριάζουν σε πολλές πλευρές της νέας μας κατανόησης της φύσης, καλύτερα απ' ό,τι ταιριάζουν οι μηχανικές εικόνες, γιατί ο χορός είναι μια ζωντανή, αυτοδημιουργική διαδικασία, όπως είναι και η φύση σε εξέλιξη. Ας εξετάσουμε γι' άλλη μια φορά τον τρόπο με τον οποίο εμείς οι ίδιοι δημιουργούμε ένα χορό. Μπορεί ν' αρχίζει αυθόρμητα, ως μία φυσική έκφραση της ενέργειάς μας που δεν είναι προγραμματισμένη ή σχεδιασμένη εκ των προτέρων – με άλλα λόγια ως αυτοσχεδιασμός. Όμως μιλούμε επίσης για την εξέλιξη ενός χορού, καθώς νέες παραλλαγές πάνω στα ίδια βασικά βήματα δημιουργούν όλο και πιο πολύπλοκους και πολυσήμαντους σχηματισμούς – πράγμα που είναι ακριβώς αυτό που συμβαίνει με τη φυσική εξέλιξη.

Μερικοί από τους σχηματισμούς ενός ανθρώπινου χορού μπορεί να είναι αρκετά μηχανικοί, καθώς μέσα απ' αυτούς εκφράζουμε τη μηχανική μας ικανότητα, αν και βλέπουμε κι αισθανόμαστε ότι όσο περισσότερο μηχανικά τέλειοι είναι, τόσο λιγότερο μοιάζουν με τη ζωή. Το κλασικό μπαλέτο ήταν μια σκόπιμη προσπάθεια για να γίνει ο χορός όσο το δυνατόν πιο τέλειος και αναπτύχθηκε την ίδια εποχή που αναπτύχθηκε και η μηχανική εποχή μας. Μερικά μπαλέτα μοιάζουν σαν να χορεύονται μάλλον από ρομπότ παρά από ανθρώπους. Αυτά δε θεωρούνται πολύ καλά μπαλέτα, ακόμα κι αν είναι εκφραστικά. Η τέχνη του χορού φαίνεται ότι εξαρτάται από την ανθρώπινη παραλλαγή, από το προσωπικό στιλ, από τις ατέλειες, από τις εκπλήξεις, που της δίνουν ζωή κι ενδιαφέρον.

Σήμερα, το κλασικό μπαλέτο είναι πολύ λιγότερο δημοφιλές απ' ότι οι χοροί με πιο ελεύθερους σχηματισμούς, κι αυτό πιθανώς οφείλεται στο γεγονός ότι η ανθρώπινη αναζήτηση της τελειότητας στον κόσμο και στους εαυτούς μας δε μας γοητεύει πια όσο μας γοήτευε τις τελευταίες χιλιετίες. Φαίνεται ότι ικανοποιήσαμε τον πόθο μας για την τελειότητα, κατασκευάζοντας σχεδόν τέλειες μηχανές. Θέλουμε αυτές οι μηχανές να μας απελευθερώνουν από τις ανιαρές, μηχανικές δουλειές μας, αλλά δε θέλουμε η κοινωνία μας να μας μεταχειρίζεται εμάς σαν μηχανές ή σαν τμήματα μηχανών. Έχουμε βαρεθεί να μας λένε ότι πρέπει να είμαστε σε τέλεια φόρμα, να έχουμε τέλειο έλεγχο της ζωής μας, επειδή μόλις σήμερα αρχίζουμε να βλέπουμε πόσο αφύσικη είναι η τελειότητα.

Η φύση είναι τακτική χωρίς να είναι τέλεια, όπως είδαμε επανειλημμένα. Οι πιο χρήσιμοι σχηματισμοί της φύσης δεν εγκαταλείπονται ποτέ, διατηρούνται για ατέλειωτη επαναχρησιμοποίηση και το γενικό πρόγραμμα της εξέλιξης είναι πολύ σταθερό και ανθεκτικό. Όμως η μηχανική τελειότητα θα ήταν θάνατος για τη φύση, όπως θα ήταν και για μας ως μέρη της φύσης, γιατί η φύση είναι μια ζωντανή, αυτοδημιουργική διαδικασία που διαρκώς δημιουργεί τάξη από το χάος, διαρκώς ελεύθερη να κάνει κάτι νέο – να αναδιοργανωθεί όταν χρειάζεται, έστω και μόνο για να μείνει η ίδια, να δημιουργεί νέες μορφές όταν οι παλιές δε λειτουργούν πια. Η τελειότητα θα ήταν το τέλος της εξέλιξης, το τέλος της ελευθερίας, το τέλος της δημιουργικότητας. Μάθαμε ότι η φύση δεν είναι καθόλου τέλεια για έναν πολύ βασικό λόγο – για τον ίδιο λόγο που η φύση είναι κάτι πολύ περισσότερο από μηχανή!

16. Το σώμα της ανθρωπότητας

Η νέα επιστημονική θεωρία που σχηματίζουμε, δείχνει ότι έχει ήδη μεγάλη επιρροή στην ευρύτερη πολιτιστική μας κοσμοθεωρία. Ακριβώς όπως οι μηχανικές απεικονίσεις των αυτοδημιουργούμενων δικτύων αρχίζουν να μας εμπνέουν για να αναδιοργανώσουμε ολόκληρη την ανθρώπινη κοινωνία σε πιο αρμονικές και ανθρώπινες βάσεις.

Η ίδια η εξέλιξη της Γαίας μάς ωθεί προς αυτήν την κατεύθυνση. Η εξέλιξη ενός παγκόσμιου σώματος της ανθρωπότητας αποτελεί μέρος – είναι στην πραγματικότητα το πιο πρόσφατο μέρος – της εξέλιξης της Γαίας. Και όπως η υπόλοιπη εξέλιξη, δεν ήταν σχεδιασμένη. Όσο κι αν εμείς οι άνθρωποι τη δημιουργήσαμε με την τεχνολογία μας, δεν τη δημιουργήσαμε σκόπιμα, όπως δεν είχαμε την πρόθεση να καταστρέψουμε το περιβάλλον όταν δημιουργούσαμε το βιομηχανικό τρόπο ζωής μας, ή όπως δε σκοπεύαμε να δημιουργήσουμε ένα μέσον για την αυτοκτονία του είδους μας όταν επινοούσαμε τα πυρηνικά όπλα. Απλώς αρχίσαμε μόλις να καταλαβαίνουμε ότι αυτές είναι οι συνέπειες της πρόσφατης ανθρώπινης δραστηριότητας κι ότι απειλούν την ίδια την επιβίωση.

Μόλις στις τελευταίες εκατοντάδες χρόνια, από τα εκατομμύρια χρόνια μας ως άνθρωποι, χρησιμοποιήσαμε τους μεγάλους εγκεφάλους και τα έξυπνα χέρια μας για να παράγουμε μια τεχνολογία που άλλαξε ολόκληρο τον πλανήτη μας και μας ένωσε σ' ένα νέο είδος όντος. Κι όμως, ελάχιστα συνειδητοποιούμε ότι εξελισσόμαστε σ' ένα ενιαίο σώμα της ανθρωπότητας. Συνέβη τόσο φυσικά όσο η εξέλιξη των φυσικών μας σωμάτων. Άλλωστε, μόνο πολύ πρόσφατα αρχίσαμε να καταλαβαίνουμε τους εαυτούς μας, την εξέλιξη και την κοινωνική ιστορία μας. Πριν από τούτο τον αιώνα, δεν μπορούσαμε καν να γνωρίζουμε τι συνέβαινε στον υπόλοιπο κόσμο *τη στιγμή* που συνέβαινε, και πολύ λιγότερο να διακρίνουμε τις ρίζες του στο θολό παρελθόν. Και ξαφνικά ζούμε σε μια εποχή τηλεσκοπίων, που μας δείχνουν τα πιο μακριά τμήματα του σύμπαντός μας και την πιο αρχαία ιστορία του, σε μια εποχή μικροσκοπίων, που μας επιτρέπουν να κοιτάζουμε βαθιά μέσα στα πιο μικροσκοπικά τμήματα των ίδιων μας των σωμάτων και της υπόλοιπης φύσης. Μόνο σε τούτη την εποχή αρχίσαμε να ξεθάβουμε τ' απολιθώματα των αρχαίων προγόνων μας και τα κατάλοιπα των πρώτων ανθρώπινων πολιτισμών και να περιγράφουμε σε βιβλία και ταινίες που λένε μια όλο και πιο συνεκτική και ενδιαφέρουσα ιστορία.

Μόνο σήμερα μπορούμε να δούμε ολόκληρο τον πλανήτη μας από το διάστημα και ν' αρχίσουμε να τον κατανοούμε ως ένα μεγάλο ζωντανό ον. Μόνο σήμερα βλέπουμε ότι, από την προοπτική της Γαίας, η ζωή εξελίσσεται στο σύνολό της – το πέτρωμα μετατρέπεται σ' αυτό που αντιλαμβανόμαστε ως μια μεγάλη ποικιλία ξεχωριστών ειδών, καθώς και σ' αυτό που βλέπουμε ως τα ποικίλα περιβάλλοντα της στεριάς, της θάλασσας και του αέρα. Όμως, όπως είδαμε, τα περιβάλλοντα δεν είναι άψυχοι γεωλογικοί οικισμοί, μέσα στους οποίους εξελίσσονται τα ζωντανά είδη· είναι τα ίδια συγκεντρώσεις ζωντανών ειδών και των προϊόντων τους. Η θάλασσα, το έδαφος, η ατμόσφαιρα, ακόμα κι ο σκληρός βράχος, είναι όλα προϊόντα του γεωβιολογικού μεταβολισμού της γης ως ζωντανού πλανήτη.

Αν όλα τα όντα και τα περιβάλλοντα συνεξελίσσονται αλλάζοντας τους εαυτούς τους και το ένα το άλλο, τότε για να κατανοήσουμε ένα συγκεκριμένο είδος, πρέπει να προσπαθήσουμε να καταλάβουμε πώς η εξέλιξή του σχετίζεται με την εξέλιξη του περιβάλλοντός του. Ιδιαίτερα, μπορούμε να κατανοήσουμε τους εαυτούς μας ως ανθρώπους, μόνο αν προσπαθήσουμε να καταλάβουμε την συνεξέλιξή μας με το περιβάλλον μας.

Ας διατρέξουμε άλλη μια φορά την εξέλιξη της ανθρωπότητας. Ας φανταστούμε ότι τη βλέπουμε από μακριά και επιταχυμένη σε μια σύντομη ταινία. Πρώτα βλέπουμε μικρές ομάδες ανθρώπων να εξελίσσονται από τους πιθήκους προγόνους μέσα σε πυκνά δάση, στις θερμότερες περιοχές της γης. Το κλίμα αλλάζει και τα δάση συρρικνώνονται και βλέπουμε τους εξελισσόμενους ανθρώπους να εγκαταλείπουν τη ζωή τους πάνω στα δέντρα και ν' αρχίζουν να βαδίζουν όρθιοι στο έδαφος. Ομάδες ανθρώπων περιπλανιώνται αναζητώντας τροφή. Αργά αργά αρχίζουν να κατασκευάζουν εργαλεία και όπλα, να δαμάζουν τη φωτιά, να φορούν ρούχα – να χρησιμοποιούν τις πηγές του περιβάλλοντός τους για να φτιάξουν πράγματα που τους είναι χρήσιμα, πράγματα που αντισταθμίζουν την έλλειψη τριχώματος, κοφτερών νυχιών και μακριών δοντιών· πράγματα που τους βοηθούν να κυνηγούν άλλα μεγάλα ζώα για τροφή, εργαλεία από κόκκαλα και ρούχα· πράγματα που τους βοηθούν να μεταφέρουν, ν' αποθηκεύουν και να ετοιμάζουν την τροφή. Όταν οι οικογένειες ή οι φυλές τους γίνονται πολύ μεγάλες ώστε να συμβιώνουν εύκολα, μερικά μέλη διακλαδώνονται για να σχηματίσουν νέες φυλές.

Οι άνθρωποι ευδοκιμούν, πολλαπλασιάζονται και μετακινούνται, ακολουθώντας τις πηγές τροφής και νερού. Μεγάλες εποχές παγετώνων τους απωθούν πίσω προς τον ισημερινό, όμως κάθε φορά που οι πάγοι λιώνουν, οι άνθρωποι προσελκύονται από την πλούσια νέα βλάστηση, που φυτρώνει εκεί όπου έφυγαν οι πάγοι. Κάποτε οι πηγές της τροφής τους διασκορπίζουν σε όλες τις ηπείρους, ακόμα και πάνω από τη γέφυρα στεριάς που είναι σήμερα ο Βερίγγειος Πορθμός, στη Βόρεια και Νότια Αμερική.

Στα καλύτερα κλίματα, κάποιες ομάδες εγκαθίστανται

μόνιμα για να δημιουργήσουν χωριά και χωράφια, να συντηρήσουν ζώα και να καλλιεργήσουν τη γη, να αποθηκεύσουν τροφή για ξηρές ή ψυχρές εποχές. Τα χωριά μετατρέπονται σε κωμοπόλεις και οι κωμοπόλεις σε μεγαλύτερες αγροτικές κοινωνίες, που μετατρέπουν σημαντικές εκτάσεις εδαφών από φυσικά σε τεχνητά οικοσυστήματα. Ζουν με ειρήνη και ισότητα χιλιάδες χρόνια, διακλαδώνονται σε νέες αποικίες καθώς πολλαπλασιάζονται, περνώντας διαστήματα νομαδικής ζωής, απλώνονται στις κατοικίσιμες περιοχές της γης, αναπτύσσουν τις τέχνες τους, τη συλλογή φυτών, την εκτροφή ζώων, την κεραμεική, τη ζωγραφική και τη μεταλλουργία. Ύστερα ξαφνικά δέχονται επιθέσεις από άλλους ανθρώπους, οπλισμένες φυλές περιπλανώμενων νομάδων και κυνηγών από σκληρότερα κλίματα, που τους κατακτούν και εγκαθιδρύουν ένα σύστημα κυριαρχίας των ανδρών σε βάρος των γυναικών, ένα σύστημα εξουσιαστών κι εξουσιαζόμενων. Δημιουργούν βασίλεια και τα ενώνουν σε αυτοκρατορίες μετά από πολέμους. Όλο και περισσότερη γη καταλαμβάνεται για ανθρώπινη χρήση. Τα παλιά αυτοδημιουργούμενα και αυτο-εξισορροπούμενα οικοσυστήματα καταστρέφονται, καθώς τα φυσικά φυτά κόβονται ή καίγονται, τα ζώα τους εκδιώκονται και τα δυο αντικαθίστανται από καλλιεργημένα φυτά κι εκτρεφόμενα ζώα, καθώς και από πόλεις χτισμένες με πέτρες και τούβλα.

Μέσα και ανάμεσα στις αυτοκροτορίες διεξάγονται πόλεμοι και ανταλλάσσονται αγαθά, κατασκευάζονται δίκτυα από στεριανούς και θαλάσσιους δρόμους που συνδέουν τις ανθρώπινες κοινωνίες μεταξύ τους. Απ' αυτούς τους δρόμους, ειδήσεις, ιδέες και ιστορίες συρρέουν μαζί με τους ανθρώπους και τα προϊόντα τους, τα ζώα, τους σπόρους, τα μικρόβια. Μερικές φορές χωρίς να το καταλαβαίνουν οι άνθρωποι αλλάζουν ολόκληρα οικοσυστήματα, καθώς οι σπόροι τους ή τα ζώα τους καταλαμβάνουν τις εκτάσεις και εκδιώκουν τα ιθαγενή είδη. Πόλεις, στις οποίες η φυσική γη έχει αντικατασταθεί από κτίρια και δρόμους κατασκευασμένα από τους ανθρώπους, αναπτύσσονται ως κέντρα ιδεών, εφευρέσεων, νέων τρόπων ζωής. Ο συνωστισμός τους υποθάλπει επίσης τις αρρώστιες· επιδημίες εξοντώνουν μερικές φορές ολόκληρους πληθυσμούς.

Τα σύνορα γύρω από τα βασίλεια και τις αυτοκρατορίες αλλάζουν: οι ήπειροι χωρίζονται σε χώρες· οι ανθρώπινοι πληθυσμοί αναπτύσσονται και διαιρούνται σε όλο και πιο πολλές γλώσσες και πολιτισμούς. Το περιβάλλον έχει διαμορφώσει τον ανθρώπινο πολιτισμό, ωθώντας τον σε ευνοϊκά κλίματα, σε γόνιμες κοιλάδες ποταμών και κατά μήκος των ευκολότερων διόδων μεταφοράς της στεριάς. Με τη σειρά τους, οι άνθρωποι μεταβάλλουν όλο και πιο πολύ το περιβάλλον για δική τους χρήση.

Οι πόλεις συγκεντρώνουν όλο και πιο πολλούς ανθρώπους σε τεχνητά περιβάλλοντα· οι πρώτες ύλες μεταφέρονται στα αστικά κέντρα από όλο και πιο μακρινά μέρη, ενώ τα προϊόντα που κατασκευάζονται απ' αυτές τις ύλες ταξιδεύουν και πάλι προς τις αγορές. Τα φυτά και τα ζώα, που κατάγονται από ένα σημείο του κόσμου, μεταφυτεύονται και αναπτύσσονται σε άλλα. Η ανθρώπινη τεχνολογία εξελίσσεται, από τα άλογα και τα ιστιοφόρα πλοία στα ατμόπλοια, τα αεροπλάνα τζετ και τα διαστημόπλοια, από τους αργαλειούς στις βιομηχανίες κομπιούτερ, από τους τελάληδες στην τηλεόραση. Ένας κόσμος που κάποτε ήταν σκοτεινός τη νύχτα, εκτός από κάποιες πυρκαγιές στα δάση, φωτίζεται από ένα πυκνό δίκτυο ηλεκτρικών φώτων. Ένας κόσμος κάποτε σιωπηλός τη νύχτα, εκτός από τη μοναχική κραυγή ενός πουλιού ή ενός θηλαστικού, γεμίζει από τον ήχο των μηχανών και της μουσικής. Ορυχεία και λατομεία σκάβονται βαθιά μέσα στη γη και πάνω στην επιφάνειά της και οι πέτρες, τα μεταλλεύματα και τα ορυκτά καύσιμά τους μετατρέπονται σε ανθρώπινα προϊόντα. Τα ποτάμια κλείνονται με φράγματα και εκτρέπονται σε αφύσικες κοίτες, πλημμυρίζοντας οικοσυστήματα πίσω τους και δημιουργώντας ερήμους μπροστά τους, για να ικανοποιηθεί η ακόρεστη απαίτηση των ανθρώπων για ηλεκτρικό ρεύμα.

Ολόκληρα δάση κόβονται για ξυλεία και καύσιμα, ή καίγονται για να απελευθερωθεί η γη για βοσκοτόπους και καλλιέργειες. Όλο και πιο πολλή φυσική γη οργώνεται από τους αγρότες και ασφαλτοστρώνεται από τους κατασκευαστές πόλεων. Οι έρημοι μεγαλώνουν, ενώ όλο και πιο πολλά είδη φυτών και ζώων εξοντώνονται, καθώς οι άνθρωποι εκμεταλλεύονται τη φύση για τους δικούς τους σκοπούς.

Η ατμόσφαιρα, οι υδάτινοι δρόμοι, το έδαφος και οι ωκεανοί μολύνονται από τα κατασκευασμένα από τους ανθρώπους λιπάσματα, τα παρασιτοκτόνα, τα βαριά μέταλλα κι άλλα απόβλητα προϊόντα της ανθρώπινης παραγωγής. Κι όμως, οι ανακαλύψεις της ιατρικής οδηγούν σε πληθυσμιακή έκρηξη την ανθρωπότητα, ώστε οι άνθρωποι να νομίζουν ότι δεν έχουν αρκετό χώρο – ότι η γη πάει να σκάσει. Έρημοι δημιουργημένες από τον άνθρωπο πλημμυρίζουν αργότερα τεχνητά από τον άνθρωπο, με την ελπίδα ότι θα επεκταθεί η γεωργία· σε μερικά χρόνια ξεραίνονται και πάλι.

Ανακαλύπτεται η πυρηνική ενέργεια· δύο ατομικές βόμβες εκρήγνυνται σκόπιμα για να καταστρέψουν τα ίδια τα τεχνητά οικοσυστήματα του ανθρώπου· άλλες εκρήγνυνται απλώς για δοκιμή, καταστρέφοντας φυσικά οικοσυστήματα, ενώ κατάλοιπα πέφτουν από την ατμόσφαιρα σ' ολόκληρο τον κόσμο. Η ανθρώπινη τεχνολογία κάνει το άλμα προς το διάστημα και η ανθρωπότητα, για πρώτη φορά, βλέπει τον θαυμαστά ωραίο πλανήτη της από μακριά, ως ένα ζωντανό σύνολο. Η ανθρωπότητα ξαφνικά ξυπνάει και αναγνωρίζει τις τεράστιες ζημιές που έχει προκαλέσει στο περιβάλλον της, αρχίζει να φοβάται την εξάντληση ή την ανέκκλητη μόλυνση των φυσικών υδάτων, των ορυκτών καυσίμων και άλλων πρώτων υλών, αναγνωρίζει τη δυνατότητά της να καταστρέψει ολόκληρο τον ανθρώπινο κόσμο και να αναγκάσει τον πλανήτη να πάρει νέους δρόμους εξέλιξης, αισθάνεται τις επιπτώσεις των αερίων θερμοκηπίου, σε μια ατμόσφαιρα που γίνεται δυσάρεστα θερμή και απειλεί με εξόντωση το είδος μας μ' έναν ακόμη τρόπο που τον προκαλέσαμε εμείς.

Είναι ένα εντυπωσιακό σενάριο, όμως η ιστορία τελειώνει με μια τρομακτική νότα. Ένα είδος – νέο, τυχοδιωκτικό – ιδιοποιήθηκε ολόκληρο τον πλανήτη, μετέτρεψε πλούσια και ποικίλα οικοσυστήματα σε εύθραυστες μονοκαλλιέργειες, σε τεράστιες ερήμους και με ασφυκτική μόλυνση. Είναι ένα είδος πλανητικού καρκίνου, που επεκτείνεται αμείλικτα σε βάρος του ίδιου του συστήματος που τον εκτρέφει; Γιατί είναι τόσο καταστροφικό το μόνο είδος που διαθέτει τέτοια δυνατότητα μνήμης και πρόβλεψης;

Το πιο εμφανές χαρακτηριστικό των ανθρώπινων κοινωνικών, πολιτικών και οικονομικών συστημάτων εξακολουθεί να είναι η δημιουργία αυτοκρατοριών μέσω της κυριαρχίας: το θηλυκό ήμισυ του είδους εξακολουθεί σε μεγάλο βαθμό να βρίσκεται υπό τον έλεγχο και να υφίσταται την εκμετάλλευση του αρσενικού ημίσεως, οι περισσότερες χώρες του κόσμου εξακολουθούν να εξουσιάζονται και να υφίστανται την εκμετάλλευση των λίγων ισχυρότερων, οι μεμονωμένες χώρες διατηρούν τα εξουσιαστικά τους συστήματα που βασίζονται σε τάξεις, κάστες και διακρίσεις, οι λίγοι προσλαμβάνουν τους πολλούς για να δουλεύουν γι' αυτούς και να τους αποφέρουν κέρδη.

Οι πόλεμοι εξακολούθησαν να προκαλούνται για εδάφη, πόρους και πεποιθήσεις και διεξάγονται σε όλο και μεγαλύτερη κλίμακα, όλο πιο μακριά από την πατρίδα, αναγκάζοντας όλο και μεγαλύτερους αριθμούς ανθρώπων να παραμένουν μεγαλύτερα διαστήματα σε ξένες χώρες. Μερικοί μένουν και μετά τους πολέμους, γίνονται φίλοι με τους πρώην εχθρούς τους παντρεύονται και ανατρέφουν παιδιά μαζί τους, ενώ άλλοι εγκαταλείπουν τις κατεστραμμένες από τον πόλεμο χώρες τους για ν' αναζητήσουν μια καλύτερη ζωή κάπου αλλού.

Όλο και πιο πολλοί άνθρωποι, σε καιρούς ειρήνης, γεμίζουν τα μεταφορικά μέσα, καθώς στέλνονται να εργαστούν και να ζήσουν ο ένας στη χώρα του άλλου ή καθώς επιλέγουν να πάνε εκεί για διακοπές. Μαθαίνουν ο ένας τους τρόπους του άλλου, ανταλλάσσουν όλο και πιο πολλές ιδέες. Οι πολιτισμοί είναι ανάμικτοι μέσα στα πολιτικά σύνορα· οι πολιτισμοί ανταλλάσσονται μέσα από δίκτυα των τοπικών και διεθνών επικοινωνιών· όλο και μεγαλύτεροι αριθμοί ανθρώπων μορφώνονται και μαθαίνουν τι συμβαίνει στον κόσμο τους. Ακόμα και άνθρωποι που δεν έχουν πατήσει ποτέ το πόδι τους σε μια άλλη χώρα, μπορούν να τρώνε και να χρησιμοποιούν τα προϊόντα ολόκληρου του κόσμου και να γνωρίζουν τους τρόπους ζωής ολόκληρου του κόσμου με πλήρη ήχο και χρώμα.

Οι άνθρωποι αποδεικνύουν ότι είναι ικανοί ν' αναμιγνύονται και να επικοινωνούν, κι όμως οι κυβερνήσεις διατηρούν τις εχθρότητες. Οι καλλιτέχνες κι οι επιστήμονες προσπαθούν να γεφυρώσουν τα κενά ανάμεσα σε εχθρικούς λαούς, ν' ανταλλάσουν τα έργα και τις γνώσεις τους, τους φόβους και τις ελπίδες τους για την ανθρωπότητα. Η απειλή του πυρηνικού πολέμου έχει ωθήσει ακόμα και τους πολιτικούς ν' αναζητήσουν νέους τρόπους για να λύνουν τις διαφορές τους. Οι παλιές διαιρέσεις της απόσπασης, της γλώσσας και του πολιτισμού γεφυρώνονται, καθώς οι ανθρώπινες τεχνολογίες των μεταφορών και επικοινωνιών συνδέουν αναπόφευκτα την ανθρωπότητα σ' ένα ενιαίο παγκόσμιο σώμα.

Συγκρίναμε ήδη την εξέλιξη του «σώματος» της ανθρωπότητας με παρόμοια συμβάντα νωρίτερα στην εξέλιξη του πλανήτη μας, λέγοντας ότι η ανάπτυξη των επικοινωνιών και των μεταφορών και η μετάβαση από την ανταγωνιστική εκμετάλλευση σε ένα συνεργατικό καταμερισμό εργασίας συγκρίνεται με παλαιότερες διαδικασίες, όταν τα αρχαία βακτηρίδια εξελίχθηκαν σε πρώτιστα, τα πρώτιστα εξελίχθηκαν σε πολυκύτταρα όντα, όπως οι σύγχρονες χώρες εξελίσσονται σ' ένα παγκόσμιο σώμα της ανθρωπότητας.

Σύμφωνα μ' αυτή τη σύγκριση, το σώμα της ανθρωπότητας δεν έχει ακόμα αναπτυχθεί πλήρως, καθώς η εκμετάλλευση εξακολουθεί να υπάρχει παράλληλα με τη συνεργασία και δεν έχει ακόμα αναγνωριστεί η ζωτική σημασία της ποικιλίας στον καταμερισμό της εργασίας. Όσο εντυπωσιακή κι αν είναι η πρόοδός μας στη διαπολιτιστική επικοινωνία και συνεργασία, ορισμένες χώρες εξακολουθούν να εκμεταλλεύονται, να επιτίθενται και να απειλούν η μία την άλλη, σε σημείο ώστε να θέτουν σε κίνδυνο την επιβίωσή μας ως είδους.

Πιθανόν να υπήρχαν πολύ περισσότερες αποτυχίες παρά επιτυχίες, όταν τα αρχαία βακτηρίδια εξελίσσονταν σε πρώτιστα, περιπτώσεις όπου η αδιάκοπη εκμετάλλευση και οι εχθροπραξίες ανάμεσα στα βακτηρίδια που πολλαπλασιάζονταν μέσα σ' ένα μεμονωμένο κύτταρο οδήγησαν στην καταστροφή του όλου εγχειρήματος. Εμείς οι άνθρωποι δεν έχουμε την πολυτέλεια μιας τέτοιας αποτυχίας, γιατί έχουμε μόνο μια δυνατότητα. Το κοινό κύτταρο που μας ενώνει είναι τα όρια του ίδιου μας του πλανήτη.

Αν καταλάβουμε την εξελικτική πίεση που μας ωθεί σήμερα να ολοκληρώσουμε την οργάνωση αυτού του νέου σώματος, μπορούμε να εργαστούμε προς αυτή την κατεύθυνση συνειδητά και γρήγορα. Για να δούμε πιο καθαρά τι πρέπει να γίνει ώστε να ολοκληρωθεί η οργάνωσή μας σ' έναν ενιαίο υγιή οργανισμό, ας κοιτάξουμε ξανά τα επιτυχημένα εξελιξιακά προηγούμενα: τα κύτταρα ευκαριότες και τα πολυκύτταρα όντα.

Η οργάνωση των σωμάτων των πολυκύτταρων όντων, όπως είμαστε εμείς, μοιάζει πολύ με την οργάνωση των κυττάρων ευκαρυοτών, μόνο που τα όργανα παίρνουν τη θέση των οργανιδίων, ένας εγκέφαλος εξελίσσεται στη θέση του πυρήνα, το ρέον αίμα και η λέμφος αντί για το ρέον κυτόπλασμα λειτουργεί ως μέσο μεταφοράς για τα εφόδια και τα απόβλητα κ.ο.κ. Καθώς οι περισσότεροι είμαστε πιο εξοικειωμένοι με τις λειτουργίες των σωμάτων μας παρά με τις λειτουργίες των μεμονωμένων κυττάρων, ίσως είναι ευκολότερο να δούμε τη σχέση ανάμεσα στα μεμονωμένα σώματά μας και το συνολικό σώμα της ανθρωπότητας, παρά να εξακολουθήσουμε να μιλάμε για τα κύτταρα.

Ας ολοκληρώσουμε λοιπόν αυτή τη μεταφορά, ή τον παραλληλισμό – αυτή τη σύγκριση ανάμεσα στα οικεία σώματά μας και το ακόμα άγνωστο μεγάλο σώμα μέσα στο οποίο είμαστε ενωμένοι – βλέποντας τις χώρες σαν όργανα, βλέποντας τους δρόμους επικοινωνιών που μεταφέρουν πρώτες ύλες και προϊόντα σαν συστήματα κυκλοφορίας του αίματος και της λέμφου: τα δίκτυα επικοινωνιών που διαδίδουν τις πληροφορίες και τις ιδέες σαν ένα νευρικό σύστημα· και τις απόπειρες για τη δημιουργία μιας παγκόσμιας κυβέρνησης κάποιου είδους σαν τα πρώτα βήματα στην εξέλιξη ενός εγκεφάλου που μπορεί να συντονίζει όλες τις δραστηριότητες του σώματος. Κι ας αναγνωρίσουμε ότι η εμπειρία της Γαίας που είναι συσσωρευμένη στην εξέλιξη των σωμάτων μας, ως συστημάτων που λειτουργούν καλά και είναι αντιπροσωπευτικά, αξίζει το σεβασμό μας.

Ας σκεφτούμε την οικονομία και την πολιτική – τους τρόπους με τους οποίους διαχειριζόμαστε τα προϊόντα μας και τους εαυτούς μας. Πώς οργανώνουμε αυτές τις βασικές λειτουργίες της συλλογικής ανθρωπότητας και πώς συγκρίνονται με την οργάνωση των βασικών λειτουργιών στα φυσικά μας σώματα;

Η οικονομία – ο τρόπος με τον οποίο οργανώνουμε την κατασκευή και τη μεταφορά, την αγορά και την πώληση των ανθρώπινων προϊόντων και υπηρεσιών – σήμαινε «νόμοι του νοικοκυριού» κάποτε, όταν πρωτοβγήκε η λέξη και όταν όλα όσα έτρωγαν και χρησιμοποιούσαν οι άνθρωποι παράγονταν μέσα στο νοικοκυριό. Το ανθρώπινο «νοικοκυριό» μας είναι σήμερα όλη η γη και η οικονομία μας είναι ένα παγκόσμιο σύστημα παραγωγής και εμπορίου που λειτουργεί και με εθνικούς και με διεθνείς κανόνες. Κι όμως αυτό το σύστημα δεν εξελίχθηκε καθόλου έτσι ώστε να εξυπηρετεί ένα παγκόσμιο νοικοκυριό – δεν είχε σχεδιαστεί ως ένα μεγάλο σύστημα. Αναπτύχθηκε μέσα από τον μάλλον άτακτο ανταγωνισμό ανάμεσα σε μεμονωμένα έθνη, έστω κι αν η ίδια του η εξέλιξη εξανάγκασε στη θέσπιση διεθνών κανόνων για τη διαχείρισή του. Δυστυχώς, αυτοί οι κανόνες εξακολουθούν να εξυπηρετούν καλύτερα τα συμφέροντα των ανταγωνιστικών εκμεταλλευτών, παρά εκείνων που υφίστανται την εκμετάλλευση.

Οι βιομηχανικές χώρες που καθόρισαν τη διεθνή οικονομία έχουν πολύ απλά περισσότερα χρήματα και δύναμη για να παίρνουν πολιτικές και οικονομικές αποφάσεις, απ' ότι οι φτωχότερες χώρες που προσφέρουν τις πρώτες τους ύλες. Αν συνεχίσουμε τον παραλληλισμό με το σώμα μας, μπορούμε εύκολα να δούμε γιατί αυτή η κατάσταση δεν είναι υγιής. Τα μέρη του σώματός μας – τα «έθνη» του – λειτουργούν όλα μαζί ως όργανα και οργανικά συστήματα, όπως τα οστά, το αίμα, οι μυώνες και τα πεπτικά οργανικά συστήματα. Αν όλα αυτά τα όργανα και τα συστήματα δε συνεργάζονταν αρμονικά, τα σώματά μας δε θα λειτουργούσαν.

Φανταστείτε π.χ. τι θα μας συνέβαινε αν η οικονομία τροφίμων του σώματός μας λειτουργούσε όπως η οικονομία τροφίμων της ανθρώπινης κοινωνίας. Τα κύτταρα του αίματος παράγονται μέσα στα οστά ολόκληρου του σώματος, ακριβώς όπως οι πρώτες ύλες παράγονται σε χώρες σ' ολόκληρο τον κόσμο. Η καρδιά αντλεί τα κύτταρα του αίματος στους πνεύμονες και τα πεπτικά όργανα, όπου μετατρέπονται σε μεταφορείς τροφής και οξυγόνου, κι ύστερα τα προωθεί σ' ολόκληρο το σώμα για να το θρέψει.

Ας υποθέσουμε τώρα ότι τα αγγεία της καρδιάς και τα αιμοφόρα αγγεία είναι ιδιοκτησία ή βρίσκονται υπό τον έλεγχο των «βιομηχανικών» πνευμόνων και πεπτικών οργάνων. Αυτά τα όργανα αγοράζουν την εισαγόμενη «πρώτη ύλη» αίμα, την καθαρίζουν από τις ακαθαρσίες, τη μετατρέπουν σε θρεπτικό αίμα κι ύστερα τη στέλνουν μόνο σ' εκείνα τα μέρη του σώματος τα οποία πληρώνουν τις τιμές που καθορίζουν εκείνα.

Φανταστείτε την αναγγελία: «Η σημερινή τιμή του αίματος είναι η τάδε. Ποιος θα αγοράσει;». Μερικά από τα οστά στα οποία παράγονται τα κύτταρα του αίματος, η πρώτη ύλη, δεν μπορούν ν' αγοράσουν τόσο πλούσιο σε οξυγόνο και τροφή αίμα όσο χρειάζονται για να παραμείνουν υγιή. Όμως, αντί να χαμηλώνουν τις τιμές, τα βιομηχανικά όργανα καταστρέφουν το «πλεόνασμα» του αίματος που κανένας δεν έχει τη δυνατότητα να το αγοράσει. Τα κύτταρα των οστών αρχίζουν να πεθαίνουν από ασιτία. Τα πεινασμένα οστά θα επηρεάσουν σύντομα ολόκληρο το σώμα, θα το αρρωστήσουν θα το καταστήσουν ανάπηρο ή ακόμα και θα το σκοτώσουν.

Αυτός είναι ο τρόπος με τον οποίο εμείς οι άνθρωποι διαχειριζόμαστε την οικονομία μας. Παρ' όλο που τα προϊόντα μας, στα οποία συμπεριλαμβάνεται και η τροφή, προέρχονται από ολόκληρο τον κόσμο, εμείς δε μοιραζόμαστε δίκαια τα μέσα της παραγωγής τους ή την κατανομή τους. Τα τρόφιμά μας είναι σήμερα επαρκή για να τρώνε καλά όλοι οι άνθρωποι, όμως οι βιομηχανικές χώρες έχουν στην ιδιοκτησία τους ή υπό τον έλεγχό τους τον κύριο όγκο των τροφίμων και μπορούν να καθορίζουν τις τιμές για την παγκόσμια αγορά. Αντί ν' αφήσουν τις τιμές να κατέβουν και να πλημμυρίσει η αγορά με τρόφιμα, κρύβουν ή καταστρέφουν το πλεόνασμα των τροφίμων και πληρώνουν τους αγρότες στις ίδιες τους τις χώρες για να σταματήσουν την παραγωγή.

Οι χώρες που παράγουν τρόφιμα για εξαγωγή στα βιομηχανικά έθνη, συχνά δεν παράγουν αρκετά τρόφιμα για τον εαυτό τους και πολλές έχουν πληθυσμό που πάσχει από ασιτία. Το Μπαγκλαντές και οι χώρες του Σαχέλ στη Βόρεια Αφρική π.χ., έπασχαν από ασιτία σε χρονιές που οι εξαγωγές τροφίμων τους ήταν στο μάξιμουμ. Τόσο μεγάλο μέρος της παραγωγικής γεωργικής γης τους είναι προορισμένο για εξαγωγικές καλλιέργειες, ώστε οι ίδιοι οι άνθρωποι που εργάζονται σ' αυτές τις καλλιέργειες, δεν έχουν επαρκή γη για τις δικές τους καλλιεργητικές ανάγκες.

Για λόγους σαν αυτόν, τα μέσα ενημέρωσής μας συχνά αναφέρουν την ασιτία παράλληλα με «κρίσεις υπερπαραγωγής»! Η λύση, εκτός από εποχές ακραίας έκτακτης ανάγκης, δεν είναι να δίνονται τα πλεονάσματα στους πεινασμένους, αλλά να ανακατανεμηθεί η καλλιεργήσιμη γη, έτσι ώστε να μπορούν να θρέψουν τους εαυτούς τους.

Στο σώμα μας δεν παρουσιάζονται διαταραχές αυτού του είδους, γιατί το σώμα μας έχει αναπτύξει από την αρχή συνεργατικά οικονομικά συστήματα. Μια αρρώστια ή ένας τραυματισμός μπορούν φυσικά να προέρχονται από εξωτερικές πηγές ή από εσωτερικούς κλονισμούς, όμως ο εγκέφαλός μας ανιχνεύει γρήγορα τέτοια προβλήματα και φροντίζει κάθε μέρος που έχει προβλήματα να δέχεται αμέσως βοήθεια από άλλα μέρη. Στη φυσική σοφία του, το σώμα μας αναγνωρίζει ότι κάθε μη υγιές μέρος απειλεί την υγεία του συνόλου. Είναι χωρίς αμφιβολία ευτύχημα ότι τα μέρη του εγκεφάλου μας που σκέφτονται και δρουν ελεύθερα – τα τμήματα που παίρνουν τις συνειδητές μας αποφάσεις – δεν ελέγχουν αυτά τα πράγματα, γιατί έχουν αποδειχθεί, τουλάχιστον μέχρι σήμερα, πολύ λιγότερο σοφά απ' ότι τα αυτόματα, μη σκεπτόμενα τμήματα, που εξελίχθηκαν νωρίτερα. Θα επιστρέψουμε όμως σ' αυτή την παρατήρηση στο επόμενο κεφάλαιο.

Είναι προφανές ότι ένα ζωντανό σώμα μπορεί να είναι υγιές, μόνο αν τα συστήματά του λειτουργούν συνεργατικά. Όσο η ανθρώπινη οικονομία θα παραμένει περισσότερο ανταγωνιστική παρά συνεργατική, θα παρεμποδίζουμε την πρόοδο προς την εξέλιξη του σώματος της ανθρωπότητας.

Τα προβλήματα στην παγκόσμια οικονομία έχουν γίνει ακόμα χειρότερα, γιατί οι υποσιτιζόμενοι πληθυσμοί – όσο περίεργο κι αν φαίνεται – αναπτύσσονται πιο γρήγορα απ' ό,τι οι καλά διατρεφόμενοι. Είναι σαν τα κύτταρα των οστών του σώματός μας, βλέποντας το είδος τους να εξοντώνεται από ασιτία, να αναπαράγονται με όλο και πιο γοργούς ρυθμούς, σε μια απελπισμένη προσπάθεια να διατηρήσουν τη ζωή. Οι φτωχοί άνθρωποι βλέπουν τα παιδιά τους να πεθαίνουν και κάνουν κι άλλα παιδιά. Είναι φυσικό γι' αυτούς ν' αγαπούν τα παιδιά τους και να αισθάνονται ότι όσο περισσότερα έχουν, τόσο καλύτερα θα περνούν. Περισσότερα παιδιά σημαίνει περισσότεροι εργάτες, που θα φέρνουν στην οικογένεια εισόδημα και θα φροντίζουν τους γονείς όταν αυτοί θα γεράσουν.

Οι καλά διατρεφόμενοι άνθρωποι των πλουσιότερων χωρών δεν έχουν τέτοιες ανησυχίες, κι έχουν τη δυνατότητα να κάνουν πολλά ενδιαφέροντα πράγματα πέρα από το ν' ανατρέφουν παιδιά. Δεν υπάρχει πρόβλημα υπερπληθυσμού στις πλούσιες χώρες· αντίθετα, ορισμένες πλούσιες χώρες έχουν πρόβλημα υπογεννητικότητας. Έχει γίνει σαφές ότι αν ο καθένας στον κόσμο είχε άφθονη τροφή και ευκαιρίες, δε θα είχε δημιουργηθεί πληθυσμιακό πρόβλημα. Κι όμως, οι προσπάθειές μας να λύσουμε αυτό το πρόβλημα βασίζονται όλες στον περιορισμό του πληθυσμού με νόμους και αντισύλληψη, κι όχι στην άνοδο του επιπέδου ζωής και την αύξηση των ευκαιριών.

Οι άνθρωποι που δεν πεινούν είναι επίσης λιγότερο οργισμένοι. Πολλοί πόλεμοι στο σύγχρονο κόσμο είναι αποτέλεσμα της σύγκρουσης ανάμεσα σε πλούσιους και φτωχούς – οι φτωχοί προσπαθούν να πάρουν πίσω τη γη και τους πόρους που τους είχαν πάρει την αποικιακή εποχή οι βιομηχανικές χώρες, οι βιομηχανικές χώρες προσπαθούν να διατηρηθούν ή να ξαναποκτήσουν τον έλεγχο πάνω σ' αυτές τις πηγές πρώτων υλών.

Κι έτσι φτάνουμε στην πολιτική.

Τα πιο ισχυρά έθνη, αφού ασπάστηκαν τα ανταγωνιστικά πολιτικο-οικονομικά συστήματα του καπιταλισμού και του κομμουνισμού, διαιρέθηκαν, όπως ξέρουμε, σε δύο στρατόπεδα. Η μια πλευρά λέει ότι οι άνθρωποι πρέπει να φροντίζουν για τα προσωπικά τους συμφέροντα και όλη η κοινωνία θα ανθίσει φυσικά μέσα από τον ανταγωνισμό τους, όπως στη θεωρία της εξέλιξης του Δαρβίνου. Η άλλη πλευρά λέει ότι οι άνθρωποι πρέπει να συνεργάζονται θυσιάζοντας τα προσωπικά τους συμφέροντα, για να εργαστούν για το καλό ολόκληρης της κοινωνίας.

Οι διαφορές ανάμεσα στον καπιταλισμό και τον κομμουνισμό έχουν ουσιαστικά αποδειχθεί πολύ λιγότερο έντονες στην πράξη, απ' ό,τι στη θεωρία. Και τα δυό συστήματα έχουν ουσιαστικά την ίδια βιομηχανική δομή: αφεντικά κι εργάτες γεμίζουν τόσο τα κομμουνιστικά όσο και τα καπιταλιστικά εργοστάσια και ζουν βασικά παρόμοιες ζωές και στις δύο πλευρές. Και οι δύο πλευρές έχουν αναγνωρίσει ως ένα βαθμό ότι οι άνθρωποί τους δεν μπορούν να αγνοούν τα συμφέροντα της συλλογικής κοινωνίας, όπως και η συλλογική κοινωνία δεν μπορεί να αγνοεί τα ατομικά συμφέροντα. Δυστυχώς δεν επεκτείνουν αυτή την επίγνωση και την πρακτική και στη διεθνή πολιτική τους.

Ο πραγματικός σκοπός της εξωτερικής πολιτικής τους είναι η πάλη για την εξουσία – ιδιαίτερα την εξουσία πάνω στις φτηνές πρώτες ύλες του Τρίτου Κόσμου, όπως επισήμανε ο ΄Αλβιν Τόφλερ. Κάθε πλευρά ισχυρίζεται ότι το σύστημά της είναι το καλύτερο και πρέπει να το υιοθετήσει ολόκληρος ο κόσμος και κάνει ό,τι μπορεί για να ωθήσει ή να πείσει τις χώρες του Τρίτου Κόσμου να περάσουν στο πλευρό της. Ο ανταγωνισμός των μεγάλων δυνάμεων, των Ηνωμένων Πολιτειών και της Σοβιετικής Ένωσης, για την άσκηση επιρροής στον Τρίτο Κόσμο έχει υποδαυλίσει πολιτικές συγκρούσεις και εκρήξεις πολέμων, που περιοδικά απειλούν ολόκληρη την ανθρωπότητα με την κλιμάκωσή τους σε παγκόσμιο πυρηνικό πόλεμο. Και οι δυο μεγάλες δυνάμεις έχουν σήμερα κατασκευάσει αρκετά πυρηνικά όπλα για να καταστρέψουν τον αντίπαλό τους, καθώς και τον εαυτό τους, και να βλάψουν σοβαρά την υπόλοιπη φύση. Ακόμα κι αν δεν τα χρησιμοποιούν, όλο και πιο πολλές χώρες, ακόμα και χώρες του Τρίτου Κόσμου, μπλεγμένες σε τέτοιες συγκρούσεις, συσσωρεύουν τα δικά τους πυρηνικά όπλα.

Το διεθνές εμπόριο όπλων, ιδιαίτερα προς τον Τρίτο Κόσμο, έχει γίνει μια εξαιρετικά επικερδής επιχείρηση.

Κι όμως όλοι γνωρίζουν πια σήμερα ότι δεν υπάρχει τρόπος να διεξαχθεί ένας πυρηνικός πόλεμος, χωρίς να επέλθει η καταστροφή όχι μόνο για τις δύο πλευρές, αλλά και γι' αυτούς που δε θα συμμετέχουν στη σύγκρουση. Αν το σώμα της ανθρωπότητας συνεχίσει να εξελίσσεται αντί ν' αυτοκαταστραφεί, θα βλέπουμε όλο και πιο πολλές συμφωνίες πυρηνικού αφοπλισμού ανάμεσα στον κομμουνιστικό και τον καπιταλιστικό κόσμο. Όμως ο αφοπλισμός δε θα είναι αρκετός, γιατί υπάρχει κι ένας άλλος κίνδυνος, ίσως τόσο μεγάλος όσο και τα πυρηνικά όπλα.

Η ανθρώπινη μανία για τις μονοκαλλιέργειες είναι φανερή στην κοινωνική μας συμπεριφορά, όσο και στη γεωργία μας, επειδή απλώς δεν έχουμε παραδεχτεί τη ζωτική σημασία της φυσικής ποικιλίας σε κάθε φυσικό σύστημα. Κανένα τέτοιο σύστημα ή σώμα δε θα μπορούσε να λειτουργεί αν κάποιο από τα είδη ή τα όργανά του είχε τη δύναμη να δημιουργεί τα άλλα όργανα κατ' εικόνα και ομοίωσή του. Φανταστείτε μια μόνο τέτοια περίπτωση – φανταστείτε την καρδιά σας να προσπαθεί να πείσει ή να εξαναγκάσει το συκώτι σας να γίνει σαν αυτήν. Η επιτυχία της θα ήταν σαφώς μια καταστροφή για το σώμα στο σύνολό του. Θέλουμε *πραγματικά* οι Ρώσοι ή οι Αμερικανοί, ή όποιος άλλος δεν είναι σαν εμάς, να γίνει ακριβώς σας εμάς; Η φύση καθιστά με πολλούς τρόπους σαφές ότι το μυστικό της επιτυχίας είναι η αμοιβαία συνεκτική και συνεργατική ποικιλία.

Το γεγονός ότι η ανθρωπότητα διαιρέθηκε πάνω σε γραμμές που προωθούν το ατομικό αντί για το συλλογικό συμφέρον δεν είναι και τόσο εκπληκτικό, αν κοιτάξουμε τη φύση. Η σύγκρουση ανάμεσα σε ατομικά και συλλογικά συμφέροντα προηγήθηκε της οργάνωσης των πρωτίστων από μεμονωμένα βακτηρίδια και της οργάνωσης των αποικιών και των πολυκύτταρων πλασμάτων από τα πρώτιστα. Στην πραγματικότητα, ολόκληρο το σύστημα της Γαίας πρέπει διαρκώς να εξισορροπεί αυτή την αντίθεση.

Είναι σαφές ότι κάθε φυσικό ον, από το παραμήκιο μέχρι τη δαμασκηνιά και μέχρι το πούμα, φροντίζει για το δικό του συμφέρον, να τρέφεται και να προστατεύεται όσο καλύτερα μπορεί, όπως ακριβώς είπε ο Δαρβίνος. Αυτό που δεν κατόρθωσε να δει ο Δαρβίνος ήταν ότι η φύση δεν αποτελείται απλώς από ανταγωνιζόμενα όντα σε γεωλογικά περιβάλλοντα, αλλά μάλλον απ' αυτά τα ζωντανά «όλα» που τα γνωρίζουμε ως σύνολα καθαυτά, κι όμως αποτελούν μέρη ευρύτερων «όλων» – που είναι τοποθετημένα σε ολαρχίες. Τώρα, αν κάθε «όλον» σε κάθε επίπεδο μιας τέτοιας οργάνωσης φροντίζει για τον εαυτό του, έχουμε μια κατάσταση όπου ο εγωισμός μεταμορφώνεται αδιάκοπα σε συνεργασία!

Μπορούμε εύκολα να δούμε πώς γίνεται αυτό, φτάνει να εξετάσουμε και πάλι το σώμα μας, ενώ στο επόμενο κεφάλαιο θα δείξουμε άλλα παραδείγματα από τη φύση. Αυτό που είναι σημαντικό να καταλάβουμε απ' αυτά τα παραδείγματα είναι ότι *η φύση δεν απαιτεί ποτέ από ένα άτομο να επιλέξει ανάμεσα στα δικά του συμφέροντα και σ' εκείνα του μεγαλύτερου σώματός του, κοινωνίας ή οικοσυστήματος*, όπως κάνουν οι άνθρωποι όταν πιέζουν για την επιλογή ανάμεσα στον καπιταλισμό και τον κομμουνισμό. Η φύση επεξεργάζεται μια ισορροπία ανάμεσα σε ατομικά συμφέροντα και συμφέροντα πέρα από τα ατομικά, όπως μπορούμε εύκολα να δούμε στο σώμα μας.

Καθένα από τα κύτταρά μας είναι ένα ζωντανό σύστημα, ένα «όλον», αφεαυτού. Όμως, ως «όλον», αποτελεί επίσης μέρος ευρύτερων «όλων» – όργανο, οργανικό σύστημα και ολόκληρο σώμα – και μαζί σχηματίζουν μια φυσιολογική ολαρχία. Σαφώς κάθε κύτταρο κατορθώνει να φροντίζει τα δικά του συμφέροντα – να διατηρείται σε καλή κατάσταση και ν' αναπαράγεται – ενώ ταυτόχρονα εργάζεται για τα συμφέροντα του οργάνου του, του οργανικού του συστήματος και του σώματός του.

Αναμφίβολα υπάρχουν λόγοι που κάθε κύτταρο στο σώμα μας περιέχει τα γενετικά σχέδια για ολόκληρο το σώμα, καθώς τα περισσότερα από τα κύτταρά μας μένουν στη θέση τους κι έτσι δεν μπορούν να πάρουν ό,τι χρειάζονται από μια κοινή δεξαμενή γονιδίων, όταν το χρειάζονται, όπως κάνουν τα απλουστευμένα βακτηρίδια που αιωρούνται ελεύθερα. Οι γενετικές κατευθύνσεις ή βιβλιοθήκες πληροφοριών, σε όλους τους κυτταρικούς πυρήνες μας, μπορεί μάλιστα να είναι οργανωμένοι σαν μια ολαρχία από «όλα» που αντιπροσωπεύει συμφέροντα όλων των επιπέδων, από αυτά ολόκληρου του σώματος μέχρι εκείνα του κάθε μεμονωμένου κυττάρου. Αυτό είναι μια υπόθεση, όμως γνωρίζουμε ότι ολόκληρο το σώμα μας είναι κλώνος από ένα κύτταρο κι ότι κάθε κύτταρο «ενεργοποιεί» τα γονίδια που αφορούν τη συγκεκριμένη του οργάνωση και λειτουργία. Αυτό που είναι υποθετικό είναι αν κάθε κύτταρο ενημερώνεται, κατά μία έννοια άμεσα, από τον πυρήνα του για τις υπόλοιπες ανάγκες της ολαρχίας.

Ξέρουμε ότι υπάρχει επικοινωνία ανάμεσα στα κύτταρα κι ότι η οργάνωση και η λειτουργία κάθε κυττάρου σχετίζεται μ' αυτήν του οργάνου του, του οργανικού του συστήματος και ολόκληρου του σώματος. Το όλο σύστημα εξελίχθηκε κατά την εμβρυακή μας ανάπτυξη με τέτοιο τρόπο, ώστε κάθε επίπεδο της φυσιολογικής ολαρχίας, από το κύτταρο μέχρι το σώμα, να φροντίζει τα συμφέροντά του κι έτσι να ωθούνται ή να έλκονται όλα μαζί στη συνεργασία.

Αν κάθε κύτταρο ενός οργάνου λειτουργούσε προς το δικό του συμφέρον, ενώ το όργανο ως «όλον» όχι, τα κύτταρα πιθανώς θ' αλληλοσκοτώνονταν μέσα στον ανταγωνισμό. Ασφαλώς θ' αποδιοργανώνονταν, σε σημείο ώστε να μην υπάρχει πια το λειτουργικό όργανο. Με την ίδια έννοια, μια κοινωνία στην οποία οι άνθρωποι θα ενδιαφέρονταν μόνο για τα ατομικά τους συμφέροντα, επειδή κανένας δε θα τους ζητούσε να κάνουν οτιδήποτε για το συμφέρον της συλλογικής κοινωνίας τους, δε θα *ήταν* μια λειτουργική κοινωνία. Αυτός είναι ο λόγος για τον οποίο οι καπιταλιστικές κοινωνίες έχουν κυβερνήσεις για να διαχειρίζονται το δημόσιο συμφέρον, να δημιουργούν δημόσια έργα και θεσμούς, να περιορίζουν την ελευθερία της επιχειρηματικής δράσης και να φορολογούν ορισμένα από τα κέρδη της, για να ικανοποιούν ανάγκες της κοινωνίας.

Ας σκεφτούμε τώρα την αντίθετη κατάσταση – εκεί που το όργανο ή η κοινωνία είναι τόσο ισχυρή ως «όλον» ώστε να απαιτεί την πλήρη αυτοθυσία των κυττάρων ή των ανθρώπων, στην υπηρεσία των συμφερόντων της. Τα κύτταρα ή οι άνθρωποι, έτσι υποδουλωμένοι, δε θα ήταν πια άτομα καθαυτά. Οι συγγραφείς επιστημονικής φαντασίας προσπάθησαν να φανταστούν τους ανθρώπους να γίνονται ρομπότ, τμήματα μια μηχανικής κοινωνίας, όμως οι άνθρωποι διαμαρτύρονται πικρά ότι είναι «γρανάζια μιας μηχανής» και παύουν να λειτουργούν καλά. Γι' αυτό οι κομμουνιστικές χώρες ανακάλυψαν ότι πρέπει να δώσουν στους ανθρώπους κάποιες ευκαιρίες να εργάζονται για τα ατομικά τους συμφέροντα, αν πρόκειται οι κοινωνίες τους να λειτουργούν ως σύνολα.

Οι καπιταλιστές έχουν δίκιο στο ότι οι άνθρωποι πρέπει να εργάζονται για το δικό τους συμφέρον και οι κομμουνιστές έχουν δίκιο στο ότι η κοινωνία πρέπει να εργάζεται για το συλλογικό της συμφέρον, όμως και οι δύο έχουν άδικο να ισχυρίζονται ότι το ένα ή το άλλο είναι αποτελεσματικό από μόνο του. Στην πράξη έχουν υιοθετήσει ο ένας μερικά στοιχεία από τη θέση του άλλου κι οι σοσιαλιστικές χώρες είναι ένα μίγμα από τα δύο. Κι όμως, οι μεγάλες δυνάμεις επιμένουν στις ρητορικές διαφορές τους, επιτίθεται η μια στην άλλη στη δημόσια σκηνή των διεθνών σχέσεων, απειλούν ολόκληρη την ανθρωπότητα, για διαφορές που είναι πολύ λιγότερο σημαντικές απ' ότι αυτά που ανακάλυψαν και εφαρμόζουν από κοινού.

Το σώμα της ανθρωπότητας δεν έχει αναπτύξει ακόμα την πραγματικά αμερόληπτη και συνεργατική παγκόσμια κυβέρνηση που χρειάζεται για να συντονίζει τα συμφέροντά του ως σύνολο. Κοιτάζοντας και πάλι πίσω στην εξέλιξη, αναγνωρίζουμε ότι θα πρέπει να υπήρξε ένας αριθμός βημάτων στη μετάβαση από τα μόνερα στα πρώτιστα, καθώς ο ανταγωνισμός ανάμεσα στα άτομα έδινε τη θέση του στη συνεργασία τους ως μέλη ενός νέου συνόλου. Ξέρουμε ότι ένα από τα σημαντικότερα βήματα ήταν ο σχηματισμός του πυρήνα των πρωτίστων από το DNA των διαφόρων μονέρων που ζούσαν μέσα στα ίδια κυτταρικά τοιχώματα – του πυρήνα που μπορούσε να συντονίζει τις πληροφορίες που χρειάζονταν για να διεξάγονται οι δραστηριότητες του συνόλου. Το ίδιο βήμα πραγματοποιήθηκε όταν τα νευρικά συστήματα αναπτύχθηκαν στα πολυκύτταρα ζώα, που είχαν εξελιχθεί από τις αποικίες πρωτίστων, όπου τα διάφορα κύτταρα-μέλη έκαναν διαφορετικές δουλειές.

Κάτι παρόμοιο σαφώς συμβαίνει, καθώς το σώμα της ανθρωπότητας αγωνίζεται για να σχηματίσει τη νέα του ταυτότητα. Από το τέλος του Α΄ Παγκοσμίου Πολέμου, οι άνθρωποι αναγνώρισαν την ανάγκη κάποιου οργανισμού που θα συντονίζει και θα εξισορροπεί τα εθνικά και τα διεθνή συμφέροντα. Πρώτα δοκίμασαν την Κοινωνία των Εθνών, ύστερα τα Ηνωμένα Έθνη. Παρ' όλο που ο Ο.Η.Ε. πέτυχε πολλά πράγματα σε προγράμματα και υπηρεσίες, τα ανταγωνιστικά συμφέροντα των εθνών-μελών εξακολουθούν να κυριαρχούν στα σημαντικά ζητήματα, περιορίζοντας τις εξουσίες και συχνά εμποδίζοντας την ομαλή λειτουργία του Ο.Η.Ε. Αν ο ανθρώπινος πολιτισμός μας πρόκειται να επιβιώσει, δεν έχουμε άλλη επιλογή παρά να λύσουμε αυτό το πρόβλημα πριν περάσει πολύς καιρός, ολοκληρώνοντας την εξέλιξή μας σ' ένα παγκόσμιο σώμα της ανθρωπότητας με ένα λειτουργικό σύστημα συντονισμού.

Ωστόσο, ακόμα κι αν λύσουμε αυτό το πρόβλημα, υπάρχει ένα άλλο πρόβλημα που είναι ακόμα περισσότερο βασικό: Πώς μπορεί το σώμα της ανθρωπότητας να λειτουργήσει αν τα μισά κύτταρά του εμποδίζουν την πλήρη έκφραση των άλλων μισών; Αποτελεί πληγή για την ανθρωπότητα ότι ούτε ο Ο.Η.Ε., ούτε μία έστω χώρα σ' ολόκληρο τον κόσμο, δεν έχει καθιερώσει την εκπαίδευση και την εκλογή των γυναικών για τις μισές κυβερνητικές και επαγγελματικές θέσεις της. Πουθενά δεν αναγνωρίζεται, παρά μόνο στα λόγια, ότι αυτή η ισότητα μπορεί να είναι θεμελιακά απαραίτητη για την υγεία κάθε κοινωνίας, ότι ένα σύστημα ανισότητας των φύλων αναπόφευκτα γεννά συγκρούσεις, ενώ χάνονται πολύτιμοι ανθρώπινοι πόροι και δικαιολογείται κάθε άλλη μορφή ανισότητας, μισαλλοδοξίας και ανταγωνισμού.

Το μεγαλύτερο καθήκον μας είναι ν' αλλάξουμε ολόκληρο τον τρόπο σκέψης μας προς μια ευρύτερη προοπτική, ν' αναγνωρίσουμε τους εαυτούς μας ως ένα σώμα της ανθρωπότητας τοποθετημένο στο ζωντανό γονικό πλανήτη μας από τον οποίο έχουμε να μάθουμε πολλά και ο οποίος είναι το μόνο που έχουμε για να συντηρηθούμε. Πώς μπορούμε να ζήσουμε σε αρμονία μαζί του ως είδος; Πώς μπορούμε ως άνθρωποι να ζήσουμε σε αρμονία με το ίδιο μας το είδος;

Όσο πιο σύντομα αναγνωρίσουμε ότι βρισκόμαστε στη μετάβαση, από τις εκμεταλλευτικές και διαιρετικές πρακτικές σε όλα τα μέτωπα, προς ένα ενιαίο και αρμονικό σύστημα ζωής, όσο πιο σύντομα αναγνωρίσουμε ότι έχουμε φυσικά πρότυπα για να μας καθοδηγούν, τόσο πιο σύντομα θα ολοκληρώσουμε την υγιή εξέλιξή μας, με δική μας επιλογή και με τις δικές μας προσπάθειες.

17. *Ζήτημα ωρίμανσης*

Είδαμε τις ανθρώπινες κοσμοθεωρίες ν' αλλάζουν δραματικά, από την αρχαία άποψη για τη φύση ως Μεγάλη Μητέρα, μέχρι τη θεώρηση της φύσης ως μηχανικού δημιουργήματος ενός Πατέρα Θεού και μέχρι την περιγραφή της φύσης ως μηχανισμού που αναπτύχθηκε κατά σύμπτωση, χωρίς πρόθεση ή σχέδιο και που υπάρχει για να χρησιμοποιείται για τους ανθρώπινους σκοπούς.

Ένας ψυχολόγος μπορεί να θεωρήσει ότι αυτή η σειρά των κοσμοθεωριών, που είναι η κληρονομιά της εκβιομηχανισμένης ανθρωπότητας, έχει κάτι κοινό με εκείνες ενός μεμονωμένου μέλους της σύγχρονης κοινωνίας, καθώς περνά τα στάδια της προσωπικής του εξέλιξης. Ο τεχνολογικός πολιτισμός, πάνω στον οποίο εστιάζεται τούτο το βιβλίο, έχει γίνει σαφώς – είτε μας αρέσει, είτε όχι – ο κυρίαρχος ανθρώπινος πολιτισμός που θα κρίνει αν θα επιβιώσουμε ή όχι ως είδος. Αυτό που έχει σημασία, επομένως, είναι ν' αναγνωρίσουμε ότι αυτός ο πολιτισμός είναι ακόμα ανώριμος ως προς μια εξελικτική προοπτική. Μπορούμε λοιπόν να ελπίζουμε ότι θα μάθει, όχι μόνο από τη δική του εμπειρία, αλλά επίσης κι από εκείνη των λίγων μη τεχνολογικών πολιτισμών που έχουν απομείνει και που τους σαρώνει στην ορμητική του επιδίωξη της λεγόμενης προόδου, αν κι εκείνοι μπορεί να είναι πολύ πιο ώριμοι στη σχέση τους με το γονικό μας πλανήτη.

Για τη βρεφική μας ηλικία γνωρίζουμε πολύ λίγα· τα

αρχαιότερα καλλιτεχνήματά μας, όπως είπαμε σε προηγούμενα κεφάλαια, υποδηλώνουν την αναγνώριση της φύσης ως μητέρας, την οικειότητά μας και το σεβασμό μας γι' αυτήν. Στη μακρά, ειρηνική παιδική μας ηλικία, διδαχτήκαμε απ' αυτήν τη φροντίδα των συνανθρώπων μας, αναπτύξαμε τη γεωργία και την τέχνη. Οι πατρικές μορφές υπήρχαν κυρίως *εν απουσία* σ' αυτούς τους αρχαίους πολιτισμούς, ως Θεοί των νομάδων και των κυνηγών, που τελικά ήρθαν να τους καταστρέψουν με τη βίαιη κατάκτηση και τη μόνιμη κυριαρχία τους.

Κάτω από την επίδραση των πατρικών θεών, σχηματίσαμε το *εγώ* μας και καταλήξαμε να βλέπουμε τους εαυτούς μας ως ξέχωρους από τη φύση, περάσαμε από τη στενή σχέση με τη φύση ως μητέρα στον αντικειμενικό κόσμο, όπου βρήκαμε ασφάλεια στους νόμους και τη γεωμετρική δημιουργία αυτού του αυταρχικού Πατέρα Θεού.

Σ' αυτόν τον παραλληλισμό, ο ευρωπαϊκός Μεσαίωνας μπορεί να θεωρηθεί η προεφηβική εποχή – η σταθερή θεοφοβούμενη χριστιανική κοινωνία που κράτησε πάνω από χίλια χρόνια υπό την αυθεντία του Θεού, ώσπου ν' αρχίσει ο άνθρωπος να εκφράζει πιο τολμηρά το εγώ του – ν' αμφισβητεί τα θρησκευτικά «δεδομένα» για τον κόσμο με τις επιστημονικές του παρατηρήσεις, να κάνει εφευρέσεις και να αναπτύσσει τεχνολογίες, με τρόπους που του επέτρεψαν να μεταμορφώνει όλο και πιο πολύ τη φύση για τους δικούς του σκοπούς. Με την Αναγέννηση και το Διαφωτισμό δεν είναι σαν η ανθρωπότητα να έφτασε στο στάδιο της ικανότητας και της αυτοπεποίθησης που συνδέουμε με την εφηβεία; Η επιστήμη και η τεχνολογική βιομηχανία παραφούσκωσαν το εφηβικό εγώ, μέχρι το σημείο ν' απορριφθεί η πατρική αυθεντία και η φύση να αντιμετωπίζεται σαν τίποτε περισσότερο από ένα περιβάλλον που οι άνθρωποι μπορούν να το γνωρίσουν για να το εξουσιάσουν και να το εκμεταλλευτούν όπως επιθυμούν.

Δεν είναι αναμενόμενο ότι ένας έξυπνος έφηβος θα απορρίψει ή τουλάχιστον θ' αμφισβητήσει την απόλυτη γονική αυθεντία στην οποία πίστευε όταν ήταν παιδί; Δεν είναι συνηθισμένο στον έφηβο, ανάμεσα σε κρίσεις ανασφάλειας, να αποκτά την πεποίθηση ότι τα ξέρει όλα και ότι όλα είναι υπό τον έλεγχό του; Γιατί ολόκληρες ανθρώπινες κοινωνίες να μην περνούν τα στάδια της παιδικής και της εφηβικής ηλικίας, όπως κάνει κάθε μεμονωμένος άνθρωπος; Δεν είναι ολόκληρο το είδος μας, ακριβώς όπως κάθε παιδί που γεννιέται σ' αυτό, ακόμα νέο κι ελεύθερο να μάθει από την πείρα του;

Στη μυθολογία – και η μυθολογία είναι πολύ κοντινή προς την ψυχολογία – ο ηρωικός κύκλος συχνά αντιπροσωπεύει τον κύκλο της ζωής το νεανικό στάδιο του οποίου είναι γεμάτο από τις περιπέτειες ενός ήρωα που εγκατέλειψε το σπίτι του για ν' αντιμετωπίσει προκλήσεις, αλλά που τελικά επιστρέφει ως ώριμος, σοφός άνδρας. Αυτοί οι μύθοι συχνά παρουσιάζουν τον ήρωα ως ένα θρασύ νεαρό, που διαπράττει την ύβρη να πιστεύει ότι είναι τόσο άτρωτος και ισχυρός όσο οι ίδιοι οι θεοί – και πάντοτε τιμωρείται με μια πτώση, η οποία μπορεί να είναι μόνιμη, αν δεν πάρει ένα μάθημα και δεν πάψει να είναι αλαζονικός. Στην πραγματική ζωή, ο έφηβος ή η έφηβη που φεύγει από το σπίτι με μια λαθεμένη αίσθηση ωριμότητας, πιστεύοντας ότι τα ξέρει όλα, τις περισσότερες φορές μπλέκει σε κάποιους μπελάδες πριν ωριμάσει. Και η εφηβεία της «πολιτισμένης» ανθρωπότητας ακολουθεί τον ίδιο δρόμο. Η άποψή μας ότι η φύση είναι ένας μηχανισμός για να τον εκμεταλλευόμαστε προκάλεσε μεγάλη πρόοδο στην τεχνολογία, όμως σημειώσαμε αυτή την πρόοδο απερίσκεπτα, πιστεύοντας ότι όλη η φύση ήταν δική μας για να την κάνουμε ό,τι θέλαμε. Σήμερα ανακαλύπτουμε ότι μας τιμωρούν τα τεράστια προβλήματα που δημιουργήσαμε από κοινού με τη σύγχρονη τεχνολογία μας.

Όπως κάθε έφηβος που συνειδητοποιεί ξαφνικά ότι έχει προκαλέσει μια πραγματική κρίση στη ζωή του, το είδος μας βρίσκεται αντιμέτωπο με μιαν επιλογή – την επιλογή αν θα εξακολουθήσουμε την επικίνδυνη πορεία μας προς την καταστροφή ή αν θα σταματήσουμε, για να προσπαθήσουμε να βρούμε ώριμες λύσεις για την κρίση μας. Αυτό το σημείο της επιλογής είναι το κατώφλι της ωριμότητας – το σημείο στο οποίο πρέπει ν' αποφασίσουμε αν θα συνεχίσουμε την αυτοχειριακά ανταγωνιστική οικονομία και πολιτική μας, την καταστροφή του περιβάλλοντός μας, ή αν θ' αλλάξουμε την κοσμοθεωρία μας, την εικόνα του εαυτού μας, τους στόχους μας και τη συμπεριφορά μας, σύμφωνα με τη νέα μας γνώση για τη ζωντανή φύση σε εξέλιξη. Είναι το σημείο όπου μπορούμε να δούμε την ίδια μας την ιστορική εξέλιξη και ν' αποφασίσουμε αν θα εξακολουθήσουμε να την εμποδίζουμε με τις παλιές μας εχθρότητες, ή αν θα επιταχύνουμε με μια συνειδητή επιλογή την εξέλιξή μας σε ένα ώριμο και συνεργατικό σώμα της ανθρωπότητας.

Όπως ξέρουμε όλοι, δεν είναι εύκολο να μεγαλώνεις. Οι νέοι αναγκαστικά σπάνε τα μούτρα τους από τη φιλοδοξία τους, αναγκαστικά διδάσκονται από την πείρα τους· ο ήρωας πρέπει να πληγωθεί στη μάχη και να χτυπηθεί για την ύβρη του, την καυχησιά του ότι είναι ίσος με το Θεό. Η ωριμότητα έρχεται μόνο όταν ο νέος αποκτήσει την προοπτική του εαυτού του και δεχτεί επιτέλους να ομολογήσει ότι έχει ακόμα κάτι να μάθει.

Καθώς δεν έχουμε ακόμα αποκτήσει αυτή την προοπτική, πολλοί από μας πιστεύουν ότι τα σημερινά ανθρώπινα προβλήματα δε θα επιλυθούν ποτέ, ότι απλούστατα έχουν γίνει πολύ μεγάλα για λύσεις οποιουδήποτε είδους ή ότι, ακόμα κι αν πρόσκαιρα τα λύναμε, η ανθρώπινη φύση δεν μπορεί ν' αλλάξει η ίδια και απλώς θα βρισκόμαστε σε λίγο και πάλι στα ίδια αδιέξοδα. Αυτή η απαισιόδοξη άποψη για τους εαυτούς μας ως είδος αντικατοπτρίζει τον τρόπο με τον οποίο αισθανόμαστε ως άτομα, όποτε έχουμε κατάθλιψη και τα προβλήματα μας μοιάζουν ανεπίλυτα.

Η άκρα απαισιοδοξία πολλές φορές προέρχεται από την έλλειψη προοπτικής. Αν βλέπουμε τα πράγματα στενά – μέσα από μια δύσκολη κατάσταση – είναι πολύ πιθανό να μοιάζουν απελπιστικά, όμως, αν καταφέρουμε να βγούμε από τη σκοτεινή μας τρύπα, θα λέγαμε, για ν' αποκτήσουμε κάποια προοπτική του εαυτού μας μέσα σ' αυτήν, ίσως αρχίσουμε να βλέπουμε μια διέξοδο.

Σκοπός αυτού του βιβλίου ήταν να τοποθετήσει τους ανθρώπινους εαυτούς μας ακριβώς σ' ένα τέτοιο είδος προοπτικής – να δούμε τους εαυτούς μας μέσα στο συνολικά εξελισσόμενο κόσμο, ακόμα και μέσα στο συνολικά εξελισσόμενο σύμπαν. Κι αν κοιτάξουμε τα πράγματα με μια τέτοια ευρύτητα, βλέπουμε ότι τα προβλήματα που δημιουργήσαμε εμείς οι άνθρωποι μπορεί να μην είναι τόσο μεγάλα όσο τα προβλήματα που δημιούργησαν άλλα είδη – και τα προβλήματα αυτά λύθηκαν. Τι θα μπορούσε να είναι πιο ενδιαφέρον, πιο συναρπαστικό από το να ζει κανείς στην εποχή ακριβώς που ως είδος έχουμε την ευκαιρία να ωριμάσουμε, να λύσουμε τα εφηβικά προβλήματα που προκαλέσαμε εμείς οι ίδιοι και οι άλλοι;

Μια λύση των ανθρώπινων προβλημάτων που προτείνεται εν ονόματι της οικολογίας είναι να αναγνωρίσουμε την τεχνολογία ως μια απάνθρωπη καταστροφή, ένα κακό που πρέπει να ξερριζωθεί μαζί με την επιστήμη που τη δημιούργησε, έτσι ώστε να μπορέσουμε να επιστρέψουμε σε μια απλή και «φυσική» ζωή. Στο κάτω-κάτω οι άνθρωποι που δεν επινόησαν ποτέ τεχνολογικές γλώσσες και μηχανισμούς δεν πέρασαν επίσης από εφηβικές κρίσεις δημιουργημένες από τους ίδιους. Πραγματικά, οι ιθαγενείς του Αμαζονίου, της Νέας Γουινέας και άλλων τόπων όπου οι άνθρωποι παρέμειναν κοντά στη φύση, δεν μπορούν να θεωρηθούν ανώριμοι με την έννοια που είναι ανώριμοι οι τεχνολογικοί άνθρωποι. Παρ' όλο που ανήκουν κι αυτοί στο πολύ νεαρό είδος μας, δεν απέρριψαν ποτέ τη γονική θέση ή τα μαθήματα της φύσης κι έμαθαν έτσι να ζουν σε μια ώριμη οικολογική ισορροπία.

Εμείς οι υπόλοιποι – η τεράστια πλειονότητα του είδους – πρέπει ν' αναγνωρίσουμε ότι η εξέλιξή μας πήρε ένα διαφορετικό δρόμο κι ότι κανένα ζωντανό σύστημα δεν μπορεί ν' αντιστρέψει την εξελικτική του ιστορία. Η τεχνολογική μας ανάπτυξη είναι τόσο φυσική όσο ήταν και η προτεχνολογική μας βρεφική ηλικία και δεν μπορούμε να γυρίσουμε πίσω. Θα μπορούσαμε, ωστόσο, να προχωρήσουμε μπροστά με περισσότερη ώριμη αυτοσυγκράτηση και σοφία.

Ευτυχώς, η βιομηχανική μας τεχνολογία βρίσκεται ήδη στη μεταβατική φάση, από τις βάναυσες εφηβικές προσπάθειες, προς μια πιο ώριμη εκλέπτυνση.

Αναπτύσσοντας τη βαριά μας βιομηχανία και τρέφοντάς την με πρώτες ύλες, καύσιμα και ανθρώπους ως εργάτες, καταστρέψαμε ή μολύναμε ολόκληρα οικοσυστήματα, αποξενωθήκαμε από τη φυσική μας προέλευση, οργανωθήκαμε σε μηχανικές κοινωνίες που ζουν σε ζούγκλες από τσιμέντο. Όμως αυτή η φάση είναι ήδη μια μετάβαση προς την επόμενη. Αρχίσαμε ν' αντικαθιστούμε τη βαριά βιομηχανία με την ελαφριά, τις πηγές ενέργειες που μπορεί να εξαντληθούν με άλλες που δεν εξαντλούνται, τις βιομηχανικές πόλεις με εκτεταμένα δίκτυα παραγωγής που συνδέονται με κομπιούτερ.

Πολλές χώρες του Τρίτου Κόσμου κατόρθωσαν ν' αποφύγουν σχεδόν ολοκληρωτικά τη δαπανηρή κι εξαντλητική φάση της βαριάς βιομηχανίας, πηδώντας κατευθείαν στην εποχή της ηλεκτρονικής, με τη βοήθεια των πιο προοδευμένων τεχνολογικά εθνών. Πραγματικά αυτό αρχίζει να συμβαίνει – όμως δυστυχώς συμβαίνει σ' ένα πλαίσιο κερδοσκοπικών κινήτρων και ανταγωνισμού, που αφήνει τους λαούς του Τρίτου Κόσμου σε χειρότερη κατάσταση απ' ότι πριν, ενώ εξαναγκάζονται να πληρώνουν για τη «βοήθεια» με πολιτικές παραχωρήσεις. Έτσι τα σχέδια ανάπτυξης του Τρίτου κόσμου εξακολουθούν να καταστρέφουν οικοσυστήματα, όπως ομολογεί σήμερα ανοιχτά η Παγκόσμια Τράπεζα, και συχνά συμβάλλουν στη δημιουργία ενός κλίματος απειλούμενης, αν όχι πραγματικής, εχθρότητας. Διαβόητες είναι οι μετααποικιακές «δημοκρατίες της μπανάνας» – μονοκαλλιεργητικές οικονομίες, που δημιούργησαν ασταθή οικοσυστήματα και δικτατορίες και κρατούν τους πληθυσμούς τους φτωχούς και πεινασμένους.

Η κατασκευή φραγμάτων για την παραγωγή ηλεκτρισμού, το κάψιμο και η ισοπέδωση δασών για μονοκαλλιέργειες ή για βοσκότοπους, η χρήση χημικών λιπασμάτων και παρασιτοκτόνων, η κατασκευή καυσίμων και μετάλλων από τα αποθέματα ορυκτών και μεταλλευμάτων, όλα αυτά είναι οικονομικά επικερδή γι' αυτούς που κατέχουν ή εξουσιάζουν τη γη, αλλά τόσο καταστροφικά οικολογικά, ώστε το σύστημα ζωής της Γαίας μπορεί να κάνει τη ζωή ανυπόφορη για τους ανθρώπους προκειμένου να επιβιώσει το ίδιο. Η φύση δεν εργάζεται για τα κέρδη, αλλά για την ισορροπία. Ανακυκλώνει τα πάντα. Και οι άνθρωποι δεν μπορούν για πολύ ακόμα να διατηρούν την κερδοσκοπική οικονομία τους σε βάρος της πλανητικής οικονομίας, όπως προειδοποιεί ο Τόμας Μπέρι, ο οικονομολόγος και φιλόσοφος ιερέας.

Αν είμαστε πρόθυμοι να δούμε τα προβλήματα που αντιμετωπίζουμε σήμερα ως προβλήματα ενός είδους στο κατώφλι της ωριμότητας, που ωστόσο βρίσκεται ακόμα στην άγρια ανταγωνιστική φάση της φιλοπόλεμης εφηβείας, τότε μπορούμε να διδαχτούμε ως είδος από την ατομική μας εμπειρία της ωρίμανσης. Ας θυμηθούμε το κλασικό ανέκδοτο για το νεαρό που ξαναγυρίζει σπίτι του, αφού το έσκασε για να βρει το δρόμο του στον κόσμο. Συγκλονίζεται αλλά και εκπλήσσεται ευχάριστα όταν βλέπει πόσα πράγματα έχει μάθει ο πατέρας του στα χρόνια της απουσίας του, σε πόσα πολλά πράγματα μπορούν επιτέλους να συμφωνήσουν. Το αστείο φυσικά είναι ότι έχει αλλάξει ο γιος και όχι ο πατέρας – καθώς η δική του εμπειρία από τον κόσμο τού έχει δώσει νέα προοπτική σχετικά με τον πατέρα του που τώρα τον βλέπει ως ένα σοφό και ευαίσθητο άνθρωπο, που έχει κάτι σημαντικό να πει.

Αυτό ακριβώς μπορεί να συμβεί στο είδος μας. Χάρη στην εμπειρία μας και την αναγνώρισή μας των περιβαλλοντικών προβλημάτων που προκαλέσαμε, μπορούμε να δούμε κάτω από ένα νέο φως τον πλανήτη που μας έδωσε τη ζωή. Με τη λαμπρή επιστήμη μας, τα όργανα μέτρησης και τους κομπιούτερ μας, με τη διαστημική τεχνολογία μας, μπορούμε να δούμε τον πλανήτη μας ως ένα ενιαίο ζωντανό όν που το παρεξηγήσαμε και το κακομεταχειριστήκαμε εις βάρος των ίδιων μας των εαυτών. Αρχίζουμε να καταλαβαίνουμε ότι ενώ ο πλανήτης έχει μεγάλη πείρα και σοφία για να μας διδάξει, η δική μας έλλειψη κατανόησης και σεβασμού μας έκανε να τον εκμεταλλευτούμε, σαν να μην υπήρχε για κανέναν άλλο λόγο. Μόνο σήμερα καταλαβαίνουμε ότι καταστρέφαμε απερίσκεπτα το γονικό πλανήτη από τον οποίο είμαστε εξαρτημένοι και από τον οποίο μπορούμε να μάθουμε πολλά για τον τρόπο με τον οποίο θα χρησιμοποιούμε το χάρισμά μας της συνειδητής ελευθερίας με περισσότερη σοφία.

Συζητώντας τα προβλήματα της ελεύθερης και συνειδητής ελευθερίας της συμπεριφοράς σε προηγούμενα κεφάλαια, μιλήσαμε για την έλλειψη σε μας έμφυτων κανόνων για τη δίκαιη μοιρασιά γης και πόρων, ώστε ν' αποφεύγουμε να σκοτώνουμε τους συνανθρώπους μας και να κυβερνάμε τους εαυτούς μας ειρηνικά και συνεργατικά. Προτείναμε ότι μπορούμε να βρούμε την καθοδήγηση, για να επιτύχουμε αυτά τα πράγματα με δική μας επιλογή, στην οργάνωση και τη λειτουργία των φυσικών ολαρχιών. Αναγνωρίσαμε επίσης ότι απαιτείται μεγάλη υπεύθυνη προσπάθεια για να στρέψουμε την αντίληψή μας προς την αληθινή συμπεριφορά, αντί προς προκατασκευασμένες απλώς ιδέες.

Η αθηναϊκή δημοκρατία στην αρχαία Ελλάδα ήταν ακριβώς μια τέτοια προσπάθεια, κι όμως φαίνεται πως κατέρρευσε τόσο από εσωτερική αδυναμία – από την απροθυμία των ανθρώπων να δεχτούν τη σκληρή υπευθυνότητα της ελευθερίας – όσο κι από εξωτερικές αιτίες. Οι σύγχρονες λεγόμενες δημοκρατίες μπορούν να λειτουργούν όσο καλά λειτουργούν μόνο επειδή έχουν πολύ λιγότερες απαιτήσεις από τους πολίτες τους απ' ότι είχε η αρχαία Αθήνα – κι αυτή είναι μια σημαντική τροφή για σκέψη. Στις Ηνωμένες Πολιτείες σήμερα, η αναγκαστική φορολογία είναι η μόνη απαίτηση από τους πολίτες, όμως η αναγκαστική φορολογία δε δημιούργησε ποτέ δημοκρατία.

Στο τέλος του δέκατου ένατου αιώνα, ο μεγάλος Ρώσος συγγραφέας Φιοντόρ Ντοστογέφσκι εντόπιζε το πρόβλημα της αποδοχής της υπευθυνότητας ως το κρισιμότερο της ανθρωπότητας. Ο Ντοστογέφσκι παρουσιάζει την κρίση της ανθρώπινης ελευθερίας μ' ένα μύθο, στο μυθιστόρημά του *Αδελφοί Καραμάζοφ*, όπου ο ένας αδελφός τον αφηγείται στο άλλο. Σ' αυτό το μύθο, ο Χριστός ξαναπαρουσιάζεται στη Σεβίλλη του δέκατου έκτου αιώνα, σε μια εποχή που οι χριστιανοί Άγιοι Πατέρες, έκαιγαν στην πυρά, μόνο σ' αυτή την πόλη, μέχρι και εκατό αιρετικούς την ημέρα. Ένας Μεγάλος Ιεροεξεταστής καταδικάζει το Χριστό στο δεύτερό του θάνατο, τούτη τη φορά στην πυρά, επειδή κήρυσσε την ελευθερία στην ανθρωπότητα – με το επιχείρημα ότι «τίποτε δεν ήταν ποτέ πιο ανυπόφορο για τον άνθρωπο και την ανθρώπινη κοινωνία απ' ότι η ελευθερία».

Οι άνθρωποι δεν μπορούν ν' αντέξουν κι έτσι δε θέλουν, την ευθύνη της ελευθερίας – ισχυρίζεται ο Ιεροεξεταστής – κι η εκκλησία τους απάλλαξε απ' αυτό το βάρος. Οι άνθρωποι ανέχονται τη σκλαβιά, μόνο και μόνο για να τρέφονται και θα είναι ευτυχείς μόνο όταν η ανυποταξία τους μετατραπεί σε υπακοή – επιμένει – επειδή είναι πρόβατα που προτιμούν να πιστεύουν ότι είναι ελεύθεροι, ενώ στην πραγματικότητα κάνουν ό,τι τους λένε οι αρχές που τους δίνουν δουλειά, ψωμί, κανόνες, για τη ζωή τους και συγγνώμη για τ' αμαρτήματά τους.

Είναι ενδιαφέρον ότι ο Ντοστογέφσκι αποκαλεί σ' αυτό το απόσπασμα τους ανθρώπους «ατελή πειραματόζωα», εννοώντας ότι είναι ανώριμοι ως είδος. Επιπλέον, σ' αυτή την αλληγορία του, αντιπαραθέτει σκόπιμα δύο ηρωϊκές εικόνες σ' έναν παραλληλισμό με μια προσωπική εφηβική κρίση. Ο Χριστός, από τη μια πλευρά, αντιπροσωπεύει την έκκληση για ωριμότητα – για αποδοχή των ανθρώπινων ευθυνών της ελεύθερης επιλογής· ο Ιεροεξεταστής, από την άλλη, αντιπροσωπεύει την άρνηση της ωριμότητας – την ανάθεση της ευθύνης σε μια αυθεντία. Έτσι, ο Ντοστογέφσκι διατύπωσε την οδυνηρή του συνειδητοποίηση ότι οι άνθρωποι δεν κατορθώνουν ν' ασκήσουν την υπεύθυνη ελευθερία.

Οι νέοι άνθρωποι σ' ολόκληρο τον κόσμο σήμερα επαναλαμβάνουν αυτό το δίλημμα στην προσωπική ζωή τους, είτε αντιλαμβάνονται, είτε όχι ότι αποτελεί τόσο ένα δίλημμα του είδους όσο κι ένα προσωπικό δίλημμα. Μερικοί αγωνίζονται σκληρά για να δείξουν σ' ολόκληρη την ανθρωπότητα πώς να δεχτεί την ευθύνη της ελευθερίας και να τερματίσει τον πόλεμο, την πείνα και την οικολογική καταστροφή. Άλλοι υποφέρουν τόσο πολύ βλέποντας την ανικανότητα των ανθρώπων να λύσουν αυτά τα προβλήματα, ώστε πέφτουν στην αναρχία και την κατάθλιψη, δεν πιστεύουν καθόλου στο μέλλον και ανεβάζουν σε ανυπολόγιστα ύψη το ποσοστό εγκληματικότητας και αυτοκτονιών των νέων. Οι υπόλοιποι, όπως σημείωνε απελπισμένος ο Ντοστογέφσκι, δεν ενδιαφέρονται για τέτοια μεγάλα προβλήματα, παρά κάνουν ό,τι τους ζητιέται για να ζήσουν όσο πιο βολικά γίνεται την προσωπική τους ζωή.

Ίσως οι περισσότεροι από μας ν' αναζητούμε μια βολική ασφάλεια κάτω από μια αυθεντία έξω από τον εαυτό μας, επειδή διδαχτήκαμε να φοβόμαστε ότι θ' αποτύχουμε, αν αντιδράσουμε στην παράδοση κι ασκήσουμε τη δική μας ελεύθερη επιλογή. Επί χιλιάδες χρόνια μας προσφερόταν ως πρότυπο ο στόχος της τελειότητας και φοβόμαστε την αποτυχία και την αποδοκιμασία, αν βγούμε από το δρόμο που μας έχουν πει ότι είναι ο σωστός. Καλύτερα να προσβλέπουμε σε μια αυθεντία για την καθοδήγηση, την ιδεολογία, τη φόρμουλα που θα κάνει εμάς και τις κοινωνίες μας πιο τέλειες, παρά να διακινδυνεύσουμε ενεργώντας πάνω στη βάση των δικών μας ατελών ιδεών.

Πάνω από δύο χιλιετίες, από τότε που διατύπωσαν την ιδέα οι αρχαίοι Έλληνες, κυνηγούσαμε την τελειότητα. Σήμερα είμαστε αναγκασμένοι ν' αναρωτηθούμε αν δεν αυτοακρωτηριαστήκαμε σ' αυτό το κυνήγι μιας χίμαιρας – μιας ανόητης και τρομακτικής φαντασίωσης. Ας ξανασκεφτούμε τώρα, με όρους ανθρώπινης ελευθερίας κι ευθύνης, την ευτυχή ανακάλυψη ότι ο κόσμος δεν είναι άκαμπτα τέλειος, όπως πίστευε ο Πλάτων, αλλά μια ατελής δημιουργική διαδικασία, πολύ περισσότερο όπως την έβλεπε ο Αναξίμανδρος, όπου όλα σχηματίζονται και ανασχηματίζονται στην ατέλειωτη διαδικασία της δημιουργίας τάξης από το χάος.

Από τον καιρό του Πλάτωνα, οι Δυτικές κοσμοθεωρίες διατηρούσαν το στόχο να γίνουμε εμείς κι οι κοινωνίες μας τόσο τέλειοι όσο η δημιουργία του Θεού – τόσο τέλειοι όσο μια καλολαδωμένη μηχανή. Μόνο σήμερα βλέπουμε ότι, παρά τα δισεκατομμύρια χρόνια πείρας, παρά τη θαυμαστή ακεραιότητα των σχηματισμών της ζωής, τα πράγματα κάπου στραβώνουν στη φύση της Γαίας, διαταράσσοντας την ισορροπία εδώ κι εκεί. Παρ' όλα αυτά, όταν τα πράγματα δεν πάνε καλά, δημιουργούν μια πίεση γιά την αναδιοργάνωση του χορού της ζωής, για τη δοκιμή νέων βημάτων ή για νέους συνδυασμούς παλιών βημάτων κι έτσι η ατέλεια οδηγεί στην πρόοδο. Η ιστορία της δημιουργίας της Γαίας είναι η ιστορία του αυτοσχεδιασμού, όπου και όποτε ένα είδος ή οικοσύστημα γινόταν ασταθές. Ωστόσο στη φύση δεν υπάρχει ποτέ μια ρήξη με το παρελθόν – υπάρχει πάντα συνέχεια στο χορό. Κι ο χορός λειτουργεί πάντα για να παράγει μια αξιοσημείωτη ακεραιότητα και σταθερότητα. Η φύση μάς διδάσκει ότι η τάξη μπορεί να διατηρηθεί με την αλλαγή, ακόμα και – όταν είναι απαραίτητο – με την καταστροφική αλλαγή.

Όταν π.χ., οι δεινόσαυροι εξοντώθηκαν από τις συνθήκες που άλλαξαν ριζικά μετά από ένα ατύχημα, το σύστημα της Γαίας εξακολούθησε να δημιουργεί νέα είδη ερπετών, πουλιών και θηλαστικών από τα γονίδια που απόμειναν στους μικρούς επιζώντες της καταστροφής. Μερικές φορές σκεφτόμαστε τους μεγάλους δεινόσαυρους ως αποτυχημένο είδος, επειδή εξαφανίστηκαν. Όμως η δεινόσαυροι άνθισαν σε μια θαυμαστή ποικιλία ειδών, στα οποία συμπεριλαμβάνονταν τα μεγαλύτερα πλάσματα που έχει γνωρίσει ποτέ η γη, και άνθισαν επί διακόσια εκατομμύρια χρόνια περίπου – σαράντα φορές περισσότερα από τα λίγα εκατομμύρια χρόνια που υπήρξαμε εμείς ως άνθρωποι. Και δεν ήταν υπεύθυνοι για την εξαφάνισή τους.

Εξαρτάται ακόμα από μας τους ίδιους ν' αποδείξουμε ότι άξιζε τον κόπο το πείραμα του μεγάλου εγκεφάλου, ότι η ελευθερία από τους έμφυτους κανόνες, η συνειδητή ελευθερία επιλογής θα αποδώσει σε δημιουργικότητα η οποία θα ωφελήσει – ή τουλάχιστον δε θα βλάψει – ολόκληρο το σύστημα της Γαίας. Αν δεν αποδώσει, θα εξαφανιστούμε κι εμείς, μάλλον από δικό μας φταίξιμο παρά από εξωτερικές δυνάμεις, όπως συνέβη στην περίπτωση των δεινοσαύρων. Θα ήταν σοφό να θυμίζουμε στους εαυτούς μας συχνά ότι ο χορός της Γαία θα συνεχιστεί ή με μας ή χωρίς εμάς.

Η φύση, όπως είπαμε πιο πάνω, μοιάζει πολύ περισσότερο μ' έναν θαυμαστά επινοητικό καλλιτέχνη παρά μ' ένα μεγάλο μηχανικό, περισσότερο με μια μητέρα που βρίσκει τρόπους για να τα βγάζει πέρα με τις ανάγκες, τα οικονομικά και τις συγκρούσεις της οικογένειας, παρά μ' έναν ψυχρό υπολογιστή γεωμέτρη. Στον αυτοσχέδιο χορό της φύση προς την τάξη και την ισορροπία, η πολυπλοκότητα ξετυλίγεται, γίνεται χαοτική ή αποσπασματική, αναδιοργανώνεται σε μια νέα ενότητα, ύστερα επιτρέπει να ξεδιπλωθεί μια νέα πολυπλοκότητα, να δημιουργηθεί μια νέα αταξία. Το σύστημα της Γαίας προστατεύει ό,τι είναι σταθερό, όμως είναι πάντα ανοιχτό ν' αλλάξει όταν παρουσιάζονται αστάθειες, χρησιμοποιώντας την αλλαγή για να δημιουργήσει ταυτόχρονα νέα ενότητα και νέα ποικιλία – την ποικιλία που δίνει στη φύση, μεταξύ άλλων, την αντοχή να επιβιώνει μετά από καταστροφές.

Κάθε είδος είναι διαφορετικό απ' όλα τ' άλλα και κάθε άτομο είναι μια παραλλαγή αυτού του είδους, ακριβώς όπως στο σώμα μας κάθε όργανο είναι διαφορετικό απ' όλα τ' άλλα και κάθε μεμονωμένο κύτταρο είναι μια παραλλαγή του είδους των κυττάρων αυτού του οργάνου. Οι μηχανές μπορούν να παράγονται μαζικά και να είναι όλες ίδιες, όμως τίποτε στη φύση δεν είναι ακριβώς όπως κάτι άλλο. Πουθενά δεν υπάρχει μια ιδανική μορφή, με την έννοια που της έδινε ο Πλάτων.

Η Γαία έχει τη σοφία να εξισορροπεί την ποικιλία και να τη χρησιμοποιεί δημιουργικά, για να σχηματίζει εξαιρετικά σταθερά οικοσυστήματα. Όσο μεγαλύτερη είναι η ποικιλία, τόσο πιο σταθερό είναι το οικοσύστημα στο σύνολό του – ορισμένοι οικολόγοι παρ' όλα αυτά ισχυρίζονται το αντίθετο, όπως επισήμανε ο Άγγλος οικολόγος Έντουαρντ Γκόλντσμιθ. Ανακαλύπτουμε επίσης ότι οι παρεμβάσεις σ' ένα τέτοιο σύστημα, π.χ. η εισαγωγή ενός νέου είδους που δεν είχε συμπεριληφθεί στο χορό, μπορεί να αναστατώσουν εντελώς, όπως στην περίπτωση ενός λεπιδόπτερου ή της αρρώστιας της ολλανδική φτελιάς.

Αυτή η αρχή της ποικιλίας ισχύει επίσης για τη δεξαμενή γονιδίων κάθε είδους. Μάθαμε π.χ., μετά από σκληρές εμπειρίες, ότι η πρακτική μας να «τελειοποιούμε» τις συγκομιδές μας και τα οικιακά μας ζώα αφαιρώντας τους τη γενετική ποικιλία και καλλιεργώντας τα χαρακτηριστικά που επιθυμούμε, τα κάνει αδύνατα και ευαίσθητα σε καταστροφικές αρρώστιες. Όταν μειώνουμε την ποικιλία καλλιεργώντας ένα ειδικό χαρακτηριστικό, ή ακόμα και με την κλώνωση ενός μεμονωμένου ατόμου, αντικαθιστώντας τα φυσικά οικοσυστήαμτα με μονοκαλλιέργειες σε μια γη ισοπεδωμένη από τις μπουλντόζες, κινδυνεύουμε να δημιουργήσουμε ένα εξαιρετικά ασταθές και ευαίσθητο τεχνητό οικοσύστημα.

Η ανθρώπινη ποικιλία, στα φυσικά χαρακτηριστικά

μας όπως και στις γλώσσες και στους πολιτισμούς μας, στις ιδέες και στους τρόπους ζωής μας, είναι ασφαλώς εξίσου σημαντική για την υγιή επιβίωσή μας. Όμως περιέργως, ενώ εμείς οι άνθρωποι αγωνιζόμαστε για το ατομικό μας δικαίωμα να διαφέρουμε από τους άλλους, να μη μας εξαναγκάζουν να μπαίνουμε όλοι στο ίδιο κοινωνικό καλούπι, δημιουργούμε μεγάλα προβλήματα στο είδος μας νομίζοντας ότι κάτι δεν πάει καλά με τους ανθρώπους που είναι διαφορετικοί από μας. Κάνουμε διακρίσεις με βάση το χρώμα, τον πολιτισμό ή τη θρησκεία – πείθοντας τους εαυτούς μας ότι στη διαφορά υπάρχει κάτι που πρέπει να μισούμε, να φοβόμαστε, να γελοιοποιούμε ή να το σβήνουμε. Ας ελπίσουμε ότι αυτές οι προκαταλήψεις θα εξαφανιστούν καθώς θα μαθαίνουμε περισσότερα για τη φύση και θ' αρχίσουμε να σεβόμαστε, να επιδοκιμάζουμε, να εκτιμούμε και ν' αγαπάμε τις ατομικές και πολιτιστικές μας διαφορές και να τις χρησιμοποιούμε σαν γενετική ποικιλία, για να δημιουργούμε νέους και γόνιμους συνδυασμούς.

Έχει γίνει φανερό π.χ. ότι μια κοινή ανθρώπινη γλώσσα είναι σημαντική για την επικοινωνία και τη συνεργασία στο νεοσχηματιζόμενο σώμα της ανθρωπότητας – και τα αγγλικά φαίνεται πως εξελίσσονται φυσικά σε μια τέτοια γλώσσα – όμως αυτός δεν είναι λόγος για να καταργήσουμε τις γλώσσες των διαφορετικών πολιτισμών. Τα παιδιά δεν έχουν κανένα πρόβλημα να μαθαίνουν πολλές γλώσσες και η ποικιλία των ανθρώπινων γλωσσών αντιπροσωπεύει μια πολύ σημαντική ποικιλία στην ανθρώπινη σκέψη και τις κοσμοθεωρίες. Ακριβώς όπως είναι ανόητο να εξαλείφουμε την ποικιλία από τα οικιακά ζώα και τα βρώσιμα φυτά, εξοντώνοντας ταυτόχρονα το ένα άγριο είδος μετά το άλλο, είναι εξίσου ανόητο να εξαλείφουμε την ποικιλία στην ανθρώπινη γλώσσα, στον πολιτισμό και τη σκέψη.

Πολλές φυσικές γλώσσες έχουν ήδη χαθεί εξαιτίας των κατακτήσεων από ξένους. Οι κατακτητές εξόντωναν τους ιθαγενείς λαούς και μερικές φορές έφταναν στο σημείο να τιμωρούν τους επιζώντες επειδή μιλούσαν τη μητρική τους γλώσσα, όπως γινόταν σε μερικά από τα ιεραποστολικά σχολεία, όπου εξαναγκάζονταν να πηγαίνουν τα παιδιά των ιθαγενών αμερικανικών φυλών. Όπως ακριβώς αρχίσαμε να εργαζόμαστε για να διατηρήσουμε ζωϊκά και φυτικά είδη που κινδυνεύουν να εξαφανιστούν, θα έπρεπε να εργαζόμαστε για να διατηρήσουμε τους πολιτισμούς και τις γλώσσες που κινδυνεύουν. Όταν κόβουμε τα τροπικά δάση, δεν καταστρέφουμε μόνο ζωτικά οικοσυστήματα αλλά επίσης και τους ανθρώπινους πολιτισμούς που αποτελούν μέρος τους, που δεν μπορούν να επιβιώσουν μεταφυτευμένοι σε ζούγκλες από τσιμέντο – πολιτισμούς, από τους οποίους μπορούμε να μάθουμε πολλά για τη ζωή σε αρμονική ισορροπία με την υπόλοιπη φύση.

Η προσαρμοστική ικανότητα της φύσης ν' αλλάζει δημιουργικά, χωρίς ποτέ να ξαναπέφτει στο χάος, ασφαλώς υποδηλώνει ότι εμείς οι άνθρωποι θα έπρεπε να εγκαταλείψουμε την ιδέα ότι θα βρούμε την ιδανική οικονομική και πολιτική οργάνωση ή κοινωνική δομή. Πρέπει να συνηθίσουμε στην ιδέα ότι δεν μπορούμε να προοδεύσουμε κοινωνικά αναγκάζοντας τους ανθρώπους να δεχτούν είτε τον ατομιστικό καπιταλισμό, είτε τον αυτοθυσιαστικό κομμουνισμό ως κοινωνικό σύστημα, ή τον συντηρητισμό και το ριζοσπαστισμό μέσα σ' ένα τέτοιο σύστημα. Το βασικό και φυσικό καθήκον μας είναι το ίδιο όπως κάθε άλλου είδους – να εξισορροπούμε το ατομικό με το συλλογικό καλό για το είδος, να είμαστε συντηρητικοί για όσα είναι υγιή στην ανθρώπινη κοινωνία και ν' αλλάζουμε ριζοσπαστικά όσα δεν είναι.

Η σύγχρονη πρόοδος αποκαλύπτεται παράξενη ως αντίληψη. Όπως είναι τα πράγματα σήμερα, η «πρόοδος», τόσο της καπιταλιστικής όσο και της κομμουνιστικής «μεγάλης δύναμης», βασίζεται σε καταστροφικά ως προς την οικολογία τεχνολογικά συστήματα και στην κλιμάκωση της παραγωγής πυρηνικών όπλων, με μόνο στόχο να απειλεί η μια την άλλη. Ωστόσο, η *περεστρόικα* του Γκορμπατσόφ θέτει λογικές ανθρώπινες προτεραιότητες και οι συμφωνίες για τους εξοπλισμούς των ΗΠΑ-ΕΣΣΔ είναι ενθαρρυντικές, αν και είναι δύσκολο να θεωρήσει κανείς σημαντική την κατάργηση μερικών πυρηνικών όπλων, όταν συνεχίζεται η παραγωγή νέων.

Η φύση μάς διδάσκει ότι η εξέλιξη βασίζεται στον ανταγωνισμό *και* στη συνεργασία, στην ανεξαρτησία *και* στην αλληλεξάρτηση. Ο ανταγωνισμός και η ανεξαρτησία είναι και τα δύο σημαντικά για την ατομική επιβίωση, ενώ η συνεργασία και η αλληλεξάρτηση είναι και οι δύο σημαντικές για την ομαδική ή κοινωνική επιβίωση του είδους. Καθώς τα άτομα και η κοινωνία τους ή το είδος τους είναι «όλα» σε δύο επίπεδα – ή σε δύο στρώματα – της ίδιας ολαρχίας, βλέπουμε ότι αυτά τα επίπεδα ή στρώματα πρέπει να επιτύχουν την αμοιβαία συνεκτικότητα φροντίζοντας για τους εαυτούς τους να επεξεργαστούν μεταξύ τους μια ισορροπία ανταγωνισμού και συνεργασίας, ανεξαρτησίας και αλληλεξάρτησης.

Αν εργαστούμε δημιουργικά για να διατηρήσουμε αυτή την ισορροπία ανάμεσα στους εαυτούς μας ως άτομα και στους εαυτούς μας ως κοινωνίες – τοπικά, εθνικά και παγκόσμια – θα ολοκληρώσουμε την εξέλιξη ενός υγιούς σώματος της ανθρωπότητας. Αν δούμε το ατομικό σώμα μας ως ένα γενικό πρότυπο λειτουργίας, θα καταλάβουμε ίσως ότι η ειρηνική συνεργασία είναι μια ρεαλιστική δυνατότητα για έθνη με διαφορετικές γλώσσες και πολιτισμούς, που μπορούν να συμβάλλουν με διάφορους τρόπους στην παγκόσμια οικονομία. Δεν υπάρχει κανένας λόγος τα άτομα να μην έχουν την ελευθερία να εργάζονται για τα συμφέροντά τους και ταυτόχρονα να συμβάλλουν και στην κοινωνία τους. Δεν υπάρχει κανένας λόγος να μην τρεφόμαστε όλοι και να μην έχουμε όλοι περίθαλψη, σ' ένα σύστημα ισότητας εργασίας και εισοδήματος.

Από την προοπτική της Γαίας, οι λύσεις των μεγάλων προβλημάτων του πολέμου, του υπερπληθυσμού και της πείνας είναι πολύ πιο απλές απ' ότι από οποιαδήποτε άλλη προοπτική. Όμως απλό δεν σημαίνει και εύκολο. Θα μπορούσαμε να λύσουμε αυτά τα προβλήματα, αν μετατοπίζαμε την κοσμοθεωρία μας από μια κοσμοθεωρία διεθνούς ανταγωνισμού σε μια κοσμοθεωρία διεθνούς συνεργασίας, με στόχο τη δημιουργία ενός υγιούς σώματος της ανθρωπότητας. Όμως, όπως είπαμε προηγούμενως, οι κοσμοθεωρίες δεν αλλάζουν εύκολα.

Η σημερινή προπτική των ισχυρών εθνών – εκείνων που είναι ικανά να μεταμορφώσουν γρήγορα την ανθρωπότητα σ' ένα υγιές σώμα – δεν είναι η προοπτική της Γαίας. Για ν' αποκτήσουν την προοπτική της Γαίας, οι ηγέτες τους πρέπει ν' αλλάξουν την κοσμοθεωρία τους και τη βασισμένη σ' αυτήν συμπεριφορά με κίνητρο το ατομικό ή το δημόσιο κέρδος. Θα έπρεπε να συμφωνήσουν να εγκαταλείψουν την προνομιούχο θέση που κατέχουν σήμερα τα έθνη τους και τις εχθρότητες που πιστεύουν ότι είναι αναγκαίες για να προστατεύονται τα συμφέροντά τους. Όπως είναι τα πράγματα σήμερα, οι ηγέτες ενοχλούνται από τις προβλέψεις για μια καταστροφή, από τις δηλώσεις ότι η πορεία τους είναι αυτοχειριακή για ολόκληρη την ανθρωπότητα, όμως δεν πιστεύουν ακόμα σε υγιή εναλλακτική λύση που θα ήταν καλή τόσο γι' αυτούς όσο και για ολόκληρη την ανθρωπότητα.

Δεν είναι πιο εύκολο να πεισθούν οι πολίτες των σύγχρονων δημοκρατικών ή κομμουνιστικών κοινωνιών μας να αναλάβουν το ενημερωμένο και υπεύθυνο καθήκον να διευθύνουν τα πράγματα, αντί να υποτάσσονται στην ολιγαρχική διακυβέρνηση των λίγων, απ' ότι ήταν να πεισθούν να το κάνουν οι αρχαίοι Αθηναίοι πολίτες. Όμως σε νέες οργανώσεις και σε διάφορες ήδη υπάρχουσες βιομηχανίες, υπηρεσίες και άλλες επιχειρήσεις, παρουσιάζονται τάσεις που προσεγγίζουν περισσότερο την προοπτική της Γαίας, καθώς αποκεντρώνουν τη διαχείρισή τους και την κάνουν περισσότερο ουσιαστική και λιγότερο ιεραρχική. Είναι πιθανό ότι αυτή η τάση θα αναπτυχθεί, καθώς περισσότεροι άνθρωποι αρχίζουν να κατανοούν και να υιοθετούν μια προοπτική πλησιέστερη προς αυτή της Γαίας.

Ακριβώς όπως τα άτομα μπορεί να περάσουν από την εφηβεία χωρίς να παρακολουθήσουν συνειδητά τη διαδικασία ωρίμανσής τους, ένα συνεργατικό σώμα της ανθρωπότητας μπορεί να εξελιχθεί χωρίς να το επιδιώξουμε, μόνο με τη δύναμη της εξελικτικής αλλαγής που προχωρεί ήδη – αν αποφύγουμε ν' αυτοκτονήσουμε ως είδος πριν να συμβεί αυτό. Όμως η διαδικασία θα συνεχιστεί ασφαλώς με λιγότερους κραδασμούς και πιο ανώδυνα, αν πάψουμε να της αντιστεκόμαστε και την υποβοηθήσουμε συνειδητά, ενεργά. Δε θα ήταν πιο υγιές να εγκαταλείψουμε τον επικίνδυνο ανταγωνισμό για μεγαλύτερα οικονομικά κέρδη, για το πιο τέλειο σύστημα, και να συνεργαστούμε για να δημιουργήσουμε μια ατελή, αλλά οικολογικά ευαίσθητη, οικονομία και πολιτική, ένα σύστημα που να λειτουργεί με την ποικιλία του για να δίνει στον καθένα την ευκαιρία για μια υγιή ζωή, ακριβώς όπως τα σώματά μας δίνουν αυτή την ευκαιρία στο καθένα από τα κύτταρά τους;

Αναγνωρίζοντας τον πλανήτη μας ως ένα πεπειραμένο ζωντανό σύστημα με μεγάλη «σωματική σοφία» ώστε να μας διδάξει, αποκτούμε την προοπτική να δούμε πώς θα μπορούσαμε να εφαρμόσουμε αυτή τη σοφία στα δικά μας ανθρώπινα προβλήματα. Παντού στη φύση, σε ολόκληρο το σύστημα ζωής της Γαίας – ακριβώς κάτω από τη μύτη μας, θα λέγαμε, και ολόγυρά μας – βρίσκουμε τα πρότυπα για να κάνουμε τις ανθρώπινες υποθέσεις μας περισσότερο οργανικές και ηθικές, περισσότερο δημιουργικές και σοφές, όπως πίστευαν ότι θα κάναμε οι αρχαίοι φιλόσοφοι.

Ας εξακολουθήσουμε να αποκτούμε προοπτική βλέποντας ότι τα μεγάλα προβλήματα μπορεί να είναι ακριβώς οι προκλήσεις που χρειάζονται για να ωθηθεί η εξέλιξη προς μια νέα δημιουργικότητα. Είδαμε ότι η κρίση του οξυγόνου πριν από δισεκατομμύρια χρόνια έγινε ταυτόχρονα ευκαιρία για έναν νέο τρόπο ζωής και για νέες μορφές ζωντανών όντων. Η κρίση του περιβάλλοντος που προκάλεσε τη μαζική εξόντωση των δεινοσαύρων πρόσφερε την ευκαιρία για την ανάπτυξη των θηλαστικών. Τόσο η βακτηριακή κρίση του οξυγόνου όσο και η μετεωριτική κρίση των δεινοσαύρων ήταν πολύ πιο σοβαρές – κατά την προοπτική της Γαίας, – απ' ότι όλα τα προβλήματα που έχουμε μέχρι σήμερα δημιουργήσει εμείς οι άνθρωποι. Κι όμως δημιουργούμε κι εμείς αρκετά προβλήματα ώστε να μπορούμε να μιλάμε για μια νέα κρίση της Γαίας και φαίνεται όλο και πιο πολύ ότι θα είναι μια κρίση ζωής ή θανάτου για μας ως είδος. Η αύξηση των αερίων θερμοκηπίου και μόνο μπορεί ν' αναγκάσει τη Γαία να ξανακερδίσει τη σταθερότητα με μια μέση θερμοκρασία ανυπόφορη για τους ανθρώπους.

Ας εγκαταλείψουμε το κυνήγι της τελειότητας κι ας χρησιμοποιήσουμε τις διαφορές και τις ατέλειές μας δημιουργικά, όπως κάνει ο υπόλοιπος εξελισσόμενος πλανήτης μας. Να θυμόμαστε ότι αν η φύση επιτύγχανε την τελειότητα, η δημιουργικότητα της Γαίας θα τερματιζόταν, γιατί δε θα υπήρχαν προβλήματα, προκλήσεις, ευκαιρίες για να δημιουργηθεί κάτι νέο. Αν ακολουθήσουμε την καθοδήγηση της φύσης, θα κάνουμε λάθη, θα αυτοσχεδιάσουμε, θα βρούμε λύσεις, θα δημιουργήσουμε νέα προβλήματα χωρίς τύψεις, όμως συνολικά θα βρούμε την αμοιβαία συνεκτικότητά μας με τους άλλους φυσικούς οργανισμούς.

Ας θυμηθούμε επίσης ότι, αν συνεχίσουμε τη σημερινή μας πορεία, ο πλανήτης μας ίσως να είναι καλύτερα χωρίς εμάς. Ο θάνατος του είδους μας, με αυτοκτονία ή εξόντωση, μπορεί στην πραγματικότητα να προωθήσει την υγεία της Γαίας. Κι όμως είμαστε δυνητικά τόσο δημιουργικοί όσο το συνολικό σύστημα της Γαίας στο οποίο ανήκουμε. Αν βρισκόμαστε σε μια εφηβική κρίση για την οποία ευθυνόμαστε οι ίδιοι, αυτός δεν είναι λόγος για να παραδοθούμε στην απελπισία. Αντίθετα, θα πρέπει να δούμε κατάματα τους εαυτούς μας, να καταπιούμε την ανόητη περηφάνεια μας, να αποκτήσουμε λίγη ταπεινότητα, μια ευρύτερη προοπτική και να κερδίσουμε την ώριμη ανθρωπιά, με την καλύτερη έννοια αυτής της λέξης που την επινοήσαμε για τους εαυτούς μας.

18. Οικολογική ηθική

Πέρα από τη νεανική ηλικία του είδους μας, υπάρχουν κι άλλοι λόγοι για να υιοθετήσουμε μια κάποια ταπεινότητα. Είδαμε ότι κανένα είδος δεν μπορεί να εξελιχθεί μεμονωμένα παρά μέσα από τη συνεξέλιξή του με όλα τα άλλα είδη. Κι αν κοιτάξουμε το σύστημα της Γαίας αποστασιοποιημένοι, θα διαπιστώσουμε ότι δεν έχουμε περισσότερους λόγους να θεωρούμε τους εαυτούς μας ως ανώτερη μορφή ζωής απ' ότι τα άλλα είδη.

Όταν μιλούσαμε για τα μιτοχόνδρια και τους χλωροπλάστες, που συνιστούν τι μισό βάρος όλων των φυτικών και ζωικών κυττάρων και κατάγονται από τ' αρχαία βακτηρίδια, αστειευτήκαμε λέγοντας ότι τα δικά μας σώματα είναι γιγάντια ταξί για να κυκλοφορούν τα βακτηρίδια. Πέρα από τ' αστεία, ο κόσμος, από τη σκοπιά των βακτηριδίων, είναι πραγματικά καλά διευθετημένος ώστε να επιβιώνουν αυτά. Ζουν ή μπαινοβγαίνουν σε όλες τις άλλες μορφές ζωής, τρέφονται από ζωντανά και νεκρά όντα, μεταβιβάζουν σ' ολόκληρο τον κόσμο πληροφορίες του DNA τους. Υπάρχουν σε πολύ μεγαλύτερους αριθμούς απ' ότι κάθε άλλο ζωντανό ον και ουσιαστικά δεν υπάρχει μέρος της γης – από τα βάθη της θάλασσας μέχρι τα υψηλότερα βουνά και την ίδια την ατμόσφαιρα, από τις πιο καφτές πηγές μέχρι τους ψυχρότερους παγετώνες, από τις επιφάνειες των άλλων όντων μέχρι τα βάθη των σπλάχνων τους – που να μην ξεχειλίζει απ' αυτά. Αυτά ανέπτυξαν το όλο σύστημα της Γαίας και το νέμονταν κατ' αποκλειστικότητα το μεγαλύτερο διάστημα της ζωής της κι εξακολουθούν κατά μεγάλο μέρος να το διατηρούν σε λειτουργία. Μάλιστα, τα βακτηρίδια είναι τα μόνα πλάσματα που θα μπορούσαν να επιβιώσουν χωρίς όλα τ' άλλα. Γιατί λοιπόν τα βακτηρίδια να μη σκέφονται – αν μπορούσαν να σκεφτούν – ότι ο κόσμος είναι όλος δικός τους;

Ύστερα, ας πάρουμε τους μύκητες – που αποτελούν ένα ολόκληρο βασίλειο ζωής. Κι αυτοί είναι επίσης εξαπλωμένοι σχεδόν παντού, αν και οι περισσότεροι είναι πολύ μικροί ή λεπτόιστοι για να τους δούμε. Κάθε ριζωμένο φυτό έχει μύκητες μπερδεμένους στις ρίζες του που του φέρνουν εφόδια με αντάλλαγμα έτοιμη τροφή. Οι μύκητες ζουν πάνω στα ζώα όσο και πάνω στα φυτά. Από τη δική τους σκοπιά, όλη η φύση θα έμοιαζε καμωμένη για να την τρώνε.

Τα ζώα θα μπορούσαν εξίσου να βλέπουν με τον ίδιο τρόπο τα φυτά – σαν να είχαν δημιουργηθεί τα φυτά ειδικά για να τα τρέφουν και να τα υπηρετούν. Τα ζώα τρώνε τα φυτά για να βγάλουν απ' αυτά, με την καύση οξυγόνου, την ενέργεια που χρειάζονται – κι αυτό το οξυγόνο έχει παραχθεί και διοχετευθεί στην ατμόσφαιρα από τα ίδια τα φυτά, σαν να αποσκοπούσαν να προσφέρουν στα ζώα αναπνοή και τροφή. Τα ζώα χρησιμοποιούν τα φυτά ακόμα και για το πόσιμο νερό τους, γλείφουν ή ρουφούν τη δροσιά, πίνουν το νερό της βροχής που έχει διοχετευτεί στον ουρανό μέσα από τις ρίζες, τους κορμούς και τα φύλλα των φυτών. Τα ζώα χρησιμοποιούν επίσης τα φυτά ως κατάλυμα, φτιάχνουν τα σπίτια τους μέσα στα φύκια κι ανάμεσα στα κλαδιά και τις ρίζες των φυτών της στεριάς, από τα μικροσκοπικά βρύα μέχρι τα ψηλότερα δέντρα.

Ασφαλώς τα ζώα δε θα είχαν άδικο να πιστεύουν ότι τα φυτά αναπτύχθηκαν μόνο και μόνο για να τους προσφέρουν τροφή, οξυγόνο, νερό και κατάλυμα. Όμως, πώς θα ήταν τα πράγματα αν μετατοπίζαμε την προοπτική μας σ' εκείνη των φυτών;

Από τη δική τους σκοπιά, τα φυτά θα μπορούσαν πολύ καλά να νομίζουν ότι τα ζώα δημιουργήθηκαν για να φροντίζουν τα φυτά. Τα φυτά – αυτή η τεράστια κλίμακα φωτοσυνθετών από τα λίγο μεγαλύτερα από φανταχτερά βακτηρίδια μέχρι τα μεγάλα δέντρα μπάνιαν, που το καθένα τους είναι σαν ένα δάσος – έχουν σημαντικούς λόγους να βλέπουν τους εαυτούς τους ως ανώτερα όντα. Δε χρειάζεται να τρέχουν και να κυνηγούν την τροφή τους, όπως κάνουν τα ζώα, αλλά μπορούν να κάθονται εκεί που είναι και να κατασκευάζουν εύκολα την τροφή και την ενέργειά τους από το φως του ήλιου και τις χημικές ουσίες του εδάφους, που τους τις προσφέρουν τα βακτηρίδια, οι μύκητες, τα σκουλήκια, τα έντομα και άλλα ζώα. Το διοξείδιο του άνθρακα που χρησιμοποιούν για να παράγουν ενέργεια, προσφέρεται επίσης από τα ζώα. Τα έντομα μεταφέρουν τη γύρη από φυτό σε φυτό, διευκολύνοντας τα φυτά να πολλαπλασιάζονται χωρίς να τρέχουν από 'δω κι από 'κει ακόμα και γι' αυτό το σκοπό.

Όταν τα φυτά βγάλουν τους σπόρους τους, τα ζώα εξακολουθούν να δουλεύουν γι' αυτά, μεταφέροντας τους σπόρους στα φτερά και στο τρίχωμά τους. Τα πουλιά και τα ζώα που βόσκουν, τρώνε επίσης τους καρπούς των φυτών και τους χωνεύουν. Έτσι, τα ζώα υγραίνουν τους σπόρους των φυτών και τους τυλίγουν σε πακέτα από πλούσιο λίπασμα κι ύστερα τους σκορπίζουν σε νέα μέρη για ν' αναπτυχθούν. Τα ζώα κάνουν, στην πραγματικότητα, τα πάντα για τα φυτά, ενώ τα φυτά κάθονται αναπαυτικά και δέχονται αυτές τις εξυπηρετήσεις σ' όλη τους τη ζωή, στο σημείο που πρωτορίζωσαν.

Κι έτσι, κάθε μορφή όντος της Γαίας – βακτηρίδια, μύκητες, φυτά ή ζώα – θα είχε λόγους να βλέπει τον εαυτό του ανώτερο από τα άλλα. Ακόμα και οι πέτρες, άλλωστε, θα μπορούσαν να νομίζουν ότι όλος ο κόσμος δεν είναι παρά ο δικός τους χώρος, οι ατέλειωτες μεταμορφώσεις τους σε ζωντανά όντα και ξανά σε πέτρες. Προσπαθείστε και μόνοι σας να ρίξετε μια ματιά στον κόσμο σας και να τον δείτε ως τίποτε λιγότερο και τίποτε περισσότερο από πέτρα – το τοπίο, τη θάλασσα και τον ουρανό, τα όντα, τον εαυτό σας και τους συνανθρώπους σας, τ' αεροπλάνα τους, τις πόλεις τους, τα έπιπλα του σπιτιού σας, τούτο το βιβλίο στα χέρια σας.

Οι ήπειροι της γης εξακολουθούν να κινούνται. Από τότε που διασπάστηκε η μεγάλη ενιαία ήπειρος, η Παγγαία, μετακινούν αργά αργά τις τεκτονικές πλάκες τους πάνω στο μαλακότερο περίβλημα που βρίσκεται κάτω απ' αυτές. Η Αφρική κι η Νότια Αμερική χωρίστηκαν μόλις την εποχή που εξαφανίστηκαν οι δεινόσαυροι, πριν από εξήντα εκατομμύρια χρόνια περίπου. Με την μετακίνησή του, το πέτρωμα χώρισε τις μορφές ζωής του, αποκόβοντας τα μέλη των ειδών, έτσι ώστε ν' αναγκαστούν ν' ακολουθήσουν διαφορετικές γραμμές εξέλιξης. Από τη σκοπιά του πετρώματος, το ίδιο κατευθύνει ακόμα και την πορεία της εξέλιξης, χάρη στην κίνησή του.

Τα βακτηρίδια μετέφεραν πάντα ποσότητες ορυκτών, σχηματίζοντας τις ορυκτές φλέβες, ακόμα και τις στήλες ουρανίου που εξορύσσουμε σήμερα. Πριν από μισό εκατομμύριο χρόνια, κάποια μικροσκοπικά θαλάσσια ζώα άρχισαν την ατέλειωτη δουλειά της μεταφοράς ασβεστίου σε τεράστιες ποσότητες, ενσωματώνοντάς το στα κελύφη τους και εναποθέτοντάς το στον πυθμένα της θάλασσας, ασβέστιο που αργότερα βγαίνει από το νερό για να γίνει στεριά. Στην ανθρακοφόρο εποχή των πρώτων μεγάλων δασών, τα φυτά άρχισαν τη δουλειά τους, δηλαδή να θάβουν τον άνθρακα κάτω από την επιφάνεια της γης, ώστε να μετατραπεί σε κάρβουνο και πετρέλαιο. Κι έτσι, ο πετρώδης φλοιός της γης, που κι ο ίδιος ήταν παλιότερα αστερόσκονη, θα είχε κάθε λόγο να θεωρεί τα βακτηρίδια, τα φυτά και τα ζώα δημιουργημένα στο μεταβολικό χορό του, ως δικές του επινοήσεις, προορισμένες να υπηρετούν τις ανάγκες του.

Απ' όλες αυτές τις προοπτικές, εμείς οι άνθρωποι θα αντιμετωπιζόμασταν ως καινούριοι, ως ένα τυχοδιωκτικό είδος που σκοτώνει ή θέτει σε κίνδυνο τους άλλους, μια και διεξάγουμε πόλεμο και με τα πέντε βασίλεια, συμπεριλαμβανομένου και του δικού μας: βακτηρίδια, πρώτιστα, μύκητες, φυτά και ζώα. Καίμε και κόβουμε τα δάση, χτίζουμε φράγματα και πνίγουμε τους ποταμούς, δημιουργούμε ερήμους, δηλητηριάζουμε το νερό, τον αέρα και το έδαφος ολόκληρου του πλανήτη. Και με τον πρωτοφανή εγωισμό μας συμπεριφερόμαστε μ' αυτόν τον τρόπο, ενώ αυτοανακηρυσσόμαστε κορύφωση της εξέλιξης.

Κι όμως, μόνον εμείς είμαστε ικανοί να έχουμε μια πραγματικά ευρεία κοσμοθεωρία, που ν' αντιπροσωπεύει το σύνολο της φύσης και να περιλαμβάνει όλες τις δυνατές σκοπιές, πέρα από τη δική μας. Μπορούμε – και πρέπει – ν' αποκτήσουμε αρκετή προοπτική, ώστε να βλέπουμε τους εαυτούς μας ως ένα μέρος ενός πολύ μεγαλύτερου ζωντανού συστήματος ή όντος και να μάθουμε να συμπεριφερόμαστε ανάλογα. Το σώμα της ανθρωπότητας, που το περιγράψαμε στη σημερινή του εξέλιξη, είναι ένα νέο είδος σώματος και, ταυτόχρονα, ένα όργανο στο σώμα της Γαίας – το τελευταίο όργανο που αναπτύχθηκε μέσα σ' αυτό και που τώρα μόλις δοκιμάζεται για ν' αποδειχθεί αν μπορεί να λειτουργήσει. Η ανθρωπότητα έχει αξιοθρήνητα λίγη εμπειρική ευφυΐα ή σοφία. Η συμπεριφορά της δεν είναι προγραμματισμένη από την εξέλιξη, αλλά εξαρτάται από μας – μια ελεύθερη επιλογή συνειδητών ιδεών, αποφάσεων και πρακτικών.

Μερικοί επιστήμονες έχουν αρχίσει να ονομάζουν τις ανθρώπινες ιδέες, ή τις μεμονωμένες πληροφορίες, μνήμες*. Αυτή η ονομασία αποσκοπεί να δείξει ότι οι ιδέες και οι πληροφορίες σχετίζονται με τα γονίδια, με την έννοια ότι είναι ένας νέος τρόπος με τον οποίο η φύση, στο ανθρώπινο πείραμά της, διευρύνεται και εκτελεί τη λειτουργία της διαμόρφωσης προγραμμάτων, που μπορούν

Σ.τ.Μ.: memes στο κείμενο.

να τα συμμερίζονται όλα τα μέλη του είδους και να μεταβιβάζονται στις επόμενες γενιές με νέους συνδυασμούς που καθορίζουν τη φύση του είδους. Σύμφωνα μ' αυτήν την άποψη, εμείς οι άνθρωποι είμαστε προγραμματισμένοι, φυσιολογικά από τα γονίδιά μας και κοινωνικά από τις μνήμες μας. Οι μνήμες – οι ιδέες μας για τους εαυτούς μας και τον κόσμο μας – είναι εκείνες με τις οποίες σχηματίζουμε τις κοσμοθεωρίες που διαμορφώνουν τις κοινωνίες μας.

Οι μνήμες μας καθορίζουν τώρα τη φύση του νέου σώματος της ανθρωπότητας. Οι μνήμες από τις οποίες διαμορφώσαμε τη σημερινή κοινωνική μας κοσμοθεωρία περιλαμβάνουν ιδέες των εαυτών μας διαιρεμένων σε ανταγωνιστικά έθνη – έθνη ή συνασπισμούς εθνών, που ανταγωνίζονται για τους πόρους και τη δύναμη, ακριβώς όπως ανταγωνίζονταν μεταξύ τους τα αρχαία βακτηρίδια, πριν σχηματίσουν έναν κοινό πυρήνα πρωτίστου και έτσι μια ταυτότητα πρωτίστου. Αυτές οι ιδέες με τα ξεχωριστά είδη σε ανταγωνισμό, πρέπει να μετατραπούν σε ιδέες συνεργασίας ανάμεσα στα διάφορα έθνη, όπως των οργάνων σ' ένα μεμονωμένο σώμα. Οι συνασπισμοί εθνών όπως το ΝΑΤΟ και η ΕΟΚ σχηματίστηκαν ήδη και λειτουργούν σαν οργανικά συστήματα που εκτελούν διάφορες αποστολές, όπως τα ζητήματα άμυνας και οικονομίας. Αυτά τα συστήματα, ωστόσο, είναι ανεξάρτητα από τα Ηνωμένα Έθνη και κατά μία έννοια , με αντίθετους σκοπούς από εκείνους του Ο.Η.Ε. Εξακολουθεί να μας λείπει η γενική προοπτική μέσα από την οποία θα μπορέσουμε να καταρτίσουμε ένα κοινό σχέδιο, αν και η εξέλιξή μας ως σήμερα μας έχει προετοιμάσει για να το κάνουμε. Αν αναμορφώσουμε τις μνήμες μας, την κοσμοθεωρία μας, σ' ένα κοινό σχέδιο εθελοντικής συνεργασίας – ένα εσωτερικά δημιουργικό, αυτοποιητικό σώμα της ανθρωπότητας – θα εγκαταλείψουμε τις παλιές μας ιδέες για το μηχανισμό της κοινωνίας και θα βρούμε νέους οργανικούς τρόπους για ν' αναδιοργανωθούμε. Έχει ήδη γίνει π.χ. η πρόταση, ότι οι οικολογικές περιοχές με φυσικά όρια, όπως είναι οι γραμμές διαχωρισμού των υδάτων, είναι πολύ πιο λογικές ως οικονομικοπολιτικές ενότητες απ' ότι τα σημερινά μας κράτη ή οι επαρχίες, με τα αυθαίρετα σχεδιασμένα σύνορά τους. Οι κάτοικοι τέτοιων περιοχών θα είχαν κοινά φυσικά συμφέροντα. Ασφαλώς τα φυσικά όρια των γεωγραφικών περιοχών περιείχαν τις αρχικές μας ανθρώπινες κοινωνίες, που αναγνώριζαν την εξάρτησή τους από τη φύση και δεν την έβλεπαν ακόμα ως έδαφος που μπορούσε να χωριστεί αυθαίρετα.

Δυστυχώς φαίνεται ότι χάσαμε μερικές από τις σημαντικές μνήμες που δημιουργήθηκαν στην ανθρώπινη ιστορία. Με την ικανότητά μας να προβλέπουμε, ονειρευόμαστε πολλές φορές μια Χρυσή Εποχή που θα έρθει. Όμως φαίνεται πως έχουμε ξεχάσει εντελώς τη Χρυσή Εποχή του παρελθόντος μας, που ο τελευταίος που τη μνημόνευσε ήταν ο Ησίοδος. Η μαζική αναταραχή της ανθρώπινης κοινωνίας, που άρχισε από έξι χιλιάδες χρόνια, ήταν τόσο αποτελεσματική στην προώθηση της κυριαρχίας και της επιθετικότητας αντί της συντροφικότητας και της ειρήνης, ώστε καταλήξαμε να θεωρούμε την επιθετικότητα φυσική κληρονομιά μας. Μπορούμε ν' ανακτήσουμε τις μνήμες της πολιτισμένης ισότητας και της ειρηνικής κατανομής του πλούτου, που φαίνεται ότι διέπνεαν τις οργανωμένες ανθρώπινες κοινωνίες τα προηγούμενα τριάντα χιλιάδες χρόνια περίπου;

Όπως κι αν χαράξουμε τα σύνορα και οργανωθούμε, το νέο μας σώμα της ανθρωπότητας πρέπει να είναι αρκετά ελαστικό για να εξελιχθεί σε παραπέρα στάδια. Μπορούμε να είμαστε βέβαιοι ότι θα είναι πάντα ατελές με τα παλιά μηχανικά κριτήρια. Όποιες κοινωνικές μορφές κι αν πάρει τελικά, η μετατροπή του σώματος της ανθρωπότητας σ' ένα υγιές λειτουργικό «όλον» μέσα στην ολαρχία της Γαίας είναι το μεγαλύτερο καθήκον που έχει αντιμετωπίσει μέχρι σήμερα η ανθρώπινη συνείδηση.

Ας ξαναδούμε αυτό το ζήτημα της συνειδητής σκέψης,

μια και σχετίζεται άμεσα με το ζήτημα της ηθικής που θέτει τούτο το κεφάλαιο.

Το σύστημα της Γαίας ως σύνολο δεν έχει συνειδητό νου, με τον οποίο να σκέφτεται για τη μεγάλη του πολυπλοκότητα ή να σχεδιάζει το μέλλον του. Δεν μπορεί να κάνει αφηρημένα μοντέλα του εαυτού του, ούτε θα μπορούσε να χρησιμοποιήσει τέτοια μοντέλα για ν' αποφασίσει τι θα κάνει στη συνέχεια. Κι όμως, το σύστημα της Γαίας λειτουργεί έξυπνα και σοφά, με βάση την πείρα δισεκατομμυρίων χρόνων, χωρίς συνειδητή σκέψη. Λειτουργεί, όπως είπαμε, με το είδος της ευφυΐας και της σοφίας που εξελίχθηκε και στα ίδια μας τα σώματα.

Η συνειδητή σκέψη είναι το πιο πρόσφατο πείραμα της Γαίας και ως τώρα λίγα πράγματα της έχουν ανατεθεί, πράγμα που δείχνει και πάλι τη σοφία της Γαίας. Τα σώματά μας εξακολουθούν να λειτουργούν χωρίς τη συνειδητή μας βοήθεια ή επέμβαση – ευτυχώς, δεδομένης της πολυπλοκότητας των λειτουργιών τους. Ο συνειδητός επιστημονικός νους μας – όσο κι αν μας εντυπωσιάζουν οι διαρκώς αυξανόμενες γνώσεις μας – απέχει πολύ από το να κατανοήσει έστω κι ένα μεμονωμένο κύτταρο ή όργανο, αρκετά καλά ώστε να διευθύνει τις συνηθισμένες καθημερινές υποθέσεις του.

Δεν έπρεπε να μας φαίνεται παράξενο ότι η ελευθερία των συνειδητών αποφάσεων που έχουμε μας προκαλεί τόσο πολύ άγχος. Κοιτάζουμε γύρω μας και βλέπουμε άλλα είδη να λειτουργούν στο σύνολό τους με τον τρόπο που λειτουργεί το δικό μας σώμα, αδιατάρακτα από ερωτήματα αν αυτό που κάνουν είναι σωστό ή λάθος, καλό ή κακό. Κι όμως, εμείς βρισκόμαστε να έχουμε ένα συνειδητό νου, που μπορεί να παίρνει αποφάσεις και αποτελεί ένα πειραματικό υποκατάστατο της έμφυτης «εξελικτικής γνώσης» των άλλων ειδών και πρέπει να χρησιμοποιούμε αυτόν το νου όσο καλύτερα μπορούμε για ν' αποφασίζουμε πώς θα συμπεριφερθούμε.

Εξαιτίας αυτής της μοναδικής δυνατότητας επιλογών, εμείς οι άνθρωποι είμαστε οι μόνοι που αναρωτιόμαστε τι είναι σωστό ή λάθος να κάνουμε, καλό ή κακό – προσωπικά, κοινωνικά και ως είδος. Η σύγχρονη επιστήμη, ωστόσο, αρνιόταν ν' ασχοληθεί με τέτοια ζητήματα, με την αιτιολογία ότι είναι ηθικά ζητήματα και η ηθική ανήκει στον τομέα της θρησκείας, όχι της επιστήμης. Όταν οι φιλόσοφοι του έκτου αιώνα π.Χ. δήλωναν ότι μπορούμε να βρούμε απαντήσεις στα ηθικά ερωτήματα παρατηρώντας τη φύση, η θρησκεία και η επιστήμη δεν είχαν ακόμα χωριστεί, ήταν κι οι δυο πλευρές της ίδιας αναζήτησης για προσανατολισμό και καθοδήγηση. Πολύ αργότερα, όταν χωρίστηκαν από τους σύγχρονους επιστήμονες, η ηθική έγινε τομέας της θρησκείας, ενώ οι επιστήμονες επέμεναν στην ηθική ουδετερότητά τους, την ανεξαρτησία τους από τις αξίες.

Αν οι αρχαίοι είχαν δίκιο – όπως υποστηρίζει τούτο το βιβλίο – ότι η φύση είναι πράγματι η καλύτερη πηγή καθοδήγησης που έχουν στη διάθεσή τους οι άνθρωποι, τότε ασφαλώς η επιστήμη, ως μελέτη της φύσης, είναι και το πιο κατάλληλο πεδίο για την ηθική – για να μας δείχνει τι είναι σοφό ή μη σοφό να κάνουμε, στις μεταξύ μας σχέσεις και με την υπόλοιπη φύση.

Είδαμε ιστορικά πώς απομακρυνθήκαμε απ' αυτό το δρόμο. Από την εποχή εκείνων των αρχαίων φιλοσόφων, καταλήξαμε να βλέπουμε τη συνείδησή μας ως ένα εγώ – να διαχωριζόμαστε από τη φύση σαν ένα αντικειμενικό «μάτι», να κατασκευάζουμε θεωρίες γι' αυτήν, να αναπτύσσουμε μια θρησκευτική-επιστημονική μηχανική κοσμοθεωρία για να την εξηγούμε και μια μηχανική τεχνολογία, που μας βοηθά να την βλέπουμε μέσα από φακούς και να την εκμεταλλευόμαστε με τις μηχανές μας. Όμως, παρ' όλες τις θρησκευτικές της ρίζες και παρά την τεχνολογική της επιτυχία, η μηχανική κοσμοθεωρία μάς αφήνει ν' αντιμετωπίσουμε τα τεράστια σημερινά προβλήματα, χωρίς καμιά ηθική καθοδήγηση για να τα λύσουμε.

Μάλιστα, νομίζαμε ότι δε θέλαμε μια τέτοια καθοδήγηση, γιατί μας ενοχλούσε και μόνη η αναφορά της ηθικής. Η ιστορία έχει δείξει ότι η ηθική – όπως ορίζεται παραδοσιακά και υπαγορεύεται από τις θρησκευτικές αυθεντίες – χρησιμοποιήθηκε περισσότερο για να κάνει τους ανθρώπους υπάκουους υπηρέτες των ισχυρών, παρά για το δικό τους καλό. Ωστόσο, όταν δε μας σερβίρουν έτοιμη την ηθική μας, όπως συνέβαινε με το ποίμνιο του Μεγάλου Ιεροεξεταστή, χρειαζόμαστε περισσότερο παρά ποτέ κάποια καθοδήγηση για να ξεπεράσουμε το άγχος που έρχεται μαζί με την ελευθερία. Δεν μπορούμε ν' αναλάβουμε την ευθύνη για τις πράξεις μας, αν δεν έχουμε κάποιον τρόπο για να κρίνουμε ποιες πράξεις είναι σωστές ή λαθεμένες, καλές ή κακές.

Η λέξη religion (θρησκεία) προέρχεται από το λατινικό re-ligio, που σημαίνει «ανασυνδέω». Η θρησκεία είναι ο τρόπος με τον οποίο ανασυνδεόμαστε με την προέλευσή μας, είτε αυτή η προέλευση είναι φανταστική – η δημιουργική πράξη μιας θεότητας – είτε την ανάγουμε στη φυσική εξέλιξη και χρειαζόμαστε κάποια καθοδήγηση γι' αυτήν την ανασύνδεση. Η φύση είναι πολύ πιθανόν να έχει δημιουργήσει μέσα μας αυτή την ανάγκη ανασύνδεσης, γιατί η επιβίωσή μας εξαρτάται από τη διατήρηση της σύνδεσης με την προέλευσή μας, από την κατανόηση από μέρους μας της σχέσης μας με το συνεξελισσόμενο περιβάλλον ή οικοσύστημα, έτσι ώστε να μπορούμε να παίζουμε έναν εξισορροπημένο ρόλο στο εσωτερικό του. Αφού μας έδωσε την ελεύθερη επιλογή, η φύση μάς έδωσε επίσης τη δυνατότητα να βρίσκουμε φυσική καθοδήγηση για να κάνουμε τις επιλογές μας.

Συζητήσαμε ήδη την ηθική καθοδήγηση που μπορούμε να βρούμε στην οργάνωση του ίδιου μας του σώματος, ακόμα και στην εξέλιξη των κυττάρων μας. Όμως, τι σημαίνει η κοινή εντύπωση ότι τίποτε δεν είναι *λιγότερο ηθικό* από τη φύση; Για να συμπεράνουμε ότι η φύση είναι σκληρή κι αναίσθητη, δεν έχουμε παρά να σκεφτούμε έναν πάνθηρα που επιτίθεται και σκοτώνει μια μικρή αντιλόπη, μια κουκουβάγια που ορμάει πάνω σ' ένα ποντίκι, ένα αλογάκι της Παναγιάς που καταβροχθίζει το κεφάλι του ίδιου του ερωτικού του συντρόφου, μια σφήκα που γεννάει τ' αβγά της μέσα σε μια ζωντανή κάμπια, την οποία τα παιδιά της θα φάνε σιγά σιγά από τα μέσα. Πολλά είδη αμύνονται άγρια – τα φυτά με τα θανάσιμα δηλητήριά τους και τα σουβλερά αγκάθια τους· μια πεταλούδα τρώει δηλητηριώδη φυτά, που θα σκοτώσουν όποιο πουλί προσπαθήσει να φάει την ίδια· ένας αχινός κάνει όποιον πατήσει πάνω του να πονάει για μέρες· ένα λιοντάρι κατασπαράζει τον κυνηγό του, όπως και τη λεία του. Όλα αυτά δεν είναι μια αχαλίνωτη, ανήθικη σκληρότητα;

Τέτοια επιχειρήματα δεν μπορούν να απορρίπτονται με ελαφρότητα, όμως, ας θυμηθούμε ότι τα προβάλλουμε από μια ανθρώπινη σκοπιά. Μάλιστα, αντικατοπτρίζουν ανθρώπινες ευαισθησίες που θα τις συζητήσουμε σε λίγο. Όμως για να κατανοήσουμε το σύστημα της Γαίας πρέπει να το δούμε επίσης από την προοπτική σύμφωνα με την οποία η ζωή είναι ο Βραχώδης φλοιός του πλανήτη μας που αναδιοργανώνεται σε μια ποικιλία ειδών τα οποία ανήκουν σ' ένα ενιαίο σύνολο, όπου τα μέρη αναγκαστικά ανακυκλώνονται.

Από την αρχή, οι πρώτες ζωντανές δέσμες από γιγάντια μόρια, που έμπαιναν σε κίνηση από τα ένζυμα, μπορούσαν να σχηματιστούν μόνο απορροφώντας και χρησιμοποιώντας μικρότερα μόρια τα οποία είχαν διαλυθεί από τα πετρώματα. Πολλά απ' αυτά τα μόρια αργότερα ενσωματώνονταν και πάλι στο πέτρωμα· άλλα γίνονταν μέρη νέων βακτηριδίων. Χωρίς μια τέτοια ανακύκλωση, πού θα βρισκόταν η Γαία; Ο κόσμος θα είχε γεμίσει με βακτηρίδια που απλώς θα πέθαιναν όταν θα εξαντλούνταν τα εφόδια κι αυτό θα ήταν το τέλος. Η γη θα κατέληγε τόσο νεκρή όσο είναι σήμερα η Αφροδίτη κι ο Άρης.

Η ανακύκλωση είναι το μυστικό της αέναης δημιουργικότητας της ζωής, αν κι εμείς οι άνθρωποι μόλις τώρα αρχίζουμε να καταλαβαίνουμε τα προβλήματα που προκάλεσε το είδος μας, χρησιμοποιώντας πράγματα χωρίς να τ' ανακυκλώνει. Καθώς τα εφόδια των «φυσικών» μορίων εξαντλούνταν, τα ζωντανά «όλα» ήταν υποχρεωμένα να χρησιμοποιήσουν τα «κατασκευασμένα» μόρια άλλων ζωντανών «όλων». Όπως είδαμε π.χ., τα βακτηρίδια άρχισαν να τρώνε το ένα το άλλο. Πολύ αργότερα, τα ζώα αναγκάστηκαν να αναπτύξουν τα μέσα για να κυνηγούν την τροφή τους, αντί να μένουν σ' ένα μέρος όπως τα φυτά τα οποία μπορούσαν να παράγουν τροφή από το φως του ήλιου και τις τοπικές χημικές ουσίες που ανακυκλώνονταν από άλλα είδη.

Έτσι, τα μεγάλα ζωντανά «όλα» εξελίχθηκαν και διατηρήθηκαν αφομοιώνοντας μικρότερα «όλα» και ανακυκλώνοντάς τα. Αυτό που μας ενοχλεί είναι το γεγονός ότι η τροφή τους είναι συχνά ζωντανή και πρέπει να τη σκοτώσουν για να τη φάνε. Όμως, γιατί μας ενοχλεί τόσο πολύ κάτι που είναι και στη δική μας φύση να το κάνουμε; Εμείς δεν προστατευόμαστε από επιθέσεις με τα καλύτερα όπλα που μπορούμε να φτιάξουμε; Δεν είμαστε κι οι ίδιοι κυνηγοί και φονιάδες; Ακόμα κι οι χορτοφάγοι διαμελίζουν τα φυτά, τα βράζουν μέχρι θανάτου, ή τα ροκανίζουν ωμά με δόντια που τρίζουν. Δεν μπορούμε να επιβιώσουμε χωρίς να τρεφόμαστε με άλλα ζωντανά πράγματα.

Αυτό που μας ενοχλεί είναι η πρόκληση άσκοπου πόνου; Τότε, ας σημειώσουμε ότι τα σύγχρονα μέσα με τα οποία παράγουμε πουλερικά και άλλα ζώα – για να μην αναφέρουμε τον τρόπο με τον οποίο μεταχειριζόμαστε τα πειραματόζωα – είναι πιο σκληρά με τα δικά μας κριτήρια απ' ότι τα μέσα με τα οποία σκοτώνουν τα άλλα είδη. Οι μέθοδοί μας συνεπάγονται τον περιορισμό των ζώων σε εξαιρετικά μικρά κουτιά ή κλουβιά, ενώ τα ζώα κυνηγούν και σκοτώνουν την ελεύθερη λεία τους πολύ γρήγορα. Κι υπάρχουν αρκετές ενδείξεις ότι τα σώματα που έχουν αναπτύξει την ικανότητα να αισθάνονται τον πόνο ως σήμα διαταραχής, ξέρουν πότε δεν μπορούν πια να αυτοπροστατευτούν και εξουδετερώνουν το σύστημα του πόνου, ώστε να μην υποφέρουν χωρίς λόγο. Αυτό φαίνεται ότι ισχύει τόσο για το τραυματισμένο ποντίκι στα νύχια μιας γάτας, όσο και για τον στρατιώτη που τραυματίζεται σε μια μάχη με το συνάνθρωπό του, για πολύ λιγότερο δικαιολογημένους λόγους.

Τα φυτά χρησιμοποιούν τα ανακυκλωμένα εφόδια με τρόπους που δε μας ενοχλούν. Παρ' όλο που τα μόρια που απορροφούν μέσα από τις ρίζες τους μπορεί ν' αποτελούσαν μέρη μεγάλων όντων, τα απορροφούν μόνο αφού τα όντα αποσυντεθούν, χάρη στα εργατικά βακτηρίδια. Ο τρόπος με τον οποίο τρώνε τα βακτηρίδια δεν μας ενοχλεί επίσης, επειδή αυτά και οι συνήθειές τους είναι αόρατα για μας.

Ακριβώς όπως εμείς πρέπει ν' ανανεώνουμε τα κύτταρά μας, η Γαία – που είναι σχεδόν τόσο αθάνατη όσο θα μπορούσαμε να επιθυμούμε να είμαστε κι εμείς – δεν μπορεί να παραμείνει υγιής χωρίς ν' αντικαταθιστά τα όντα-«κύτταρά» της. Όμως, η φυσική ηθική «επιτάσσει» ότι κάθε «όλον», μέσα σε κάθε ολαρχία, πρέπει να προσπαθεί να διατηρεί τη δική του ζωή όσο το δυνατόν περισσότερο, είτε είναι ένα μεμονωμένο κύτταρο, ένα ον, είτε ένα ολόκληρο είδος ή οικοσύστημα.

Αυτό είναι το κλειδί της φυσικής ηθικής – ότι το ατομικό συμφέρον κάθε επιπέδου ή στρώματος σε μια ολαρχία είναι η καλύτερη δυνατή στρατηγική, γιατί μόνο μέσα από αυτήν τη στρατηγική μπορεί η αμοιβαία συνεκτικότητα να πραγματοποιηθεί ανάμεσα σε όλα τα επίπεδα. Είδαμε ήδη πώς αυτό λειτουργεί στο σώμα μας, όμως θα δούμε πιο προσεχτικά την ίδια την αρχή. «Αμοιβαία» σημαίνει ανταποδιδόμεενη και «συνεκτικότητα» είναι η αρμονία ή συμφωνία – και η ανταποδιδόμενη αρμονία είναι αυτό που ονομάζουμε οικολογική ισορροπία. Όταν κάθε «όλον» στην ολαρχία ενός οικολογικού συστήματος φροντίζει τον εαυτό του, το αποτέλεσμα είναι μια ανταποδιδόμενη ισορροπία ή αμοιβαία συνεκτικότητα. Ένα είδος-«όλον» π.χ., διατηρείται υγιές, παράγοντας μια ποικιλία απογόνους σε ανταγωνιστικούς αριθμούς, από τους οποίους το πιθανότερο είναι ότι θα επιβιώσουν οι υγιέστεροι, που θα γίνουν και οι γονείς της επόμενης γενιάς. Όμως, το είδος-«όλον» χρειάζεται βοήθεια γι' αυτή την επιλογή – βοήθεια από το ευρύτερο «όλον» που είναι το οικοσύστημά του και που αποτελείται από άλλα είδη.

Στα ζώα είναι σαφές ότι οι κυνηγοί έχουν περισσότερες πιθανότητες να αρπάξουν τα πιο αδύνατα μέλη ενός είδους-λείας. Έτσι, ένα είδος-κυνηγός βοηθάει το είδος-λεία να παραμείνει υγιές εξοντώνοντας τα πιο αδύνατα μέλη του, ενώ το είδος-λεία βοηθάει το αρπαχτικό διατηρώντας το χορτάτο. Η αμοιβαία συνεκτικότητα συχνά συνεπάγεται την αμοιβαία ωφέλεια.

Τα περισσότερα είδη ζουν μ' ένα πολύ περιορισμένο διαιτολόγιο· πολλά τρώνε μόνο ένα μεμονωμένο είδος τροφής – τα κοάλα π.χ., τρώνε μόνο φύλλα ευκάλυπτου και οι μυρμηγκοφάγοι τρώνε μόνο μυρμήγκια. Αν ένα είδος φάει πάρα πολύ από το είδος-τροφή του, θα χάσει τα ίδια του τα μέλη από ασιτία. Αυτό δίνει στο είδος-τροφή μια δυνατότητα να αποκατασταθεί κι όταν συμβεί αυτό περισσότερα μέλη του είδους-κυνηγού θα ζήσουν και πάλι. Μ' αυτόν τον τρόπο τα είδη αποκαθιστούν τις ισορροπίες τους και συντελούν το ένα στην υγεία του άλλου. Η αμοιβαία συνεκτικότητα συνεπάγεται μια δυναμική – πάντα ατελή και πάντα μεταβαλλόμενη – διαδικασία εξισορρόπησης.

Είδαμε άλλα παραδείγματα αμοιβαίας συνεκτικότητας ανάμεσα σε άτομα και τα είδη τους, στο ζωτικό χώρο και τις κοινωνικές δομές που συζητήσαμε προηγουμένως. Τα άτομα που αγωνίζονται για το ζωτικό τους χώρο π.χ., το κάνουν με τέτοιο τρόπο, ώστε ολόκληρο το είδος να επωφελείται από την προστασία ενάντια στο συνωστισμό και τις ανεπαρκείς πηγές τροφής.

Η φύση δοκιμάζει τα εξελισσόμενα σχέδια των ειδών και των οικοσυστημάτων τους το ένα σε σχέση με το άλλο, ώστε να βρίσκονται σε ισορροπία – ή να μπορούν να την αποκαθιστούν – να ανταποδίδουν την αρμονία ή να είναι αμοιβαία συνεκτικά. Ό,τι αποδεικνύεται ανίκανο να αποκτήσει συνεκτικότητα με όλα τα άλλα γύρω του, δεν μπορεί να επιβιώσει.

Μπορεί κάποιος από μας να σκεφτεί κανέναν καλύτερο τρόπο για να διατηρείται η ζωή ως σύνολο ζωντανή και σε καλή υγεία; Το σύστημα είναι οργανωμένο έτσι ώστε κάθε μέρος να φροντίζει τον εαυτό του, χωρίς να παίρνει περισσότερα απ' όσα χρειάζεται και μ' αυτόν τον τρόπο συμβάλλει στην ευημερία του συνόλου! Κάθε μέρος βρίσκει έτσι μια δυναμική ισορροπία με κάθε άλλο μέρος, επεξεργάζεται την αμοιβαία συνεκτικότητα με τέτοιον τρόπο, ώστε ολοκληρο το σύστημα της Γαίας να λειτουργεί σαν ένας ενιαίος οργανισμός – δηλαδή, κάθε μέρος εκτός από το πειραματικό νέο ανθρώπινο είδος, που παίρνει πολύ περισσότερα απ' όσα χρειάζεται καταστρέφοντας ταυτόχρονα απερίσκεπτα άλλα είδη και οικοσυστήματα, σκοτώνει και καταδικάζει σε θάνατο από ασιτία μεγάλους αριθμούς ατόμων του ίδιου του του είδους, ενώ ταυτόχρονα κατηγορεί για σκληρότητα την υπόλοιπη φύση.

Τι να πούμε γι' αυτή την ανθρώπινη ευαισθησία, που ζει μέσα μας παράλληλα με τη σκληρότητα μας; Τι να πούμε γι' αυτή τη συμπόνοια που διακηρύσσουμε ότι αισθανόμαστε για τα άλλα πλάσματα, καθώς ταυτόχρονα τα βασανίζουμε και τα σφάζουμε; Και οι δυο πλευρές αυτού του ανθρώπινου πορτρέτου είναι μοναδικές· κανένα άλλο είδος δεν πραγματοποιεί αυτήν την αλόγιστη σφαγή άλλων ειδών και κανένα δεν εκφράζει συμπόνοια για τα άλλα είδη. Μήπως αυτά τα συναισθήματα συμπόνοιας υπάρχουν για να υπηρετούν κάποιο χρήσιμο σκοπό στο χορό της ζωής, όπως φαίνεται ότι κάνουν τα περισσότερα πράγματα που επιβιώνουν στη φύση; Μήπως αυτά τα συναισθήματα χρησιμεύουν για να μας αφυπνίζουν από την αδίστακτη σκληρότητά μας και να μας ωθούν προς την αμοιβαία συνεκτικότητα με τα άλλα είδη;

Το ενδιαφέρον για τους άλλους, όπως είδαμε, εξελίχθηκε στα θηλαστικά με τις απαρχές της επιλογής της συμπεριφοράς, της ικανότητας για μάθηση και της γέννησης ζωντανών μικρών που είχαν ανάγκη από φροντίδα και διδασκαλία. Τα συναισθήματα φαίνεται πως είναι τρόποι για να διευθύνεται ή να καθοδηγείται η συμπεριφορά, όταν υπάρχει επιλογή. Καθώς εμείς οι άνθρωποι έχουμε την πιο ελεύθερη συμπεριφορά, τη μεγαλύτερη δυνατότητα επιλογής, είναι φυσικό να έχουμε τα εντονότερα και πιο ποικίλα συναισθήματα. Κι έτσι φαίνεται πως είναι. Μεγάλο μέρος της ανθρώπινης συμπεριφορράς καθοδηγείται από τα συναισθήματα – πράγμα που είναι καλό, αλλά και κακό ορισμένες φορές. Όταν τα συναισθήματά μας μας καταλαμβάνουν ολοκληρωτικά, χάνουμε την ικανότητά μας να σκεφτόμαστε τις δυνατότητες και τις συνέπειες μιας επιλογής. Από την άλλη πλευρά, όταν χρησιμοποιούμε μόνο την ικανότητά μας να σκεφτόμαστε, γινόμαστε ψυχροί και υπολογιστικοί, μ' έναν τρόπο που τον θεωρούμε μηχανικό, ή «απάνθρωπο». Όπως όλα τα άλλα πράγματα στη φύση, η ανθρώπινη σκέψη και το ανθρώπινο συναίσθημα χρειάζονται διαρκώς εξισορρόπηση.

Όμως, ας ξαναγυρίσουμε στο ειδικά ανθρώπινο συναίσθημα της φρίκης για τη σκληρότητα της φύσης. Όταν ο Δαρβίνος διακήρυξε ότι ο ανταγωνισμός για τους ανεπαρκείς πόρους ήταν η μοναδική κινητήρια δύναμη της εξέλιξης, η θεωρία του, όπως είδαμε, χρησιμοποιήθηκε γρήγορα για να δικαιολογήσει τη σκληρότητα στον ανθρώπινο κόσμο – αν όλη η φύση ήταν μια αιματηρή μάχη «με νύχια και με δόντια», τότε γιατί οι άνθρωποι ν' αποτελούν εξαίρεση; Η ανταγωνιστική εκμετάλλευση των πόρων και της εργασίας από τους πλούσιους, καθώς οικοδομούσαν ένα βιομηχανικό κόσμο, έβρισκε έτσι μια δικαιολογία ότι ήταν κάτι το φυσικό!

Ακόμα και σήμερα υπάρχουν κοινωνιοβιολόγοι που πιστεύουν ότι η επιθετικότητα είναι η έμφυτη, κι επομένως αμετάβλητη, ζωική κληρονομιά μας, αν και δεν ισχυρίζονται ότι είναι και ηθική. Οι ανθρωπολόγοι, που μελετούν διάφορους ανθρώπινους πολιτισμούς, μας είπαν ότι η ηθική δεν είναι στην πραγματικότητα τίποτε περισσότερο από μια σειρά κωδίκων συμπεριφοράς, ειδικών σε μεμονωμένες εθνικές ομάδες. Αυτό που είναι ηθικό σ' έναν πολιτισμό είναι ανήθικο σ' έναν άλλον, επομένως, δεν έχει νόημα να προσπαθεί κανείς να βρει μια κοινή ανθρώπινη ηθική.

Κι όμως, μια κοινή ανθρώπινη ηθική είναι σήμερα αυτό που χρειαζόμαστε περισσότερο απ' οτιδήποτε άλλο – μια ηθική που θα μας καθοδηγεί στη μεταξύ μας συμπεριφορά και προς το φυσικό κόσμο στον οποίο ανήκουμε. Η βάση μας για μια τέτοια ηθική είναι πολύ διαφορετική σήμερα που δε βλέπουμε πια τη φύση σαν ένα αιματηρό πεδίο μάχης για ανταγωνιστικούς αγώνες γύρω από περιορισμένους πόρους. Ο ανταγωνισμός είναι απλώς μια πλευρά της δημιουργικής οργάνωσης της φύσης σε αμοιβαία συνεκτικά «όλα», μέσα σε ολαρχίες. Αυτό που βλέπουμε καθαρά είναι ότι η υγεία κάθε «όλου» εξαρτάται από την υγεία των ευρύτερων «όλων» μέσα στα οποία ζει. Έτσι, κάθε «όλον», φροντίζοντας τον εαυτό του, πρέπει επίσης να συνεργάζεται με τα άλλα «όλα» για να βοηθά στην εξυπηρέτηση των συμφερόντων των ευρύτερων «όλων».

Αυτή, όπως είπαμε, είναι η καρδιά της οικολογικής ηθικής, το συμφέρον κάθε μεμονωμένου «όλου» – είτε αυτό είναι κύτταρο, είτε σώμα, κοινωνία, είδος, οικοσύστημα, ή ένας ολόκληρος ζωντανός πλανήτης – εξισορροπημένο στην αμοιβαία συνεκτικότητα του συνόλου και όλων των μερών του. Για μας, αυτό σημαίνει ν' αναγνωρίσουμε πόσο επηρεάζουμε το ζωντανό πλανήτη του οποίου αποτελούμε μέρος και από τον οποίο εξαρτάται η συνέχιση της ύπαρξής μας. Για να φροντίσουμε τα δικά μας συμφέροντα, *απαιτείται* να γνωρίζουμε τα συμφέροντα ολόκληρου του περιβάλλοντός μας, δηλαδή ολόκληρου του ζωντανού πλανήτη μας. Οι ελεύθερες επιλογές μας, για να εξυπηρετήσουν τα μακροπρόθεσμα συμφέροντά μας, πρέπει να υπηρετούν επίσης τα συμφέροντα των άλλων ειδών, γιατί η φυσική ηθική συμπεριφορά είναι εκείνη που συμβάλλει στην υγεία ολόκληρου του συστήματος της Γαίας.

Η ιστορία μας μας οδήγησε στο μυωπικό εφηβικό εγωισμό του πολέμου, του μίσους, της καχυποψίας και της ανενδοίαστης καταστροφής του περιβάλλοντός μας. Μακροχρόνιες συνήθειες μάς κάνουν να πιστεύουμε ότι όλη η φύση είναι ιδιοκτησία του ανθρώπου κι έτσι παίρνουμε ο ένας από τον άλλον γη και πόρους με κίνητρο το κέρδος. Είναι πια καιρός να συνειδητοποιήσουμε ότι η μεγιστοποίηση των ατομικών κερδών ελαχιστοποιεί την ανθρώπινη κοινωνική σταθερότητα και ευημερία, ενώ η μεγιστοποίηση των συλλογικών κερδών καταστρέφει το σύστημα που μας κρατά στη ζωή. Αν θέλουμε να επιβιώσουμε ως είδος, πρέπει να μάθουμε ν' αλλάζουμε τις ιδέες μας και τον τρόπο ζωής μας, για να ζήσουμε σε μια εξισορροπημένη ανακυκλωτική οικονομία, όπως η υπόλοιπη φύση.

Μάλιστα, είναι πια καιρός να συνειδητοποιήσουμε ότι πρέπει ν' αλλάξουν θεμελειακά όλες μας οι παλιές συνήθειες και τα κατεστημένα συμφέροντά μας, ακόμα κι αν αυτά σχηματίζουν την ατομική και εθνική μας ταυτότητα. Οι αλλαγές που απαιτούνται είναι βαθύτερες και πιο εκτεταμένες απ' ό,τι ζήτησε ποτέ οποιοσδήποτε επαναστάτης ηγέτης, ή απ' ό,τι ονειρεύτηκε ποτέ να ζητήσει. Κι όμως, μπορούμε να πραγματοποιήσουμε αυτές τις αλλαγές ειρηνικά και όλοι μπορούν να κερδίσουν.

Το πρόβλημα είναι ότι δεν μπορούν να πραγματοποιηθούν με το πιστόλι στον κρόταφο. Πρέπει να πραγματοποιηθούν εθελοντικά κι αυτό είναι ίσως το πιο δύσκολο. Το κίνητρο του κέρδους είναι τόσο βαθιά ριζωμένο στη δυτική κοινωνία π.χ., ώστε οι επιστήμονες έφτασαν στο σημείο να επικρίνουν τη φύση για σπάταλη αναποτελεσματικότητα, επισημαίνοντας ότι τα φωτοσυνθετικά φυτά χρησιμοποιούν ένα μικρό μόνο μέρος της ενέργειας που είναι διαθέσιμη στο ηλιακό φως. Μπορούν αυτοί οι άνθρωποι να μάθουν να εκτιμούν το γεγονός ότι τα φυτά αποσπούν ακριβώς όση ενέργεια χρειάζονται για τον εαυτό τους και για να διατηρούν την προσεχτική ισορροπία της ανταλλαγής ενέργειας στο περιβάλλον τους;

Η θεραπεία για το άγχος της ελευθερίας είναι η βεβαιότητα ότι έχει κανείς κάποιο τρόπο ώστε να ξέρει τι πρέπει να κάνει. Αν συμφωνούμε να θεωρούμε ηθική ανθρώπινη συμπεριφορά αυτό που πιστεύουμε ειλικρινά – σύμφωνα με τις γνώσεις μας – ότι είναι υγιεινό για το είδος μας και υγιεινό, ή τουλάχιστον μη βλαβερό, για τα άλλα είδη, για το περιβάλλον, για τον πλανήτη μας, τότε έχουμε έναν οδηγό.

Η πανάρχαια θρησκευτική αναζήτηση για μια ανασύνδεση με την προέλευσή μας ήταν αναζήτηση όχι μόνο της προέλευσής μας, αλλά και του δημιουργού μας, ως πηγή έμπνευσης, καθοδήγησης και σιγουριάς, που θα μας οδηγούσε σε μια καλύτερη ζωή. Στην παιδική ηλικία του ανθρώπινου πολιτισμού, απεικονίζαμε αυτήν την πηγή ως γονικές θεότητες με ανθρώπινη μορφή. Αργότερα, με το εφηβικό θράσος μας, τις απορρίψαμε όλες και πιστέψαμε ότι σ' όλο το σύμπαν δεν υπήρχε τίποτε μεγαλύτερο ή πιο ευφυές από μας τους ίδιους. Σήμερα, στο κατώφλι της ωριμότητας, μπορούμε να καταλάβουμε ότι οι αρχαίες διαισθήσεις μας ήταν αληθινές. Πηγή της δημιουργίας μας είναι πραγματικά ένα εμπνευσμένο ον, πολύ μεγαλύτερο και σοφότερο από μας· ένα ον που μας ανέθρεψε και μπορεί να μας οδηγήσει σ' έναν καλύτερο τρόπο ζωής – όχι ένας τέλειος υπεράνθρωπος γονιός, αλλά ο ατελής κι όμως θαυμαστά πολυμήχανος πλανήτης του οποίου αποτελούμε μέρος και που μπορεί κι ο ίδιος να αποτελεί μέρος ενός πολύ μεγαλύτερου όντος. Έχουμε την ωριμότητα να το καταλάβουμε;

18. Κοσμική συνέχεια

Η ζωή, όπως την εννοούμε σε τούτο το βιβλίο, είναι η αυτοοργανωμένη ή αυτοποιητική δραστηριότητα της ύλης, ωθούμενη από ενεργητικές αλληλεπιδράσεις ανάμεσα σε μεγάλα και μικροσκοπικά γεγονότα, ανάμεσα στις τάσεις της ύλης/ενέργειας να διαφοροποιείται και να συνενώνεται. Απ' αυτήν τη σκοπιά για τη ζωή, η ύλη/ενέργεια διευθετείται σε ζωντανά συστήματα με όρια αλλά και με αλληλεπιδράσεις, ίσως σε γαλαξιακή ή υπεργαλαξιακή κλίμακα, ασφαλώς σε μια κλίμακα τόσο μεγάλη όσο ολόκληρος ο πλανήτης μας, όπως και στο μικροσκοπικό κόσμο των βακτηριδίων. Από τη σημερινή μας προοπτική και με την περιορισμένη μας γνώση, βλέπουμε ότι η πλανητική ζωή ανέπτυξε τα πιο δραστήρια και πολύπλοκα συστήματα.

Σύμφωνα με την παλιότερη κοσμοθεωρία, που εξακολουθεί να επικρατεί, η ζωή νοείται ως ένα μάλλον συμπτωματικό μέρος του σύμπαντος, παρά ως η ουσιαστική τάση του. Σύμφωνα μ' αυτή την άποψη, ο άψυχος συμπαντικός μηχανισμός λειτουργούσε ήδη πάνω από δέκα δισεκατομμύρια χρόνια, όταν ένα μέρος της μη ζωντανής ύλης πάνω σε ορισμένους σπάνιους πλανήτες – τουλάχιστον σε έναν – μετατράπηκε συμπτωματικά σε ζωντανή ύλη. Αυτός ήταν ο μόνος τρόπος με τον οποίο οι επιστήμονες μπορούσαν να προσαρμόσουν τις ανακαλύψεις τους στα κατεστημένα κοσμικά πρότυπα.

Επειδή η σύγχρονη επιστήμη ιδρύθηκε από αστρονόμους-φυσικούς, τα μηχανικά μαθηματικά τους μοντέλα του κόσμου ήταν αποδεκτά ως βάση όλης της επιστήμης. Η φυσική εξακολουθεί να θεωρείται η βασικότερη επιστήμη – η επιστήμη που είναι υπεύθυνη να εξηγεί τη μη ζωντανή ύλη, εκείνη που είναι υπεύθυνη να εξηγεί πώς σχηματίστηκε ο κόσμος. Δεν μπορούμε να μαντέψουμε πώς η οργανική κοσμοθεωρία θα είχε εξελιχθεί σήμερα, αν οι βιολόγοι έπαιζαν τον πρώτο ρόλο στην επιστήμη αντί για τους φυσικούς – αν οι φυσικοί αναγκάζονταν να προσαρμόσουν τις ανακαλύψεις τους στο μοντέλο ενός οργανικού, ζωντανού σύμπαντος.

Οι βιολόγοι – που εργάζονται με ζωντανούς οργανισμούς και τους βλέπουν ν' αναπαράγονται, ν' αναπτύσσονται ως έμβρυα, να φροντίζουν τους εαυτούς τους – συχνά δυσκολεύονταν να προσαρμόσουν τη ζωή στη μηχανική κοσμοθεωρία. Όμως, η βιολογία απλώς δεν είχε το κύρος της φυσικής κι έτσι οι βιολόγοι δεν ήταν εύκολο ν' αμφισβητήσουν τα μοντέλα της φύσης των φυσικών. Σήμερα, που βλέπουμε τη ζωή στη γη ως μέρος ενός αυτοδημιουργημένου γαλαξία, ως πλανητικό φλοιό, που μετατρέπεται σ' ένα δίκτυο από όντα και περιβάλλοντα, είναι σαφές ότι τα ζωντανά όντα δεν είναι συναρμολογημένα από κομμάτια και δεν είναι σχηματισμένα απ' έξω, σαν τις μηχανές. Τα ζωντανά όντα δε συναρμολογούνται από μόρια εδώ κι εκεί σε μερικούς πλανήτες, ούτε συναρμολογούνται σε οικολογικά συστήματα. Αντίθετα, κάποιοι ολόκληροι πλανήτες αναπτύσσουν το μεταβολισμό των ζωντανών όντων, ζωντανεύουν όλο και πιο πολύ χάρη στη μεγάλη ροή ενέργειας ανάμεσα στα άστρα τους και τους ίδιους και συσσωρεύουν τα υλικά του φλοιού τους σε όλο και πιο πολλά είδη που δημιουργούν τα δικά τους μεταβαλλόμενα περιβάλλοντα.

Δεν ξέρουμε ακόμα ποιο ρόλο παίζουν οι ζωντανοί πλανήτες στους γαλαξίες τους και στα μεγαλύτερα συστήματα του σύμπαντός μας. Ο γαλαξίας μας έχει διαφοροποιηθεί από ένα προγαλαξιακό νεφέλωμα σ' ένα πολύπλοκο σύστημα από πυρήνες, άστρα, αστρικά συστήματα, νεφελώματα, πλανήτες, κομήτες και άλλα μέρη. Πιθανότατα, λίγοι μόνο από τους πολλούς πλανήτες καταλήγουν να εξελιχθούν – όπως συμβαίνει με τους σπόρους και τα ωάρια της γήινης ζωής. Ίσως αυτοί που εξελίσσονται θα συνενωθούν κάποτε, όπως τα βακτηρίδια σε πυρηνούχα κύτταρα, ή όπως τα πυρηνούχα κύτταρα σε πολυκύτταρους οργανισμούς, ή όπως οι άνθρωποι σ' ένα σώμα της ανθρωπότητας – αν δεν αποτελούν ήδη μέρος ενός μεγαλύτερου όντος.

Υπάρχουν ατέλειωτα μυστήρια για εξιχνίαση. Μια μεγάλη ποικιλία οργανικών μορίων π.χ. έρχονται μέσα από το διαστρικό διάστημα, όπως φαίνεται, από το κέντρο του γαλαξία μας. Όμως, δεν ξέρουμε ούτε πώς μπορούν να σχηματίζονται εκεί ούτε καν από τι αποτελείται αυτό το κέντρο, επειδή μας το κρύβουν τα μεγάλα νεφελώματα που τα τηλεσκόπιά μας δεν μπορούν να τα διαπεράσουν. Τα τηλεσκόπιά μας δεν μας έχουν επίσης ως τώρα αποκαλύψει πλανήτες που ν' ανήκουν σε άλλο άστρο εκτός από τον ήλιο μας, παρ' όλο που ξέρουμε ότι αυτοί πρέπει να υπάρχουν εκεί έξω. Η σημερινή αντίληψή μας μπορεί να είναι κάπως σαν εκείνη των μιτοχονδρίων στα δικά μας ζωντανά κύτταρα, που προσπαθούν να αντιληφθούν το όργανο-«γαλαξία» και το σώμα-«σύμπαν» του οποίου αποτελούν μέρος, χωρίς να μπορούν να καταλάβουν, ή ακόμα και να μαντέψουν, τι ακριβώς είναι αυτά τα μεγαλύτερα «όλα».

Παρ' όλα αυτά, η οργανική κοσμοθεωρία θα μας δίνει διαρκώς μεγαλύτερη προοπτική για τα όρια μέχρι τα οποία η μηχανική μπορεί να εξηγήσει το σύμπαν κι επίσης θα μας δίνει όλο και πιο πολλή δύναμη να ξεπεράσουμε αυτά τα όρια, ακριβώς όπως οι μη ευκλείδειες γεωμετρίες και η θεωρία της σχετικότητας ξεπέρασαν τα όρια της ευκλείδειας γεωμετρίας και της κλασικής φυσικής.

Η επιστήμη μερικές φορές προχωρεί τολμηρά στο καινούριο, συνολικά όμως τείνει να είναι συντηρητική. Οι περισσότεροι φυσικοί είναι ακόμα απρόθυμοι να αλλάξουν την προοπτική τους, παρ' όλο που δυσκολεύονται όλο και πιο πολύ να προσαρμόσουν τις νέες ανακαλύψεις τους στα παλιότερα μηχανικά μοντέλα τους. Με μεγάλη τους έκπληξη ανακάλυψαν ότι οι βασικές ιδιότητες της ύλης – ιδιότητες και περιορισμοί, που η ύλη τα είχε από την πρώτη αρχή του σύμπαντος – είναι ακριβώς αυτές που είναι *απαραίτητες* για να εξελιχθεί η ζωή. Μάλιστα, αυτές καθιστούν τη ζωή αναπόφευκτη. Φυσικά, αυτό δεν ταιριάζει καθόλου με την ιδέα ότι η ζωή είναι τυχαία και συμπτωματική μέσα στο σύμπαν. Όμως, αντί ν' αλλάξουν το κοσμικό τους μοντέλο από μηχανικό σε οργανικό, όπου η αυτοοργάνωση των ζωντανών συστημάτων είναι φυσική για την κοσμική ύλη, ορισμένοι φυσικοί ξαναγυρίζουν στην παλιά άποψη της σκόπιμης μηχανικής. Προτείνουν την *ανθρωπική αρχή*, που λέει ότι οι θαυμαστές ιδιότητες της κοσμικής ύλης μπορούν να εξηγηθούν καλύτερα αν υποθέσει κανείς ότι στόχος της από την αρχή ήταν να δημιουργηθεί ο άνθρωπος! Καθώς η φυσική ύλη καθεαυτή δεν μπορεί να έχει κανένα σκοπό ή στόχο, η ανθρωπική αρχή ερμηνεύεται ως συνέπεια της ύπαρξης ενός δημιουργού, ενός θεϊκού νου.

Δεν υπάρχει φυσικά κανένας τρόπος για ν' αποδειχθεί η ύπαρξη ή η ανυπαρξία ενός τέτοιου θεϊκού νου. Όπως είπαμε προηγουμένως, οι κοσμοθεωρίες μας είναι *δικά μας* δημιουργήματα, βασίζονται στις περιορισμένες μας πληροφορίες για την πραματικότητα και δεν έχουμε καμιά απολύτως πληροφορία για τέτοια ζητήματα. Η ύπαρξη ενός Δημιουργού ήταν πάντα ζήτημα πίστης για μας τους ανθρώπους – μιας πίστης ότι *πρέπει* να υπάρχει ένας Δημιουργός, αν δεν μπορεί να βρεθεί καμιά άλλη εξήγηση της δημιουργίας.

Τον περασμένο αιώνα, οι επιστήμονες εργάστηκαν πάνω σε εξηγήσεις που να μπορούν όσο το δυνατόν να δοκιμαστούν πειραματικά και που βασίζονται στις λιγότερες δυνατές υποθέσεις. Αυτό ισχύει ιδιαίτερα για εκείνες τις εξηγήσεις που δεν απαιτούν την υπόθεση για την ύπαρξη ενός Δημιουργού. Όμως το ερώτημα πώς άρχισε η ζωή σ' ένα μηχανικό σύμπαν χωρίς Δημιουργό και πώς συνεχίζεται, δεν έλαβε ικανοποιητική απάντηση στα πλαίσια της επιστημονικής μηχανικής κοσμοθεωρίας. Πριν από έναν αιώνα, οι μηχανικές εξηγήσεις της ζωής ως μιας συμπτωματικής συνένωσης μορίων, που άλλαζαν μορφή από άλλες συμπτώσεις και συγκεντρώνονταν σε διαφορετικά είδη μέσα από μηχανικές πιέσεις ανταγωνισμού, ήταν αρκετά πειστικές, όμως όσο αυξάνονται οι γνώσεις μας γίνονται όλο και πιο ανεπαρκείς. Σήμερα πρέπει να αποφασίσουμε, αν θα επιστρέψουμε σ' ένα μοντέλο δημιουργίας που προέκυψε χάρη σε μια θεότητα με συγκεκριμένους σκοπούς, ή αν θα εξακολουθήσουμε να εργαζόμαστε πάνω στο μοντέλο ενός αυτοοργανωνόμενου σύμπαντος.

Λίγο χρόνο αργότερα αφότου διατυπώθηκε από τους επιστήμονες η μηχανική θεωρία της εξέλιξης, αμφισβητήθηκε από ορισμένους φιλοσόφους, μεταξύ των οποίων συμπεριλαμβάνονταν ο Ανρί Μπεργκσόν και ο Πιερ Τεγιάρ Ντε Σαρντέν, καθώς και ο Άλφρεντ Νορθ Γουάιτχεντ, που επεξεργάστηκαν οργανικά μοντέλα ή θεωρίες, στις οποίες η ζωή αντιμετωπίζεται ως εγγενής στο σύμπανν. Ο Μπεργκσόν αντιτασσόταν στην ιδέα του σκοπού στη φύση, αλλά πρότεινε την ύπαρξη μιας μυστηριώδους ζωτικής δύναμης που είναι ξεχωριστή από την ύλη και παλεύει μαζί της σε μια προσπάθεια να την οργανώσει. Οι επιστήμονες, γι' αυτόν ακριβώς το λόγο, έτειναν να απορρίπτουν το μοντέλο του. Ο Τεγιάρ Ντε Σαρντέν, παρ' όλο που εξηγούσε τη ζωή ως φυσική εξέλιξη της αυτοοργανωνόμενης ύλης, θεωρούσε ότι η εξέλιξη είναι σκόπιμη και οδηγεί μέσω του ανθρώπινου είδους σ' ένα «σημείο Ωμέγα-Θεός», έτσι το έργο του επίσης απορριπτόταν από τους περισσότερους επιστήμονες. Ο Γουάιτχεντ ήταν υπερβολικά φιλοσοφικός και ασαφής για τους πρακτικούς επιστήμονες, όμως τα λεγόμενά του για την οργανική ύλη και το Θεό θα τους απωθούσαν έτσι κι αλλιώς.

Είδαμε, λοιπόν, ότι τουλάχιστον μερικοί επιστήμονες εργάστηκαν πάνω σε θεωρίες οργανικής δημιουργίας μέσα στην ίδια την ύλη. Ένας τέτοιος επιστήμονας ήταν ο νεότερος σύγχρονος του Κάρολου Δαρβίνου, ο Ρώσος Βλαντιμίρ Βερνάντσκι, που η ιδέα του για τη ζωή ως μια μεγαβολικά δραστήρια «διασπορά πετρωμάτων» διατρέχει τούτο το βιβλίο. Ένας άλλος ήταν ο Τζορτζ Χάτσινσον, ο καθηγητής του Πανεπιστημίου Γέιλ που διέδοσε τις ιδέες του Βερνάντσκι στην Αμερική. Ο Τζέιμς Λόβλοκ και η Λιν Μάργκουλις αναγνωρίζουν πως η ιδέα του γεωλόγου-γιατρού Τζέιμς Χάτον ότι η γη είναι ζωντανή αποτέλεσε τον πρόδρομο της υπόθεσης της Γαίας. Το «αυτοοργανωνόμενο σύμπαν» του Έριχ Γιαντς, που επίσης επηρέασε τη συγγραφή τούτου του βιβλίου, δείχνει την αλληλεπίδραση των μεγαλύτερων και μικρότερων γεγονότων της κοσμικής ύλης/ενέργειας, που παράγει τα όλο και πιο πολύπλοκα συστήματα ενός ουσιαστικά ζωντανού σύμπαντος. Κανένα απ' αυτά τα επιστημονικά μοντέλα δεν περιέχει την ιδέα μιας σκοπιμότητας, ή μιας ζωτικής δύναμης ή του Θεού.

Το μυστήριο της ζωής αρχίζει να ξεκαθαρίζει μόλις πάψουμε να σκεφτόμαστε τον κόσμο ως ένα μηχανικό συναρμολόγημα από ατομικά, αστρικά και γαλαξιακά μέρη – μόλις αρχίσουμε να συνειδητοποιούμε ότι τα κοσμικά «μέρη» σχηματίζονται από, και είναι σχηματισμένα μέσα σε, ευρύτερα σύνολα, και δε σχηματίζονται μέσα, και από, οικοσυστήματα στην εξέλιξή τους. Δεν είναι πιθανό ότι η ζωή «εδώ κάτω» συμπεριφέρεται ουσιαστικά με τον ίδιο τρόπο που συμπεριφέρονται τα πράγματα «εκεί επάνω», στον ευρύτερο κόσμο, όπως υποστήριζαν οι αρχαίοι;

Στο Κεφάλαιο 2 είδαμε ότι σχηματισμοί τόσο απλοί σαν στρόβιλοι, μέσα σε νερό ή πρωτογαλαξιακά νεφελώματα, απορροφούν ύλη, διατηρούν το σχήμα τους διαμορφώνοντας τη ροή της και αποβάλλουν τη χρησιμοποιημένη ύλη στο περιβάλλον τους – το βασικό είδος της οργάνωσης κάθε ζωντανού όντος σε σχέση με το περιβάλλον του. Παρ' όλο που αυτά τα στροβιλιζόμενα νεφελώματα δε μετατρέπουν τα υλικά, όπως απαιτείται για την αυτοποίηση, ασφαλώς το κάνουν όταν εξελίσσονται σε κανονικούς γαλαξίες, δείχνοντας ότι η διαδικασία από τη προ-ζωή στη ζωή είναι συνεχής. Παραμένει ανοιχτό το ερώτημα, αν οι γαλαξίες έχουν όρια και ανταλλάσσουν υλικά μέσα απ' αυτά τα όρια· είναι όμως γνωστό ότι οι γαλαξίες διασπώνται και συνενώνονται. Οπωσδήποτε, τα ζωντανά όντα αποκτούν την ταυτότητα και τη σχετική αυτονομία τους οργανώνοντας τη δική τους μορφή και λειτουργία, όμως παραμένουν εξαρτημένα από το περιβάλλον τους, ή το ευρύτερο «όλον», για ν' αντλούν τα εφόδιά τους και να αποβάλλουν τα απόβλητά τους σ' αυτό.

Η ζωή είναι επίσης λιγότερο μυστηριώδης όταν δούμε πώς οργανώνεται μέσα από αλληλεπιδράσεις ανάμεσα σε τεράστιους γαλαξιακούς στροβίλους και μικροσκοπικά δραστήρια άτομα, ανάμεσα στην ενέργεια του ήλιου μας και τα μόρια στο φλοιό του πλανήτη μας, ανάμεσα στην άμπωτη και την παλίρροια που δημιουργούνται από το φεγγάρι και τα μικροσκοπικά λιποσώματα που κολυμπούν και στεγνώνουν σε κύκλους. Από πολλές απόψεις, η εξέλιξη ενός αυτοοργανωνόμενου ζωντανού πλανήτη είναι μια λιγότερο μυστηριώδης, περισσότερο κομψή και πιο ικανοποιητική αντίληψη για τη ζωή, απ' ότι η ιδέα πως τα εκπληκτικά πολύπλοκα ζώντα συστήματα και οι αρμονίες δημιουργήθηκαν είτε από μηχανικές συμπτώσεις και συναρμολογήσεις μερών, είτε από το σκόπιμο σχεδιασμό ενός αόρατου νου.

Παρ' όλα αυτά, οι επιστήμονες ίσως συνεχίσουν για ένα διάστημα να αμφιταλαντεύονται ανάμεσα σε ιδέες περί συμπτώσεων και σκοπιμοτήτων, για να εξηγήσουν πώς η μη-ζωή γίνεται ζωή. Δεν ήταν εύκολο ν' αντιληφθούμε ότι η ύλη και η ενέργεια, το κύμα και το σωματίδιο, ο χρόνος και ο χώρος αποτελούν πλευρές της ίδιας ενότητας στην οποία βασίζονται· ίσως είναι ακόμα πιο δύσκολο ν' αντιληφθούμε ότι η ζωή και η μη-ζωή αποτελούν πλευρές της κοσμικής διαδικασίας, ή σχετικές οργανωτικές καταστάσεις της κοσμικής ύλης. Δεν έχουμε πρόβλημα να δούμε τη διαδικασία της ζωής σε ένα λυκόπερδο που σκάει για να σκορπιστούν οι σπόροι του, όμως τείνουμε να δυσκολευόμαστε να αντιληφθούμε τη διαδικασία της ζωής σε ένα άστρο που εκρήγνυται και σκορπάει τη σκόνη του. Παρ' όλο που εμείς οι ίδιοι είμαστε αναδιοργανώσεις της ίδιας σκόνης, οι αστρονόμοι φυσικοί μας έχουν πει ότι τα άστρα ανήκουν στην περιοχή της μη-ζωής.

Η περαιτέρω ανάπτυξη ενός οργανικού μοντέλου του σύμπαντος απαιτεί σαφώς τις συνεργατικές προσπάθειες βιολόγων και φυσικών, καθώς και άλλων επιστημόνων. Με τόσο πολλά που έχουμε ακόμα να μάθουμε για τη μη μηχανική αυτοποίηση ή αυτοδημιουργία, αυτή είναι μια εξαιρετικά ενδιαφέρουσα και προκλητική εποχή ανακαλύψεων και νέων γνώσεων. Η σημαντικότερη από τις αναπτυσσόμενες προσπάθειες είναι η επαγγελία ότι θα βλέπουμε όλο και πιο καθαρά πώς ακριβώς εμείς οι άνθρωποι είμαστε ενταγμένοι στη μεγάλη κοσμική ολαρχία της ζωής και πώς θα μάθουμε να συνεργαζόμαστε για να προωθήσουμε την υγεία της μαζί με τη δική μας.

Όπως είδαμε, οι ιστορικές μας κοσμοθεωρίες – οι εικόνες μας περί του ποιοι και τι είμαστε σε σχέση με ολόκληρη τη φύση – περιορίζονταν αφενός από τη στενή προοπτική και διέπονταν, αφετέρου από ένα απεριόριστο εγωϊσμό. Επί χιλιάδες χρόνια, θεωρούσαμε τους εαυτούς μας τα ευνοούμενα πλάσματα του Θεού· ύστερα, όταν δεν αναφερόμαστε πια στο Θεό, βλέπαμε τους εαυτούς μας ως κορύφωση της φυσικής εξέλιξης. Και στις δύο θεωρίες, η φύση ήταν δική μας για να τη διευθύνουμε και να την εκμεταλλευόμαστε όπως μας άρεσε. Μόνο όταν αρχίσαμε να υποφέρουμε κι εμείς οι ίδιοι από τη ζημιά που είχαμε κάνει στο περιβάλλον μας, αρχίσαμε ν' αποκτούμε μια πιο ρεαλιστική άποψη για τους εαυτούς μας, ως ένα είδος ανάμεσα σε αμέτρητα άλλα, από τα οποία είμαστε εξαρτημένοι. Μήπως πρέπει σήμερα να εγκαταλείψουμε το νεοαποκτημένο κόκκο ταπεινότητάς μας και να υιοθετήσουμε μια ανθρωπική αρχή, η οποία θεωρεί ότι όχι μόνο η γη αλλά και ολόκληρο το σύμπαν δημιουργήθηκε για τον άνθρωπο;

Στην πραγματικότητα, ο πλανήτης μας είναι ένας πλανήτης μέσου μεγέθους και περιστρέφεται γύρω από ένα κοινό άστρο, στην άκρη ενός συνηθισμένου γαλαξία· ο κόσμος μας βρίσκεται σήμερα στη μέση ηλικία, στο ήμισυ περίπου της αναμενόμενης ζωής του. Τα παλιότερα ζωντανά όντα του είναι τα βακτηρίδια, το πρώτο είδος με το οποίο ο πλανήτης ζωντάνεψε πριν από δισεκατομμύρια χρόνια και το οποίο αποτελεί ακόμα τη βάση των συστημάτων αυτορρύθμισης του πλανήτη και όλων των άλλων μορφών ζωής που εξελίχθηκαν έκτοτε. Τα νεότερα ζωντανά είδη του είναι τα θηλαστικά που εξελίχθηκαν πριν από μερικά εκατομμύρια χρόνια, κι όμως ούτε ένα είδος από τα πρώτα θηλαστικά δεν επιβιώνει σήμερα. Η εμφάνιση και εξαφάνιση νέων ειδών άρχισε να επιταχύνεται με την αυτοοργάνωση των πυρηνούχων κυττάρων και πραγματοποιόταν ακόμα πιο γρήγορα μετά την επινόηση των πολυκύτταρων όντων. Στην πραγματικότητα, όλες αυτές οι μορφές «πέρα» από τα βακτηρίδια μπορούν να θεωρηθούν δικές τους επινοήσεις, οχήματα για τη συνεχιζόμενη επιβίωσή τους.

Δεν υπάρχει κανένας ιδιαίτερος λόγος να πιστεύουμε ότι οι άνθρωποι θ' αλλάξουν το σχηματισμό της ροής των ειδών και θα επιβιώσουν σ' όλη την υπόλοιπη ζωή του πλανήτη μας, χωρίς να εξελιχθούν περαιτέρω. Δεν είχαμε καν την υπομονή να περιμένουμε τις φυσικές εξελικτικές αλλαγές, παρά βαλθήκαμε να ξανασχεδιάσουμε το DNA μας, καθώς και να δημιουργήσουμε μηχανικά ανθρωποειδή. Μ' αυτά τα δεδομένα, δεν είναι παράλογο να επιμένουμε ότι αποτελούμε το στόχο ολόκληρης της δημιουργίας; Δε θα ήταν πιο σωστό και πιο σοφό ν' αναγνωρίσουμε ότι είμαστε ένα τολμηρό πειραματικό είδος στο σύστημα ζωής της Γαίας; Ένα νέο είδος πλάσματος, που μπορεί να μην επιβιώσει για αρκετό χρόνο, αν δε μάθει να παίζει έναν ταπεινότερο και υγιέστερο ρόλο απ' ότι μέχρι σήμερα;

Στον πλανήτη μας, είμαστε πραγματικά μοναδικοί ως προς την ευρεία κλίμακα των συνειδητών ελεύθερων επιλογών στη συμπεριφορά μας, την κλίμακα των τεχνολογικών μας επιτευγμάτων και την ικανότητά μας να προβλέπουμε, να προγραμματίζουμε και να ενεργούμε για το μέλλον. Όμως η ίδια η εξέλιξη τέτοιων ικανοτήτων στον πλανήτη μας υποδηλώνει ότι είναι πιθανότατο αυτές οι ίδιες να έχουν εξελιχθεί σε πολλούς άλλους πλανήτες του σύμπαντος. Η ίδια ύλη υπάρχει παντού και φαίνεται ότι υφίσταται τις ίδιες διαδικασίες, σ' ολόκληρο το σύμπαν. Δεν υπάρχει κανένας λόγος να νομίζουμε ότι οι πλανήτες δε ζωντανεύουν και δεν εξελίσσονται με τον ίδιο ουσιαστικά τρόπο παντού. Αυτή η υπόθεση διατυπώθηκε από πολλούς – τουλάχιστον μέχρι να επινοηθεί η ανθρωπική αρχή της ανθρώπινης μοναδικότητας – και πυροδοτεί τις συνεχιζόμενες προσπάθειές μας να βρούμε και να επικοινωνήσουμε με κάποια ευφυή ζωή σε άλλα αστρικά συστήματα.

Σ' αυτές τις προσπάθειες για επικοινωνία, οι επιστήμονες θεωρούν δεδομένο ότι τα ευφυή είδη σε άλλους πλανήτες θα έχουν επινοήσει μια μηχανική τεχνολογία αποτελούμενη από μαθηματικά και μηχανές, ουσιαστικά παρόμοια με τη δική μας. Η άποψη αυτή βασίζεται στην πεποίθηση ότι η ευφυία – η συγκέντρωση και χρήση πληροφοριών για την απόκτηση γνώσης – μπορεί να αναπτυχθεί στις ανθρώπινες αναλογίες μόνο μέσα από το δικό μας είδος τεχνολογίας, μέσα από μια παρόμοια συνεξέλιξη της συνειδητής σκέψης με την παραγωγική χρήση δημιουργικών οργάνων όπως τα χέρια μας. Αυτή η ιδέα αποκλείει την πιθανότητα ότι όντα σαν τα κήτη θα μπορούσαν να είναι τόσο ευφυή όσο οι άνθρωποι και θα ήταν σοφό να αισθανόμαστε λιγότερο σίγουροι για τους εαυτούς μας πάνω σ' αυτό το θέμα, ώσπου να μάθουμε περισσότερα πράγματα για τις φάλαινες και τα δελφίνια.

Είναι ενδιαφέρον να σκεφτούμε ότι αρκετές από τις δικές μας τεχνολογικές εφευρέσεις – όπως το σόναρ, ο εξοπλισμός καταδύσεων, ο ρουχισμός με μόνωση και τα συστήματα επικοινωνιών υψηλής ταχύτητας και μεγάλης εμβέλειας – αναπτύχθηκαν όλες μέσα στα σώματα των κητών που λειτουργούν άνετα σε διάφορες πιέσεις και θερμοκρασίες, καθώς τα κήτη μετακινούνται ελεύθερα στις θάλασσες και καλύπτουν το μεγαλύτερο μέρος της επιφάνειας της γης. Σήμερα δεν έχουμε ακόμα τον τρόπο να ξέρουμε ως ποιο σημείο μπορεί να προχωρήσει μια τέτοια φυσική εξελιγμένη «εσωτερική βιοτεχνολογία», ή πώς μπορεί να χρησιμοποιηθεί από εξαιρετικά ανεπτυγμένους εγκεφάλους – αν θα μπορούσε να συμβάλει στη διαμόρφωση ή τη λειτουργία ζωντανών συστημάτων πέρα από την πλανητική Γαία μας.

Εμείς οι ίδιοι, εκτός από την εξωτερική μηχανική τεχνολογία μας, έχουμε μια εξωτερική οργανική τεχνολογία, που άρχισε κατά τους αρχαίους χρόνους, όταν χρησιμοποιούσαμε φυσικά βότανα για φάρμακα, όταν μεταβάλλαμε σκόπιμα τα φυτά και τα ζώα με την εκλεκτική διατροφή, όταν δημιουργούσαμε τεχνητά γεωργικά οικοσυστήματα, όταν χρησιμοποιούσαμε αρπακτικά ζώα για να ελέγξουμε παρασιτικά είδη, όταν χρησιμοποιούσαμε βακτηρίδια και μαγιά για να φτιάχνουμε ψωμί, ποτά, γιαούρτι κ.ο.κ. Όλες αυτές οι τεχνολογίες ήταν ήδη γνωστές στη Λίθινη Εποχή, όταν οι άνθρωποι ζούσαν ειρηνικά και λάτρευαν τη δύναμη που δίνει τη ζωή κι όχι τη δύναμη που την αφαιρεί.

Παρ' όλο που η σύγχρονη επιστήμη έχει εστιάσει την προσοχή της κατά κύριο λόγο στα ανόργανα μαθηματικά και τις μηχανές, η οργανική τεχνολογία – που σε πολλές περιπτώσεις είναι στην πραγματικότητα η ανακάλυψη και χρήση της εσωτερικής τεχνολογίας που είχαν επινοήσει προ πολλού τα βακτηρίδια – άρχισε ξαφνικά ν' αναπτύσσεται γοργά. Από την εκτροφή μικροβίων τόσο για θεραπευτικά αντιβιοτικά όσο και για πολεμικά όπλα εναντίον άλλων μικροβίων, προχωρήσαμε στην αντικατάσταση των ελαττωματικών ιστών και οργάνων μας με ιστούς και όργανα από άλλους ανθρώπους ή ζώα. Χρησιμοποιούμε τα βακτηρίδια για να καθαρίζουμε το ακάθαρτο πετρέλαιο και για να κατασκευάζουμε βιοδιασπώμενα πλαστικά· κόβουμε και συναρμολογούμε τα προγράμματα DNA τους για να τα αναγκάσουμε να κατασκευάζουν συγκεκριμένες ουσίες για μας. Παράγουμε και κατοχυρώνουμε νέα φυτά και ζώα και δημιουργούμε διαρκώς νέα είδη τεχνητών οικοσυστημάτων.

Αυτή η γοργή πρόοδος της βιοτεχνολογίας είναι πιθανόν ότι θα μας δημιουργήσει τόσα προβλήματα όσα η τεχνολογία μας της πυρηνικής εποχής, αν δεν σημειώσουμε την ανάλογη πρόοδο στην κατανόηση των ζωτικών συστημάτων και της δυναμικής οικολογικής ισορροπίας τους. Μόνο αν χρησιμοποιηθεί με κατανόηση και σεβασμό για τα ζωντανά συστήματα, μπορεί η βιοτεχνολογία να προσφέρει τη δυνατότητα να εργαστούμε *με* τη ζωή *για* τη ζωή.

Μπορούμε λοιπόν να φανταστούμε τουλάχιστον τρία είδη τεχνολογίας, που ίσως έχουν τα ευφυή όντα άλλων πλανητών σε διάφορους συνδυασμούς: μηχανική τεχνολογία, εσωτερική βιοτεχνολογία και εξωτερική βιοτεχνολογία. Μέχρι σήμερα, τα διαστημικά συστήματα επικοινωνίας μας έχουν σχεδιαστεί για επαφές μόνο με όντα που έχουν μηχανική τεχνολογία. Οι προσπάθειές μας να επικοινωνήσουμε με τα κήτη του δικού μας πλανήτη, που μπορεί να είναι ο καλύτερος τρόπος για να εξασκηθούμε στις διαστημικές επικοινωνίες, είναι ακόμα πολύ ισχνές.

Δεν ξέρουμε αν υπάρχουν γαλαξιακά συστήματα ζωής μεγαλύτερα από εκείνα που περιορίζονται σε μεμονωμένους πλανήτες, ή αν πρόκειται να σχηματιστούν στο μέλλον, όμως στη φαντασία μας, στην επιστημονική φαντασία μας – μεγάλο μέρος της οποίας έχει ήδη γίνει πραγματικότητα – δοκιμάζουμε τις πιθανότητες. Ένα γαλαξιακό σύστημα «Γαίας» θα απαιτούσε επικοινωνίες, αν όχι και διαστημικά ταξίδια. Αν οι ζωντανοί πλανήτες είναι τα κύτταρα ενός τέτοιου γαλαξιακού συστήματος, τα ζωντανά όντα τους μπορεί να μη χρειάζεται να έρχονται σε *φυσική επαφή* μεταξύ τους, όπως τα μιτοχόνδρια του σηκωτιού μας δε χρειάζεται να συναντούν τα μιτοχόνδρια των κυττάρων των οστών μας. Ένα κοινό σύστημα πληροφοριών-επικοινωνιών ίσως τα συνδέει ικανοποιητικά. Προς το παρόν, ο χρόνος αποτελεί φραγμό τόσο για τα διαστρικά μηνύματα, όσο και για τα σωματικά διαστημικά ταξίδια, όμως οι απόψεις μας για το χρόνο είναι ακόμα ρευστές και ίσως στο μέλλον να προκύψουν λύσεις.

Πριν εξετάσουμε από τη δική μας σκοπιά πώς θα μπορούσαμε να αποτελέσουμε μέρος ενός διαπλανητικού ή διαγαλαξιακού συστήματος ζωής, δε θα έπρεπε να σκεφτούμε πώς θα πρέπει να φαινόμαστε στα άλλα μέλη ενός τέτοιου συστήματος; Είδαμε το σύστημα της Γαίας και τους εαυτούς μας από διάφορες προοπτικές, μέσα ή λίγο έξω απ' αυτό. Ας προσπαθήσουμε τώρα να δούμε τους εαυτούς μας από τη σκοπιά κάποιου ευφυούς είδους, που μπορεί να μας παρατηρεί από ένα άλλο αστρικό σύστημα.

Αν μας έχουν εντοπίσει με ραδιοτηλεσκόπια ή με άλλα μέσα ανάγνωσης ραδιοσημάτων, η γη γι' αυτούς θα φαινόταν αρχικά σαν ένα μεγαλύτερο συντροφικό άστρο του ήλιου μας. Αν, ωστόσο, την παρατηρούσαν προσεκτικότερα, η τρομερή χημική δραστηριότητα της γης θα τους ειδοποιούσε για την παρουσία ενός ζωντανού πλανήτη. Έτσι θα μπορούσαν να ερμηνεύσουν τα ραδιοσήματα ως ραδιοσήματα ενός ευφυούς είδους.

Αν μπορούσαν να εντοπίσουν εμάς τους ανθρώπους και να μάθουν τι είμαστε και τι κάνουμε, θα μας θεωρούσαν μια ευφυή μορφή ζωής;

Ασφαλώς θα τους φαινόταν εξαιρετικά παράξενο ότι καταστρέφουμε το περιβάλλον από το οποίο είμαστε εξαρτημένοι. Κανένα ευφυές είδος δε θα μόλυνε εν γνώσει του τον αέρα, το νερό και το έδαφός του, μέχρι το σημείο να κινδυνεύει το ίδιο. Δε θα συνωστιζόταν σε κοινότητες από τσιμέντο, που αποκόβουν το είδος από τις φυσικές διαδικασίες, και δε θα έκανε τον αέρα του ασφυκτικό με τα ίδια του τα απόβλημα, εφόσον υπάρχει άφθονος χώρος στον πλανήτη. Θα απορούσαν γιατί καταστρέφουμε τα φυσικά οικοσυστήματα του πλανήτη μας για να καλλιεργούμε την τροφή μας, χωρίς να διατηρούμε την ποικιλία και ν' ανακυκλώνουμε το νερό και τις θρεπτικές ουσίες, για να εμποδίζουμε τη γη να μετατρέπεται σε έρημο. Θα πρόσεχαν ότι σκόπιμα παραφορτώνουμε την ευαίσθητα εξισορροπημένη ατμόσφαιρα του πλανήτη μας κι έτσι υπερθερμαίνουμε τον ίδιο τον πλανήτη με διοξείδιο του άνθρακα, καθώς εξαφανίζουμε τα τροπικά δάση και καταστρέφουμε τις παράκτιες περιοχές, που θα μπορούσαν ν' αποκαθιστούν την ισορροπία. Θ' απορούσαν πώς είναι δυνατόν να ξέρουμε ότι ολόκληρο το σύστημα ζωής του πλανήτη μας κινείται αποτελεσματικά χάρη στην ηλιακή ενέργεια και να μη χρησιμοποιούμε εκτεταμένα αυτή την ασφαλή πηγή ενέργειας κι εμείς οι ίδιοι.

Θα μας θεωρούσαν ευφυείς, όταν θα έβλεπαν ότι είμαστε απόλυτα ικανοί να προσφέρουμε μια άνετη ζωή σε όλους τους ανθρώπους, κι όμως εμείς επιλέγουμε να χρησιμοποιούμε τεράστιους πόρους για να κλιμακώνουμε έναν αγώνα εξοπλισμών, αντί να τους δαπανούμε για την ευημερία των ανθρώπων μας; Ένα ευφυές είδος θα είχε υπερπαραγωγή τροφίμων για μερικά από τα μέλη του, ενώ εκατομμύρια παιδιά πεθαίνουν κάθε χρόνο από ασιτία, επειδή άλλα μέλη του στερούνται τα μέσα να διατραφούν; Οι παρατηρητές μας δε θ' απορούσαν που τα αρσενικά του είδους μας έχουν από πολύν καιρό διακηρύξει το θηλυκό ήμισυ του πληθυσμού κατώτερο, ότι το έχουν σε μεγάλο βαθμό αποκλείσει από τις προηγούμενες θέσεις του, του έχουν αφαιρέσει το κύρος και τη δυνατότητα διαχείρισης, ενώ ταυτόχρονα μετατοπίζουν πολλές φορές τις προτεραιότητες από τη δημιουργία ζωής στην αφαίρεσή της;

Θα μας έβλεπαν να εξοντώνουμε συστηματικά άλλα είδη και ολόκληρα οικοσυστήματα, ακόμα και τα άλλα όντα με μεγάλους εγκεφάλους σαν τους δικούς μας, όπως τα δελφίνια και τις φάλαινες, τους ελέφαντες, τους χιμπαντζήδες και τους γορίλες, παρ' όλο που είναι ειρηνικά όντα και δε βλάπτουν τους ανθρώπους. Θα έβλεπαν τους ηγέτες μας, πολλοί από τους οποίους διατηρούν τη θέση τους με τη λαϊκή συναίνεση, να συντηρούν εχθρότητες που απειλούν πυρηνικό πόλεμο, ο οποίος θα κατέστρεφε όλες τις πλευρές και θα δημιουργούσε έναν πλανητικό πυρηνικό χειμώνα. Τι θα σκέφτονταν για τη δημοφιλή μας λατρεία για τον Πόλεμο των Άστρων και για το γεγονός ότι χρησιμοποιούμε αυτή την ονομασία για ένα οπλικό σύστημα;

Οι επιστήμονές μας θεωρούν αναπόφευκτο ότι κάθε εξωγήινο είδος με μια τεχνολογία ουσιαστικά παρόμοια με τη δική μας, θα έχει ανακαλύψει την πυρηνική ενέργεια. Αν είναι, ή ήταν, ένα πολεμικό είδος τη στιγμή που θα έκανε αυτήν την ανακάλυψη, θ' αντιμετώπιζε μια κρίση παρόμοια με τη δική μας – μια κρίση επιλογής ανάμεσα στην αυτοκτονία του είδους ή τη συνεργασία του είδους. Δηλαδή, κάθε είδος που έχει επιβιώσει μετά την ανακάλυψη της πυρηνικής ενέργειας μπορεί να θεωρηθεί ειρηνικό. Αυτό κάνει τους φόβους μας, ότι οι εξωγήινοι θα είναι πολεμοχαρείς, ανόητους και ίσως – αν πραγματοποιηθεί μια συνάντηση – γελοίους. Εκείνοι που ίσως θέλησαν να εμπλακούν σε πολέμους των άστρων θα έχουν ήδη πιθανότατα αυτοεξοντωθεί. Μπορούμε επίσης να υποθέσουμε ότι όποιο ευφυές είδος συνειδητοποιήσει ότι η τεχνολογία του καταστρέφει τα ίδια του τα οικοσυστήματα, θ' αλλάξει αμέσως τη συμπεριφορά του, αντί να θέτει σε κίνδυνο την ίδια του την επιβίωση.

Είμαστε μια κοσμική ανωμαλία – ένα είδος κάποτε αμοιβαία συνεκτικό με το οικοσύστημά του που, ξαφνικά, σε μια περίοδο λίγων χιλιάδων χρόνων, έγινε εχθρικό και καταστροφικό για τον εαυτό του και το ζωντανό του πλανήτη; Μπορούμε να αποδόσουμε αυτήν την ιδιαιτερότητα στην πρόσκαιρη νεότητά μας – σε μια πρωτοφανή ελευθερία στο στάδιο της απερίσκεπτης εφηβείας του είδους; Έχουν οι παρατηρητές μας λόγους να ελπίζουν ότι σύντομα θα μεγαλώσουμε και θα γίνουμε σοφότεροι; Ας εξετάσουμε τις ενδείξεις που είναι ευνοϊκές για μας.

Αρχίσαμε να καταλαβαίνουμε και να ενδιαφερόμαστε για την οικολογική ισορροπία· αρχίζουμε – τουλάχιστον σε ορισμένες περιοχές – να προστατεύουμε τα είδη που κινδυνεύουν, να μειώνουμε τη μόλυνσή μας και να δίνουμε στην υπόλοιπη φύση την ευκαιρία να καθαριστεί και να αποκαταστήσει την ισορροπία της. Δυστυχώς, αυτές οι εποικοδομητικές προσπάθειες απέχουν πολύ από το να εξισορροπούν τις καταστροφές που εξακολουθούμε να προκαλούμε. Παρ' όλα αυτά, υπάρχει η ελπίδα ότι θ' αυξήσουμε θεαματικά αυτές τις προσπάθειες, όταν τελικά θ' αναγνωρίσουμε ότι είμαστε μέρη ενός ζωντανού όντος που η ντελικάτη ισορροπία του ανταποκρίνεται στις ανάγκες μας, το οποίο όμως μπορεί να μας εξοντώσει, αν το αναγκάσουμε να αναδιοργανωθεί για να τα βγάλει πέρα με την καταστροφή αυτής της ισορροπίας που προκαλούμε απερίσκεπτα.

Η απειλή ενός γενικευμένου πυρηνικού πολέμου μειώνεται αυτή τη στιγμή, καθώς ασπαζόμαστε τις προβλέψεις των επιστημόνων μας για τις καταστροφικές συνέπειες για ολόκληρη την ανθρωπότητα και εργαζόμαστε πιο σοβαρά προς τον πραγματικό αφοπλισμό. Αυτό υποδηλώνει ότι ανταποκρινόμαστε κάπως στις γνώσεις μας με το να αλλάζουμε τη συμπεριφορά μας, αν και οι προσπάθειες για τον αφοπλισμό ήταν ως τώρα ελάχιστες.

Η τεχνολογία μας έχει ξεπεράσει εντελώς τη βιομηχανική εποχή του βαρέος χάλυβος και των ορυκτών καυσίμων που μολύνουν κι έχουμε μπει σε μια πληροφορική εποχή ελαφράς τεχνολογίας, βασισμένης στα τρανζίστορ και σε αβλαβείς πηγές ενέργειας, όπως το ηλιακό φως, ο άνεμος, τα κύματα, το υδρογόνο και το οινόπνευμα. Αν προτάξουμε τη μελλοντική ευημερία μας σε βάρος των κινήτρων για το άμεσο κέρδος, αυτή η μετάβαση θα μπορούσε να ολοκληρωθεί γρήγορα.

Η γεωργική έρευνα έχει αρχίσει να εξετάζει πιο σοβαρά τις παλαιότερες, ακόμα και τις αρχαίες μεθόδους καταπολέμησης των παρασίτων και της εναλλαγής και ποικιλίας των καλλιεργειών, επειδή αναγνωρίζει ότι οι μονοκαλλιέργειες, που διατηρούνται με τη βοήθεια χημικών ουσιών, καταστρέφουν τη γη και μολύνουν τους υδάτινους πόρους.

Το παγκόσμιο οικονομικό μας σύστημα, η τεχνολογία των μεταφορών κι επικοινωνιών μας, η πληροφορική μας επανάσταση, μας έχουν δέσει σ' ένα σώμα της ανθρωπότητας που σήμερα ωθείται, για χάρη της επιβίωσής του, στη μετάβαση από τον ανταγωνισμό στη συνεργασία ανάμεσα στα έθνη και με το περιβάλλον μας. Βλέπουμε ότι οι συνενωτικές εξελικτικές δυνάμεις, που παρήγαγαν τα πρώτιστα και τα πολυκύτταρα όντα, μας ωθούν σήμερα να ολοκληρώσουμε τα δικά μας οργανωτικά καθήκοντα. Βλέπουμε ότι αντιστεκόμενοι σ' αυτήν την εξέλιξη με τις συνήθειες, τους φόβους και τον εχθρικό ανταγωνισμό που εμπνέεται από κίνητρα κέρδους, απλώς διαιωνίζουμε και επαυξάνουμε τα μεγαλύτερα προβλήματά μας. Μπορούμε να χρησιμοποιήσουμε το χάρισμα της ελευθερίας για ν' αντισταθμίσουμε την έλλειψη των έμφυτων ορίων της εδαφικής και επιθετικής συμπεριφοράς μας, διοχετεύοντάς την στην εποικοδομητική διαπραγμάτευση και την κατανομή.

Αναγνωρίζουμε ότι η δύναμη και η προσαρμοστικότητα των ζωντανών συστημάτων βασίζεται στην ποικιλία τους και μπορούμε να πάψουμε να προσπαθούμε να γίνουμε όλοι ίδιοι. Μπορούμε να ενισχύσουμε και να υποστηρίξουμε προσπάθειες όπως τα Ηνωμένα Έθνη, που είναι τόσο κρίσιμες για την οργάνωση του σώματος της ανθρωπότητας όσο ήταν οι πυρήνες για τους ευκαρυότες και οι εγκέφαλοι για τα ζώα.

Ίσως το σημαντικότερο απ' όλα, μπορούμε να συνειδητοποιήσουμε την ανισότητα των φύλων, όχι απλώς ως μια αδικία για τις γυναίκες αλλά ως μια αξιοθρήνητη σπατάλη των ταλέντων του μισού μας είδους, για τη δημιουργική διαχείριση και την φροντίδα του είδους στο σύνολό του. Όσο οι γυναίκες θα παραμένουν μια μικροσκοπική μειονότητα στις θέσεις της ανθρώπινης ηγεσίας, θα πιέζονται συνολικά για να προσαρμοστούν στο κατεστημένο ανδρικό μοντέλο της κοινωνίας, που βασίζεται στη μηχανική οργάνωση, τη γραφειοκρατία, τον ανταγωνισμό, την κατάκτηση και το κέρδος. Μόνο όταν οι γυναίκες αναλάβουν ισότιμα την ηγεσία θα είναι ελεύθερες να εκδηλώσουν αποτελεσματικά τις ικανότητές τους στην οργανική οργάνωση, τη δημιουργία δικτύων, την περίθαλψη και την αμοιβαία ωφέλεια.

Ασφαλώς, θα ήμασταν ανόητοι, αν συνεχίζαμε την καταστροφή του περιβάλλοντος και τις εχθρότητές μας μέχρι το σημείο της αυτοκτονίας του είδους, όταν είμαστε περιτριγυρισμένοι από παραδείγματα για συναρπαστικές, δημιουργικές, φυσικές λύσεις των μεγαλύτερων προβλημάτων μας. Αν δεχθούμε ότι είμαστε ένα εφηβικό είδος σε κρίση και δεχτούμε την πρόκληση να αναλάβουμε ώριμα την ευθύνη για την ελευθερία μας με θάρρος και ενθουσιασμό, θα έχουμε πάμπολλες δυνατότητες να μεγαλώσουμε και να δρέψουμε τα πλεονεκτήματα της ωριμότητας.

Πόσο ικανοποιητικό θα ήταν αν, όταν θα είχαμε τις πρώτες μας επικοινωνίες με εξωγήινους, θα μπορούσαμε να τους αναφέρουμε ότι έχουμε λύσει τα μεγάλα μας προβλήματα της ανισότητας, της πείνας, της μόλυνσης, της καταστροφής οικοσυστημάτων και της πυρηνικής απειλής και να τους αναφέρουμε επίσης ότι είμαστε έτοιμοι ν' αντιμετωπίσουμε νέες προκλήσεις, με δίκαιη υπερηφάνεια για το είδος μας. Ίσως να κληθούμε να προστατεύσουμε τη Γαία, εντοπίζοντας και εκτρέποντας ογκώδεις μετεωρίτες ή πλανητοειδείς· ίσως, αν καταλήξουμε να κατανοήσουμε και να βοηθήσουμε να σφυρηλατηθούν τα υγιή οικοσυστήματα της Γαίας, να μπορέσουμε να μεταφέρουμε τη ζωή στον Άρη ή σε κάποιες σελήνες του ηλιακού μας συστήματος, να σπείρουμε δηλαδή, το σπόρο της Γαίας.

Όποια κι αν είναι τα όνειρά μας για τέτοιους ρόλους, ή για συνεργασίες σ' ένα ευρύτερο κοσμικό σύστημα ζωής, τα άμεσα καθήκοντά μας είναι εδώ στον πλανήτη μας. Συνολικά, φαίνεται πως υπάρχουν επαρκείς λόγοι για να πιστεύουμε ότι η παράτολμα εγωιστική και καταστροφική μας φύση φτάνει στο τέλος της, με τη νέα γνώση, που μας επαναφέρει πίσω στην αρχαία σοφία. Για πρώτη φορά στην ιστορία μας, μπορούμε να κοιτάξουμε πίσω το παρελθόν μας και να δούμε ότι η εικόνα μας για τους εαυτούς μας ως φυσικά πολεμοχαρή πλάσματα διαψεύδεται από τις δεκάδες χιλιάδες χρόνια των ειρηνικών συνεργατικών κοινωνιών. Είμαστε ικανοί να ανακτήσουμε το σεβασμό μας για τη ζωή, να αντικαταστήσουμε την τάση μας να κατακτούμε με τη θέλησή μας να συνεργαζόμαστε. Για πρώτη φορά στην ιστορία μας, μπορούμε πραγματικά να δούμε ολόκληρο τον πλανήτη μας και να τον αναγνωρίσουμε ως ζωντανό ον – και μπορούμε να καταλάβουμε ότι δεν είμαστε οι προνομιούχοι κυβερνήτες του, όπως νομίζαμε τόσον καιρό, αλλά μόνο ένα μέρος, ούτε καν απαραίτητο μέρος, του σώματός του.

Όσο περισσότερα μαθαίνουμε για τη φύση, στην οποία συμπεριλαμβάνεται και η ανθρώπινη φύση, τόσο λιγότερο νόημα έχει να δημιουργούμε θεότητες κατ' εικόνα και ομοίωσή μας και να λέμε στους εαυτούς μας μύθους ότι είμαστε τα ευνοούμενα πλάσματά τους. Η πανάρχαια διαίσθηση ότι *υπάρχει* μια ευφυία μεγαλύτερη και σοφότερη από μας και στην οποία ανήκουμε επαληθεύεται σήμερα από την επιστήμη και τώρα μπορούμε να δούμε ότι ο ζωντανός πλανήτης μας και ολόκληρος ο ζωντανός κόσμος μας είναι πολύ πιο ωραίοι και θαυμαστοί στην πραγματικότητα της αυτοδημιουργίας τους απ' ότι όλοι οι μύθοι που κατασκευάσαμε, καθώς προσπαθούσαμε να αναπτύξουμε τη γνώση μας. Επί τέλους, οι επιστημονικές και θρησκευτικές αναζητήσεις μας μπορούν να συνενωθούν στην αναγνώριση ότι η αυτοδημιουργούμενη φύση – της Γαίας και του κόσμου – είναι η φυσική μας πηγή, η πηγή της αρχαίας μας έμπνευσης και ο πεπειραμένος καθοδηγητής, που αναζητούσαμε πάντα, ο καθοδηγητής, που σήμερα, έτσι όπως βρισκόμαστε στο κατώφλι της ωριμότητας, τον έχουμε ανάγκη περισσότερο παρά ποτέ.

Επίλογος

Τα βιβλία δε δημοσιεύονται μέσα σε μια νύχτα, κι έτσι ο κόσμος – όπως και η σκέψη του συγγραφέα γι' αυτόν – έχει τον καιρό να συνεχίσει την εξέλιξή του, από τη στιγμή που ένα βιβλίο ολοκληρώνεται μέχρι τη στιγμή που τυπώνεται τελικά. Καθώς αυτό το διάστημα εφαρμόζω τις ίδιες μου τις ιδέες, όπως εκφράζονται σε τούτο το βιβλίο, στον κόσμο γύρω μου, μου φαίνεται πως η εφηβική κρίση της ανθρωπότητας εξακολουθεί να βαθαίνει. Η αυθαίρετη καταστροφή της φύσης και η παραγωγή πυρηνικών όπλων συνεχίζεται, παρά την εκτεταμένη γνώση μας ότι αυτό που κάνουμε απειλεί την ύπαρξη τη δική μας και των παιδιών μας, ολόκληρο το μέλλον του είδους μας.

Υπάρχει μια τρομακτική αίσθηση επιστημονικής φαντασίας στις καθημερινές ειδήσεις των μέσων επικοινωνίας. Είναι σαν οι δημοσιογράφοι μας να περιγράφουν την αυτοκτονία ενός είδους αντικειμενικά, σαν να μην παρατηρούν την αυτοκτονία των εαυτών τους. Μαζί με όλα τα εντυπωσιακά νέα για τις τρύπες στο όζον και για την απειλή των αυξημένων ακτινοβολιών, μαζί με την αισθητή πια άνοδο θερμοκρασίας του θερμοκηπίου, που αποδίδεται στην παραγωγή ορισμένων αερίων και στην ισοπέδωση των αναντικατάστατων τροπικών δασών, βλέπουμε καθημερινά άρθρα για τους τρόπους με τους οποίους τα παρασιτοκτόνα, τα λιπάσματα, οι μονοκαλλιέργειες, ακόμα και τα αρδευτικά έργα, καταστρέφουν τη γεωργική γη που μας διατρέφει.

Η ίδια η Παγκόσμια Τράπεζα ομολόγησε ότι τα αναπτυξιακά προγράμματά της αποτελούν μια οικολογική καταστροφή, ότι δαπανώνται τεράστια χρηματικά ποσά για να προκύπτουν έρημοι εν ονόματι της δημιουργίας κήπων. Κι όμως, εξακολουθούμε να ραντίζουμε με χημικές ουσίες τον αέρα, να κόβουμε δάση, να «αναπτύσσουμε» τη γη σε ερήμους παραγόμενες χάρη στην τεχνολογία.

Οι πατέντες για βιοτεχνολογικά παραγόμενα μικρόβια, φυτά και ζώα, αποτελούν ήδη μια νέα πηγή διεθνών αντιζηλιών και διαμαχών, ενώ οι συνέπειές τους για μας τους ίδιους και για το περιβάλλον μας δεν είναι πιο προβλέψιμες απ' ότι ήταν οι έρημοι που δημιουργήθηκαν από τη γεωργία υψηλής τεχνολγογίας.

Γιατί δεν μπορούμε να προβλέψουμε τις συνέπειες των ίδιων μας των πράξεων; Επειδή δεν ξέρουμε πώς «λειτουργεί» η γήινη ζωή. Παραμένει αληθινό ότι δεν είμαστε ικανότεροι να διευθύνουμε τον πλανήτη μας απ' ότι είμαστε να διευθύνουμε το ίδιο μας το σηκώτι και δεν καταλαβαίνουμε καν γιατί δεν είναι σοφό να προσπαθήσουμε. Η πεποίθηση ότι εμείς οι άνθρωποι μπορούμε να διευθύνουμε αυτόν τον πλανήτη, αναπτύσσοντας την τεχνολογία μας και επινοώντας ακόμα περισσότερη, δεν έχει υποχωρήσει, παρά τις συνεχείς ειδήσεις για τις τεχνολογικές ζημιές που γίνονται. Δεν είμαι καθόλου αντίθετη προς την τεχνολογία, αλλά κρίσιμη σημασία έχει το είδος, ο τρόπος και η έκταση της χρήσης της.

Δυστυχώς, οι επιστήμονες εξακολουθούν ν' αντιστέκονται στην ιδέα της Γαίας, ως ενός ζωντανού όντος του οποίου αποτελούμε μέρος και το οποίο ξέρει να φροντίζει τον εαυτό του πολύ καλύτερα απ' ότι εμείς. Η επιστήμη παραμένει χωρισμένη σε κατηγορίες, όπως η βιολογία και η γεωλογία, και οι αντίστοιχοι επιστήμονες είναι εξίσου διχασμένοι στις απόψεις τους για τη θεωρία της Γαίας. Η συζήτηση για τη θεωρία της Γαίας έχει καταλήξει να μοιάζει με μια δίκη που σκοπό της έχει ν' αποφασίσει αν τα ζωντανά όντα *πάνω* στον πλανήτη Γη, με συνηγόρους τους βιολόγους, θα πρέπει να αναγνωριστεί ότι ελέγχουν τον καιρό της, τη θερμοκρασία της και τις χημικές συνθήκες της, ή αν το μη ζωντανό περιβάλλον, με συνηγόρους τους γεωλόγους, θα μπορούσε να χειρίζεται αυτά τα ζητήματα χωρίς τη βοήθεια της ζωής κι ακόμα, όπως υποδηλώνεται μερικές φορές, χωρίς την επέμβαση της Γαίας.

Ο έλεγχος και η διαχείριση, όχι η ζωή, φαίνεται πως είναι τα επίμαχα ζητήματα. Η εκδοχή της θεωρίας της Γαίας στην οποία είναι πιθανότερο να καταλήξουν να συμφωνήσουν οι επιστήμονες, είναι εκείνη σύμφωνα με την οποία τα ζωντανά και τα μη ζωντανά πράγματα αντιμετωπίζονται ως ενσωματωμένα σ' ένα κατευθυνόμενο σύστημα κυβερνητικής αμοιβαίου ελέγχου. Γιατί, αν ο πλανήτης μας μοιάζει με έναν από τους κυβερνητικούς μηχανισμούς μας, υπάρχουν ακόμα ελπίδες ότι θα μάθουμε να τον ελέγχουμε με την τεχνολογική μας εξειδίκευση.

Κάποια μέρα – αν το είδος μας επιβιώσει, όπως εξακολουθώ να ελπίζω ότι θα κάνει – πιστεύω ότι η ιστορία θα καταγράψει ότι η αναγνώριση της Γαίας ως αυτοποιητικού συστήματος, ως ζωντανού πλανήτη, ως γήινου οργανισμού, απορριπτόταν τον εικοστόν αιώνα για τους ίδιους λόγους που απορριπτόταν η ηλιοκεντρική θεωρία του Κοπέρνικου τον δέκατο έκτο και δέκατο έβδομο αιώνα: επειδή παραβίαζε ισχυρές καθιερωμένες πεποιθήσεις και απειλούσε κατεστημένα συμφέροντα. Στη διάρκεια της Αναγέννησης, οι άνθρωποι δεν ήθελαν να εγκαταλείψουν την ιδέα ότι ήταν τα καλύτερα και τα πιο αγαπημένα πλάσματα του Θεού κι ότι επομένως ο Θεός τους είχε αναθέσει την πιο σημαντική ιδιοκτησία ολόκληρου του σύμπαντος – τον πλανήτη που βρισκόταν στο επίκεντρό του. Σήμερα, δεν μπορούν να δεχθούν ότι δεν είναι η κορύφωση της εξέλιξης, οι «εγκέφαλοι» του πλανήτη μας, το είδος που είναι ικανό να κυβερνά όλα τ' άλλα – ακόμα και ότι αποτελούν τον «ανθρωπικό» σκοπό του ίδιου του σύμπαντος.

Η αντίληψη της Γαίας ως ζωντανού – αυτοποιητικού – όντος δεν είναι στην πραγματικότητα μια θεωρία που μπορεί να δοκιμαστεί. Αν συμφωνούμε ότι η αυτοποίηση είναι ένας σωστός ορισμός της ζωής κι αν συμφωνούμε, με βάση αποδείξεις σαν αυτές που παρουσιάζονται σε τούτο το βιβλίο, ότι η γη ανταποκρίνεται σ' αυτόν τον ορισμό, τότε έχουμε συμφωνήσει ότι η γη είναι ένα ζωντανό ον. Και στη συνέχεια, είμαστε ελεύθεροι να κάνουμε θεωρίες για τις ειδικές λειτουργίες της Γαίας, όπως κάνουμε θεωρίες για τις δικές μας φυσικές λειτουργίες.

Μέχρι να παραδεχτούμε αυτή την αντίληψη και να πραγματοποιήσουμε τη βαθιά μεταβολή της κοσμοθεωρίας μας που συνεπάγεται τη μεταβολή από το να βλέπουμε τους εαυτούς μας ως πραγματικά ή δυνητικά ικανούς να χειριζόμαστε τους μηχανισμούς της Γαίας με τη δική μας τεχνολογία, στο να αναγνωρίζουμε ότι είμαστε ένα νέο και ακόμα εντελώς πειραματικό όργανο που εξελίσσεται μέσα σ' ένα μεγαλύτερο οργανισμό, δεν πιστεύω ότι η πρακτική μας θ' αλλάξει αρκετά γρήγορα για να μας σώσει, για ν' αποδειχθεί η επιτυχία του πειράματος.

Δε μας καθυστερεί η έλλειψη συνειδητότητας σχετικά με την οικολογική ζημιά, γιατί η συνειδητότητα αυτή διαδόθηκε και επεκτάθηκε σχεδόν όπως η πυρκαγιά στο δάσος. Όμως, παρά τις καταδικαστικές εκθέσεις του Ινστιτούτου για την Προστασία του Κόσμου, τις αυξανόμενες ομολογίες αποτυχημένης ανάπτυξης της Παγκόσμιας Τράπεζας, παρά τη συγκινησιακή επιρροή της Γκρίνπις· παρά την εκτεταμένη εργασία της Διεθνούς Ένωσης για τη Διατήρηση της Φύσης (IUCN), το Περιβαλλοντικό Πρόγραμμα των Ηνωμένων Εθνών (UNEP) και παρά τις άλλες οργανώσεις που σχεδιάζουν μια συγκρατημένη ανάπτυξη, εξακολουθούμε να καταστρέφουμε αμείλικτα τη φύση. Παρά τη συνειδητοποίηση ότι είναι πιθανός ένας πυρηνικός χειμώνας και τη γνώση των άλλων συνεπειών ενός πυρηνικού πολέμου, εξακολουθούμε να παράγουμε και να συσσωρεύουμε πυρηνικά όπλα πιο γρήγορα απ' ότι τα καταργούμε. Το γεγονός είναι – και σχεδόν όλοι με τους οποίους συζητώ συμφωνούν και ανησυχούν γι' αυτό – ότι πολλοί άνδρες, που έχουν τα μέσα, εξακολουθούν να δείχνουν μια εφηβική απόγνωση στην προθυμία τους να δηλητηριάζουν, να ερημώνουν ή να υπονομεύουν τμήματα της γης, με κίνητρο τα βραχυπρόθεσμα κέρδη, αρνούμενοι να αποδεχθούν τη μακροπρόθεσμη προοπτική, ή την ευθύνη για ένα απώτερο μέλλον.

Ορισμένοι κριτικοί που διάβασαν τούτο το βιβλίο πριν από τη δημοσίευσή του, είχαν τη γνώμη ότι η αξία των επιστημονικών επιχειρημάτων του μειώνεται από τη φεμινιστική του εμφάνιση. Αυτό με στενοχωρεί, γιατί πιστεύω ότι η αντίστασή μας να δεχθούμε τους εαυτούς μας ως μέρος ενός ζωντανού πλανήτη συνδέεται βαθιά με την απώλεια που υπέστη το είδος μας αποτυγχάνοντας να δώσει στις γυναίκες ίσα δικαιώματα για το σχηματισμό κοσμοθεωριών και για τη διαχείριση των ανθρώπινων υποθέσεων. Οι επιστήμονες, καλώς ή κακώς, είναι οι ιερείς της κοινωνίας μας· όταν πουν ότι η γη είναι ζωντανή, θα το πιστέψουμε όλοι. Όμως η επιστήμη, όπως τεκμηρίωσε ο Μπράιαν Ίσλι στο βιβλίο του *Πατρότητα του Αδιανόητου*, βασίζεται σε μια έντονα ανδρική προοπτική και σε μια τάση για την κατάκτηση και την κυριάρχηση της φύσης. Αυτή ακριβώς η προοπτική και η τάση έχει απόλυτη ανάγκη να τροποποιηθεί από μια γυναικεία προοπτική, όμως παρ' όλο που σήμερα πολλές γυναίκες έχουν εκπαιδευτεί ως επιστήμονες, έχουν εκπαιδευτεί να δέχονται μια κατεστημένη κοσμοθεωρία και να εργάζονται ανταγωνιστικά στα πλαίσιά της, όπως οι άνδρες. Όπως τονίζει ο Τζιμ Λόβλοκ στον πρόλογό του σε τούτο το βιβλίο, λίγοι επιστήμονες κέρδισαν τόση ανεξαρτησία όση εκείνος κι εγώ.

Ένας κριτικός υπαινίχθηκε ότι ο φλογερός φεμινισμός μου, οδηγημένος στο λογικό του συμπέρασμα σύμφωνα με το δικό μου παραλληλισμό με το σώμα, «Θα απαιτούσε τα μισά από τα κύτταρα των οστών να μπορέσουν αμέσως να γίνουν κύτταρα μυών, προς το συμφέρον της ισότητας». Απογοητεύομαι που αυτός ο αναγνώστης δεν έλαβε το μήνυμά μου για το σεβασμό του σώματος, τόσο ως προς την ποικιλία του, όσο και ως προς την οργάνωσή του· δε θα σκεφτόμουν να προβάλω καθόλου απαιτήσεις απ' αυτό και η ιδέα της μετατροπής των κυττάρων των οστών σε κύτταρα μυώνων δεν είναι πιο ελκυστική από την αρνητική μου μεταφορά με την καρδιά, που προσπαθεί να πείσει το σηκώτι να γίνει κι αυτό καρδιά. Μάλλον πρότεινα να ακολουθήσουμε *εμείς* το παράδειγμα του σώματος. Τα κύτταρα του σώματος δε διαιρούνται παντού σε δύο είδη, όπως π.χ. σε αρσενικά και θηλυκά, κι έτσι δεν είναι σωστός ένας άμεσος παραλληλισμός. Αυτό που βλέπουμε είναι ότι το συντονιστικό νευρικό σύστημα ενός υγιούς σώματος «ακούει» εξίσου όλα τα είδη κυττάρων και τα υπηρετεί χωρίς διακρίσεις. Στο σώμα της ανθρωπότητας, όπως και μέσα στο καθένα από τα έθνη του, δε βλέπω άλλον τρόπο με τον οποίο θα μπορούσε να συμβεί αυτό, παρά μόνο με την αναλογική εκπροσώπηση σε όλες τις κυβερνήσεις των ανδρών και των γυναικών, όπως και των διαφόρων εθνικών ομάδων στους πληθυσμούς τους.

Όχι μόνο *η διακυβέρνηση*, αλλά και όλες οι πλευρές της ανθρώπινης ιστορίας υποτιμούν και υποβαθμίζουν τις γυναίκες. Δεν μπορεί να υπάρξει αμφιβολία ότι οι γυναίκες έπαιζαν πάντα πρωτεύουσες και ουσιώδεις ρόλους στις οικιακές, τις γεωργικές και τις πολιτιστικές υποθέσεις, ότι συντηρούσαν τα σπίτια, τα χωράφια, τις τέχνες και τις πολιτιστικές παραδόσεις, στις οποίες συμπεριλαμβάνεται η ιστορία, η θρησκεία, η παιδεία και η τέχνη, όμως οι δραστηριότητές τους, με λίγες εξαιρέσεις, δεν αποτιμήθηκαν ιστορικά και δεν καταγράφηκαν από την εποχή των μεγάλων εισβολών, όπως γινόταν με τη διακυβέρνηση και τις πράξεις των ανδρών στον πόλεμο και στην ειρήνη. Η ιστορική καταγραφή της πολιτικής, της οικονομίας, της θρησκείας, της φιλοσοφίας, της επιστήμης, της τέχνης και της λογοτεχνίας είναι συντριπτικά ανδρική κι ακόμα και οι πιο φωτισμένοι πολιτισμοί, από την αρχαία Αθήνα μέχρι τα σύγχρονα δυτικά έθνη, δεν έδωσαν στις γυναίκες ούτε καν το δικαίωμα της ψήφου, μέχρι να προχωρήσει για καλά ο εικοστός αιώνας.

Δεν υπάρχει λόγος να παραμορφώνεται η ιστορία για να υποστηρίζονται φεμινιστικές ή αντιφεμινιστικές θέσεις, δεν υπάρχει λόγος οι σύγχρονοι άνδρες να αισθάνονται είτε υπερήφανοι είτε ένοχοι για ένα παρελθόν με το οποίο δεν είχαν καμιά σχέση και δεν υπάρχει λόγος οι γυναίκες να τους θεωρούν υπόλογους γι' αυτό. Εκείνο που έχει σημασία είναι τι κάνουμε όλοι μας σήμερα, για να εξασφαλίσουμε ένα υγιέστερο μέλλον. Η ιστορία δεν αναφέρεται σε τούτο το βιβλίο ως επίθεση εναντίον των ανδρών αλλά για να τονιστεί, όπως λέει κι η Ριάν ΄Αισλερ, ότι πολιτιστικές συνήθειες επικυριαρχίας χιλιάδων χρόνων μπορούν να καταργηθούν προς όφελος όλων μας, με μια επιστροφή στη συντροφικότητα στη σύγχρονη κοινωνία.

Πώς μπορούμε να ενισχύσουμε το θάρρος των γυναικών γία να μιλούν και να δρουν με βάση τις πεποιθήσεις που τις θεωρώ γενικές ανάμεσά τους – πεποιθήσεις που τις βρίσκω επίσης και σε πολλούς συμπαθούντες άνδρες – ότι καμιά διαμάχη ανάμεσα στους ανθρώπους δεν αξίζει να θυσιάζουμε σ' αυτήν τα παιδιά μας, ότι δεν υπάρχει σημαντικότερη προτεραιότητα από τον επισιτισμό των ανθρώπων, ότι οι διαχωρισμοί μεταξύ μας, η δυσπιστία και το μίσος μας, οφείλονται στην αποτυχία μας να φροντίζουμε ο ένας τον άλλο, να αγαπάμε, να αγγίζουμε, να διατρέφουμε, να καθαρίζουμε και να περιθάλπουμε ο ένας τον άλλο, όπως κάνουν οι γυναίκες; Αυτές οι υποτιμημένες δραστηριότητες, ο σεβασμός και η αγάπη για τη ζωή, είναι εκείνες που θα θεραπεύσουν τον κόσμο, φτάνει να αναγνωριστούν και να γίνουν πράξη, όχι μόνο μεταξύ των ατόμων και στην ιδιωτική τους ζωή αλλά και στην ευρύτερη κοινωνία μας – στην οικονομία, στην πολιτική, ακόμα και στην επιστήμη. Δεν υπάρχει κανένας άλλος δρόμος.

ΒΙΒΛΙΟΓΡΑΦΙΑ

Abraham, Ralph H. 1981. "Dynamics and Self-Organization". In F.F. Yates, *Self-Organizing Systems: The Emergence of Order.* New York: Plenum.

Augros, Robert M., and George N. Stanciu. 1986. *The New Story of Science.* New York: Bantam.

Balandin, R. K. 1982. *Vladimir Vernadsky.* Outstanding Soviet Scientists Series. Moscow: Mir Publishers.

Barnett, Lincoln. 1957. *The Universe and Dr. Einstein.* New York: Bantam.

Barrow, J.D., and F.J. Tipler. 1986. *The Anthropic Cesmological Principle*· Oxford, England: Clarendon Press.

Bateson, Gregory. 1972. *Steps to an Ecology of Mind.* New York: Ballantine.

Bateson, Gregory. 1979. *Mind and Nature: A Necessary Unity.* New York: Dutton.

Bergson, Henri. 1911; reprint, 1983. *Creative Evolution.* Lanham, Md.: University Press of America.

Berry, Thomas. 1987. "Thomas Berry: A Special Section" *Crosscurrents* 38 (2, 3).

Bohm, David. 1957. *Causality and Chance in Modern Physics.* New York: Harper Torchbooks.

Bohm, David. 1980. *Wholeness and thw Implicate Order.* London: Routledge & kegan Paul.

Boon, Jaap. 1984. "Tracing the Origin of Chemical Fossils in Microbial Mats". In Y. Cohen, R. W. Castenholz, and H. O. Halvorson. *Microbial Mats: Stomatolites.* New York: Alan R. Liss.

Boorstin, Daniel J. 1985. *The Discoverers: A History of Man's Search to Know His World and Himself.* New York: Vinta-

ge.
Briggs, John P., and F. David Peat. 1986. *Loolking Glass Universe.* New York: Simon & Schuster.
Bronowski, J. 1974. *The Ascent of Man.* Boston: Little, Brown & Co.
Brown, L.R., E. C. Wolf, S. Postel. W. U. Chandler, C. Flavin, and C. Pollock. 1985. "State of the Earth", *Natural History,* April.
Calder, Nigel. 1978. *The Key to the Universe: A Report on the New Physics.* New York: Penguin.
Campbell, HJoseph. 1968. *The Masks of God: Creative Mythology.* New York: Penguin.
Cannon, Walter. 1939. *The Wisdom of the Body.* New York: Norton.
Capra, Fritjof. 1975. *The Tao of Physics.* Berkeley, Calif.: Shambala.
Capra, Fritjof. 1982. *The Turning Point: Science, Socieyt and the Rising Culture.* New York: Simon & Schuster.
Charlson, R., J. Lovelock, M. Andreas, and S. Warren. 1987. "Oceanic Phytoplankton, Atmospheric Sulfur, Cloud Albedo and Climate". *Nature* 326-665.
Chorover, Stephen. 1976. *From Genesis to Genocide.* Cambridge, Mass.: M.I.T. Press.
Darwin, Charles, and T.H. Huxley. 1983. *Darwin and Huxley: Autobiographies.* Edited by Bavin de Beer. Oxford: Oxford University Press.
Dawking, R. 1976. *The Selfish Gene.* Oxford, England: Oxford University Press.
Dostoevski, Feodor. 1879; reprint, 1977. *The Brothers Karamazov.* New York: Penguin.
Dunhamn, Barrows. 1960. *Thinkers and Treasurers.* New York: Monthly Review.
Durant, Will. 1961. *The Story of Philosophy.* New York.: Simon & Schuster.
Easlea, Brian. 1983. *Fathering the Unthinkable: Masculinity, Scientists and the Nuclear Arms Race.* London: Plunto Press.
Einstein, Albert. 1950. *Out of My Later Years.* Scranton, Pa.: Philosophical Library.

Einstein, Albert. 1961. *Relativity: The Special and General Theory*. New York: Crown.
Eisler, Riane. 1987. *The Chalice and the Blade*. San Francisco: Harper & Row.
Fleischaker, G.R. 1988. *Autopoiesis: System Logic and Origins of Life*. Ph. D. dissertation, Boston University.
Gehrz, R.D., D.C. Black, and P.M. Solomon. 1984. "The Formation of Stellar Systems from Interstellar Molecular Clouds", *Science,* 25 May 1984.
Gimbutas, Marija. 1975. "Figurines of Old Europe (6500-3500 B.C.)". *Transactions of the International Valcamonica Symposium on Prehistoric Religions*. Capo de Ponte, Brescia, Italy: Edizione del Centro.
Gimbutas, Marija. 1980. "The Thmples of Old Europe", *Archaeology,* November-December.
Gimbutas, Marija. 1981. «'The Monstrous Venus' of Prehistory, of Goddess Creatrix». *Comparative Civilizations Reviw,* 7 (Fall 1981).
Gimbutas, Marija. 1982. "Megalithic Tombs of Western Europe and Their Religious Implications". *Quarterly Review of Archaeology* 6(3).
Gimbutas, Marija. 1982. *The Goddesses and Gods of Old Europe, 7000-3500 B.C.* Berkeley: University of California Press.
Goodall, Jane. 1983. *In the Shadow of Man*. Boston: Houghton Mifflin..
Gould, S.J. 1977. *Ever Since Darwin: Reflections in Natural History*. New York: Penguin.
Gould, S.J. 1984. *The Mismeasure of Man*. New York: Penguin.
Graves, Robert. 1957. *The Greek Myths*. New York: Penguin.
Gray, Michael W. 1983. "The Bacterial Ancestry of Plastids and Mitochondria" *Bio Science* 33(11).
Grene, David, and Richard Lattimore, eds. 1956. *The Complete Greek Tragedies*. Chicago: University of Chicago Press.
Haldane, J.B.S. 1985. *On Being the Right Size and Other Essays*. Edited by J.M. Smith. Oxford, England: Oxford

University Press.
Heisenberg, Walter. 1975. *Across the Frontiers.* New York: Harper Torchhbooks.
Ho, M.W., and P.T. Saunders, eds. 1984. *Beyond Neo-Darwinism: An Introduction to the New Evolutionary Paradigm.* London: Academic Press.
Ho, M.W., P.T. Saunders, and S.W. Fox. 1986. "A New Paradigm for Evolution", *New Scientist,* 27 Feb.
Hooker, Michael, ed. 1978. *Descartes.* Baltimore: Johns Hopkins University Press.
Jantsch, E. 1980. *The Self-Organizing Universe: Scientific and Human Implications of the Emerging Paradigm of Evolution.* Oxford, England: Pergamon Press.
Jantsch, E., and C.H. Waddington. 1976. *Evolution and Consciousness: Human Systems in Transition.* Reading, Mass.: Addison-Wesley.
Kasting, J., O. Toon, and J. Pollack. 1988. "How Climate Evolved on Terrestrial Planets". *Scientiific American,* Feb. 1988, p.90.
Kerr, R.A. 1988. "No Longer Willful, Gaia Becomes Respectabel", *Science,* April.
Kirk, G.S., J. E. Raven, and M. Schofield. 1983. *The Pre-Socratic Philosophers.* Cambridge, England: Cambridge University Press.
Kitto, H.D.F. 1978. *Greek Tragedy: A Literary Stude.* London: Methuen.
Kitto, H.D.F. 1979. *The Greeks.* New York: Penguin.
Koestler, A. 1978. *Janus: A Summing Up.* London: Pan Books.
Lapo, A. V. 1982. *Traces of Bygone Biospheres.* Moscow: Mir Publishers.
Lappe, Francis Moore, and Joseph Colling. 1977. *World Hunger: Ten Myths.* San Francisco: Freei Spirit Press, Institute for Food and Development Policy.
Lazcano, A. 1986. "Prebiotic Evolution and the Origin of Cells". In Origin of Life and Evolution of Cells. Edited by L. Margulis, R. Guerrero, and A. Lazcano. *Treballs de la Societat Catalana de Biologia,* vol. 39.
Lazlo, Ervin. 1978. *The Inner Limits of Mankind.* Oxford, En-

gland: Pergamon Press.

Lilly, John C. 1975. *Lilly on Dolphins.* Garden City, N.Y.: Doubleday/Anchor.

Lovelock, J. E. 1972. "Gaia As Seen Throuth the Atmosphere". *Atmospheric Environment* 6 (579).

Lovelock, J. E. 1982. *Gaia: A New Look at Life on Earth.* Oxford, England: Oxford University Press.

Lovelock, J.E. 1986. "Geophysiology: The Science of Gaia". *The New Scientist.* London, n.d.

Lovelock, J. E. 1988. *The Ages of Gaia: A Biography of Our Living Earth.* New York: Norton.

Lovelock, J. E., and L. Margulis. 1984. "Gaia and Geognosy". In M.B. Rambler. *Global Ecology: Towards a Science of the Biosphere.* London: Jones and Bartlett.

Margulis, L. 1981. *Symbiosis in Cell Evolution.* San Francisco: Freeman.

Margulis, L. 1982. *Early Life.* Boston: Science Books International.

Margulis, L., and R. Guerrero. 1986. "Not<origins of life> but <evolution in mucrobes>". In Origin of Life and Evolution of Cells, *Treballs de la Societat Catalana de Biologia,* vol. 39. Edited by L. Margulis, R. Guerrero, and A. Lazcano.

Margulis, L., and D. Sagan. 1986. *Origins of Sex: Three Billion Years of Genetic Recombination.* New Haven, Conn.: Yale University Press.

Margulis, L., and D. Sagan. 1987. *Microcosmos: Four Billion Years of Evolution from Our Microbial Ancestors.* London: Allen & Unwin.

Maturana, Humberto R., and Francisco J. Varela. 1987. *The Tree of Knowledge: The Biological Roots of Human Understanding.* Boston: Shambala.

Mellaart, James. 1975. *The Neolithic of the Near East.* New York: Scribner's.

Mellaart, James. 1967. *Catal Huyuk.* New York: McGraw-Hill.

Merchant, Carolyn. 1980. *The Death of Nature: Women, Ecology and the Scientific Revolution.* San Francisco: Harper & Row.

Newman, James R., ed. 1956. *The World of Mathematics,* 4 vols. New York: Simon & Schuster.

Ong, W. 1982. *Orality and Literacy: The Technologizing of the World.* London: methuen.

Pankow, Walter. 1979. "Openness as Self-Transcendence". In E. Jantsch and C. H. Waddington, eds. *Evolution and Consciousness.* Reading, Mass.: Addison-Wesley.

Pearce, F. 1988. "Gaia: A Revolution Comes of Age", *New Scientist,* 17 March.

Plato. Reprint, 1956. *Great Dialogues of Plato.* Translated by Philip G. Rouse. New York: New American Library.

Postage, J. 1988. "Gaia Gets Too Big for Her Boots", *New Scientist, 7 April.*

Prigogine, Ilya, and Isabelle Stengers. 1984. Order Out of Chaos: Man's New Dialoigue With Nature. New York: Bentam.

Rothstein, Jerome. 1985. "On the Scientific Validity and Utility of the Living Earth Concept and Its Further Generalization". Symposium, "Is the Earth a Living Organism?" Amherst, Mass.: University of Massachusetts.

Russell, Bertrand. 1961. *History of Western Philosophy.* London: Allen & Unwin.

Russell, D.A. 1979. "The Enigma of the Extinction of the Dinosaurs". *Annual Review of Earth Planetary Science* 7-163-82.

Sagan, D., and Margulis, L. 1983. "The Gaian Perspective of Ecology". *The Ecologist 13(5).*

Scientific American. 1983. "The Dynamic Earth". September.

Skinner, B. F. 1975. *Beyond Freedom and Dignity.* New York: Bantam.

Sonea, S., and M. Panisset. 1983. *An New Bacteriology.* Boston: Jones & Bartlett.

Spretnak, Charlene. 1981. *Lost Goddesses of Ancient Greece.* Boston: Beacon Press.

Stone, Merlin. 1976. *When God Was a Woman.* New York: Harcourt Brace Jovanovich.

Swimmen, Brian. 1984. *The Universe Is a Green Dragon.* Santa Fe: Bear.

Teilhard de Chardin, Pierre. Reprint, 1959. *The Phenomenon of Man*. London: William Collins.
Thomas, Lewis. 1975. *The Livres of a Cell: Notes of a Biology Watcher*. New York: Bantam.
Toffler, Alvin. 1980. *The Third Wave*. London: William Collins.
Toynbee, Arnold. 1972. *A Study of History*. Oxford, England: Oxford University Press.
Varela, F. J., H. R. Maturana, and R. Uribe. 1974. "Autopoieses: The Organization of Living Systems, Its Characterization and a Model". *Biosystems* 5:187-96.
Vrooman, J. R. 1970. *René Descartes*. New York: Putnam.
Wallace, R.A., J. L. King, and G. P. Sanders. 1984. *Biosphere: The Realm of Life*. London: Scott Foresman.
Watson, Lyall. 1979. *Lifetide: A Biology of the Unconscious*. London: Hodder & Stoughton.
Whitehead, A. N. 1926. *Science and the Modern World*. New York: Machillan.
Whitehead, A. N. 1979. *Process and Reality*. New York: Free Press.
Whorf, Benjamin Lee. 1956. *Language, Thought and Reality: Selected* Writings. Edited by John B. Carroll. Cambridge, Mass.: M.I.T. Press.
Wilson, E.O. 1975. *Sociobiology*. Cambridge, Mass.: Harvard University Press.
Xenophon. Reprint, 1979. *Recollections of Socrates and Socrates' Defense before the Jury*. Translated by Anna J. Benjamin. Indianapolis: Bobbs-Merrill.

ΕΛΙΣΑΒΕΤ ΣΑΧΤΟΥΡΗ:

Διευθύντρια του Διεθνούς Ινστιτούτου για το Περιβάλλον.

Ελληνοαμερικανίδα βιολόγος με ντοκτορά στην επιστήμη της ψυχολογίας από το Πανεπιστήμιο Dalhousie του Καναδά. Συνεργάτης του Μουσείου Φυσικής Ιστορίας της Νέας Υόρκης. Έχει διδάξει σε τμήματα του M.I.T. και του Πανεπιστημίου Μασσαχουσέτης. Συγγραφέας επιστημονικών σειρών για την τηλεόραση (Nova/Horison WGBH Βοστόνη, BBC Λονδίνο). Προσκεκλημένη στην Κίνα του Εθνικού Οργανισμού Επιστήμης το 1974, συνεργάστηκε στη συγγραφή του βιβλίου ΚΙΝΑ: Η Επιστήμη Περπατά με τα δύο Πόδια. Εκδόθηκε από τους Avon NY, 1975.

Ζει και εργάζεται στην Ελλάδα (Αγκίστρι) από το 1979. Ιδρυτικό Μέλος της Οργάνωσης «Γιορτές της Γης 2000».

Έχει λάβει μέρος ως κύρια ομιλήτρια σε όλα τα συνέδρια με θέμα το Περιβάλλον.
Συγγραφέας των βιβλίων:
ΚΙΝΑ: Η επιστήμη περπατά με δύο πόδια Avon 1975
ΓΑΙΑ: *Το ανθρώπινο ταξίδι από το χάος στον κόσμο Simon & Suster 1989*
Ο ΧΟΡΟΣ ΤΗΣ ΓΑΙΑΣ: Υπό έκδοση SIMON & SUSTER για το 1990.